高等学校土木工程专业规划教材

土木工程制图

（第二版）

丁建梅　昂雪野　主编
高满屯　主审

人民交通出版社
China Communications Press

内 容 提 要

本书将画法几何、工程制图和计算机绘图等课程,按现代教学模式进行整合。全书共分 12 章,内容包括:制图的基本知识与技能,点、线、面的投影,投影变换,立体的投影,轴测投影,组合体视图,建筑形体的表达方法,计算机绘图基础,房屋建筑施工图,结构施工图,建筑设备施工图,公路桥隧涵工程图。

本书与配套的《土木工程制图习题集》(第二版)(丁建梅,昂雪野主编)构成教与学一体教材,《土木工程制图习题集》(第二版)同步由人民交通出版社出版,可单独选用。

本书可作为高等工科院校土木工程类和工程管理类各专业本科教材,也可供其他相关类型学校,如成人教育学院、职工大学、函授大学、电视大学等相关专业本、专科学生选用。还可供工程技术人员自学土木工程制图时使用。

图书在版编目(CIP)数据

土木工程制图 / 丁建梅,昂雪野主编. — 2 版. —
北京:人民交通出版社,2013.12(2025.9 重印)
ISBN 978-7-114-10708-5

Ⅰ. ①土… Ⅱ. ①丁…②昂… Ⅲ. ①土木工程 – 建
筑制图 Ⅳ. ①TU204

中国版本图书馆 CIP 数据核字(2013)第 121681 号

Tumu Gongcheng Zhitu

书　　名:	土木工程制图(第二版)
著 作 者:	丁建梅　昂雪野
责任编辑:	孙　玺　黎小东
责任印制:	张　凯
出版发行:	人民交通出版社
地　　址:	(100011)北京市朝阳区安定门外外馆斜街 3 号
网　　址:	http://www.ccpcl.com.cn
销售电话:	(010)85285911
总 经 销:	人民交通出版社发行部
经　　销:	各地新华书店
印　　刷:	北京建宏印刷有限公司
开　　本:	787×1092　1/16
印　　张:	22
字　　数:	550 千
版　　次:	2007 年 8 月　第 1 版
	2013 年 12 月　第 2 版
印　　次:	2025 年 9 月　第 2 版第 7 次印刷　总第 13 次印刷
书　　号:	ISBN 978-7-114-10708-5
定　　价:	42.00 元

第二版前言

为适应土木工程专业发展及培养工程技术人员的需要,根据国家教育部颁布的新专业目录中土木工程专业的教学要求,我们在多年教学经验的基础上,参考其他院校的同类教材,按本课程教学指导委员会制订的高等院校工程图学课程教学基本要求编写了这本教材。本教材内容主要以国家新颁布的制图标准《房屋建筑制图统一标准》(GB/T 50001—2010)、《总图制图标准》(GB/T 50103—2010)、《建筑制图标准》(GB/T 50104—2010)、《建筑结构制图标准》(GB/T 50105—2010)、《给水排水制图标准》(GB/T 50106—2010)和《道路工程制图标准》(GB 50162—92)为依据,向学生讲述制图的基本知识与技能,点、线、面的投影,投影变换,立体的投影,轴测投影,组合体视图,建筑形伝的表达方法,计算机绘图基础,房屋建筑施工图,结构施工图,建筑设备施工图,公路桥隧涵工程图等内容。

本书的编写坚持学以致用、少而精的厐则,在内容的选择和组织上尽量做到主次分明、深浅恰当、详略适度、图文并茂。建立以发展读者的空间想象能力、形体表达能力和独立工作能力为核心的编写体系,充分调动读者创造性学习的积极性。突出工程形体的教与学,强调形体分析和投影分析能力的训练,注重创新能力的培养,建立与后续教学的密切联系;突出科学性、时代性、工程实践性的编写原则,注重吸取工程技术界的最新成果,为读者展示富有时代特色的工程实例。本书拓宽了土建专业图的专业面,同时也避免篇幅过大,切实保证本课程教学指导委员会制订的教学基本要求所规定的必学内容。

为紧密配合本教材的教学,我们同步编写了与本教材配套的《土木工程制图习题集》(第二版),同时由人民交通出版社出版。

本书除可作为高等工科院校土木工程类和工程管理类各专业本科和大专生作教材或参考书外,还可供广大工程技术人员自学土木工程制图时使用。

本教材由东北林业大学丁建梅、大连民族学院昂雪野主编,全书由丁建梅统稿。具体编写分工为:丁建梅(前言、第六章、第七章、第八章、第十一章、第十二章),昂雪野(第三章、第九章),哈尔滨工业大学何蕊(第一章),沈阳建筑大学周佳新(第二章),东北林业大学巩翠芝(第四章),哈尔滨理工大学李平(第五章),大连民族学院王振(第十章)。

本书承蒙西北工业大学高满屯教授审阅,主审认真细致地审阅了全书,并提出许多十分宝贵的修改意见和建议,在此表示衷心感谢。

由于编者的水平和经验有限,书中难免存在缺点乃至谬误之处,恳请使用本书的教师和学生及广大读者给予批评指正。

编　者
2013 年 10 月

第一版前言

为适应土木工程专业发展及培养工程技术人员的需要,根据国家教育部颁布的新专业目录中土木工程专业的教学要求,在结合多年教学经验的基础上,按本课程教学指导委员会制定的高等院校工程图学课程教学基本要求,组织编写了这本《土木工程制图》(以下简称本教材)。本教材内容主要以国家颁布的制图标准《房屋建筑制图统一标准》(GB/T 50001—2001)、《总图制图标准》(GB/T 50103—2001)、《建筑制图标准》(GB/T 50104—2001)、《建筑结构制图标准》(GB/T 50105—2001)、《给水排水制图标准》(GB/T 50106—2001)和《道路工程制图标准》(GB 50162—92)为依据,向学生讲述制图的基本知识与技能,点、线、面的投影,投影变换,立体的投影,轴测投影,组合体视图,建筑形体的表达方法,计算机绘图基础,房屋建筑施工图,结构施工图,建筑设备施工图,公路桥涵工程图等内容。为紧密配合本教材的教学,我们同步组织编写了与之配套的《土木工程制图习题集》。

本教材的编写坚持学以致用、少而精的原则,在内容的选择和组织上尽量做到主次分明、深浅恰当、详略适度、图文并茂。建立以培养读者的空间想象能力、形体表达能力和独立工作能力为核心的编写体系,充分调动读者学习的积极性和创造性。编写过程中以科学性、时代性、工程实践性为原则,注重建立与后续教学的密切联系,注重吸取工程技术界的最新成果,为读者展示了丰富的工程实例。本教材合理拓宽了土建专业的知识面,同时也避免篇幅过大,切实保证教学基本要求所规定的必学内容。

本教材由哈尔滨工业大学丁建梅、沈阳建筑大学周佳新主编,大连民族学院昂雪野、哈尔滨理工大学李平副主编,全书由丁建梅统稿。具体编写分工为:哈尔滨工业大学丁建梅(前言、绪论、第六、七、八章),沈阳建筑大学周佳新(第二、三章),沈阳建筑大学王志勇(第四章),大连民族学院昂雪野、赵春艳(第一、十二章),哈尔滨理工大学李平(第五章),哈尔滨工业大学王欣慰(第九、十章),哈尔滨工业大学孔德谦(第十一章)。

本教材承蒙武汉大学丁宇明教授审阅,主审认真细致地审阅了全书,并提出十分宝贵的修改意见,在此表示衷心感谢。同时编写过程中,承蒙哈尔滨工业大学建筑设计院相关部门的大力支持并提供资料,谨此表示真诚的感谢。在本教材的统稿过程中得到了哈尔滨工业大学郭玉茹、李承志、石南复、王永纯等专家教授的热情帮助和指导,在此表示深深的谢意。

由于编者的水平和经验有限,书中难免存在缺点和错误,恳请广大读者给予批评指正。

编 者

2007 年 5 月

目　　录

一、土木工程制图的性质和目的

工程制图是工科技术基础课程,是建立工程概念、培养空间思维能力、培养图形表达能力的课程,是土建类各专业必修的一门主干技术基础课。

在生产实践中,无论是建造房屋、修路架桥或者制造机器、安装设备,都需要依照图样进行设计、施工或生产。图样不仅用来表达设计者的设计意图,也是指导实践、研究问题、交流经验的主要技术文件,因而图样被喻为工程界的"技术语言"。若不懂这种"技术语言",无疑好似技术界的"文盲"。本课程的教学目的就是教读者如何掌握这种"语言",即通过学习图示理论与方法,掌握绘制和阅读工程图样的技能。

二、土木工程制图的内容与研究对象

工程制图主要包括画法几何、制图基础、专业制图和计算机绘图四大部分内容,画法几何相当于这门"技术语言"的语法部分,主要研究应用投影原理进行图示和图解空间几何问题的理论与方法,为专业制图提供理论基础。制图基础部分则主要介绍国家制图标准、绘图工具的使用和绘图技巧,以及空间形体的表达方法。专业制图部分则以土建类各专业工程图为主,具体介绍专业图的图示内容与图示特点,是画法几何和制图基础的实施和应用。前三部分的内容关系密切,为计算机绘图奠定了图示基础。现代化工程建设岗位要求当代土木工程类大学毕业生必须深入了解和熟练掌握计算机绘图知识。计算机绘图是适应现代化建设的新技术,也是本课程建设和改革的重要内容之一。这部分主要是介绍 AutoCAD2012 中的基本绘图、编辑命令以及操作,同时讲解文本标注、尺寸标注、图形输出等内容,为学生掌握现代化绘图技术和学习计算机辅助设计打下坚实的基础。

三、土木工程制图课程的任务

(1)研究在平面上(图纸上)表达空间几何形体的方法——图示法。
(2)研究在平面上(图纸上)解答空间几何问题的方法——图解法。
(3)培养对三维形体及其相关位置的空间逻辑思维和形象思维能力。
(4)培养运用投影理论,结合国家制图标准,正确表达工程图样的能力。
(5)培养学生表达形体的图示能力、几何构形的创新能力。
(6)培养绘制和阅读土木工程专业图样的初步能力。
(7)培养利用计算机生成图形的初步能力。

（8）培养分析和解决工程实际问题的能力，以及认真负责的工作态度和严谨细致的工作作风。

四、土木工程制图的学习方法

本课程是一门实践性较强的课程。除了在书本上学习外，主要是通过实践，也就是要完成一系列的习题与制图作业。只有在不断地反复实践中才能逐步掌握图示的表达和制图的基本知识与技能。基本功都是通过锻炼得来的，只有多练、多画才能熟中生巧。

（1）学习工程制图，首先要熟悉制图标准中的有关规定，如线型的名称和用途，比例和尺寸的标注规定，图样的画法，各种图样符号的表示内容，各种图例以及各类构、配件的图示规定等。

（2）学习过程中要能够理论联系实际，将空间几何关系用投影的方法转到平面上，成为平面上的投影图，再从平面回到空间，前者是画图过程，后者是看图过程，要能够在画图和看图的反复过程中自觉地培养和发展空间想象力。

（3）课后要完成一定量的作业。本课程的作业量相对比较多，并且基本上都要经过动脑思考、动手画图，对于完成的每个作业都应该认真理解，反复思考，达到融会贯通。对于解决不了的问题，应及时请教老师，或与同学探讨，但绝不能照抄别人的作业。

（4）对于计算机绘图的学习，要有足够的上机操作时间，总结用计算机绘图的组合技巧，反复认真地练习，只有达到一定量的积累，才能在操作中游刃有余。

（5）工程图样是施工的依据，图中每一条线，每一个字都表示一定的意义。弄错了不仅要给施工带来困难，甚至还会造成经济损失。所以，学习绘制工程图，从一开始就要严格要求自己，要养成认真负责，严谨细致的良好习惯。

第一章 制图的基本知识与技能

工程图样是工程界的共同语言,是指导工程施工、生产、管理等环节最重要的技术文件之一。为了使工程图样规格统一,便于生产和技术交流,要求绘制图样时必须遵守统一规定,这个统一规定就是国家有关职能部门颁布的制图标准,简称国标(GB)。国家制图标准是所有工程人员必须遵守并执行的。任何一个学习和从事工程制图的人,都应该严格遵守国标中的每一项规定。

本章主要介绍《技术制图图纸幅面和格式》(GB/T 14689—2008)、《技术制图比例》(GB/T 14690—1993)、《技术制图字体》(GB/T 14691—1993)和《房屋建筑制图统一标准》(GB/T 50001—2010)中有关制图技能的基本知识及基本规定。

第一节 制图标准的基本规定

为使工程图样统一,满足设计、施工、管理和技术交流等要求,制图时必须严格遵守制图国家标准。

一、图纸幅面规格

1. 图纸幅面及规格

图纸幅面是指制图所用图纸的幅面。为了合理使用图纸、便于装订和管理,绘制技术图样时应优先采用表 1-1 所规定的基本幅面。必要时也允许选用表 1-2 所规定的加长幅面,图纸的短边一般不应加长,长边可加长。

幅面及图框尺寸(单位:mm)　　　　　　　　　　　　　　　　表 1-1

尺寸代号 ＼ 幅面代号	A0	A1	A2	A3	A4
$b \times l$	841 × 1 189	594 × 841	420 × 594	297 × 420	210 × 297
c	10			5	
a	25				

图纸长边加长尺寸(单位:mm)　　　　　　　　　　　　　　　表 1-2

幅图尺寸	长边尺寸	长边加长后尺寸									
A0	1 189	1 486	1 635	1 783	1 932	2 080	2 230	2 378			
A1	841	1 051	1 261	1 471	1 682	1 892	2 102				
A2	594	743	891	1 041	1 189	1 338	1 486	1 635	1 783	1 932	2 080
A3	420	630	841	1 051	1 261	1 471	1 682	1 892			

注:有特殊需要的图纸,可采用 $b \times l$ 为841mm×891mm 或 1 189mm×1 261mm 的幅面。

图纸分为横式和立式两种形式。图纸以短边作为垂直边称为横式,如图 1-1 所示;以短边作为水平边称为立式,如图 1-2 所示。A0 ~ A3 图纸宜横式使用;必要时,也可立式使用。

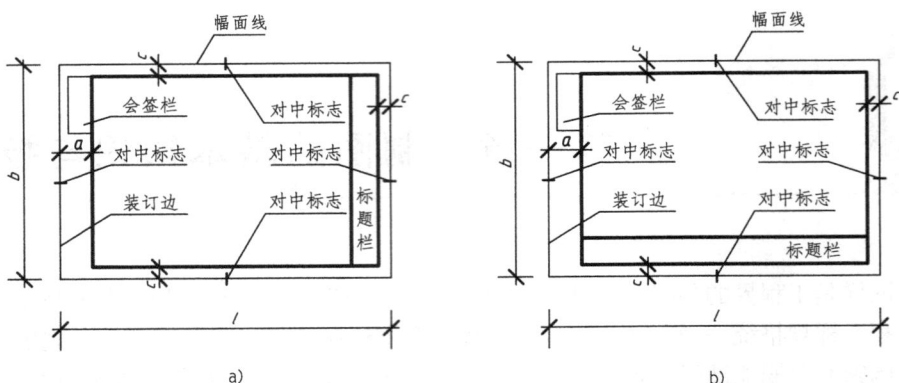

图 1-1　A0 ~ A3 横式幅面

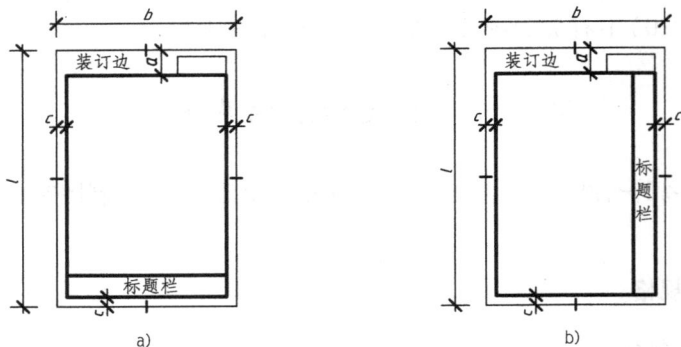

图 1-2　A0 ~ A4 立式幅面

　　为了使图样复制和微缩时定位方便,对于各种幅面的图纸,均应在图纸各边的中点处分别画出对中标志。对中标志线宽不小于 0.35mm,长度从图纸边界开始伸入图框内 5mm。

　　2. 标题栏

　　不论图纸是横式还是立式,图纸都应有标题栏。标题栏形式如图 1-3 所示,标题栏中的文字方向为看图方向。标题栏的格式及内容一般由设计单位自定,但其所包含的内容基本一致。

　　签字区包括实名列和签名列,并应符合下列规定:

　　(1)涉外工程的标题栏内,各项主要内容的中文下方应附有译文,设计单位的上方或左方,应加"中华人民共和国"字样;

　　(2)在计算机制图文件中,当使用电子签名与认证时,应符合国家有关电子签名法的规定。

　　学生制图作业相对比较简单,标题栏一般放在图纸右下角,常用格式如图 1-4 所示。

　　无论图纸是否装订,都应画标题栏,栏内填写的字体,除图名、校名用 10 号字外,其余都用 5 号字。

4

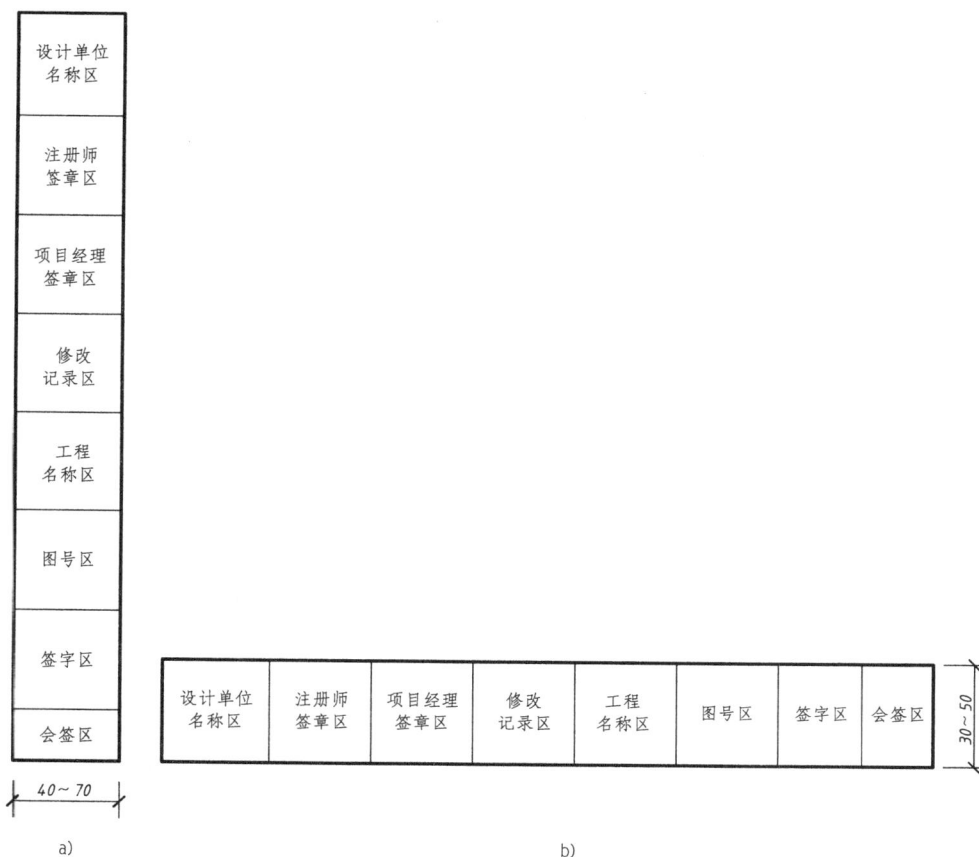

图 1-3 标题栏

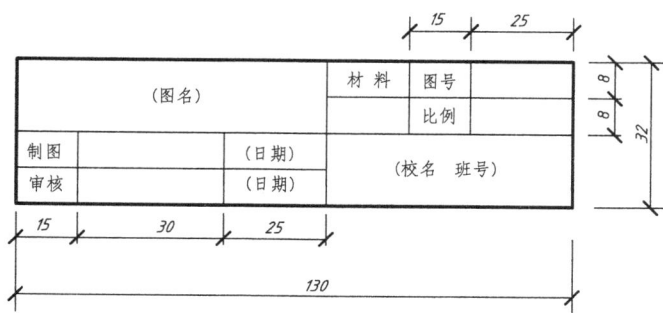

图 1-4 学生用标题栏格式

二、图线

1. 图线的种类和用途

在工程建设制图中,应根据所绘图样的不同,选用不同的线型和不同粗细的图线,每种图线分为粗、中粗、中、细 4 种不同的线宽。图线的基本线宽用 b 表示,宜从下列线宽系列中选取:1.4、1.0、0.7、0.5、0.35、0.25、0.18、0.13mm。图线的种类有实线、虚线、点画线、双点画线、折断线、波浪线等,其用途如表 1-3 所示,各种图线在楼梯平面图中的用法如图 1-5 所示。

图线的种类及用途 表 1-3

名 称		线 型	线 宽	一 般 用 途
实线	粗		b	主要可见轮廓线
	中粗		$0.7b$	可见轮廓线
	中		$0.5b$	可见轮廓线、尺寸线、变更云线
	细		$0.25b$	图例填充线、家具线
虚线	粗		b	见各有关专业制图标准
	中粗		$0.7b$	不可见轮廓线
	中		$0.5b$	不可见轮廓线、图例线
	细		$0.25b$	图例填充线、家具线
点画线	粗		b	见各有关专业制图标准
	中		$0.5b$	见各有关专业制图标准
	细		$0.25b$	中心线、对称线、轴线等
双点画线	粗		b	见各有关专业制图标准
	中		$0.5b$	见各有关专业制图标准
	细		$0.25b$	假想轮廓线、成型前原始轮廓线
折断线			$0.25b$	断开界线
波浪线			$0.25b$	断开界线

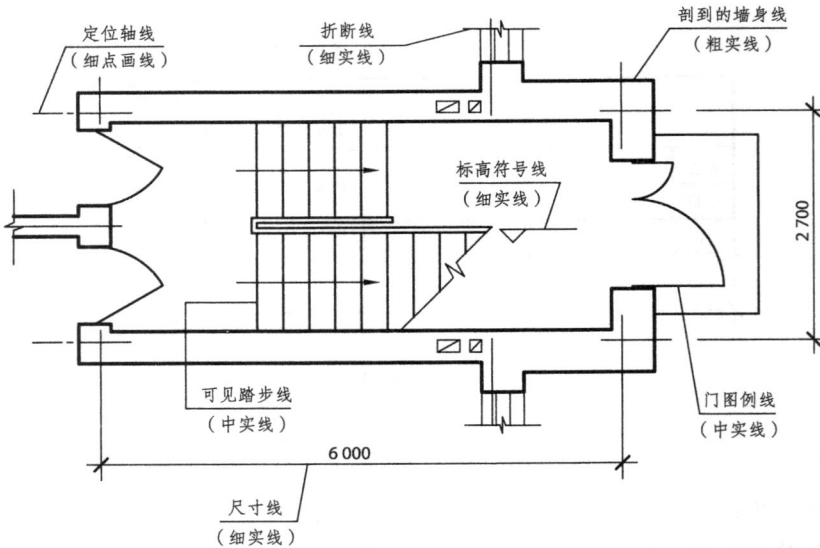

图 1-5 图线的应用

每张图样,应根据复杂程度与比例大小,先选定基本线宽 b,再选取表 1-4 中相应的线宽组。当基本线宽 b 确定之后,则与 b 相关联的中粗线、中线、细线也随之确定下来。

6

線宽组(单位:mm)　　　　　　　　　　　　　　　　　　　　　表 1-4

线　宽　比	线　宽　组			
b	1.4	1.0	0.7	0.5
0.7b	1.0	0.7	0.5	0.35
0.5b	0.7	0.5	0.35	0.25
0.25b	0.35	0.25	0.18	0.13

注:1.需要微缩的图纸,不宜采用 0.18mm 及更细的线宽;

　2.同一张图之内,各不同线宽中的细线,可统一采用较细线宽组的细线。

2. 图线的画法

(1)同一图样中同类图线的宽度应基本一致。

(2)相互平行的图例线,其净间隙或线中间隙不宜小于 0.2mm。

(3)虚线、点画线或双点画线的线段长度和间隔,宜各自相等,如虚线"－－－－－"。

(4)虚线是粗实线的延长线时,粗实线应画到分界点,虚线应留 1mm 空隙后再画线,如图 1-6a)所示。

(5)图线与图线相交必须以线段相交,不得在间隔内或点处相交,如图 1-6b)所示。

(6)圆弧虚线与直线虚线相切时,圆弧虚线应画至切点处,留 1mm 空隙后再画直线虚线。如图 1-6c)所示。

(7)点画线与圆轮廓线相交时,圆心应为点画线的线段交点,点画线应超出轮廓线 2 ~ 5mm,且首尾应是线段。在较小的图形上绘制点画线或双点画线有困难时,可用细实线代替,如图 1-6d)所示。

(8)图线不得与文字、数字或符号重叠、干涉。不可避免时,应首先在保证文字、数字或符号清晰的基础上将图线断开。

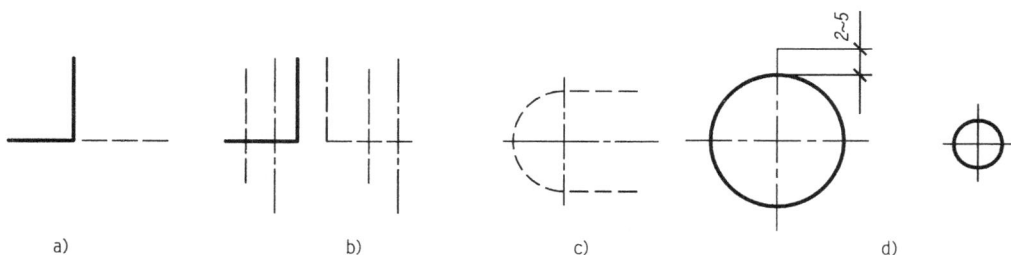

a)　　　　　　　　b)　　　　　　　c)　　　　　　　d)

图 1-6　图线间的规定画法

三、字体

工程图纸上常用的文字有汉字、阿拉伯数字、拉丁字母和特殊符号,有时也用罗马数字、希腊字母。

国家标准规定工程图中字体应做到:笔画清晰、字体端正、排列整齐;标点符号应清楚正确。制图中规定字体高度(用 h 表示)即为其字号,如高为 5mm 的字体就是 5 号字,常用的字号有:2.5、3.5、5、7、10、14、20 等。如需要书写更大的字,其字体高度应按 $\sqrt{2}$ 的比率递增,其字宽一般为 $h/\sqrt{2}$。徒手书写汉字高度 h 不得小于 3.5mm。

1. 汉字

图样及说明中的汉字应写成长仿宋体或黑体,同一图纸字体种类不应超过两种,并采用国家正式公布推行的《汉字简化方案》规定的简化字。长仿宋体的书写要领是:横平竖直,起

7

落有锋,结构匀称,填满方格,如图1-7所示。

房屋建筑制图统一标准图纸幅面规格

编排顺序结构标准工业与民用市政给排水采暖道路桥梁

平立剖面详图结构施工说明书校核比例长宽高厚度钢筋混凝土楼梯基础

书写长仿宋体字时,特别要注意起笔、落笔、转折和收笔,务必做到干净利落,笔画不可有歪曲、重叠和脱节等现象,同时要按照整字结构类型的特点,灵活地调整笔画间隔,以增强整字的匀称和美观。长仿宋体字形结构如图1-8所示。

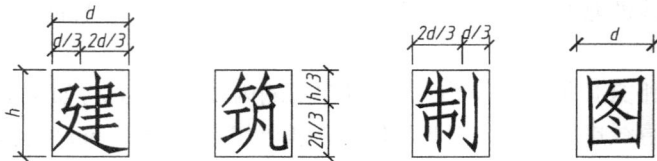

图1-8　长仿宋体字形结构

2. 阿拉伯数字和拉丁字母

阿拉伯数字和拉丁字母均有斜体和直体两种,斜体字字头向右倾斜,与水平线成75°角。字母和数字分为A型和B型。A型字体的笔画较细,笔画宽度(b)为字高(h)的1/14;B型字体的笔画较粗,笔画宽度为字高的1/10。在同一张图样上只允许选用一种形式的字体。一般书写多采用斜体。

在工程图中,当拉丁字母、阿拉伯数字与罗马数字要与汉字同行书写时,其字高应比汉字小一号,并宜采用直体字,拉丁字母、阿拉伯数字或罗马数字的字高应不小于2.5mm。阿拉伯数字和拉丁字母书写样式如图1-9所示。

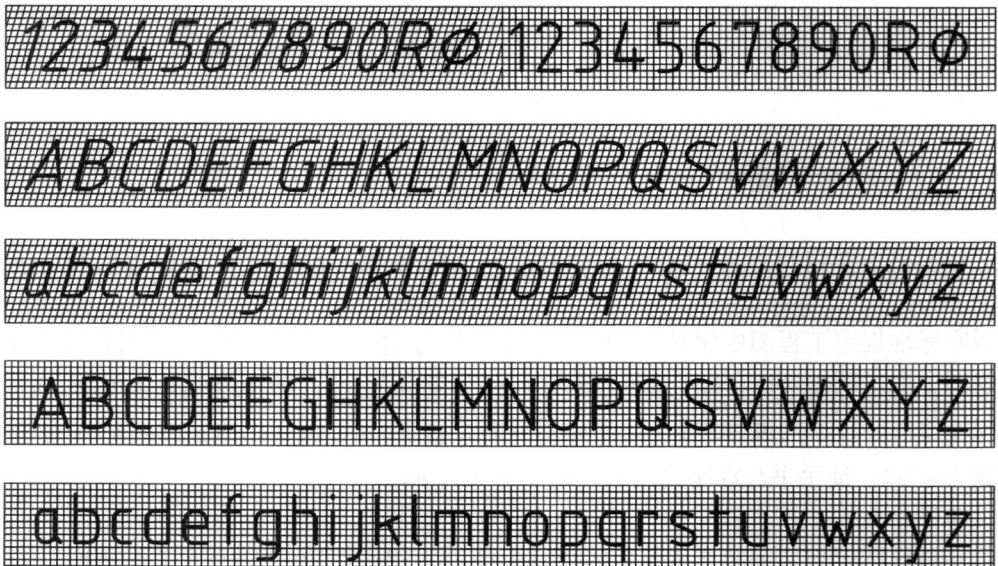

图1-9　阿拉伯数字、拉丁字母字体书写样式

四、比例

比例是指图样中图形与其表述的实物相应要素的线性尺寸之比。比例必须采用阿拉伯数字表示。绘制图样时,应根据图样的用途和被表示物体的复杂程度,优先选用表 1-5 中的常用比例;在特殊情况下,允许选用可用比例。

绘 图 比 例   表 1-5

常用比例	1:1 1:2 1:5 1:10 1:20 1:30 1:50
	1:100 1:150 1:200 1:500 1:1 000 1:2 000
	1:5 000 1:10 000 1:20 000 1:50 000 1:100 000 1:200 000
可用比例	1:3 1:4 1:6 1:15 1:25 1:30 1:40 1:60 1:80
	1:250 1:300 1:400 1:600

比例分为原值比例、放大比例和缩小比例 3 种。原值比例,即比值为 1 的比例,标记为 1:1;放大比例,即比值大于 1 的比例,标记为 2:1 等;缩小比例,即比值小于 1 的比例,标记为 1:2 等。

比例宜注写在图名的右侧,字的基准线应取平;比例的字高应比图名的字高小一号或二号,如图 1-10 所示。

当同一张图纸中大多数图采用同一种比例时,一般将该比例写在图纸的标题栏内。少数不同的比例应单独注明。但应注意的是无论采用何种比例,图中所注尺寸均应是物体的实际尺寸,尺寸与比例无关,如图 1-11 所示。

平面图 1:100   ⑥ 1:20

图 1-10　比例的注写

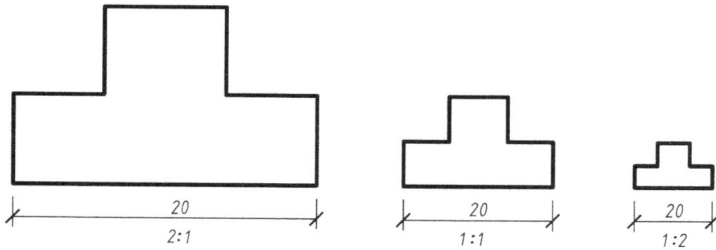

图 1-11　不同比例的图形

五、尺寸标注

在工程图样中,除了按比例画出建筑物或构筑物的形状外,还必须标注出完整的实际尺寸,以作为施工的依据。尺寸在图中是非常重要的,若尺寸标注有误,会给施工带来极大的不便。图样只能表示物体的形状,其大小及各组成部分的相对位置是通过尺寸标注来确定的。

1. 尺寸的组成

一个完整的尺寸包括尺寸界线、尺寸线、尺寸起止符号和尺寸数字,如图 1-12 所示。

1）尺寸界线

尺寸界线用细实线绘制,与被标注长度垂直,其一端应离开图样轮廓线不小于 2mm,必要时图样轮廓线、中心线可作尺寸界线,如图 1-12 所示。

2)尺寸线

尺寸线也用细实线绘制,且与被注长度平行,与尺寸界线相接,尺寸界线一般超过尺寸线2~3mm。尺寸线必须单独画出,不能与图样中的任何图线重合,也不能是任何图线的延长线,如图1-12所示。

3)尺寸起止符号

尺寸线与尺寸界线相交处画尺寸起止符号。尺寸起止符号一般用中粗短线绘制,其倾斜方向应与尺寸界线成顺时针45°角度,长度为2~3mm,如图1-13a)所示。半径、直径、角度与弧长的尺寸起止符号,用箭头表示,如图1-13b)所示。

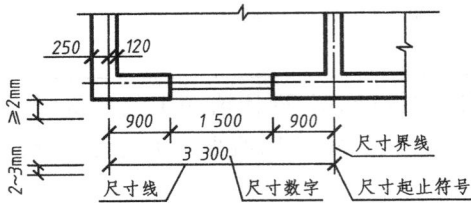

图1-12 尺寸的组成及标注方法

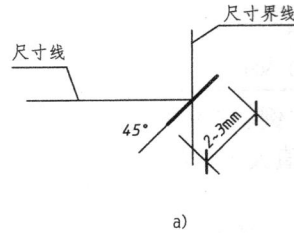

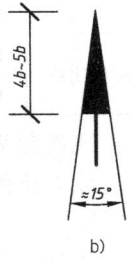

图1-13 尺寸起止符号
a)短倾斜线;b)箭头b为粗实线的宽度

4)尺寸数字

尺寸数字必须用阿拉伯数字书写。图样上的尺寸,除标高(公路行业习惯称"高程")在总平面图以米(m)为单位外,其他均以毫米(mm)为单位,字高一般是3.5mm。尺寸数值是物体实际大小的尺寸,它与画图所用的比例无关。毫米是图样上的公称尺寸单位,以毫米为单位绘的图形只需标出尺寸数值即可,不需要特别指明单位是毫米。

尺寸数字一般写在尺寸线的中部。水平方向的尺寸,尺寸数字要写在尺寸线的上面,字头朝上;竖直方向的尺寸,尺寸数字应写在尺寸线的左侧,字头朝左;倾斜方向的尺寸,尺寸数字的方向应按图1-14a)所示的规定书写,尺寸数字尽量避免在30°斜线范围内书写,不能避免时,可标注为如图1-14b)所示的形式。

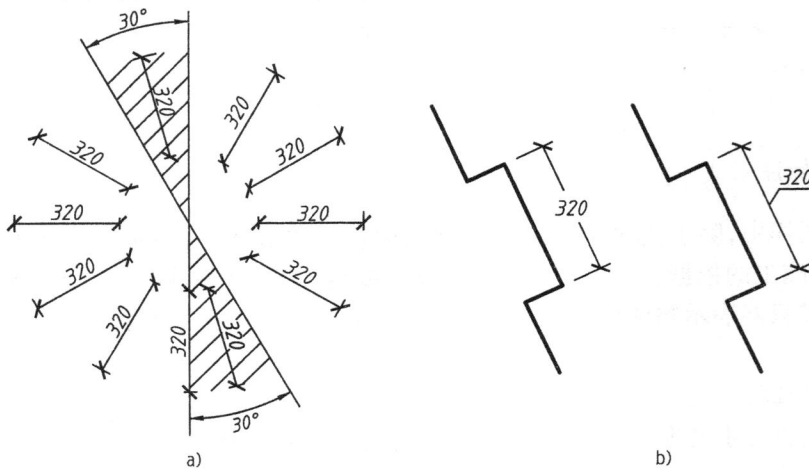

图1-14 尺寸数字的注写方向

尺寸数字如果没有足够的注写位置时,两边的尺寸可以注写在尺寸界限的外侧,中间相邻的尺寸可以错开注写,如图1-15所示。

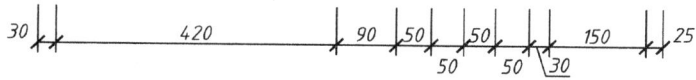

图 1-15　尺寸数字的注写位置

5）尺寸排列与布置

（1）尺寸一般应标注在图样轮廓以外，尺寸数字不能与任何图线、文字及符号等相交；当不可避免时，应将通过尺寸数字的图线断开。同一张图纸上，尺寸数字字号大小应相同。

（2）互相平行的尺寸线，应从被注写的图样轮廓线由近向远整齐排列，较小尺寸应离轮廓线较近，较大尺寸应离轮廓线较远，如图 1-12 所示。

（3）图样轮廓以外的尺寸线，距图样最外轮廓之间的距离，不宜小于 10mm 。平行排列的尺寸线的间距，宜为 7～10mm，并保持一致，如图 1-12 所示。

2. 常见尺寸标注形式

1）圆及圆弧尺寸标注

标注圆或大于半圆的圆弧时，尺寸线应通过圆心，以圆周为尺寸界线，其尺寸线终端采用箭头形式，尺寸数字前加注直径符号"ϕ"；标注小于或等于半圆的圆弧时，尺寸线自圆心引向圆弧，只在尺寸线与圆弧相交的端部画一个箭头，数字前加注半径符号"R"，如图 1-16 所示。当圆弧半径过大或在图纸范围内无法标出其圆心位置时，可按图 1-17a）所示标注。若圆心位置不需注明，可按如图 1-17b）所示标注。

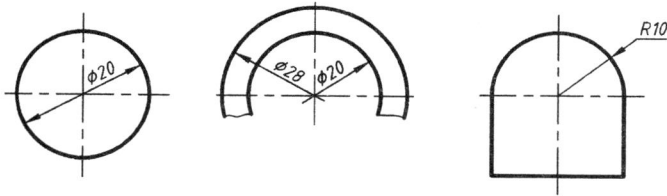

图 1-16　圆、圆弧尺寸标注方法

2）球面尺寸标注

标注球面的直径或半径尺寸时，应在符号"ϕ"或"R"前再加注符号"S"，如图 1-18 所示。

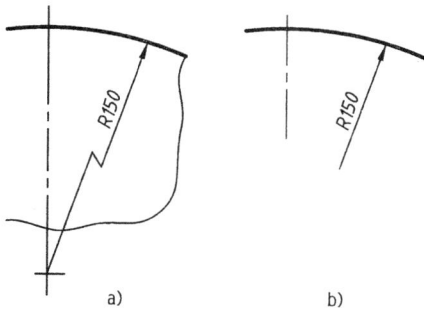

图 1-17　大圆弧尺寸标注方法

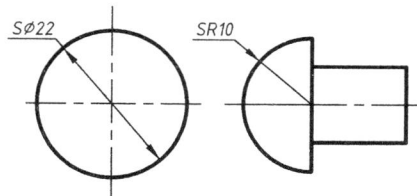

图 1-18　球面尺寸标注方法

3）角度尺寸标注

角度尺寸的尺寸界线应沿径向引出，尺寸线应画成圆弧，圆心是角的顶点，角的两条边为

11

尺寸界线。起止符号应以箭头表示,如没有足够位置画箭头,可用圆点代替;角度数字一律水平标注,如图 1-19 所示。

4)弦长、弧长尺寸标注

标注圆弧的弦长时,尺寸线以平行于该弦的直线表示,尺寸界线垂直于该弦,起止符号用短斜线表示,如图 1-20a)所示。

标注圆弧的弧长时,尺寸线以与该圆弧同心的圆弧表示,尺寸界线沿圆弧径向过圆弧端点引出,起止符号用箭头表示,弧长的数字上方应加注圆弧符号,如图 1-20b)所示。

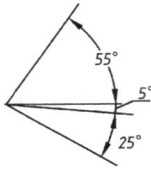

图 1-19　角度尺寸标注方法

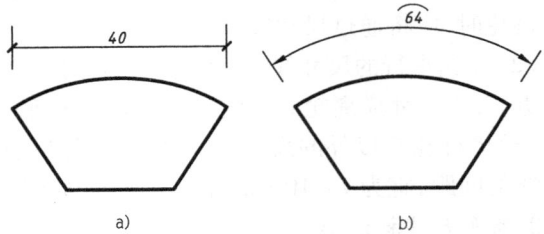

图 1-20　弦长和弧长的尺寸标注方法

5)小尺寸标注

当尺寸界线之间没有足够位置画箭头及注写数字时,可按如图 1-21 所示形式标注。

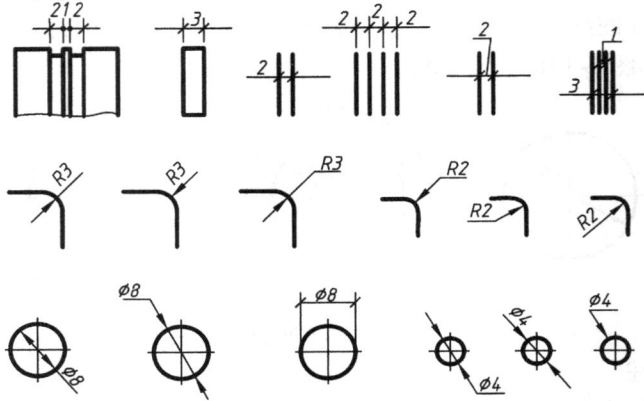

图 1-21　小尺寸标注方法

6)薄板厚度、正方形、坡度、非圆曲线等尺寸标注

(1)在薄板板面标注板厚尺寸时,应在厚度数字前加厚度符号"t",如图 1-22 所示。

(2)标注正方形的尺寸,可用"边长 × 边长"的形式,也可在边长数字前加正方形符号"□"表示,如图 1-23 所示。

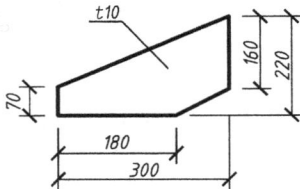

图 1-22　薄板厚度的标注方法

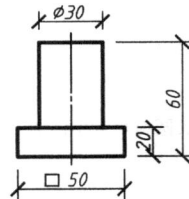

图 1-23　正方形尺寸标注方法

（3）标注坡度时,应加注坡度符号"——",该符号为单面箭头,箭头应指向下坡方向,如图 1-24a)、b)所示。坡度也可用直角三角形形式标注,如图 1-24c)所示。

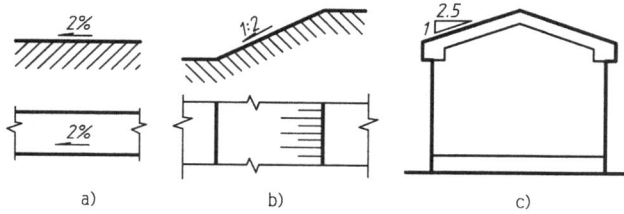

图 1-24　坡度标注方法

（4）外形为非圆曲线的构件,可用坐标形式标注尺寸,如图 1-25 所示。

（5）复杂的图形,可用网格形式标注尺寸,如图 1-26 所示。

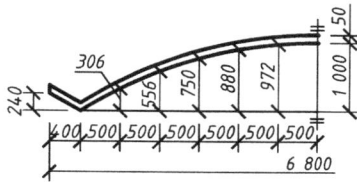

图 1-25　坐标法标注方法　　　　图 1-26　网格法标注方法

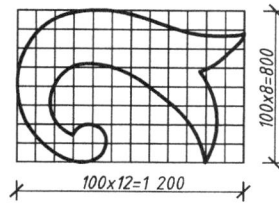

7）尺寸的简化标注

（1）杆件或管线的长度,在单线图(桁架简图、钢筋简图、管线简图)尺寸上,可直接将尺寸数字沿杆件或管线的一侧标注,如图 1-27 所示。

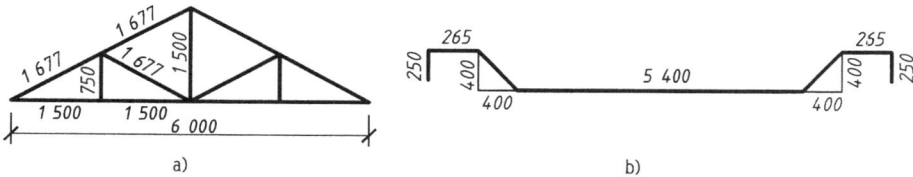

图 1-27　单线图尺寸标注方法

（2）连续排列的等长尺寸,可用"等长尺寸×个数＝总长"或"等分×个数＝总长"的形式标注,如图 1-28 所示。

（3）构配件内的构造因素(如孔、槽等)如相同,可仅标注其中一个要素的尺寸。如图 1-29 所示,图中有 6 个直径相同分布均匀的圆,统一标注为"6ϕ40"。

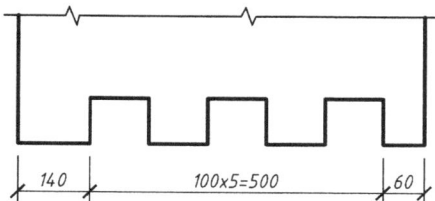

图 1-28　等长尺寸简化标注方法　　　　图 1-29　相同要素尺寸标注方法

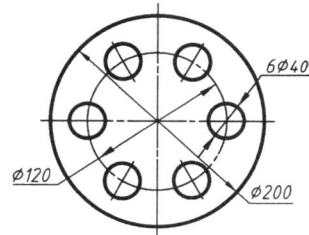

（4）对称构配件采用对称省略画法时，该对称构件的尺寸线应略超过对称符号，仅在尺寸线的一端画尺寸起止符号，尺寸数字应按整体全尺寸标注，其标注位置宜与对称符号对齐，如图 1-30 所示。

（5）两个构配件，如个别尺寸数字不同，可在同一图样中将其中一个构配件的不同尺寸数字标注在括号内，该构配件的名称也应标注在相应的括号内，如图 1-31 所示。

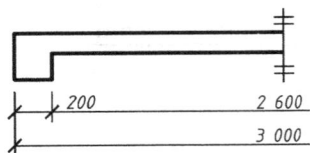

图 1-30   对称构配件尺寸标注方法

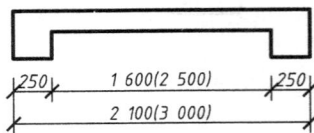

图 1-31   相似构配件尺寸标注方法

（6）若有数个构配件，如仅某些尺寸不同，这些有变化的尺寸数字可用拉丁字母标注在同一图样中，另列表格写明其具体尺寸，如图 1-32 所示。

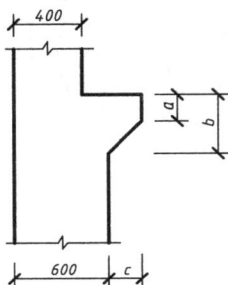

构件编号	a	b	c
Z-1	200	200	200
Z-2	250	450	200
Z-3	200	450	250

图 1-32   相似构配件尺寸表格式标注方法

第二节   绘图工具和仪器的使用方法

为了保证绘图质量，提高绘图速度，必须了解各种绘图工具和仪器的特点，掌握其使用方法。

一、图板和丁字尺

图板是用来固定图纸的，作为绘图的垫板，图板板面应平整、光滑。尤其是图板的左边，它是丁字尺上下移动的导边，必须保持平直。图板有不同的规格，可根据需要选择。在图板上固定图纸应使用胶带纸，切勿使用图钉，如图 1-33 所示。

丁字尺与图板配合用来画水平线，它由相互垂直的尺头和尺身两部分构成。使用时需将尺头紧靠图板左边，然后利用尺身上边画水平线，如图 1-34 所示。

切忌把丁字尺尺头靠在图板的非工作边画线，也不能用丁字尺尺身下边缘画线。

二、三角板

一副三角板有两块，一块为 45° 的等腰直角三角形，另一块为 30° 和 60° 的直角三角形。其中 60° 三角板的长直角边与 45° 三角板的斜边长度相等，这个长度就是一副三角板的规格尺寸。三角板在使用前要确保各边平直光滑，各角完整准确。

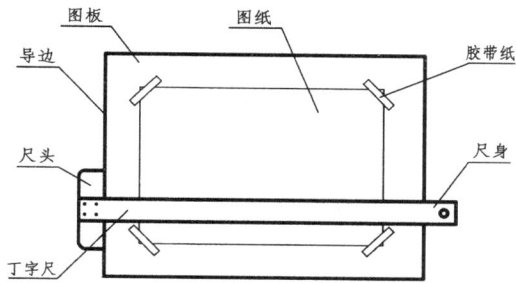

图 1-33　图板和丁字尺

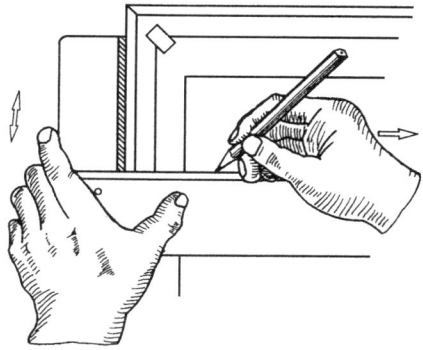

图 1-34　丁字尺画水平线

三角板与丁字尺配合可画垂直线及与水平线成 15°整倍数角的倾斜线。两块三角板配合，还可以画已知直线的平行线和垂直线，如图 1-35 所示。

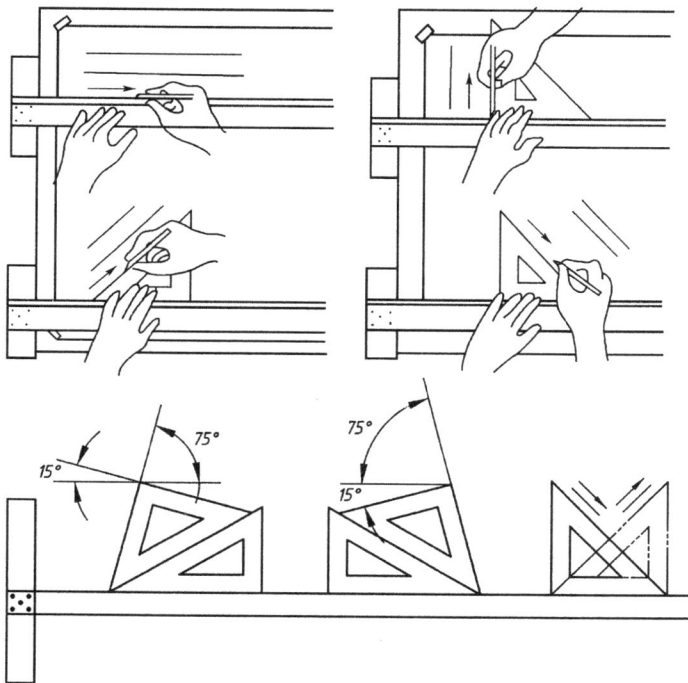

图 1-35　三角板与丁字尺的配合与使用

三、分规和圆规

1. 分规

分规用于等分线段或测量线段的长度，如图 1-36 所示为用分规量取线段和试分线段。分规两腿端带有钢针，当两腿合拢时，两针尖应合成一点。

2. 圆规

圆规是用来画圆或圆弧的工具。圆规一般配有三种插腿：铅笔插腿、直线笔插腿和钢针插腿（代替分规用）。在圆规上接一根延伸杆，可用来画直径更大的圆或圆弧，如图 1-37 所示。

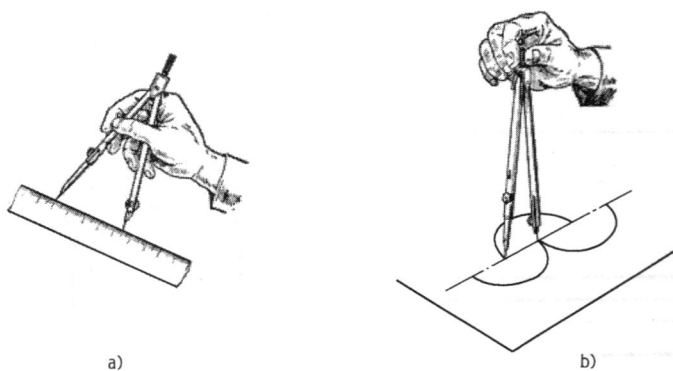

a)   b)

图 1-36   分规的使用

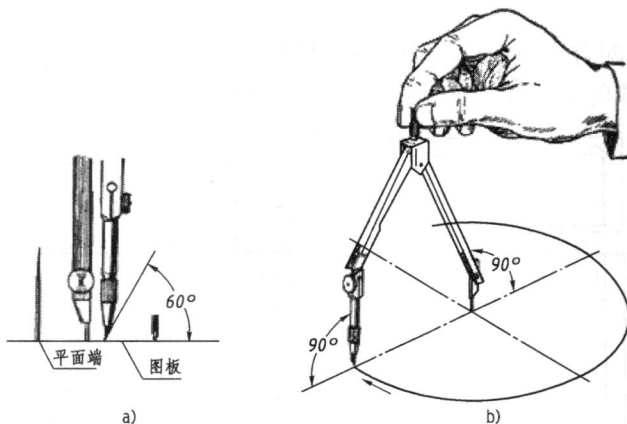

a)   b)

图 1-37   圆规的使用

四、铅笔

绘图铅笔一般常用 2H、H、HB 和 B、2B,这些代号分别表示铅芯的硬度。可根据绘制的线型选用不同硬度的铅笔。如画底稿时,选用硬度为 H、2H 的铅笔,描深时则用硬度为 B、2B 的铅笔。写字时,则用硬度为 HB 的铅笔。

铅笔可削成锥形或扁铲形,如图 1-38 所示。锥形适用于画底稿、写字以及画细实线;扁铲形则用于画粗实线。铅笔应从无字一端开始使用,以保留铅芯硬度标志。

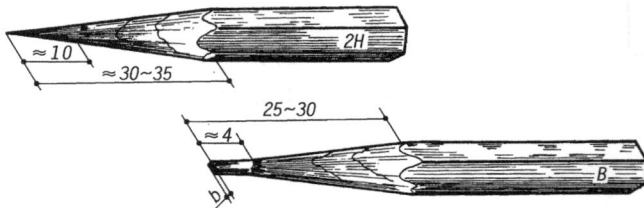

图 1-38   铅笔及其可削成的形状

五、比例尺

比例尺是按比例画图时度量尺寸的工具。常用的比例尺为三棱柱形,故又称为三棱尺。尺身三个面上刻有 6 个不同的比例,当用比例尺上已有的比例画图时,可以直接利用尺身刻度量取尺寸,无需进行计算。比例尺上的刻度以毫米(mm)为单位,如图 1-39 所示。

16

六、曲线板

曲线板是用来画非圆曲线的,画图时先将需连接的各点徒手连成光滑的细线,然后在曲线板上选择曲率变化相同的一段曲线,每段至少连 3～4 个点,两段之间应有重复,如图 1-40 所示。

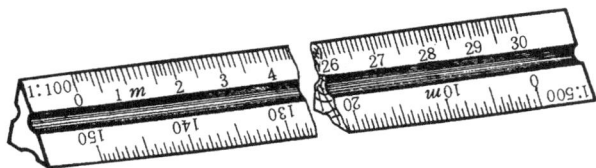

图 1-39　比例尺

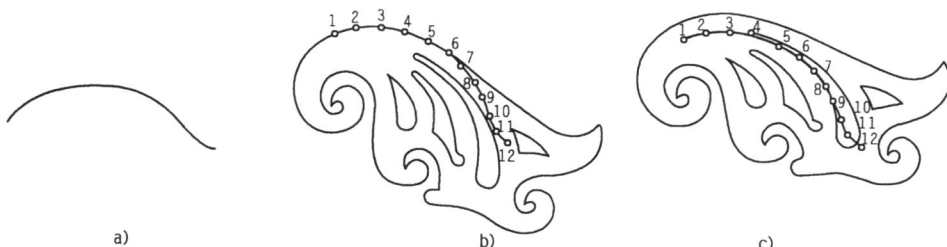

图 1-40　曲线板及其使用

第 三 节　几 何 作 图

任何工程图样,实际上都是由各种几何图形组合而成的。几何作图是根据已知条件,利用制图工具和仪器将它按几何原理准确地画出来,以确保绘图质量。

一、等分线段

将线段 AB 五等分。

作图步骤(图 1-41)如下:

(1)过 A 点任意作一条线段 AC,在 AC 上从 A 点起以任意长度,取 $A1 = 12 = 23 = 34 = 45$ 为整数刻度的五等分,得等分点 1、2、3、4、5。

(2)连接 B5,分别过等分点 1、2、3、4 作线段 B5 的平行线,这些平行线与线段 AB 的交点 I、II、III、IV 即为所求的等分点。

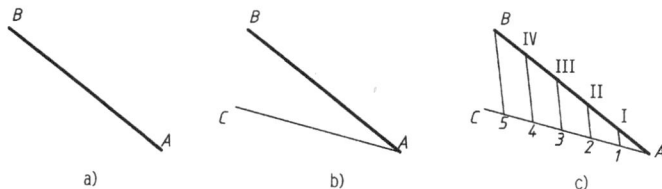

图 1-41　五等分线段

二、等分圆周及作圆内接正多边形

工程上常用的等分圆周和作圆内接正多边形的方法如表 1-6 所示。

17

类别	已知条件和作图要求	作　图　步　骤	
圆内接正三边形	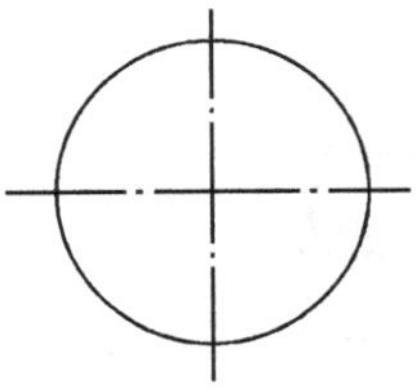 作圆内接正三边形	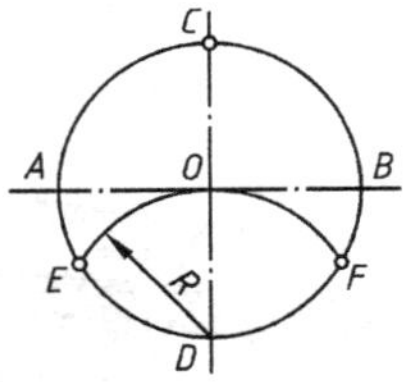 1. 以 D 点为圆心,所作圆半径为半径画圆弧,交圆周于 E、F 两点,E、F、C 三点三等分圆周	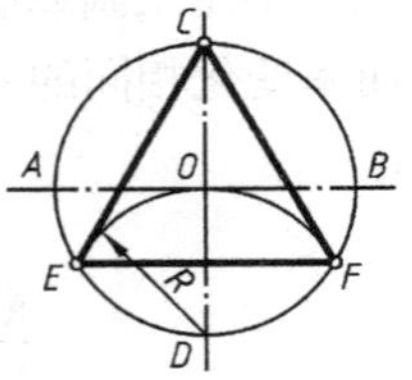 2. 连接 C、E、F 三点,即得圆内接正三边形
圆内接正五边形	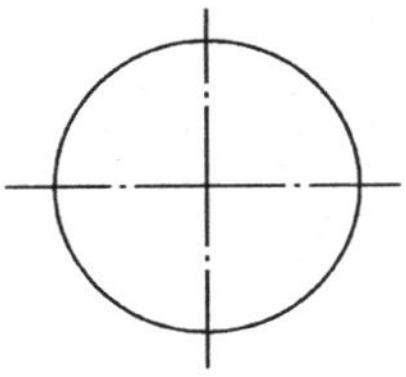 作圆内接正五边形	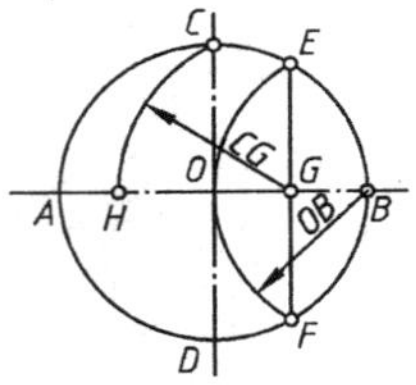 1. 以 B 点为圆心,所作圆半径为半径画圆弧,交圆周于 E、F 两点,连接 EF 与 OB 交于 G 点;以 G 为圆心,CG 为半径画圆弧,交 OA 于 H 点	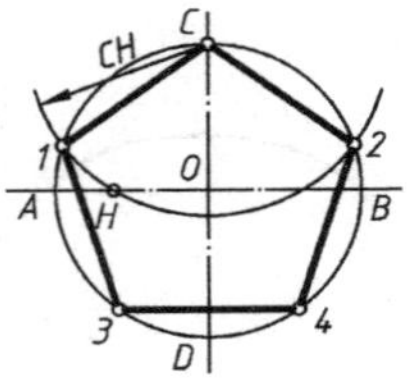 2. 以 C 为圆心,CH 为半径画圆弧,交圆周于 1、2;再分别以 1、2 为圆心,CH 为半径画圆弧,交圆周于 3、4 两点;C、1、3、4、2 点为等分点,依次连接各点即得圆内接正五边形
圆内接正六边形	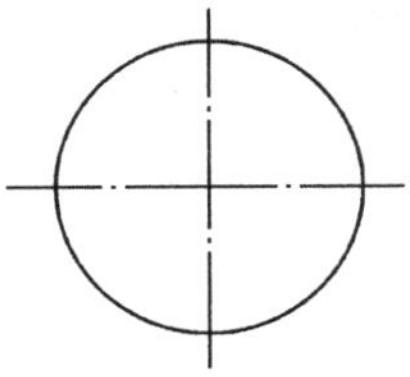 作圆内接正六边形	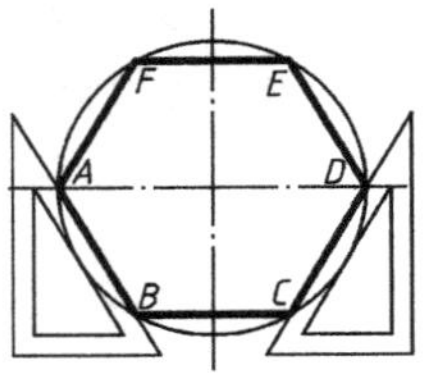 做法一:利用 60°三角板作圆内接六边形	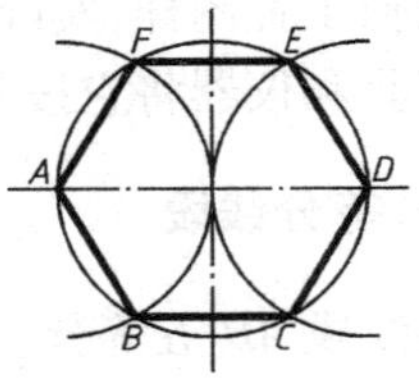 做法二:分别以 A、D 为圆心,所作圆的半径为半径画圆弧,交圆周于 B、F 和 C、E。A、B、C、D、E、F 即为六等分点,依次连接各点即得圆内接正六边形
圆内接正 N 边形	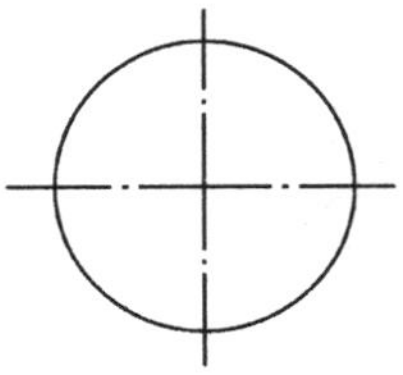 以作圆内接正七边形为例	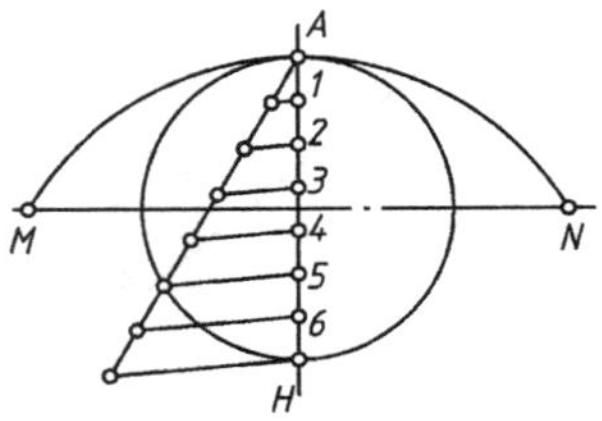 1. 将直径 AH 七等分,以 H 为圆心,AH 为半径画圆弧,交水平中心线于 M、N 两点	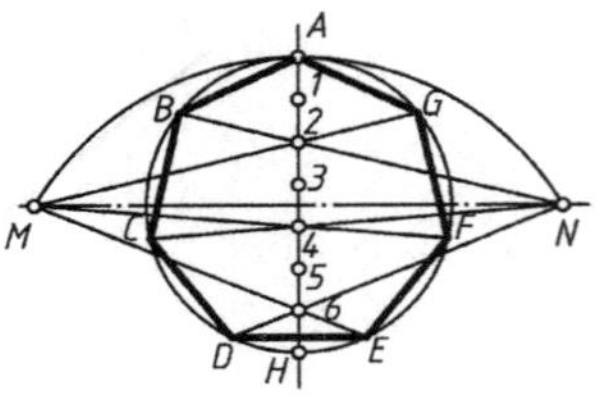 2. 自 M、N 分别向 AH 上的各偶数点(或奇数点)作连线并延长,交圆周于 B、C、D、E、F、G、A 点为七等分点,依次连接各等分点,即得圆内接正七边形

18

三、椭圆的画法

椭圆的画法较多。常见的有同心圆法和四心圆弧法,同心圆法画的椭圆是真正的椭圆,而四心圆弧法画的椭圆是近似的椭圆。椭圆的作图方法和步骤如表 1-7 所示。

椭 圆 的 画 法　　　　　　　　　　　　表 1-7

类别	作 图 步 骤		
四心圆法画椭圆	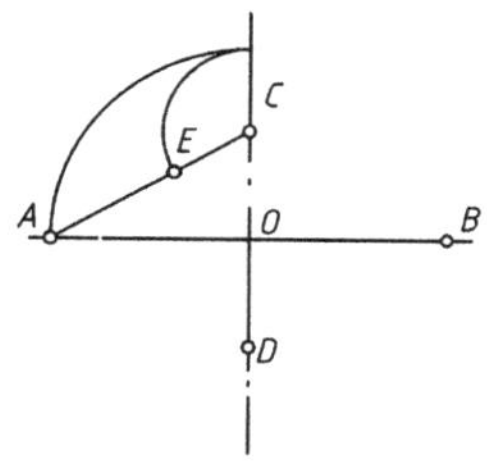 1. 已知椭圆的长短轴 AB 和 CD,以 C 为圆心,OA－OC 为半径画弧交于 AC 于 E	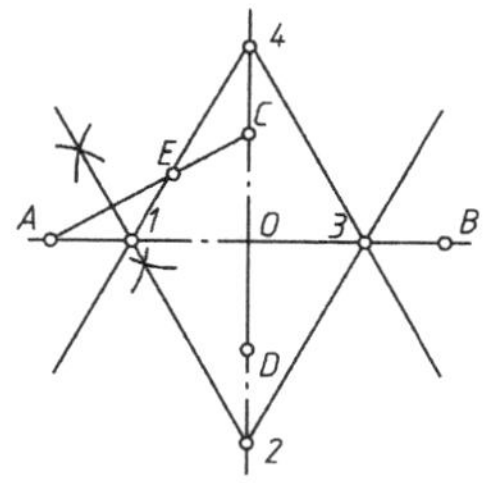 2. 作线段 AE 的中垂线,与椭圆的长、短轴分别交于 1、2 两点,再取 1、2 在椭圆长、短轴上的对称点 3、4,1、2、3、4 为四个圆心,连接 21、41、23、43 并延长,得四段圆弧的分界线	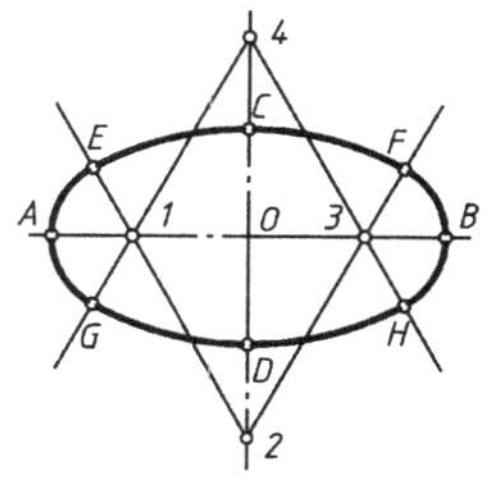 3. 分别以 1、3 为圆心,1A(或 3B)为半径画弧至四段圆弧分界线;再分别以 2、4 为圆心,2C(或 4D)为半径画弧至四段圆弧分界线。即得所求近似椭圆,图中 E、F、G、H 为四段圆弧分界点(也是切点)
同心圆弧法画椭圆	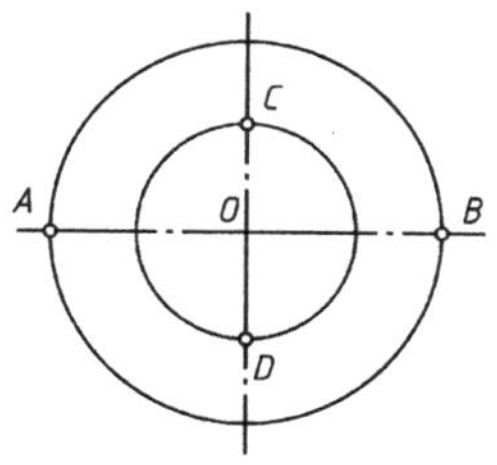 1. 已知椭圆的长短轴 AB 和 CD,以 O 为圆心,分别以 OA、OC 为半径画两个同心圆	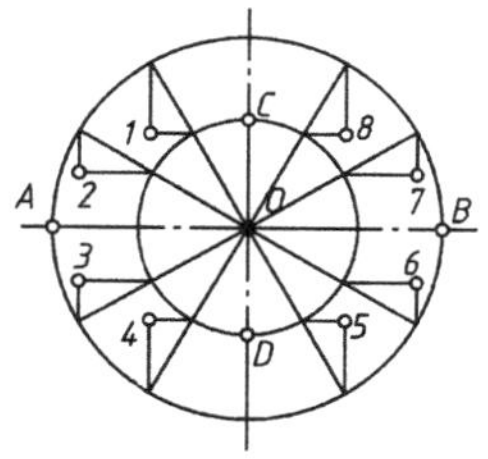 2. 将两同心圆等分(如图 12 等分),得各等分点。过大圆的等分点作短轴的平行线,过小圆上的等分点作长轴的平行线,分别交于 1、2、A、3、…各点,即得椭圆上的点	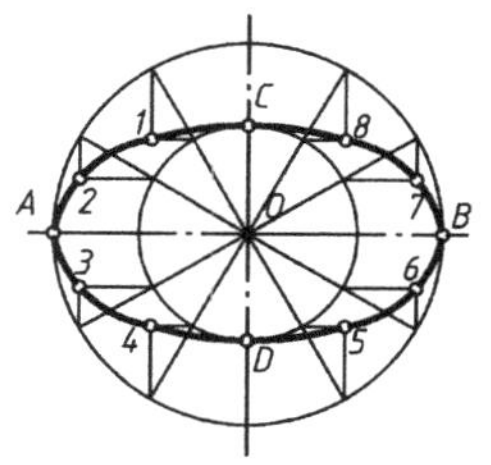 3. 用曲线板依次将所求椭圆上各点对称而光滑地连接起来,即画出椭圆

四、圆弧连接

在绘制平面图形时,经常需要用圆弧将直线与直线、直线与圆弧或圆弧与圆弧光滑地连接起来,这种连接作图就是圆弧连接。圆弧连接的作图要求是光滑地连接,这种光滑连接要求所作的连接圆弧与已知直线或已知圆弧相切,达到平顺过渡,切点即是连接点。

圆弧连接的作图过程是:先作连接圆弧的圆心,再作连接点(切点),最后作出连接圆弧。圆弧连接的典型作图方法如表 1-8 所示。

类别	已 知 条 件	作 图 步 骤
用圆弧连接两直线	已知连接圆弧半径为 R，连接两条直线为 L_1 和 L_2	1. 分别作与 L_1 和 L_2 两直线平行且距为 R 的直线 L_3 和 L_4，两平行线交于 O 即为连接圆弧的圆心，自 O 点向两已知直线作垂线，得垂足 T_1 和 T_2 即为切点　　2. 以 O 点为圆心，R 为半径在两切点 T_1 和 T_2 之间画圆弧，即完成连接作图
用圆弧连接直线和圆弧外切	已知连接圆弧半径为 R，连接直线 L 和半径为 R_1 的圆弧	1. 作与直线相距为 R 的平行线 L_1，再以 O_1 为圆心，$R_1 + R$ 为半径作圆弧，交直线 L_1 于点 O；连接 O_1 和 O，交已知圆弧于切点 T，过 O 作直线 L 的垂线得垂足 T_1 即为切点　　2. 以 O 点为圆心，R 为半径在两切点 T 和 T_1 之间画圆弧，即完成连接圆弧作图
用圆弧连接两圆弧外切	已知连接圆弧半径为 R，连接两圆弧的半径为 R_1 和 R_2	1. 以 O_1 为圆心 $R + R_1$ 为半径，和以 O_2 为圆心 $R + R_2$ 为半径的圆交于 O，O 即为连接圆弧的圆心；连心线 OO_1 和 OO_2 分别与两已知圆弧 O_1 和 O_2 交于 T_1 和 T_2，T_1 和 T_2 即为切点　　2. 以 O 点为圆心，R 为半径在两切点 T_1 和 T_2 之间画圆弧，即完成圆弧连接作图
用圆弧连接两圆弧内切	已知连接圆弧半径为 R，被连接两圆弧的半径为 R_1 和 R_2	1. 以 O_1 为圆心 $R - R_1$ 为半径，和以 O_2 为圆心 $R - R_2$ 为半径的圆交于 O，O 即为连接圆弧的圆心；连心线 OO_1 和 OO_2 并延长，分别与两已知圆弧 O_1 和 O_2 交于 T_1 和 T_2，T_1 和 T_2 即为切点　　2. 以 O 点为圆心，R 为半径在两切点 T_1 和 T_2 之间画圆弧，即完成连接作图

类别	已知条件	作 图 步 骤
用圆弧连接两圆弧内外切	已知连接圆弧半径为 R，被连接的两圆弧的半径为 R_1 和 R_2	1. 以 O_1 为圆心 $R-R_1$ 为半径，和以 O_2 为圆心 $R+R_2$ 为半径的圆交于 O，O 即为连接圆弧的圆心；连心线 OO_1 和 OO_2 分别与两已知圆弧 O_1 和 O_2 交于 T_1 和 T_2，T_1 和 T_2 即为切点 2. 以 O 点为圆心，R 为半径在两切点 T_1 和 T_2 之间画圆弧，即完成连接圆弧作图

第四节 平面图形的分析及尺寸标注

平面图形通常是由若干线段连接而成的。画图时，首先要对平面图形进行尺寸分析和线段性质分析，以便正确地画出图形，并标注尺寸。

一、平面图形的尺寸分析

根据尺寸在平面图形中所起作用的不同，平面图形的尺寸分为定形尺寸和定位尺寸两类。

1. 定形尺寸

用来确定平面图形各组成部分形状和大小的尺寸，称为定形尺寸，例如线段长度、圆和圆弧半径、直径等。如图 1-42 中的 $R10$、$R15$、$\phi40$、$R45$ 均为定形尺寸。

图 1-42 平面图形的尺寸和线段分析

2. 定位尺寸

用来确定平面图形中各组成部分之间相对位置的尺寸，称为定位尺寸。因为平面图形有横向和纵向两个方向，所以一般情况下，平面图形中每一部分都有两个方向的定位尺寸。如图 1-42 中尺寸 60 和 6，是确定 $R15$ 和 $\phi40$ 两圆弧横向和纵向位置的尺寸，属于定位尺寸。

标注定位尺寸的起点称为尺寸基准。一个平面图形应有两个方向的尺寸基准。平面图形的尺寸基准一般以图形的对称线、较大圆的中心线或主要轮廓线作为尺寸基准。如图 1-42 中长度和高度方向尺寸基准均选在 $\phi40$ 的圆心处。

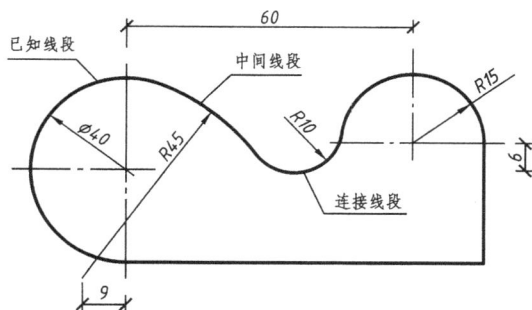

二、平面图形的线段分析

平面图形的线段根据所给定位尺寸的多少可分为已知线段、中间线段和连接线段。

1. 已知线段

定形尺寸和定位尺寸都齐全的线段称为已知线段。也就是说，根据所给尺寸能直接画出的线段。如图 1-42 中 $R15$ 和 $\phi40$ 两圆弧均可直接画出属于已知线段。

2. 中间线段

定形尺寸齐全，定位尺寸只有一个方向的线段称为中间线段。中间线段另一个方向的定位尺寸需依靠其连接的已知线段才能作出,如图1-42中 R45 的圆弧,只给了横向的定位尺寸9,而纵向的定位需依靠 φ40 的圆弧作出,故属中间线段。

若线段过一已知点且与已知圆弧相切,也为中间线段。如图1-42中右下角的两条直线均为中间线段。

3.连接线段

只有定形尺寸而无定位尺寸的线段称为连接线段。连接线段的定位需依靠已知线段或中间线段才能作出。如图1-42中 R10 的圆弧,需依靠已知线段 R15 和中间线段 R45 才能作出,故属于连接线段。若线段两端与已知圆弧相切,也称为连接线段。

三、平面图形的画图

由以上分析可知,平面图形的作图过程应为先定位已知线段并画出,然后画中间线段,再画连接线段,最后检查描深,标注尺寸。图1-42的绘图过程如图1-43所示。

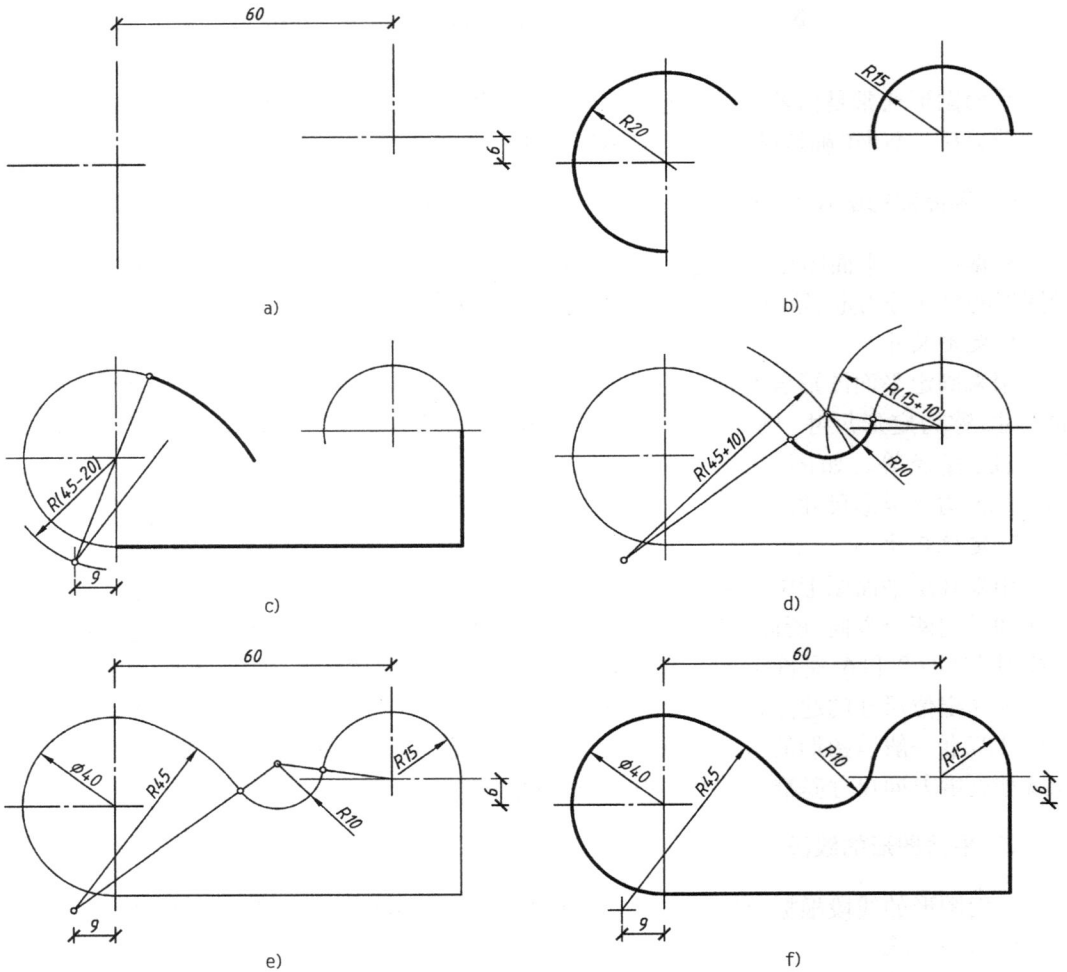

图 1-43　平面图形的绘图步骤

a)画定位线;b)画已知线段;c)画中间线段;d)画连接线段;e)检查并标注尺寸;f)描深

22

第五节　制图的方法和步骤

1. 准备工作

(1)安排合适的绘图工作地点。绘图是一项细致的工作,要求绘图工作地点光线明亮、柔和,光线最好是从左前方射来。要配置好绘图桌椅的高度,绘图的姿势要正确。否则不仅会影响工作效率,而且会妨碍身体健康。

(2)准备必要的绘图工具。使用之前应将绘图仪器逐件进行检查校正,并要擦拭干净,以保证绘图质量和图面整洁。各种绘图工具应放在绘图桌适当的地方,做到使用方便,保管妥当。

(3)准备有关绘图的参考资料,以备随时查阅。

(4)根据所绘工程图的要求,按国家标准规定选用图幅大小,图纸在图板上粘贴的位置尽量靠近左边(离图板边缘留3~5cm),图纸下边至图板边缘的距离略大于丁字尺的宽度。

2. 布图幅、定比例

(1)按图样复杂程度及尺寸多少,结合各类工程图样常用比例选定图幅与比例。

(2)要对所画图形的内容做到心中有数,就要根据投影关系定出每一个投影图的位置,对没有投影关系的图形以布图均匀、协调为原则。

3. 画底稿

(1)图面布置之后,根据选定的比例用 H 或 2H 铅笔根据图形尺寸轻轻地画出底稿。底稿必须认真画出,以保证图样的正确性和精确度。如发现错误,不要立即就擦,可用铅笔轻轻作上记号,待全图完成之后,再一次擦净,以保证图面整洁。

(2)画完底稿之后,必须认真逐图检查,看是否有遗漏和错误的地方,切不可匆忙描深。

4. 描深

在检查底稿确定无误之后,即可描深底图。

(1)描深之前,应先确定标准实线的宽度,根据线型标准确定其他线宽。同类图线应粗细一致。一般宽度在 b 或 b 以上的图线用 B 或 2B 铅笔描深,$b/2$ 或更细的图线和尺寸数字、注释等用 HB 铅笔。

(2)为使同类图线粗细均匀,色调一致,铅笔应该经常修磨,描深实线一次不够时,则应重复再画,切不可来回描粗。

(3)描深图线的步骤是:同类型的图线一次描深,其描深的顺序是先画细线,后画粗线;先画曲线,后画直线;先画图,后标注尺寸和注解,最后描深图框和标题栏。

按以上步骤描深不仅能加快绘图速度和提高绘图的准确性,而且可减少丁字尺与三角板在图板上的摩擦,保持图面清洁。

(4)全部描深之后,再仔细检查,若有错误应及时改正。

第二章 点、线、面的投影

第一节 投影的基本知识

一、投影的形成及分类

1. 投影的形成

物体在光线的照射下,在墙壁或地面上就会出现物体的影子,如图 2-1a)所示。人们根据自然界中这种投影现象进行研究并抽象,形成了投影法。根据投影方法,把物体的所有内外轮廓和内外表面交线全都画出来,将所有可见的线画成实线,所有不可见的线画成虚线。

把发出光线的太阳或灯泡等光源称为投影中心,把光线称为投射线,把墙面、地面或平面等承影面称为投影面,如图 2-1b)所示。这种将投射线通过物体,向选定的投影面投射,并在该投影面上得到投影的方法称为投影法。

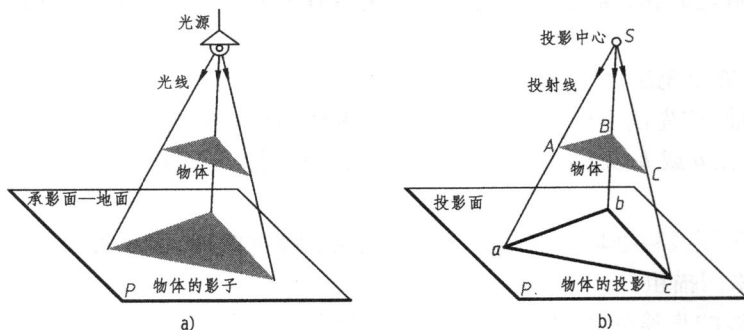

图 2-1 投影的形成

a)投影的形成;b)中心投影

2. 投影法的分类

投影法是研究投射线、物体、投影面三者关系的。随着三者位置的变化,形成各种投影法。其分类如下:

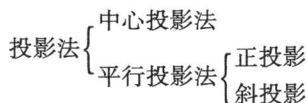

$$投影法\begin{cases}中心投影法\\平行投影法\begin{cases}正投影\\斜投影\end{cases}\end{cases}$$

1)中心投影法

指投影中心距离投影面为有限远,投射线在有限远处交于一点的投影法,如图 2-1b)

所示。

中心投影的特性是:物体在投影面和投影中心之间移动时,其投影的大小发生变化,愈靠近投影中心,投影愈大,反之愈小。

2)平行投影

投影中心距离投影面无限远,投射线相互平行的投影法。根据投射线与投影面是否垂直,平行投影又分为两种:

(1)正投影(直角投影)指投射线垂直于投影面的投影法,如图2-2a)所示。

(2)斜投影(斜角投影)指投射线倾斜于投影面的投影法,如图2-2b)所示。

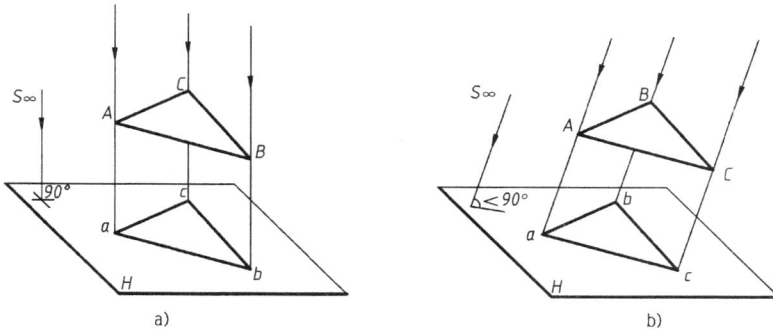

图2-2 平行投影法
a)正投影;b)斜投影

在平行投影中,物体沿着投影方向移动时,物体的投影大小不变。

正投影有许多优点,它既能完整、准确地表达物体的形状和大小,而且作图方便、度量性好。本书中,除"轴测投影"一章部分章节外,其他章节均为正投影,因为在工程技术界,用于设计施工的投影图都是用正投影法画出的。

二、平行投影的几何性质

平行投影(特别是正投影)是工程制图中绘制图样的主要方法。因此,了解平行投影的几何性质,对分析和绘制物体的投影图至关重要。

平行投影的几何性质如下:

1. 同素性

点的投影仍然是点,直线的投影一般情况下仍为直线。如图2-3所示,过点 A 向投影面 H 引垂线,所得垂足 a 即为点 A 的投影,过 MN 直线向投影面 H 作垂直面,所得的交线 mn 即为直线 MN 的投影。

2. 从属性

若点在直线上,则点的投影在直线的投影上。如图2-3所示,若 $K \in MN$,则 $k \in mn$。

3. 定比性

若点在直线上,则点分线段所成的比例,等于点的投影分线段投影所成的比例。如图2-3所示,若 $K \in MN$,则 $MK : KN = mk : kn$。

4. 平行性

若空间两直线平行,则其投影也平行,且两线段之比等于两线段投影之比。如图2-4所示,若 $AB /\!/ CD$,则 $ab /\!/ cd$,且 $AB:CD = ab:cd$。

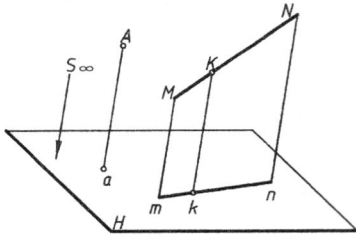

图 2-3　同素性、从属性、定比性

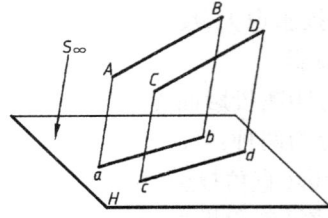

图 2-4　平行性

5. 显实性

若线段或平面平行于投影面,则它们的投影反映实长或实形。如图 2-5 所示,若 $MN /\!/ H$,则 $mn = MN$;若 $\triangle ABC /\!/ H$,则 $\triangle abc \cong \triangle ABC$。

6. 积聚性

若直线平行于投射线,则直线的投影积聚为一点,且直线上所有点的投影必在直线的积聚投影上;若平面平行于投射线,则平面的投影积聚为一条线,且平面上所有点和直线的投影也一定在平面的积聚投影上。

如图 2-6 所示,在正投影中,若 $AB \perp H$,则 $a(b)$ 为一点;若 $C \in AB$,则 $(c) \in \equiv a(b)$;若 $\triangle DEF \perp H$,则 def 为一条线;若 G、$MN \in \triangle DEF$,则 g、$mn \in def$。

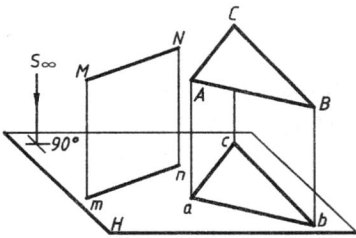

图 2-5　显实性

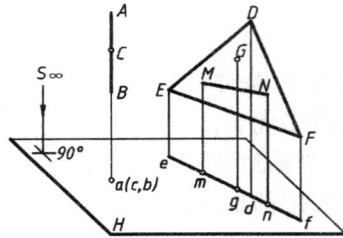

图 2-6　积聚性

三、三面正投影图的形成及其投影规律

工程上设计和施工的图样主要采用正投影法。因为这种方法画出的图简单,而且具有真实和度量方便等优点,能够很好地满足工程上的要求。本书除特别说明外,均采用正投影法。

1. 三面投影图的形成

绘制工程图样的主要方法是采用正投影法。但是,只用一个投影图来表达物体是不够的。如图 2-7 所示,用投影法将空间的四个物体向投影面 H 进行投影,所得到的投影完全相同。若根据这个投影图来确定空间物体的唯一形状,显然是不可能的。因为它可以是这四个物体中的任意一个,也还可以是其他物体。由此可见,用一个投影是不能唯一确定空间物体的形状,要使投影图能够唯一地确定物体的形状就需要采用三面投影。

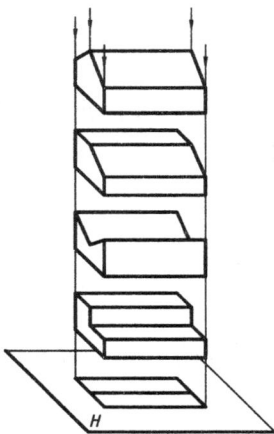

图 2-7　四个物体的正投影

三面投影图由三个相互垂直投影面组成,如图 2-8 所示。将

水平放置的平面称为水平投影面,用"H"来表示;将正对着观察者的投影面称为正立投影面,用"V"来表示;将观察者右侧的第三个投影面称为侧立投影面,用"W"来表示。这三个投影面两两相交的交线组成三条投影轴 OX、OY 和 OZ。三个投影面和三个投影轴交于原点 O 形成三面投影体系。

将物体置于三面投影体系中,利用正投影法分别向三个投影面进行投影。将由上向下物体在 H 面的投影称为水平投影(简称 H 面投影);将由前向后物体在 V 面的投影称为正立面投影(简称 V 面投影);将由左向右物体在 W 面的投影称为侧立面投影(简称 W 面投影)。H、V、W 三个投影称为三面投影图,如图 2-9 所示。

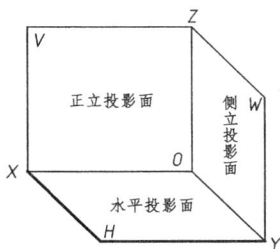

图 2-8　三面投影体系

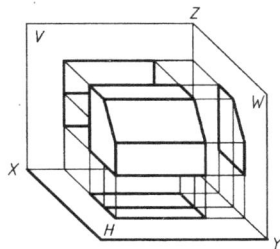

图 2-9　三面投影的形成

2. 三面投影图的展开

置于三面投影体系中的物体,三面投影图分别位于三个投影面上,这给绘图带来很大的不便。工程上常将三个投影图画在一张图纸上,即在同一平面上,需将三个互相垂直相交的投影面展开成一个平面。其方法如图 2-10 所示,保持 V 面不动,把 H 面绕 OX 轴向下旋转 90°与 V 面成同一平面,把 W 面绕 OZ 轴向右旋转 90°也与 V 面成同一平面,展开后的三个投影面应在同一平面上。

3. 投影规律

展开后的三面正投影的位置关系为:正面投影和水平投影左右对齐,长度相等,简称为长对正;正面投影和侧面投影上下对齐,高度相等,简称为高平齐;水平投影和侧面投影前后对应,宽度相等,简称为宽相等。"长对正,高平齐,宽相等"简称为三面投影的"投影对应关系",如图 2-11 所示。

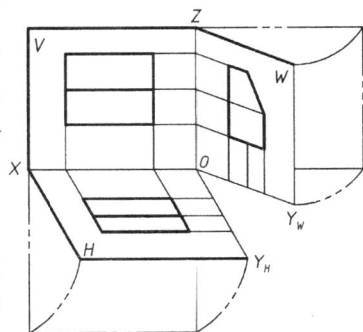

图 2-10　三面投影展开的方法

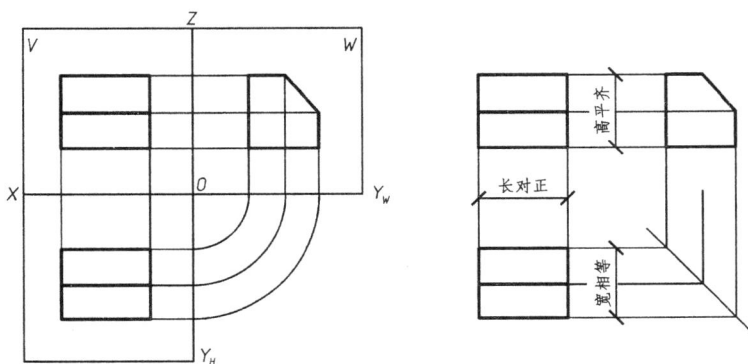

图 2-11　展开的三面投影

第二节 点 的 投 影

任何物体都可以看成是由点、直线和面构成的,而点又是构成物体最基本的几何元素,因此在讨论物体的投影之前,首先要讨论点的投影。

一、点的两面投影

1. 两面投影体系的形成

根据投影规律,点在任意一个投影面上的投影,实质上是过该点向该投影面所作的垂足,所以点在任意一个投影面的投影仍然是点。而要确定点在空间的位置,就需要作出点的两面投影。

如图 2-12a)所示,由两个互相垂直的投影面组成两面投影体系,即水平投影面 H 和正立投影面 V,交线为 OX 轴。

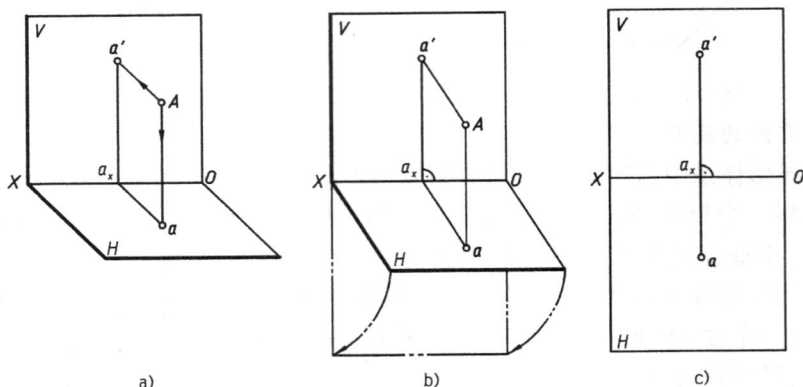

图 2-12 点的两面投影
a)立体图;b)展开图;c)投影图

2. 点在两面投影体系中的投影

要作出空间点 A 在 H 面和 V 面上的投影,应该过 A 分别向 H 面和 V 面作垂线,所得的两个垂足即为点 A 的两个投影。其中标注规定在 H 面上的水平投影,用其对应点小写字母“a”表示;在 V 面上的正面投影,用其对应点小写字母加一撇,即“a'”表示。

根据水平投影 a 和正面投影 a' 可以唯一确定点 A 的空间位置。方法是自 a 向上作 H 面的垂线,自 a' 向前作 V 面的垂线,两垂线的交点即为空间点 A 的位置。由此可见,给出空间任意一点的位置,可以作出它的两面投影;反之,给出点的两个投影,也可唯一确定该点的空间位置。

为使两个投影 a 和 a' 画在同一个平面上,规定 V 面保持不动,将 H 面绕 OX 轴按如图 2-12b)所示向下旋转 90°与 V 面共面,即得点的两面投影图,如图 2-12c)所示。

3. 点的两面投影特性

(1)点的水平投影 a 和正面投影 a' 的连线(投影连线)垂直于投影轴 OX,即 $aa' \perp OX$。

(2)点的水平投影到 OX 轴的距离等于空间点到 V 面的距离,点的正面投影到 OX 轴的距离等于空间点到 H 面的距离,即 $aa_x = Aa'$,$a'a_x = Aa$。

28

二、点的三面投影

1.三面投影体系

尽管点的两面投影已经能够确定点在空间的位置,但为了表达物体的形状,常常需要画出三面投影,因此还需要研究点在三面投影体系中的投影关系。

如图 2-13a)所示,在 H 和 V 两面投影体系的基础上,再在右侧增加一个与 H 和 V 面都垂直的侧立投影面 W。W 面与 H、V 面的交线分别用 OY 和 OZ 表示,OX、OY 和 OZ 三个坐标轴的交点为原点 O。

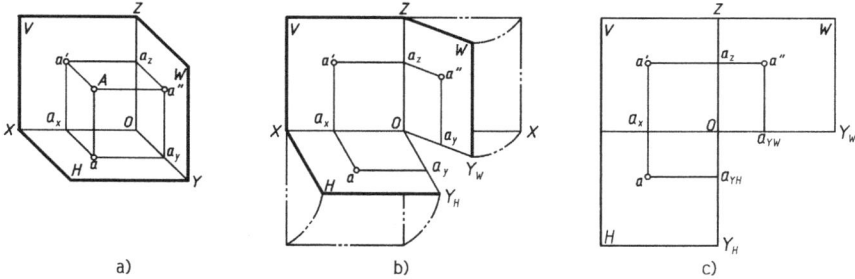

图 2-13 点的三面投影

a)立体图;b)展开图;c)投影图

如图 2-13a)所示,在三面投影体系中空间有一点 A,过点 A 分别向 H、V、W 面作垂线,所得的三个垂足即为点 A 的三个投影 a、a' 和 a''。在 W 面上的投影 a'' 称为 A 点的侧面投影。

为使点 A 的三个投影 a、a' 和 a'' 画在同一个平面上,仍规定 V 面保持不动,将 H 面绕 OX 轴按如图 2-13b)所示向下旋转 $90°$,将 W 面绕 OZ 轴向右旋转 $90°$ 与 V 面共面,将随 H 面旋转的 OY 轴用 OY_H 表示,随 W 面旋转的 OY 轴以 OY_W 表示,即得点的三面投影图,如图 2-13c)所示。

2.点的三面投影特性

(1)点的任意两个投影连线垂直于这两个投影面的交轴(投影轴),即 $aa' \perp OX$, $a'a'' \perp OZ$, $aa_{YH} \perp OY_H$, $a''a_{YW} \perp OY_W$。

(2)点到任意一个投影面的距离等于点在另外两个投影面的投影到相应投影轴的距离,即 $Aa = a'a_x = a''a_{YW}$, $Aa' = aa_x = a''a_z$, $Aa'' = aa_{YH} = a'a_z$。

以上特性说明点在三面投影体系中,任意两个投影之间都有一定的投影规律,因此,只要给出点的任意两个投影就可以求出其第三个投影。

【例 2-1】 如图 2-14a)所示,已知 B、C、D 各点的两个投影,补出第三个投影。

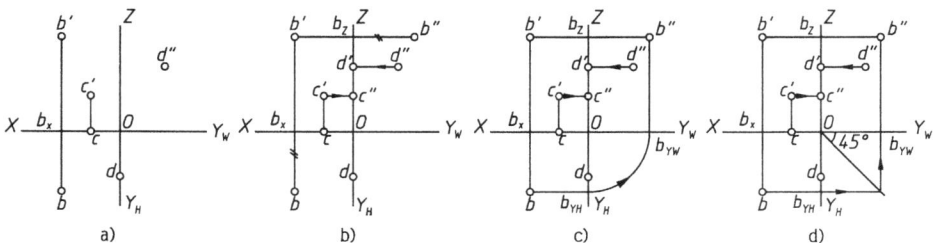

图 2-14 点的"二补三"作图

a)已知条件;b)做法(一);c)做法(二);d)做法(三)

作图:以点 B 为例说明。

做法一:如图 2-14b)所示,过 b' 作 OZ 轴的垂线交 OZ 于 b_z,延长 $b'b_z$,取 $b_zb'' = bb_x$,即得投影点 b''。

做法二:如图 2-14c)所示,过 b' 作 OZ 轴的垂线,并延长;过 b 作 OY_H 轴的垂线,垂足为 b_{YH};以 O 为原心,Ob_{YH} 长为半径画 1/4 圆弧交 Y_W 轴于 b_{YW};过 b_{YW} 作 OY_W 的垂线,与过 b' 点作的线交于 b''。

做法三:将方法二中的 1/4 圆弧用 45°方向斜线代替,也能作出投影点 b''。

三、点的直角坐标表示法

如图 2-13a)所示,如果把三个投影面视为三个坐标面,那么 OX、OY、OZ 即为三个坐标轴,三个轴的交点即为坐标原点。这样点到投影面的距离就可以用点的三个坐标 (x,y,z) 来表示,如图 2-15a)、b)所示。

点 A 到 W 面的距离等于点 A 的 x 坐标 x_A;点 A 到 V 面的距离等于点 A 的 y 坐标 y_A;点 A 到 H 面的距离等于点 A 的 z 坐标 z_A。

从图中可看出点的投影与坐标的关系:点 A 水平投影 a 由 (x_A,y_A) 确定;正面投影 a' 由 (x_A,z_A) 确定;侧面投影 a'' 由 (y_A,z_A) 确定。

由此可见,给出点的坐标就可作出点的投影,反过来,给出点的投影也可量出点的坐标。

【例 2-2】 如图 2-15a)、b)所示,已知空间四点的坐标:$A(60,30,40)$,$B(45,0,0)$,$C(30,40,0)$,$D(15,0,60)$,求作四个点的立体图和三面投影图。

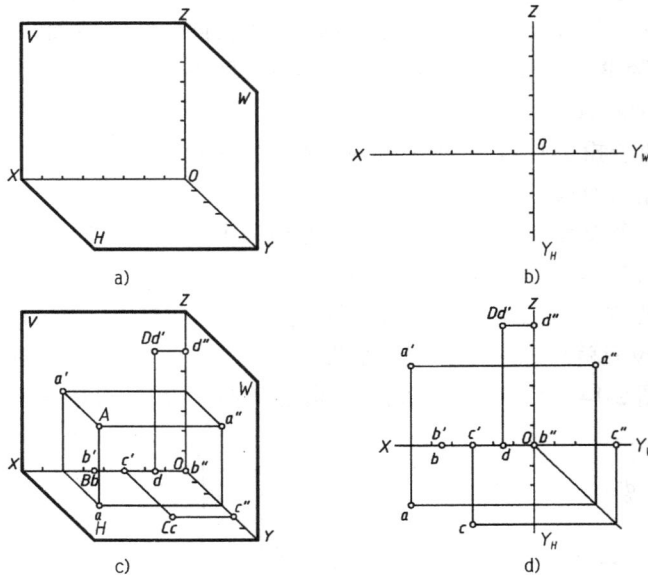

图 2-15 根据点的坐标作立体图和三面投影图

a)立体坐标;b)直角坐标;c)立体图;d)投影图

作图结果已表明在图 2-15c)、d)中。其中点 A 的三个坐标都不为零,它位于三面投影体系的空间;点 B 的 y,z 坐标均为零,它位于 OX 轴上,其正面投影和水平投影与其本身重合,侧面投影与原点重合;点 C 的 z 坐标为零,它位于 H 面上,其水平投影与其本身重合,正面投影和

侧面投影分别位于 OX 轴上和 OY_W 轴上;点 D 的 y 坐标为零,它位于 V 面上,其正面投影与其本身重合,水平投影和侧面投影分别位于 OX 轴上和 OZ 轴上。

四、两点的相对位置、重影点

1. 两点的相对位置

两点的相对位置是指两点间的上下、左右、前后的位置关系。在投影图中判别两点的相对位置是读图的重要环节。

如图 2-16a)所示,假定观察者面对 V 面,则 OX 轴的指向为左方,OY 轴的指向为前方,OZ 轴的指向为上方,两点间的相对位置是:

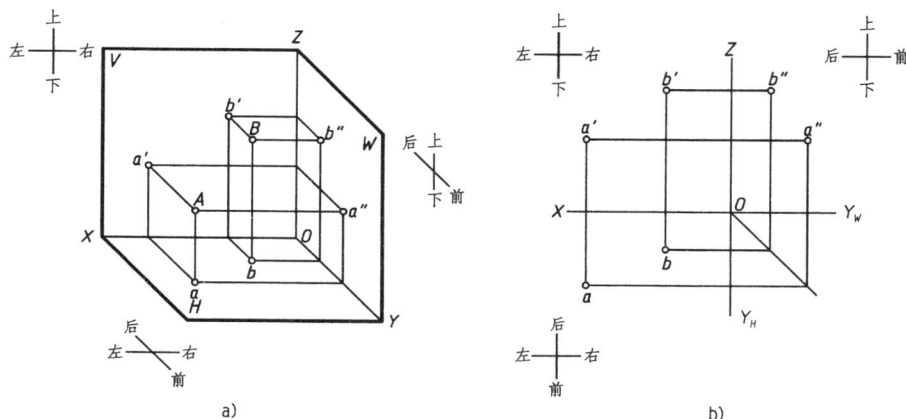

图 2-16 两点的相对位置
a)立体图;b)投影图

比较 x 坐标的大小,可以判定两点左右的位置关系,x 大的点在左,x 小的点在右。

比较 y 坐标的大小,可以判定两点前后的位置关系,y 大的点在前,y 小的点在后。

比较 z 坐标的大小,可以判定两点上下的位置关系,z 大的点在上,z 小的点在下。

三面投影体系中两点的水平投影反映两点间的左右、前后的位置关系;正面投影反映两点间的左右、上下的位置关系;侧面投影反映两点间的前后、上下的位置关系。

如图 2-16b)所示,由 A、B 两点的三面投影可以判断出空间点 A 在左,点 B 在右;点 A 在前,点 B 在后;点 A 在下,点 B 在上。

2. 重影点

如果空间两个点在某一投影面上的投影重合,那么这两个点就叫作对于该投影面的重影点,如表 2-1 所示。

显然,若两个点位于某一投影面的同一条投射线上,则这两个点的投影就在该投影面重合。如果观察者沿投射线方向观察这两个点,必有一点是可见,另一点是不可见,不可见点的投影放到括号内表示,这就是重影点的可见性。判断在某一投影面上重影点重合投影的可见性,可用不相等的两个坐标值判断,坐标值大的点为可见点。也可由投影图判别,其方法为:

(1)沿 Z 轴重影点是上面一点可见,下面一点不可见,上下位置可从 V、W 面投影看出。

(2)沿 Y 轴重影点是前面一点可见,后面一点不可见,前后位置可从 H、W 面投影看出。

(3)沿 X 轴重影点是左面一点可见,右面一点不可见,左右位置可从 H、V 面投影看出。

名称	沿 Z 轴重影点	沿 Y 轴重影点	沿 X 轴重影点
物体表面上的点	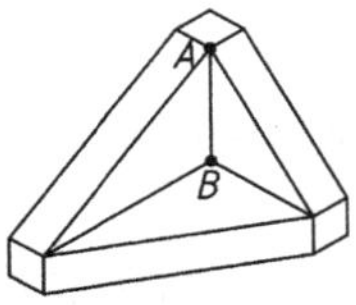	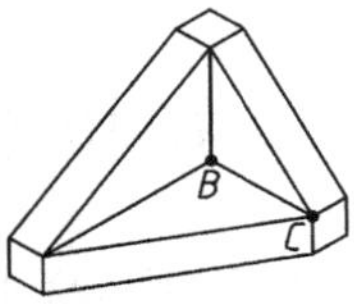	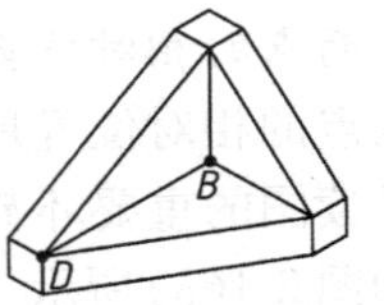
立体图	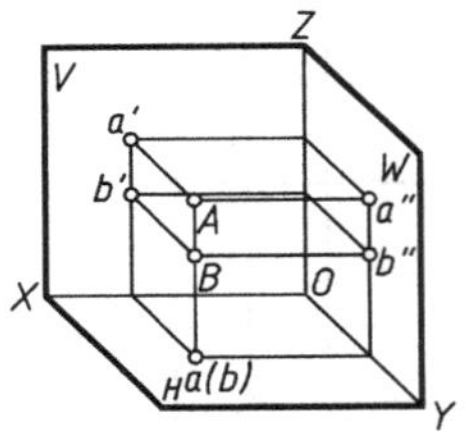	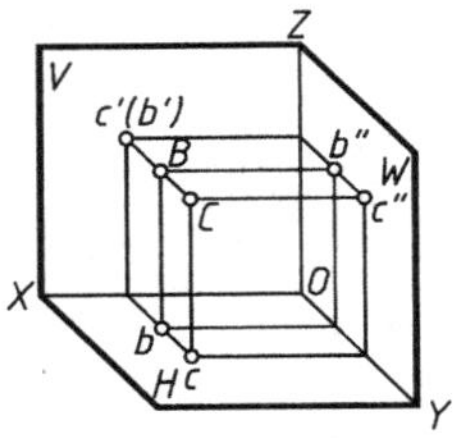	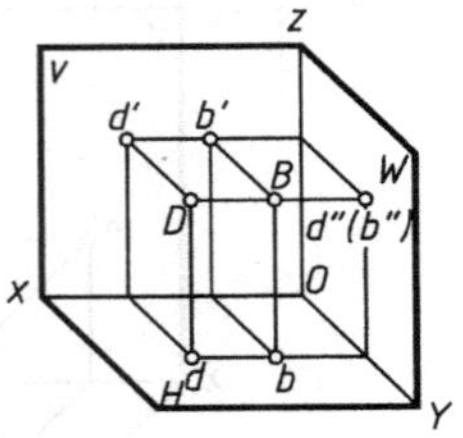
投影图	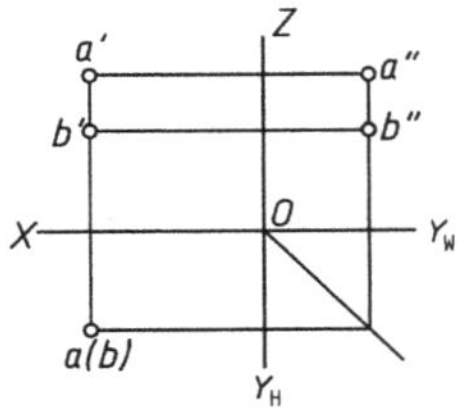	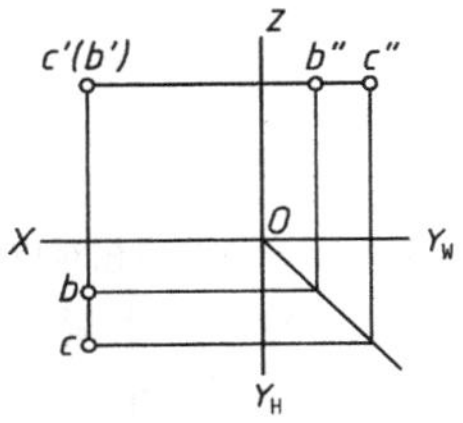	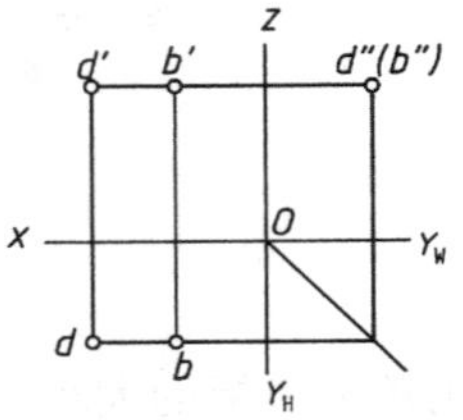
投影特性	1. 正面投影和侧面投影反映两点的上下位置,上面一点可见,下面一点不可见; 2. 两点水平投影重合,不可见点 B 的水平投影用 (b) 表示	1. 水平投影和侧面投影反映两点的前后位置,前面一点可见,后面一点不可见; 2. 两点正面投影重合,不可见点 B 的正面投影用 (b') 表示	1. 水平投影和正面投影反映两点的左右位置,左面一点可见,右面一点不可见; 2. 两点侧面投影重合,不可见点 B 的侧面投影用 (b'') 表示

第三节 直线的投影

直线常用线段的形式来表示,在不考虑线段本身的长度时,也常把线段称为直线。因为两点可以确定一条直线,所以只要作出直线两个端点的三面投影,然后用直线连接两个端点的同面投影,就可作出直线的三面投影。根据直线与投影面的相对位置,可把直线分为:

直线 $\begin{cases} \text{特殊位置直线} \begin{cases} \text{投影面平行线(只与一个投影面平行,与另两个投影面倾斜的直线)} \\ \text{投影面垂直线(只与一个投影面垂直,与另两个投影面平行的直线)} \end{cases} \\ \text{一般位置直线(与三个投影面都倾斜的直线)} \end{cases}$

规定直线与 H、V、W 面的倾角分别用 α、β、γ 表示。

一、特殊位置直线

只与某一个投影面平行或垂直的直线称为特殊位置直线,它包括投影面平行线和投影面垂直线两种。

1. 投影面平行线

投影面平行线分为三种:平行于 H 面的直线称为水平线,平行于 V 面的直线称为正平线,平行于 W 面的直线称为侧平线。表 2-2 列出了三种投影面平行线的投影特性。

投影面平行线的投影特性

表 2-2

名称	水 平 线	正 平 线	侧 平 线
物体表面上的线			
立体图			
投影图			
投影特性	1. $ab = AB$; 2. $a'b' /\!/ OX$;$a''b'' /\!/ OY_W$; 3. ab 与 OX 所成的 β 角等于 AB 与 V 面所成的角;ab 与 OY_H 所成的 γ 角等于 AB 与 W 面所成的角	1. $c'd' = CD$; 2. $cd /\!/ OX$;$c''d'' /\!/ OZ$; 3. $c'd'$ 与 OX 所成的 α 角等于 CD 与 H 面的倾角;$c'd'$ 与 OZ 所成的 γ 角等于 CD 与 W 面的倾角	1. $e''f'' = EF$; 2. $e'f' /\!/ OZ$;$ef /\!/ OY_H$; 3. $e''f''$ 与 OY_W 所成的 α 角等于 EF 与 H 面的倾角;$e''f''$ 与 OZ 所成的 β 角等于 EF 与 V 面的倾角
共性	1. 直线在其所平行投影面的投影反映直线的实长(显实性),该投影与相应投影轴的夹角反映直线与另外两个投影面的倾角; 2. 直线在另外两个投影面的投影分别平行于该直线所平行投影面有关的坐标轴,且均小于直线的实长		

2. 投影面垂直线

垂直于一个投影面的直线,一定与另外两个投影面平行。所以投影面垂直线是投影面平行线的特例。投影面垂直线也分为三种:垂直于 H 面的直线称为铅垂线,垂直于 V 面的直线称为正垂线,垂直于 W 面的直线称为侧垂线。表 2-3 列出了三种投影面垂直线投影特性。

投影面垂直线的投影特性

表 2-3

名称	铅 垂 线	正 垂 线	侧 垂 线
物体表面上的线	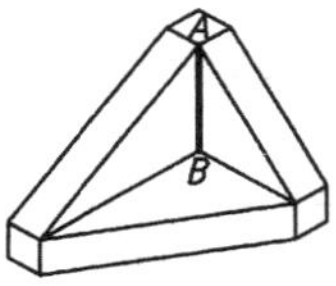	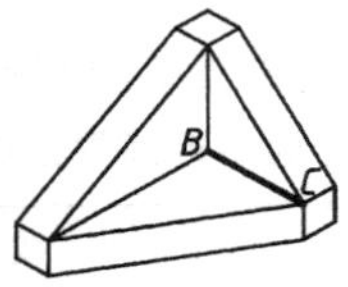	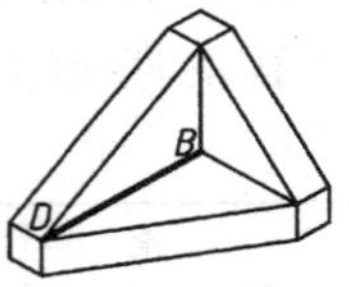
立体图	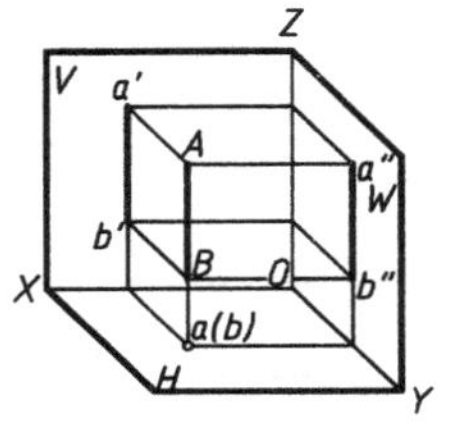	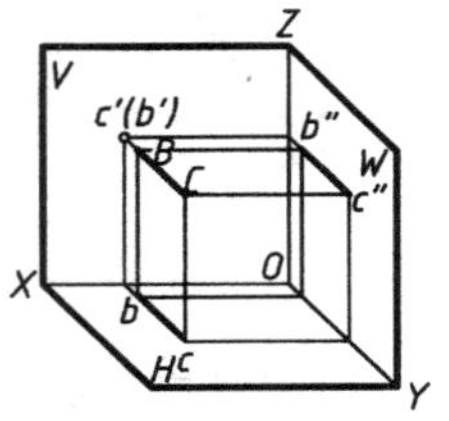	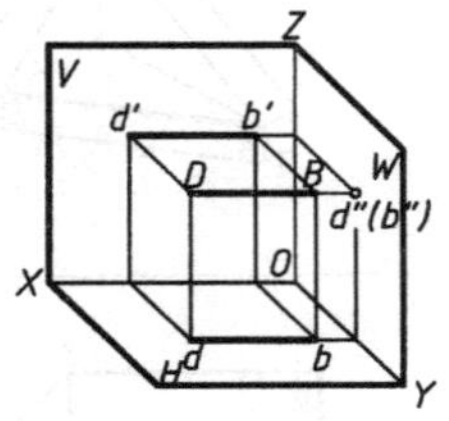
投影图	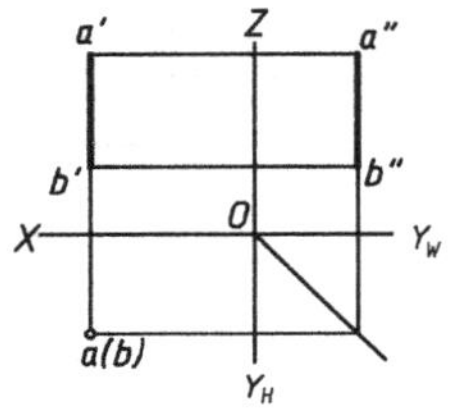	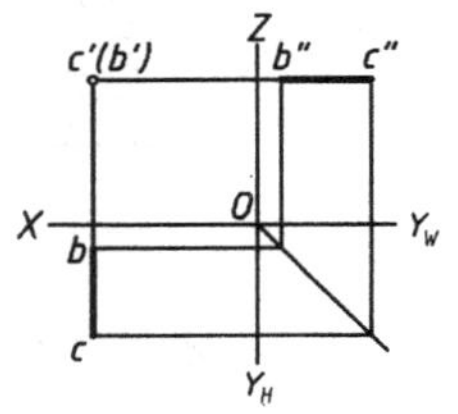	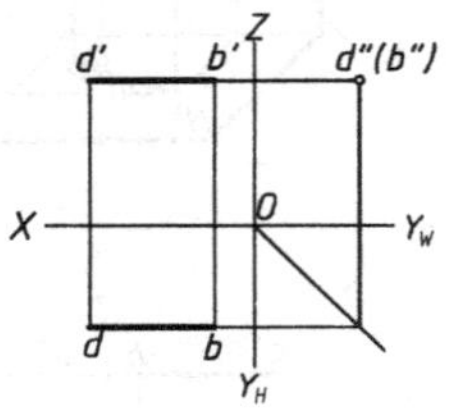
投影特性	1. $a(b)$ 积聚为一点; 2. $a'b' \perp OX, a''b'' \perp OY_W$; 3. $a'b' = a''b'' = AB$	1. $c'(b)'$ 积聚为一点; 2. $cb \perp OX, c''b'' \perp OZ$; 3. $cb = c''b'' = CB$	1. $d''(b'')$ 积聚为一点; 2. $db \perp OY_H, d'b' \perp OZ$; 3. $db = d'b' = DB$
共性	1. 直线在其所垂直的投影面的投影积聚为一点(积聚性); 2. 直线在另外两个投影面的投影反映直线的实长(显实性),并且垂直于相应的投影轴		

二、一般位置直线

图 2-17 所示是一般位置直线 AB 的三面投影图。它与投影面 $H、V、W$ 的倾角分别为 $\alpha、\beta、\gamma$。其投影特性如下:

(1)直线的三面投影与投影轴都倾斜,任何投影与投影轴的夹角,均不反映直线与任何投影面的倾角。

(2)直线的三面投影均小于实长。

34

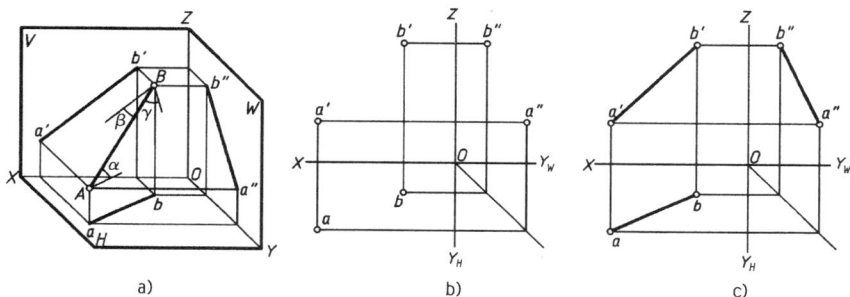

图 2-17　一般位置直线的投影
a)立体图;b)端点投影图;c)直线投影图

三、一般位置直线的实长与倾角

前面讨论的特殊位置直线的投影,能反映线段的实长和对投影面的倾角。而一般位置直线的投影都不反映其实长和倾角。如果给出直线的两个投影,那么这条直线的长度及空间位置就是确定的,由此,可以根据这两个投影,在投影图上利用几何作图的方法求出一般位置直线的实长和倾角。这种方法称为"直角三角形法"。

图 2-18a)所示是一般位置直线 AB 的立体图。在垂直于 H 面的 $ABba$ 平面内,过点 B 作水平投影 ab 的平行线,交 Aa 于 C,则 $\triangle ACB$ 是一个直角三角形。在此三角形中,直角边 CB 等于水平投影 ab 的长度($CB = ab$);另一直角边 AC 等于直线 AB 两端点的 z 坐标差($AC = Aa - Bb = z_A - z_B = \Delta z_{AB}$),斜边 AB 即是线段的实长,而 $\angle ABC$ 等于线段与投影面 H 的倾角 α。

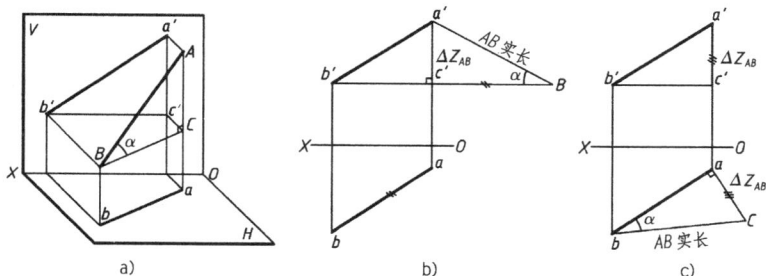

图 2-18　一般位置直线的实长与倾角
a)立体图;b)做法一;c)做法二

根据立体图的分析,我们可以利用它所表明的直角三角形中线段的实长、倾角、两端点坐标差和投影之间的关系,来完成如图 2-18b)投影图上求实长和 α 角的几何作图。

做法一:如图 2-18b)所示,在正面投影图中,以 $a'b'$ 的 z 坐标差 Δz_{AB} 为直角边,另一直角边上取 $c'B = ab$,则 $\triangle a'Bc' \cong \triangle ABC$,斜边 $a'B$ 等于线段 AB 实长,斜边 $a'B$ 与 $c'B$ 的夹角等于直线 AB 与 H 面的倾角 α。

做法二:如图 2-18c)所示,在水平投影图中,以 ab 为一条直线边,过 a(或 b)作 $ab \perp aC$,并使 $aC = \Delta z_{AB}$,则 $\triangle bCa \cong \triangle BAC$,斜边 bC 等于线段 AB 实长,斜边 bC 与 ab 的夹角等于直线 AB 与 H 面的倾角 α。

上述在投影图中完成的几何作图方法就是直角三角形法。在直角三角形中,有线段的实长、倾角 α、两端点的 z 坐标差、水平投影 ab 四个几何要素,只要知道其中任意两个,另外两个就可以求得。但这样只能求出直线与一个投影面的倾角,若要求直线与投影面的另外两个倾角,两条直角边应作相应的变化,如求线段的实长及 β 角的作图过程,如图 2-19 所示。若要求 γ 角,则还应另作直角三角形。

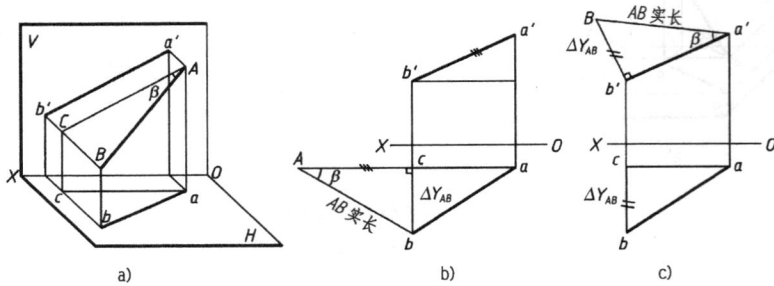

图 2-19 求线段的实长和 β 角

a)立体图;b)做法一;c)做法二

从以上的分析可看出,一个直角三角形只能求一个倾角, α、β、γ 三个倾角必须画三个三角形。倾角与直角边之间的关系如图 2-20 所示。

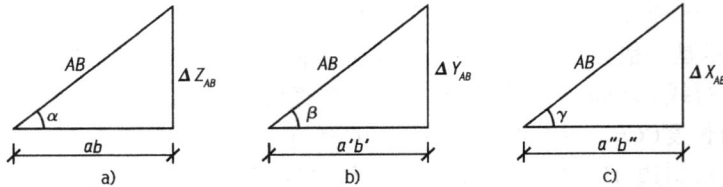

图 2-20 求 α、β、γ 的三个三角形

a)求 α 角和线段的实长;b)求 β 角和线段的实长;c)求 γ 角和线段的实长

【例 2-3】 如图 2-21a)所示,已知直线 AB 的水平投影 ab 和点 A 的正面投影 a',直线对 V 面的倾角 $\beta = 30°$,求直线的正面投影。

作图步骤如下[图 2-21b)]:

(1)在水平投影上过 b 点作与 OX 轴平行的直线,与 a 和 a' 的投影连线相交于 a_0,则 aa_0 为线段两端点的 Y 坐标差(ΔY_{AB})。

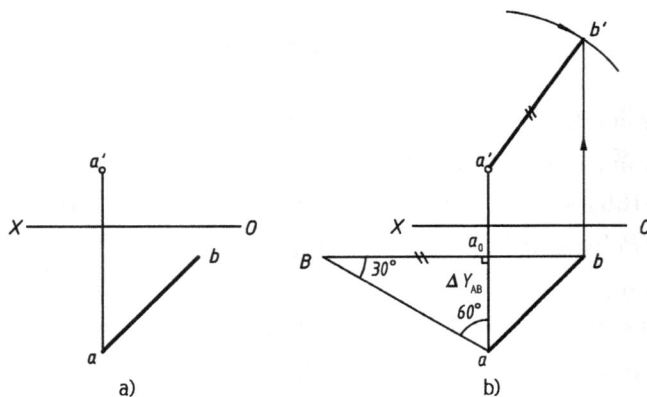

图 2-21 补出线段的正面投影

a)已知条件;b)作图

（2）过 a 作与 aa_0 成60°角的斜线，与 ba_0 的延长线相交于点 B，则 $\angle B = \angle \beta = 30°$，$Ba_0 = a'b'$。

（3）在正面投影上以 a' 为圆心，以 Ba_0 为半径画弧，与 bb' 投影连线相交于 b'。

（4）连 $a'b'$ 即为所求的正面投影。

四、直线上的点

（1）直线上点的各投影位于直线的同面投影上，且点的各投影符合投影规律。

如图2-22所示，点 C 在直线 AB 上，点 D 不在直线 AB 上。

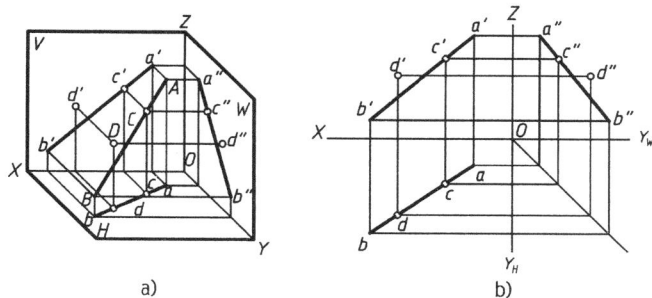

图2-22　直线上的点
a）立体图；b）投影图

（2）直线上的点分线段两段的比例，等于点的投影把直线分成两段之比。如图2-22所示，因 C 在直线 AB 上，所以 $AC:CB = ac:cb = a'c':c'b' = a''c'':c''b''$。

【例2-4】　如图2-23a）所示，试判断 C、D 两点是否在直线 AB 上。

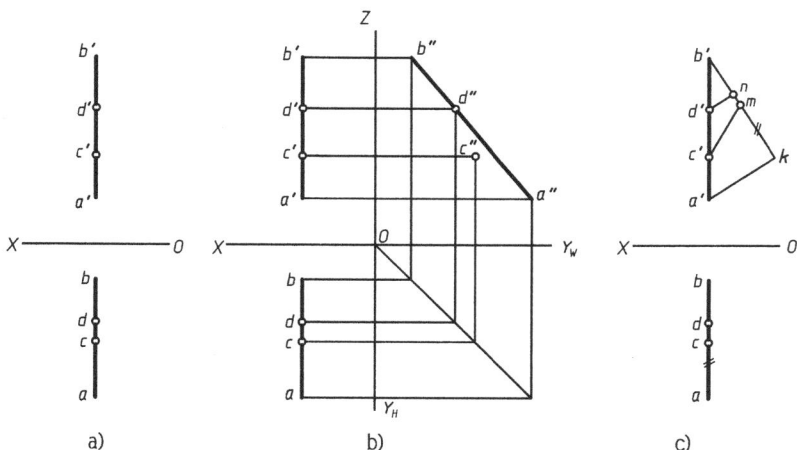

图2-23　侧平线上的点
a）已知；b）做法一；c）做法二

分析：在一般情况下，由两面投影即可判断点是否在直线上。但当直线为投影面平行线，且已知的两个投影为该直线所不平行的投影面的投影时，如图2-23a）所示的侧平线，则通过两面投影是不能直接判断的，此时可按下列方法判断。

做法一：作出直线和点的侧面投影，如图2-23b）所示。投影 c'' 不在 $a''b''$ 上，所以点 C 不在直线 AB 上；投影 d'' 在 $a''b''$ 上，所以点 D 在直线 AB 上。

做法二:用定比性来判断,如图 2-23c)所示。过 b' 作任意方向线段 $b'k = ba$,连 $a'k$,在 $b'k$ 上量取 $b'm = bc$,$b'n = bd$,连接 $c'm$ 和 $d'n$,由于 $c'm$ 不平行 $a'k$,所以点 C 不在直线 AB 上;而 $d'n$ 平行于 $a'k$,所以点 D 在直线 AB 上。

【例 2-5】 如图 2-24a)所示,已知线段 AB 的两面投影,在线段上求距点 A 13mm 的点 K。

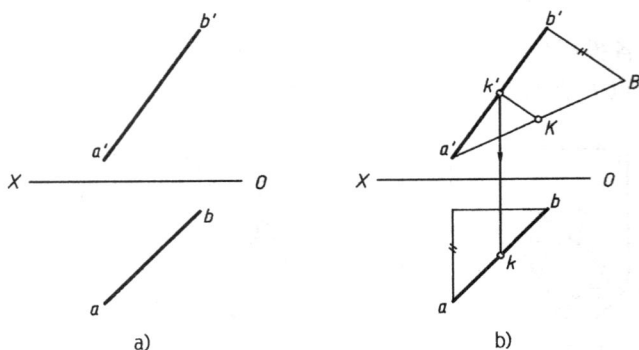

图 2-24 作出直线上点的投影
a)已知;b)作图

作图步骤如下[图 2-24b)]:

(1)用直角三角形法求出线段 AB 的实长 $a'B$。

(2)在 $a'B$ 上截取 $a'K = 13$mm。

(3)作 $Kk' /\!/ Bb'$ 交 $a'b'$ 于 k' 点,过 k' 点向下引投影连线,交 ab 于 k。k 和 k' 即为所求。

五、两直线的相对位置

空间两直线的相对位置有平行、相交和交错三种。平行和相交两直线为共面直线,交错两直线为异面直线。

1. 两直线平行

由平行投影的平行性可知:若空间两直线平行,则两直线的同面投影一定平行。反之,如果两直线的同面投影均平行,则这两直线所在空间也一定平行,且两平行线段长度之比等于同面投影的长度之比。

如图 2-25 所示,若 $AB /\!/ CD$,则 $ab /\!/ cd$,$a'b' /\!/ c'd'$,$a''b'' /\!/ c''d''$,且 $AB : CD = ab : cd =$

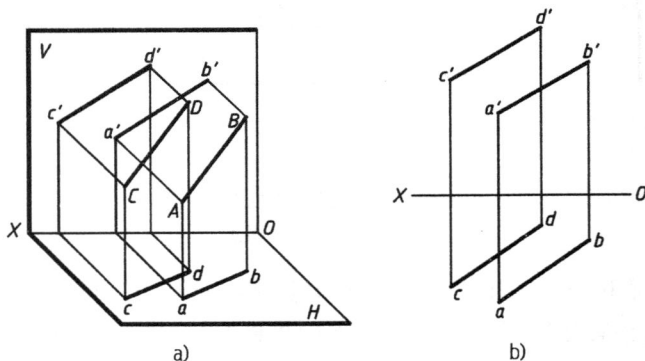

图 2-25 两平行直线的投影
a)立体图;b)投影图

38

$a'b':c'd' = a''b'':c''d''$。

【例2-6】 如图 2-26a)所示,判断直线 AB 与 CD 是否平行。

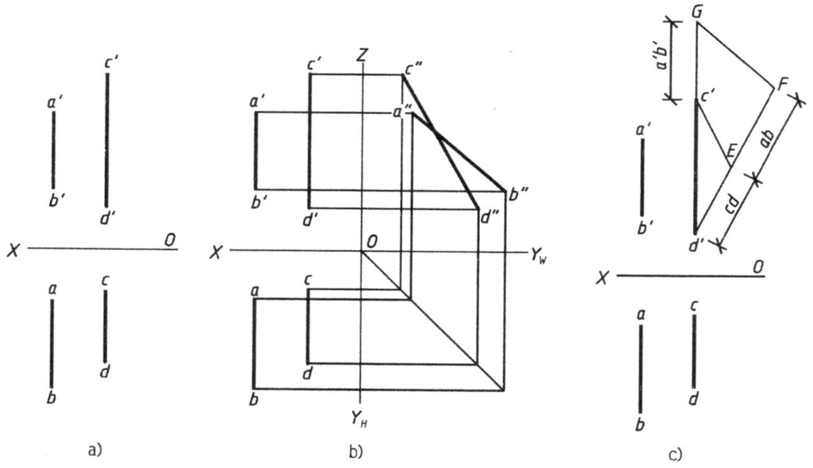

图 2-26 判断两侧平线是否平行
a)已知;b)做法一;c)做法二

分析:对两条一般位置直线来说,在投影图上,只要有任意两个同面投影平行,就可判定这两条直线在空间平行。但当两直线平行某一投影面,又未给出该投影面上的投影时,可用下列方法判别。

做法一:作出两直线的侧面投影,如图 2-26b)所示,由于 $a''b''$ 不平行于 $c''d''$,所以两直线不平行。

做法二:利用定比法判断,如图 2-26c)所示,过 d' 引任意方向直线,截取线段如图所示,连接 $c'E$ 和 FG,从图中可看出 $c'E$ 和 FG 不平行,说明 $ab:cd \neq a'b':c'd'$,故空间两直线不平行。

做法三:若两直线端点的投影顺序不同,如正面投影顺序是 $a'b'$、$c'd'$,而水平投影顺序是 ab、dc,即表示两直线空间方位不同,则直接可判断两直线在空间是不平行的。此法未给图示。

【例2-7】 如图 2-27a)所示,已知直线 AB 及 AB 线外一点 M,过点 M 作直线 MN,使 MN∥AB,$MN = 15$mm。

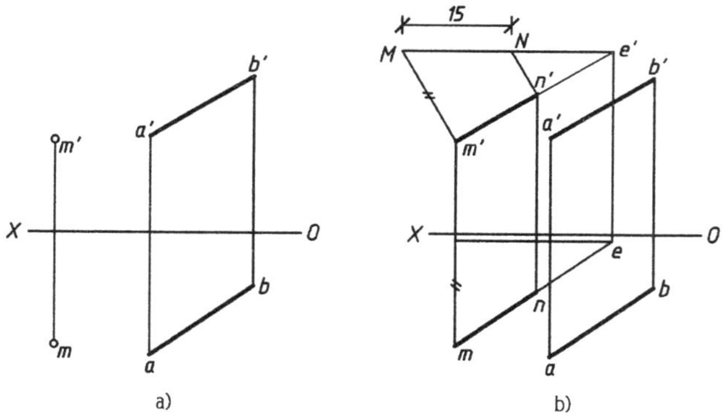

图 2-27 求 MN 直线的两面投影
a)已知;b)作图

分析:由于 MN∥AB,则 mn∥ab,$m'n'$∥$a'b'$。要求 $MN = 15$mm,可过点 M 作任意长度线段平行于直线 AB,并求其实长,在实长上截取 15mm,然后确定 MN 的各投影。

作图步骤如下［图 2-27b)］:

(1)过 m 和 m' 分别作 $me // ab$, $m'e' // a'b'$。

(2)用直角三角形法求 ME 的实长 Me'。

(3)在 Me' 上截取 $MN = 15mm$;过 N 作 $Nn' // Mm'$,交 $m'e'$ 于 n',过 n' 向下作投影连线交 me 于 n,mn 和 $m'n'$ 即为所求。

2. 两直线相交

两直线相交必有一个交点,该交点是两直线的公共点。由平行投影的从属性和定比性可得出如下结论:

(1)两直线相交,其同面投影必然相交,且投影的交点就是两直线交点的投影(交点投影的连线必垂直于投影轴)。

(2)交点分线段所成的比例等于交点的投影分线段同面投影所成的比例。

对两条一般位置直线来说,只要有任意两个同面投影交点的连线垂直于相应的投影轴,就可判定这两条直线在空间是相交的,如图 2-28 所示。但当两条直线中有一条为某一投影面的平行线时,则应另当别论。

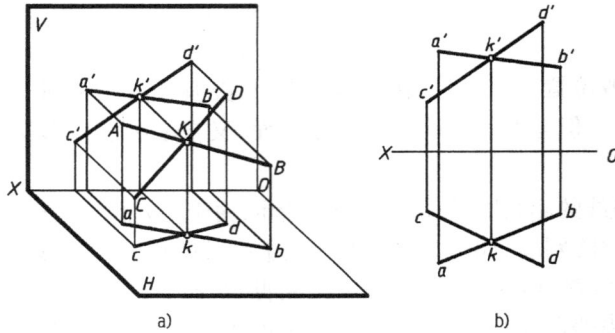

图 2-28　相交两直线的投影

a)立体图;b)投影图

【例 2-8】　如图 2-29a)所示,试判断直线 AB 与 CD 是否相交。

分析:AB 为一般位置直线,CD 为侧平线,在这种情况下,仅凭其水平投影和正面投影不能

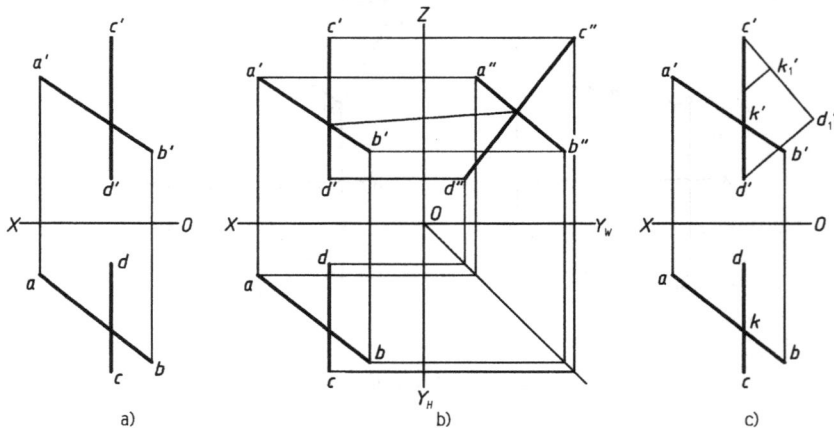

图 2-29　判别两直线是否相交

a)已知;b)做法一;c)做法二

40

判定两直线是否相交。因为它们交点的连线始终是垂直于 OX 轴的,但不一定是相交的两直线。判断的方法有如下两种。

做法一:利用第三面投影进行判定。作出两直线的侧面投影 $a''b''$ 和 $c''d''$,如果侧面投影也相交,且侧面投影的交点和正面投影的交点连线垂直于 OZ 轴,则两直线是相交的,否则不相交。从图 2-29b)可看出,两直线正面投影的交点和其侧面投影的交点连线不垂直于 OZ 轴,故 AB 和 CD 不相交。

做法二:利用直线上点的定比性进行判定。如图 2-29c)所示,假定 AB 与 CD 相交于 K ,则 $ck:kd$ 应等于 $c'k':k'd'$。可以在正面投影上过 c' 任作一条直线,取 $c'k'_1 = ck, k'_1 d'_1 = kd$;连接 $d'_1 d'$,过 k'_1 作 $d'_1 d'$ 的平行线,它与 $c'd'$ 的交点不是 k',说明 $ck:kd \neq c'k':k'd'$。由此可判定直线 AB 和 CD 不相交。

3. 两直线交错

空间既不平行、也不相交的两直线称为交错直线(或称为异面直线)。交错直线的投影,既不符合两直线平行的投影特性,也不符合两直线相交的投影特性。交错直线的同面投影可能相交,但同面投影的交点并不是空间一个点的投影,因此两投影交点的连线不可能垂直于投影轴。

实际上,交错直线投影的交点,是空间两个点的投影,是位于同一投射线上而分属于两条直线上的一对重影点。

1)沿 Z 轴重影点的判别

如图 2-30 所示,直线 AB 上的点 I 和 CD 上的点 II,位于同一条铅垂线上,在 H 面上的投影重合为一点,即 2(1)。过 2(1)向上引投影连线即可找到它们的正面投影 1′、2′。比较 1′ 和 2′ 可知,位于直线 AB 上的点 I 在下,位于直线 CD 上的点 II 在上。因此,当沿着投射方向从上向下看时,沿 Z 轴重影点 2 可见,1 不可见放在括号内。

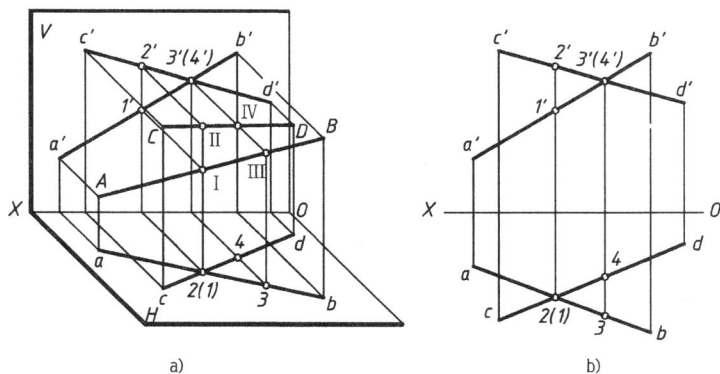

图 2-30　两交错直线的投影

a)立体图;b)投影图

2)沿 Y 轴重影点的判别

直线 AB 上的点 III 和 CD 上的点 IV,位于同一条正垂线上,在 V 面上的投影重合为一点,即 3′(4′)。过交点 3′(4′)向下引投影连线即可作出它们的水平投影 3、4。比较 3 和 4 可知,位于直线 AB 上的点 III 在前,位于直线 CD 上的点 IV 在后。因此,当沿着投射方向从前向后看时,沿 Y 轴重影点 3′ 可见,4′ 不可见放在括号内。

在后序章节中,常会用重影点的可见性来判别直线与平面、平面与平面相交的可见性。

六、直角投影定理

空间的两直线,夹角可以是锐角、钝角或直角。一般地,要使两直线的夹角在某一投影面上

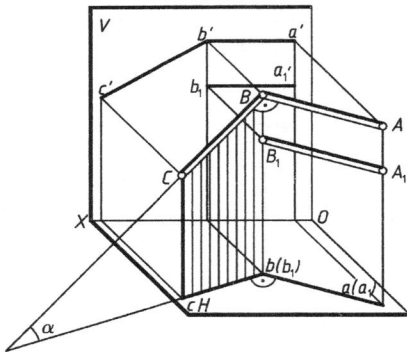

图 2-31 直角投影特性分析

的投影角度不变,必须使两直线都平行于该投影面。但是,若两直线垂直(相交垂直或交错垂直),一般情况下投影不反映直角。只有在特定条件下,投影才反映直角。

如图 2-31 所示,直线 $AB \perp BC$,且 $AB /\!/ H$,由于 $AB \perp BC$,$AB \perp Bb$($AB /\!/ H$、$Bb \perp H$),所以 $AB \perp CBbc$;又因为 $ab /\!/ AB$,所以 $ab \perp CBbc$,故 $ab \perp bc$。

如果把 AB 直线平移至 A_1B_1 的位置上,即 A_1B_1 与 BC 垂直交错,同样可以得出 $a_1b_1 \perp bc$。

根据以上的推理,可得出直角投影定理:若两直线互相垂直(垂直相交或垂直交错),只要其中有一条直线平行于某投影面,则两直线在该投影面的投影相互垂直,即两投影成直角。反之,若两直线(相交或交错)在同一投影面中的投影相互垂直(即反映直角),且其中一条直线平行于该投影面,则两直线空间一定是相互垂直的。

如图 2-32 所示,给出了两直线的两面投影,根据直角投影定理可以断定它们在空间是相互垂直的,其中 a)、c)是垂直相交,b)、d)是垂直交错。

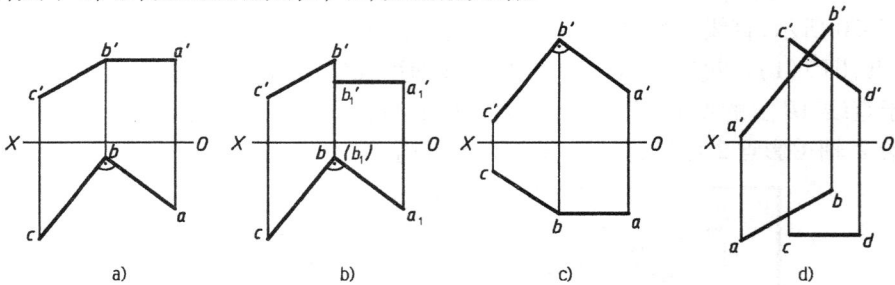

图 2-32 判断两直线是否垂直

【例 2-9】 如图 2-33a)所示,求点 A 到正平线 CD 间的距离。

分析:因为 CD 是正平线,根据直角投影定理,可以作出直线 CD 的垂线 AB,线段 AB 就表示点 A 到直线 CD 的距离。但作出的 AB 是一般位置直线,它的投影不反映实长,因此还需要用直角三角形法求出它的实长。

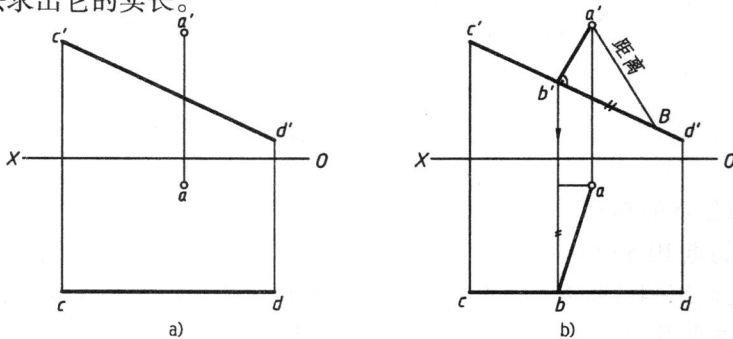

图 2-33 求点到直线的距离

a)已知;b)作图

作图步骤如下[图 2-33b)]：

(1)过 a' 作 $c'd'$ 的垂线,并与 $c'd'$ 相交于 b',得垂直线段的正面投影 $a'b'$。

(2)过 b' 向下引投影连线,交于 cd 于 b,连接 ab 即为垂直线段的水平投影。

(3)用直角三角形法求出线段 AB 的实长 $a'B$,$a'B$ 即为所求距离实长。

【例 2-10】　如图 2-34a),已知等边三角形 ABC 的 BC 边在正平线 MN 上,作出 $\triangle ABC$ 的两面投影。

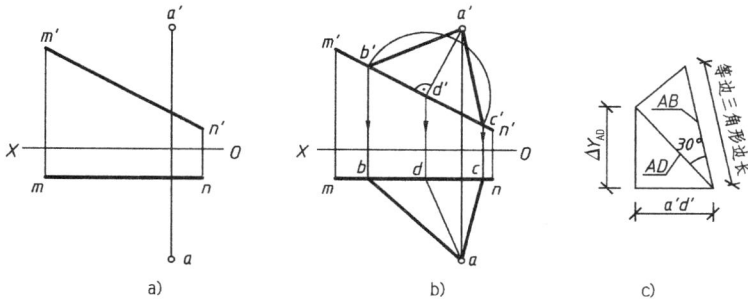

图 2-34　作出等边三角形的投影
a)已知;b)作图;c)求等边三角形边长

分析:要作出 $\triangle ABC$ 的投影,只要确定边长和在 MN 的位置就可作出。根据题意,可先作出 BC 边上的高 AD,根据 AD 的投影作出 AD 实长。然后根据高 AD 作出等边三角形边的实长,根据边长来确定 BC 在 MN 上的投影。

作图步骤如下[图 2-34b)]：

(1)过 a' 作 $m'n'$ 的垂线,垂足为 d',过 d' 向下引投影连线作出 d。

(2)连接 ad 和 $a'd'$,利用直角三角形法求 AD 的实长,利用 AD 的实长求等边三角形的边长,如图 2-34c)所示。

(3)以 d' 为中点,在 $m'n'$ 上截取等边三角形边长,作出 b'、c',过 b'、c' 分别向下引投影连线作出 b、c,最后连线作出 $\triangle ABC$ 的两面投影,如图 2-34b)所示。

【例 2-11】　如图 2-35a)所示,已知 AC 为正方形 $ABCD$ 的一条对角线,另一条对角线为侧平线,求正方形的三面投影。

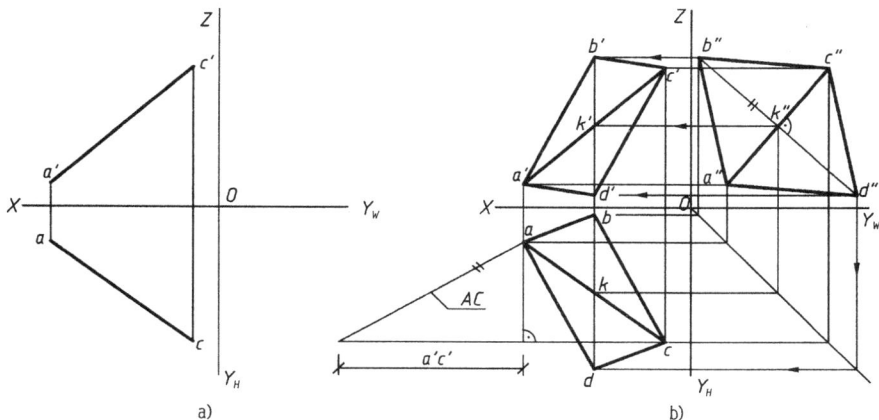

图 2-35　作出正方形的投影
a)已知;b)作图

43

分析:由于正方形的两对角线垂直且平分相等,对角线 BD 又是侧平线,则其侧面投影 b'' d'' 垂直 $a''c''$,并等于 AC 的实长。

作图步骤如下[图 3-35b)]:

(1)作出对角线 AC 的侧面投影 $a''c''$,并利用直角三角形法求 AC 的实长。

(2)过 $a''c''$ 的中点 k'' 作 $a''c''$ 的垂线,在垂线上截取 $b''k'' = k''d'' = AC/2$,作出 b'' 和 d'',$b''d''$ 为对角线 BD 的侧面投影。

(3)利用"二补三"作出 K、B、D 的正面投影和水平投影,其中,bd 和 $b'd'$ 同时垂直于 OX 轴,并过 K 点的两面投影。然后连线完成正方形 $ABCD$ 的三面投影。

第四节 平面的投影

由初等几何可知,不在同一直线上的三点可确定一个平面。因此,表示平面的最基本方法是不在一条直线上的三个点,其他的各种表示方法都是由此派生出来的。平面的表示方法可归纳成以下五种,如图 2-36 所示。

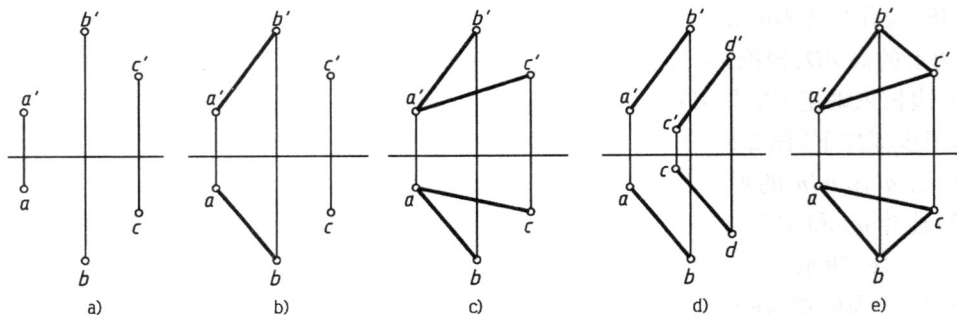

图 2-36 平面的表示方法

(1)不在同一直线上的三点,如图 2-36a)所示。

(2)直线和该直线外一点,如图 2-36b)所示。

(3)两相交直线,如图 2-36c)所示。

(4)两平行直线,如图 2-36d)所示。

(5)平面图形,如图 2-36e)所示。

以上五种平面的表示方法可以互相转换。但对同一平面而言,无论用哪一种表示方法,它所确定的平面是唯一的。

根据平面与投影面的相对位置,平面也分为一般位置平面和特殊位置平面。

一、一般位置平面

与三个投影面都倾斜的平面称为一般位置平面,如图 2-37 所示。由于一般位置平面与三个投影面都倾斜,因此平面三角形的三个投影均不反映实形,也无积聚性,但为原图形的类似形。

44

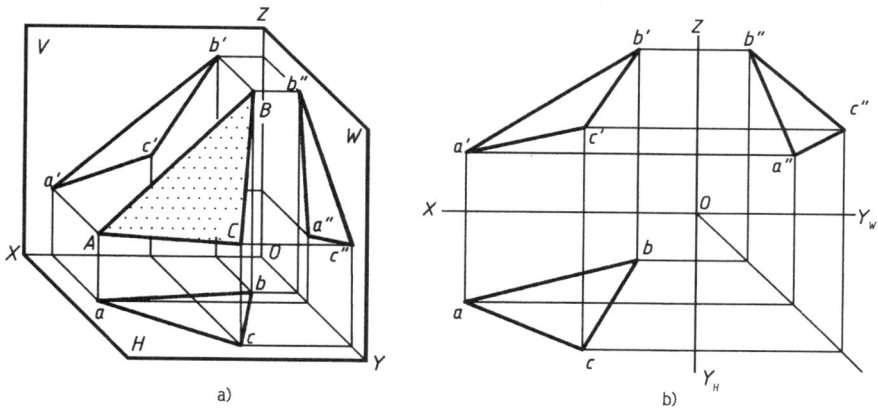

图 2-37　一般位置平面的投影
a)立体图;b)投影图

二、特殊位置平面

只与一个投影面垂直或平行的平面称为特殊位置平面。它包括投影面垂直面、投影面平行面两种。

1. 投影面垂直面

只与一个投影面垂直的平面称为投影面垂直面。其中:垂直于 H 面的平面称为铅垂面;垂直于 V 面的平面称为正垂面;垂直于 W 面的平面称为侧垂面。

表 2-4 列出了三种投影面垂直面投影特性。

投影面垂直面投影特性　　　　　　　　　　表 2-4

名称	铅　垂　面	正　垂　面	侧　垂　面
物体表面上的面			
立体图			

续上表

名称	铅 垂 面	正 垂 面	侧 垂 面
投影图	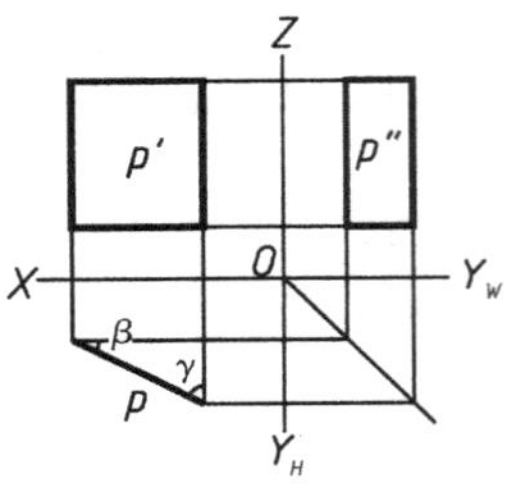	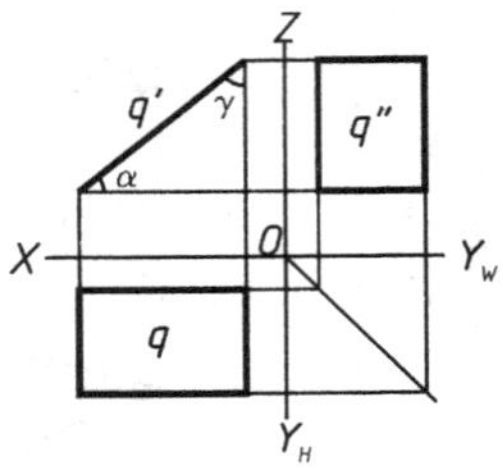	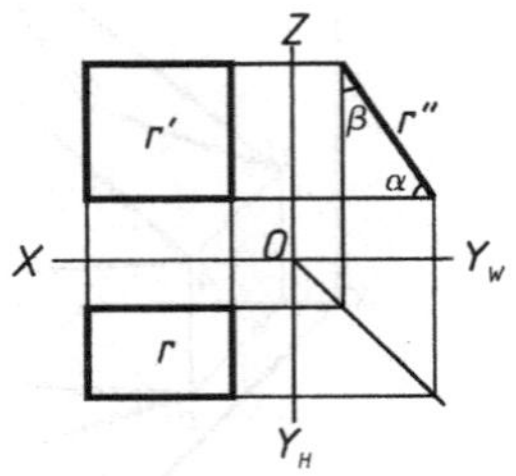
投影特性	1. 水平投影积聚成直线 p，且与其水平迹线重合。该直线与 OX 轴和 OY_H 轴夹角反映 β 和 γ 角； 2. 正面投影和侧面投影为平面的类似形	1. 正面投影积聚成直线 q'，且与其正面迹线重合。该直线与 OX 轴和 OZ 轴夹角反映 α 和 γ 角； 2. 水平投影和侧面投影为平面的类似形	1. 侧面投影积聚成直线 r''，且与其侧面迹线重合。该直线与 OY_W 轴和 OZ 夹角反映 β 和 α 角； 2. 正面投影和水平投影为平面的类似形
共性	1. 平面在其所垂直的投影面上的投影积聚成一条直线（积聚性）；它与两投影轴的夹角，分别反映空间平面与另外两个投影面的倾角； 2. 另外两个投影面的投影为空间平面图形的类似形		

2. 投影面平行面

只与一个投影面平行的平面称为投影面平行面。其中：与 H 面平行的平面称为水平面，与 V 面平行的平面称为正平面，与 W 面平行的平面称为侧平面。

表2-5列出了三种投影面平行面投影特性。

投影面平行面投影特性　　　　　　表2-5

名称	水 平 面	正 平 面	侧 平 面
物体表面上的面	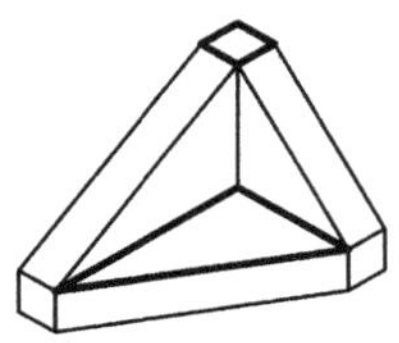	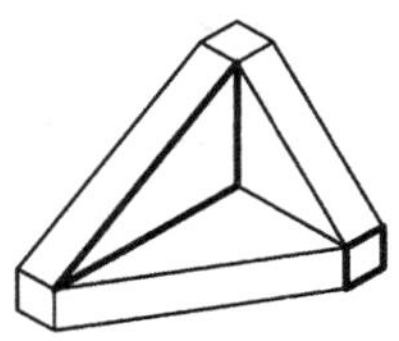	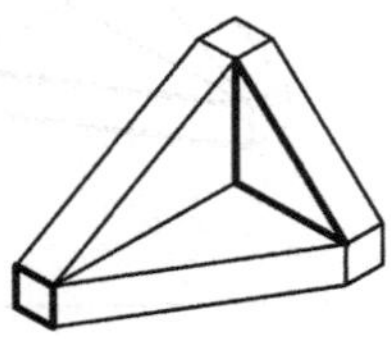
立体图	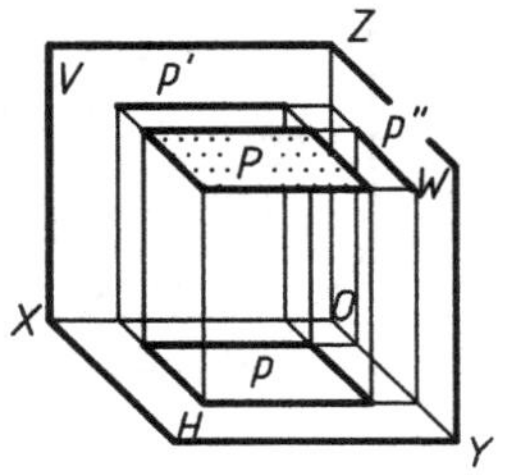	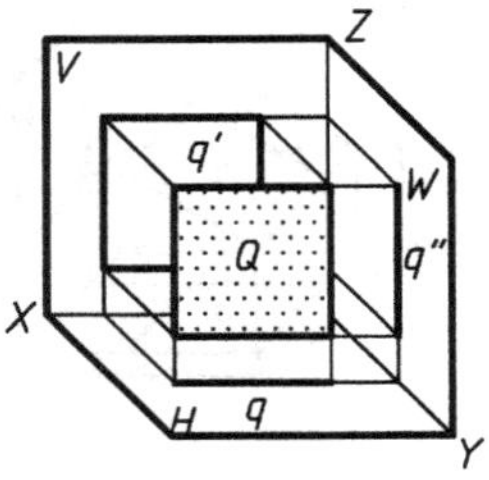	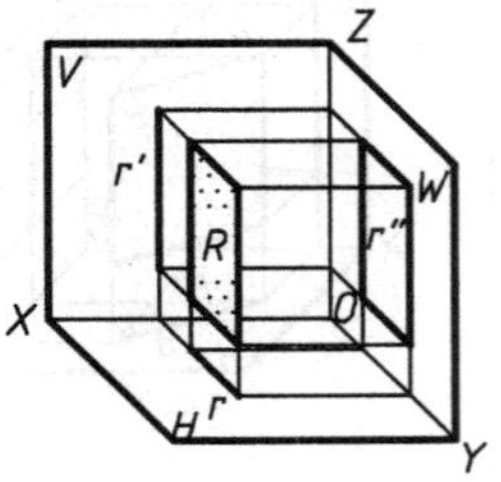

46

名称	水 平 面	正 平 面	侧 平 面
投影图			
投影特性	1. 水平投影反映实形； 2. 正面投影有积聚性,且平行OX轴；侧面投影也有积聚性,且平行于OY_W	1. 正面投影反映实形； 2. 水平投影有积聚性,且平行OX轴,侧面投影也有积聚性,且平行于OZ	1. 侧面投影反映实形； 2. 正面投影有积聚性,且平行 OZ 轴；水平投影也有积聚性,且平行于 OY_H
共性	1. 平面在其所平行的投影面的投影反映实形(显实性)； 2. 在另外两个投影面上的投影积聚成一条直线(积聚性),该直线平行相应的坐标轴		

三、平面上的点和直线

1. 点在平面上

点在平面上的几何条件是:若点在平面内任意一条直线上,则点在此平面上,如图 2-38a)所示。因点 K 在△ABC 平面 AD 线上,所以点 K 在△ABC 平面上。

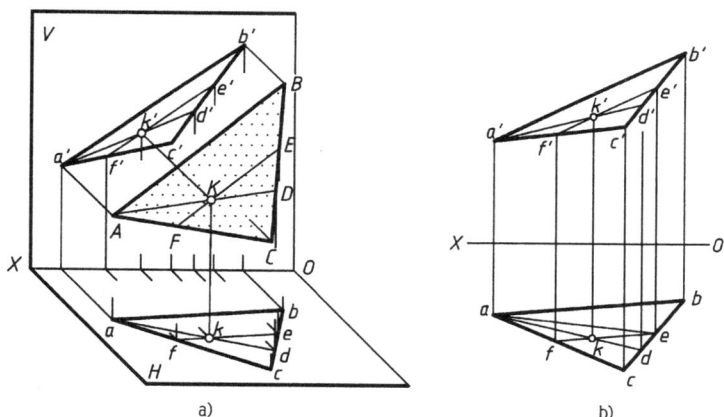

图 2-38 平面上的点和直线
a)立体图；b)投影图

2. 直线在平面上

直线在平面上的几何条件是:若直线过平面上的两个已知点,或者直线过平面上的一个已知点,并且平行于平面上的一条已知直线,则该直线在此平面内。

图 2-38a)所示,因 A、D 两点在△ABC 平面上,所以直线 AD 在△ABC 平面上;同理 EF 也在△ABC 平面上。

根据以上点和直线在平面上的几何条件,以及前述的点在直线上、两平行直线和两相交直

47

线的投影关系,可在平面上作点或直线,也可用来判定点或直线是否在平面上。

【例2-12】 如图2-39a)所示,已知△ABC平面上点M的水平投影m,求它的正面投影。

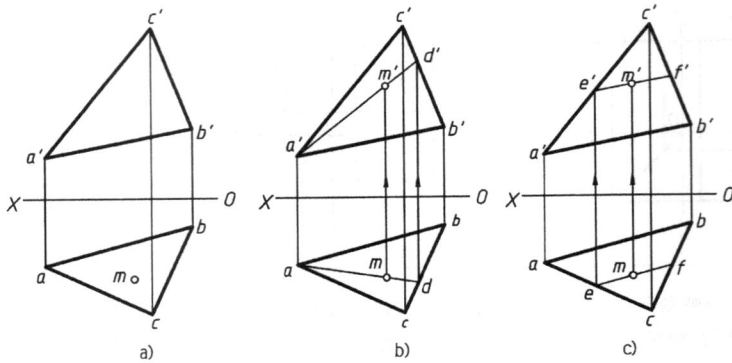

图2-39 作出M点的正面投影
a)已知;b)做法一;c)做法二

做法一[图2-39b)]:

(1)在水平投影上连接am,交延长与bc交于d。

(2)过d向上引投影连线,与$b'c'$相交于d',连接$a'd'$。

(3)过m向上引投影连线,与$a'd'$相交于m'即为所求。

做法二[图2-39c)]:

(1)在水平投影上过m作ef,使ef∥ab,并与ac相交于e、与bc相交于f。

(2)过e向上引投影连线,与$a'c'$相交于e',过e'作$e'f'$∥$a'b'$。

(3)过m向上引投影连线,与$e'f'$相交于m'即为所求。

【例2-13】 如图2-40a)所示,已知梯形平面上三角形的正面投影$l'm'n'$,求它的水平投影lmn。

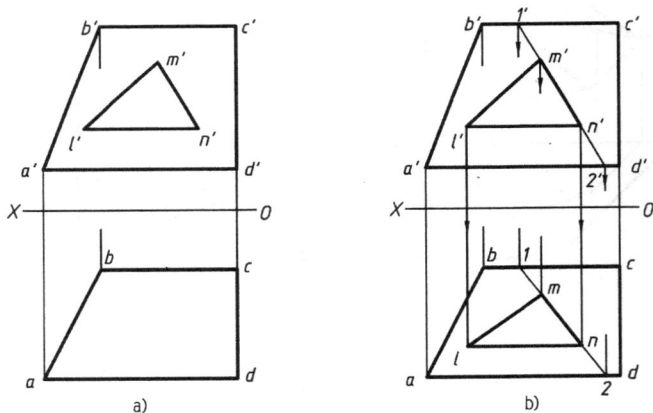

图2-40 补出梯形平面上三角形的水平投影

作图步骤如下[图2-40b)]:

(1)在正面投影中延长$m'n'$,与梯形边界正面投影交于$1'$、$2'$两点。

(2)过$1'$和$2'$分别向下引投影连线,与梯形边界水平投影交于1和2两点,连接12。

(3)过m'和n'分别向下引投影连线,交12线于m和n。

（4）过 n 作 $nl /\!/ ad$，与自 l' 向下引的投影连线交于 l。

（5）连 $\triangle mnl$，完成三角形的水平投影。

【例 2-14】 如图 2-41a）所示，过 $\triangle ABC$ 平面上的点 A 在平面内作正平线和水平线。

分析：由于正平线的水平投影平行于 X 轴，可先过点 A 的水平投影作 X 轴的平行线，再根据投影关系确定其正面投影。同理，水平线的正面投影平行于 X 轴，故可先过点 A 的正面投影作 X 轴的平行线，再根据投影关系确定其水平投影。

作图步骤如下［图 2-41b）］：

（1）过 a 作 $ad /\!/ OX$，然后自 d 向上引投影连线作出 $a'd'$。则 AD 为 $\triangle ABC$ 平面上的正平线。

（2）过 a' 作 $a'e' /\!/ OX$，e' 在 $c'b'$ 的延长线上，然后自 e' 向下引投影连线作出 ae。则 AE 为 $\triangle ABC$ 平面上的水平线。

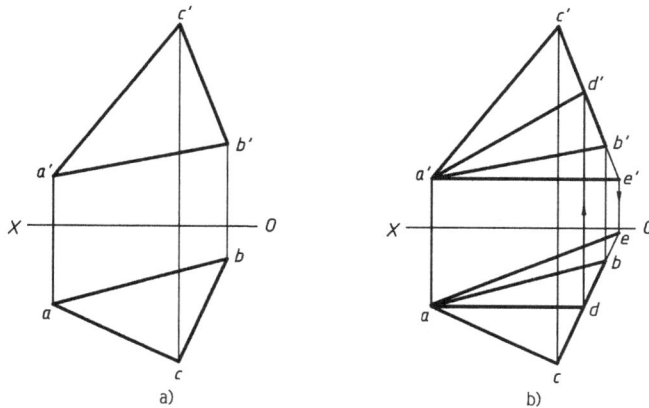

图 2-41　作出平面上的水平线和正平线
a）已知；b）作图

【例 2-15】 如图 2-42a）所示，已知平面 $ABCDE$ 的 CD 边为正平线，作出平面 $ABCDE$ 的水平投影。

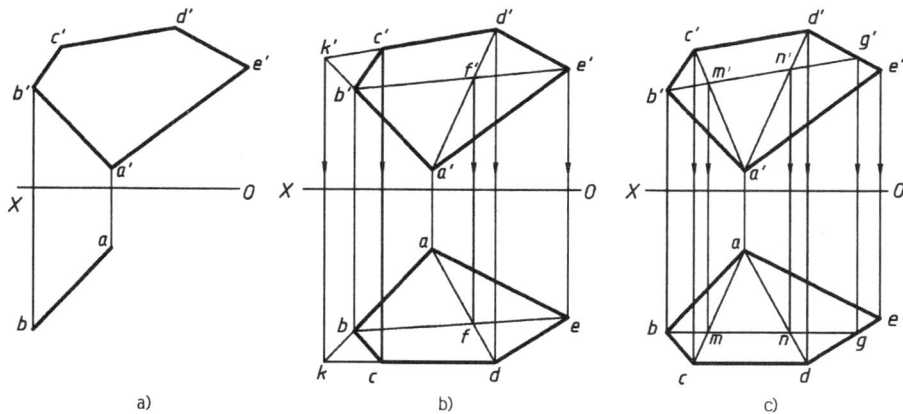

图 2-42　作出平面的水平投影
a）已知；b）做法一；c）做法二

分析：从所给的已知条件看，得从 AB、CD 的投影开始考虑。正面投影 $a'b'$ 和 $c'd'$ 相交，而

49

CD 又是正平线,其水平投影平行于 OX 轴;ab 又已知,所以可先作出 cd。另一种方法是利用平面内的平行线作图。

做法一[图 2-42b)]:

(1)在正面投影中作出 $a'b'$ 和 $c'd'$ 的交点 k',K 点既在 AB 上也在 CD 上,过 k' 向下引投影连线交于 ab 于 k 点。

(2)过 k 作 $kd // OX$,过 $c'd'$ 向下引投影连线,交 kd 于 c、d 两点。

(3)连接 ad 和 $b'e'$、$a'd'$,$b'e'$ 和 $a'd'$ 交于 f',过 f' 向下引投影连线交 ad 于 f。

(4)连接 bf,并延长与过 e' 向下引的投影连线交于 e。

(5)连接 $ABCDE$ 水平投影的各边,即为所求 $abcde$。

做法二[图 2-42c)]:

(1)过 b' 作 $b'g' // c'd'$,交 $d'e'$ 于 g',因 CD 是正平线,所以 BG 也是正平线。过 g' 向下引投影连线,与过 b 所作的 $bg // OX$ 交于 g。

(2)连接 $a'd'$ 和 $a'c'$,与 $b'g'$ 交于 m'、n' 两点。

(3)过 m'、n' 两点向下引投影连线,与 bg 交于 m、n 两点。

(4)连接 am 和 an 并延长,与过 c'、d' 向下引的投影连线交于 c、d 两点。

(5)因 E 点在 DG 直线上,可过 e' 向下引投影连线与 dg 交于 e。

(6)连接 $ABCDE$ 水平投影的各边,即为所求 $abcde$。

四、特殊位置平面迹线

在投影图上,平面也可以用平面迹线来表示。所谓平面迹线,就是平面与投影面的交线。我们把平面 P 与 H 面的交线称水平迹线,用 P_H 表示;平面 Q 与 V 面的交线称为正面迹线,用 Q_V 表示;平面 R 与 W 面的交线称为侧面迹线,用 R_W 表示。通常一般位置平面不用迹线表示;特殊位置平面在不需要表示平面形状,只要求表示平面空间位置时,常用迹线表示。

表 2-6 和表 2-7 分别列出了投影面垂直面和投影面平行面的迹线,从投影图上可以看出迹线的特点。

投影面垂直面的迹线   表 2-6

平面	铅 垂 面	正 垂 面	侧 垂 面
立体图			
投影图			

平面	铅 垂 面	正 垂 面	侧 垂 面
投影特性	1. 水平迹线 P_H 有积聚性,并且反映平面的倾角 β 和 γ; 2. 正面迹线 P_V 和侧面迹线 P_W 分别垂直于 OX 轴和 OY_W 轴	1. 正面迹线 P_V 有积聚性,并且反映平面的倾角 α 和 γ; 2. 水平迹线 P_H 和侧面迹线 P_W 分别垂直于 OX 轴和 OZ 轴	1. 侧面迹线 P_W 有积聚性,并且反映平面的倾角 α 和 β; 2. 水平迹线 P_H 和正面迹线 P_V 分别垂直于 OY_H 轴和 OZ 轴
共性	1. 平面在它垂直的投影面上的迹线有积聚性(相当于平面的积聚投影),且迹线与投影轴的夹角等于平面与相应投影面的倾角; 2. 平面的其他两条迹线垂直于相应的投影轴		

投影面平行面的迹线　　　　　　　　　　　　　　　　　　表 2-7

	水 平 面	正 平 面	侧 平 面
立体图	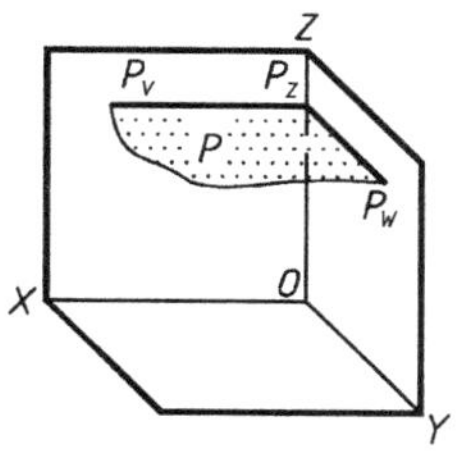	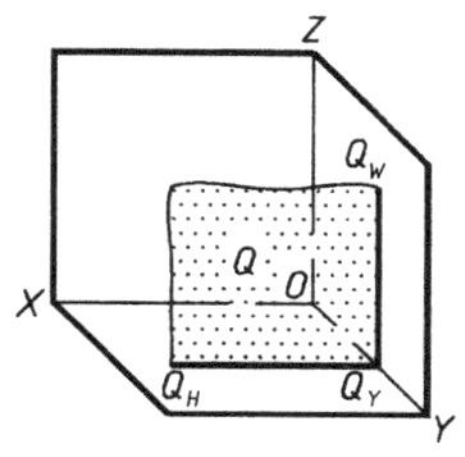	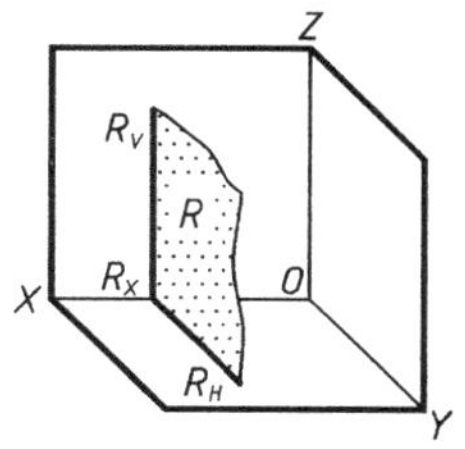
投影图	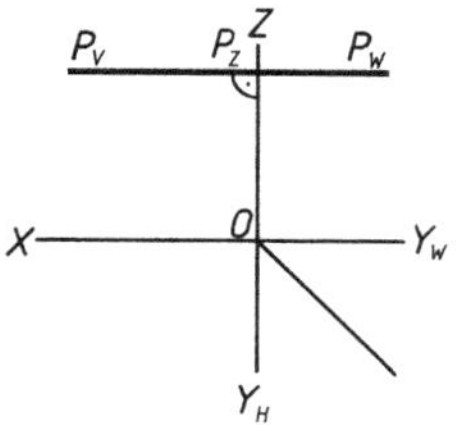	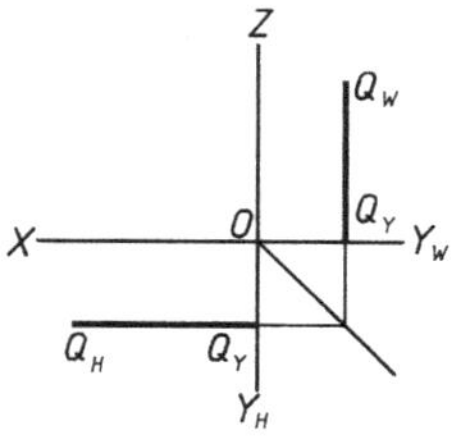	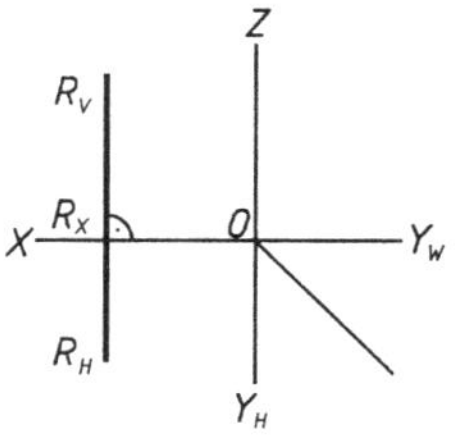
投影特性	1. 没有水平迹线; 2. 正面迹线 P_V 和侧面迹线 P_W 都有积聚性,且分别平行于 OX 轴和 OY_W 轴	1. 没有正面迹线; 2. 水平迹线 Q_H 和侧面迹线 Q_W 都有积聚性,且分别平行于 OX 轴和 OZ 轴	1. 没有侧面迹线; 2. 水平迹线 R_H 和正面迹线 P_V 都有积聚性,且分别平行于 OY_H 轴和 OZ 轴
共性	1. 平面在它平行的投影面上没有迹线; 2. 平面的其他两条迹线都有积聚性(相当于积聚投影),且迹线平行于相应的投影轴		

在两面投影图中,用迹线表示特殊位置平面是非常方便的。如图 2-43 所示,过一点可作的特殊位置平面有投影面垂直面、投影面平行面。P_H 表示铅垂面 $P(P_V \perp OX$ 一般省略不画);Q_V 表示正垂面 $Q(Q_H \perp OX$ 一般也省略不画);R_V 表示水平面 R;S_H 表示正平面 S。

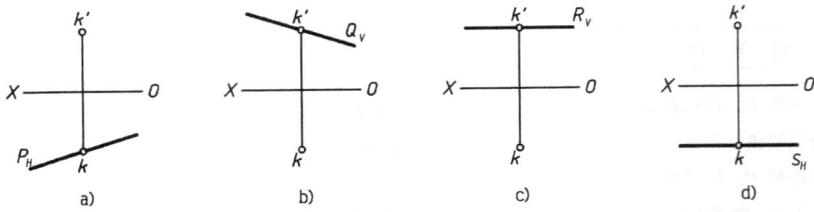

图 2-43 过点作特殊位置平面
a)铅垂面;b)正垂面;c)水平面;d)正平面

如图 2-44 所示,过一般位置直线可作的特殊位置平面有投影面垂直面。

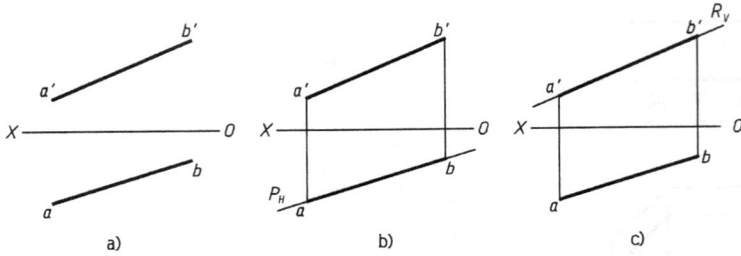

图 2-44 过一般位置直线作垂直面
a)已知;b)铅垂面;c)正垂面

如图 2-45 所示,过投影面平行线可作的特殊位置平面有相应投影面的平行面和投影面垂直面。图 2-45 所示是以水平线为例,作出水平面 P_V 和铅垂面 R_H。

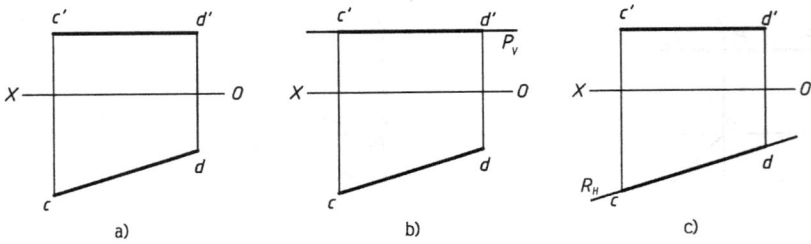

图 2-45 过投影面平行线作特殊位置平面
a)已知;b)水平面;c)铅垂面

如图 2-46 所示,过投影面垂直线可作的特殊位置平面有相应投影面的垂直面及另两个投影面的平行面。图 2-46 所示是以铅垂线为例,作出铅垂面 P_H、正平面 Q_H 和侧平面 R_V。

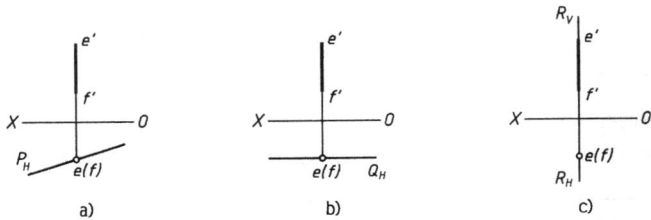

图 2-46 过投影面垂直线作特殊位置平面
a)铅垂面;b)正平面;c)侧平面

第五节 直线与平面、平面与平面的相对位置

直线与平面、平面与平面间的相对位置有平行、相交或垂直。垂直是相交的特殊情况。本节将分别讨论它们的投影特性及作图方法。

一、平行关系

1. 直线与平面平行

由几何条件可知：如果直线平行于平面内的一条直线，则该直线与平面平行。反之，如果直线平行于平面，则在该平面内必能作出一条与此直线平行的直线。

如图2-47a)所示，直线 AB 与△CDE 平面上 CD 直线平行($ab /\!/ cd$，$a'b' /\!/ c'd'$)，所以直线 AB 与△CDE 平面平行。

对于特殊位置平面，只要判断有积聚性平面的投影是否与直线在该投影面上的投影平行即可。如图2-47b)所示，铅垂面的积聚投影 p 与直线的水平投影 ab 平行，故 AB 直线平行于 P 平面。

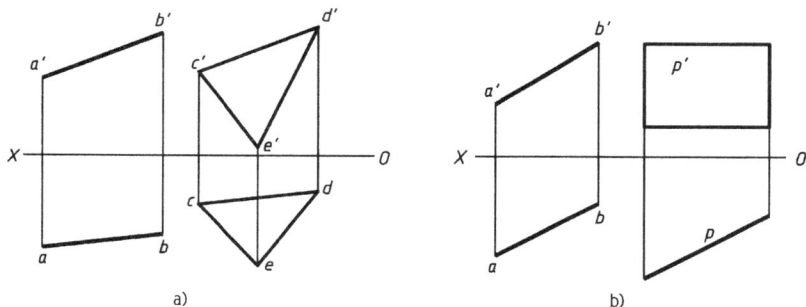

a)   b)

图 2-47　直线与平面平行

【例2-16】 如图2-48所示，试判别直线 MN 与△ABC 平面是否平行。

分析：根据直线与平面平行的几何条件可知，如果 $MN /\!/ \triangle ABC$，则必能在△ABC 平面内作出一条与直线 AB 平行的直线，否则不平行。

作图步骤如下：

(1)过 a' 作 $m'n'$ 的平行线与 $b'c'$ 交于 d'，再过 d' 向下引投影连线交 bc 于 d。

(2)连接 ad，因 ad 与 mn 不平行，即 MN 与 AD 不平行，所以 MN 与△ABC 平面不平行。

【例2-17】 如图2-49a)所示，过 M 点作平行于△ABC 平面的水平线 MN，MN 长度可任取。

分析：根据直线与平面平行的几何条件，首先应在△ABC 平面上任意作一条水平线，然后再作与该水平线平行的 MN 直线。

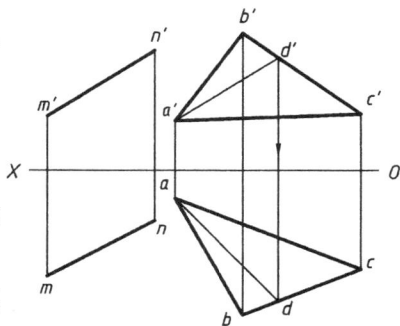

图 2-48　判别直线与平面是否平行

作图步骤如下：

(1)过 a' 作 $a'd'$ 平行于 ox 轴，交于 $b'c'$ 于 d'，再过 d' 向下引投影连线交 bc 于 d，连接 ad。

（2）分别过 m、m' 作 mn // ad，$m'n'$ // $a'd'$。端点 N 的两面投影连线应垂直 ox 轴。

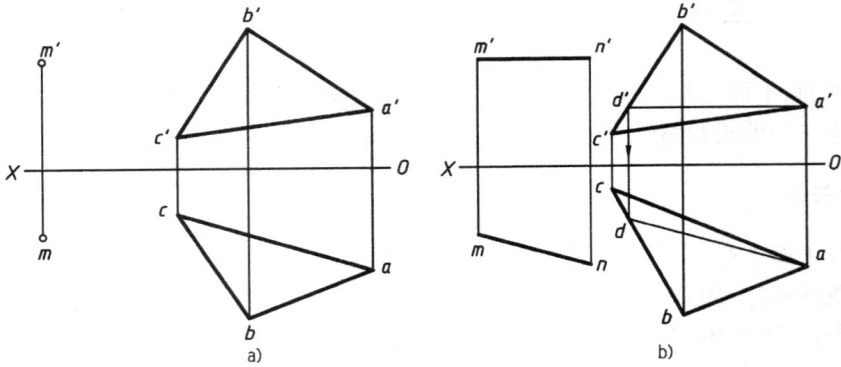

图 2-49　过点作水平线与平面平行
a）已知；b）作图

2. 平面与平面平行

由几何定理可知：如果一个平面内的两条相交直线与另一个平面内的两条相交直线分别平行，则两平面平行。

如图 2-50a）所示，△ABC 平面上的两条相交直线 AB、AC 对应地平行于 △DEF 平面上的两相交直线 DE、DF，所以 △ABC 平面与 △DEF 平面平行。

对于两个特殊位置平面，只要它们的同面积聚投影平行，空间两平面就平行；否则不平行。如图 2-50b）所示，两铅垂面的水平积聚投影平行，所以两平面平行。

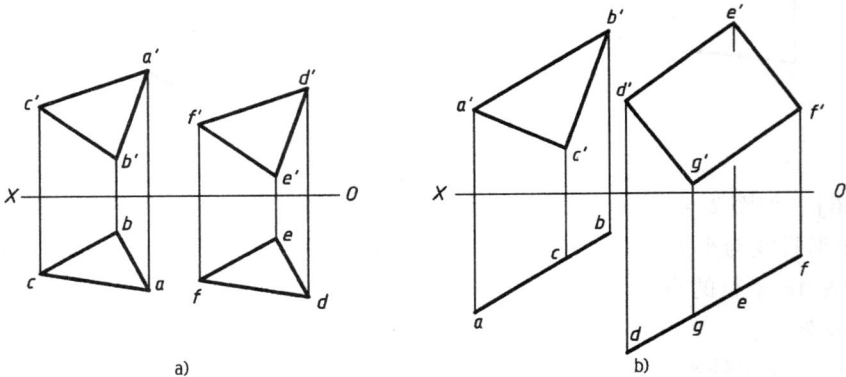

图 2-50　平面与平面平行
a）两一般位置平面平行；b）两特殊位置平面平行

运用上述几何定理和平行投影的几何性质，可判定两平面是否平行，也可过定点作平面平行于已知平面。

【例 2-18】　如图 2-51 所示，试判定 △ABC 平面与 △DEF 平面是否平行。

分析：由两平面平行的几何条件可知，如果 △ABC // △DEF，则必能在 △ABC 内作出两相交直线与 △DEF 平面内的两相交直线平行，否则不平行。为作图方便，可利用已知平面上的边来完成。

作图步骤如下：

（1）过 a' 在 △ABC 内作与 △DEF 的 $d'e'$ 边平行的直线 $a'm'$，然后利用平面上直线的特性

54

作出 am。

（2）过 b′ 也在 △ABC 内作与 △DEF 的 e′f′ 边平行的直线 b′n′，然后作出 bn。

（3）从图中可知，AM 和 BN 与 △DEF 内的 DE 和 EF 的水平投影都不平行，由此可判定两平面不平行。

二、相交关系

直线与平面、平面与平面空间不平行，就一定相交。直线与平面相交为一点，该点是直线与平面的公共点，它既在直线上又在平面上；平面与平面相交为一条直线，该直线是两平面的公共线。这种双重的从属关系是我们求交点或交线的依据。

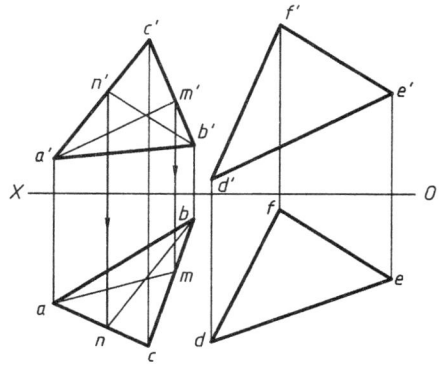

图 2-51 判断两平面是否平行

求交点和交线是投影作图中的两个基本定位问题，其作图的方法有以下两种：

（1）利用投影的积聚性求交点或交线。

（2）利用辅助平面法求交点或交线。

1. 利用投影的积聚性求交点或交线

在投影作图中，如果给出的直线或平面的投影具有积聚性，则可利用积聚性直接确定交点或交线的一个投影，然后再利用直线上定点及平面内定点、线的作图方法求出交点或交线的其他投影。

直线与平面相交后，直线以交点为分界点被平面分成两部分。假设平面是不透明的，则沿着投射线方向观察直线时，位于平面两侧的直线，势必是一侧看得见，而另一侧被平面遮住看不见。在作投影图时，要求把看得见的直线画成粗实线，看不见的直线画成虚线。

两平面相交后，交线为分界线把每个平面分成两部分。假设平面都不透明，则沿着投射线方向观察两平面时，两平面互相遮挡，被遮住的部分看不见，未被遮住的部分看得见。在作投影图时，要求把看得见的部分画成粗实线，把看不见的部分画成虚线。

1）投影面垂直线与一般位置平面相交

【例 2-19】 如图 2-52a）所示，求铅垂线 MN 和一般位置平面的交点 K。

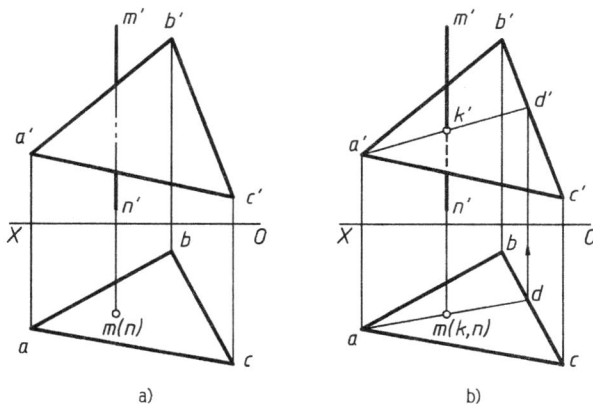

图 2-52 投影面垂直线与一般位置平面相交

a）已知；b）作图

55

分析:已给的直线 MN 为铅垂线,水平投影积聚为一点。交点 K 为直线 MN 与 $\triangle ABC$ 平面的共有点,因此,它的水平投影 k 与 $m(n)$ 重合,然后再利用平面内定点的作图方法求出正面投影。

作图步骤如下[图 2-52b)]:

(1)在 $m(n)$ 上标出交点的水平投影 k。

(2)在平面的水平投影上过 k 引辅助线 ad,并作出它的正面投影 $a'd'$,$a'd'$ 与 $m'n'$ 交于 k'。

(3)判别直线的可见性。

因为直线是铅垂线,平面由前向后逐渐增高,所以从上向下看水平投影,直线积聚成一点;从前向后看正面投影,直线的上段 $m'k'$ 可见,画成粗实线,下段 $k'n'$ 不可见,画成虚线。

2)一般位置直线与特殊位置平面相交

【例 2-20】 如图 2-53a)所示,求一般位置直线 MN 和铅垂面 $\triangle ABC$ 的交点 K。

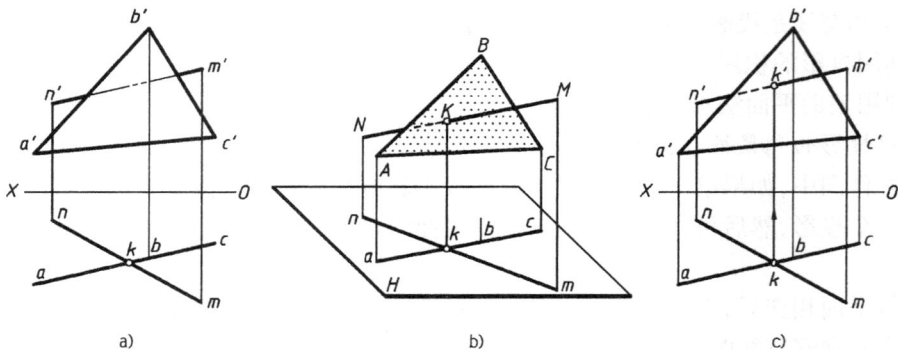

图 2-53 一般位置直线与特殊位置平面相交
a)已知;b)分析;c)作图

分析:如图 2-53b)所示,由于 $\triangle ABC$ 平面是铅垂面,其水平投影积聚成一条直线,因此,水平投影中 abc 与 mn 的交点就是直线与平面交点 K 的水平投影,再利用直线上取点的方法求出交点的正面投影。

作图步骤如下[图 2-53c)]:

(1)在直线和平面积聚的水平投影交点处标出 k。

(2)过 k 向上引投影连线,与 $m'n'$ 交于 k'。

(3)判别直线的可见性。

因为平面为铅垂面,所以看水平投影时,直线未被平面遮挡都是看得见的;从前向后看正面投影时 $m'k'$ 在平面的前面为可见,画成粗实线,$k'n'$ 在平面的后面被平面遮挡为不可见,画成虚线,如图 2-53c)所示。

3)一般位置平面与特殊位置平面相交

【例 2-21】 如图 2-54a)所示,求一般位置平面 $\triangle ABC$ 和铅垂面 P 的交线 MN。

分析:如图 2-54b)所示,两平面相交其交线为两平面公共线,由于铅垂面 P 的水平投影具有积聚性,所以交线的水平投影为积聚的铅垂面与 $\triangle ABC$ 的公共部分,然后利用平面上定线的作图方法作出交线的正面投影。

作图步骤如下[图 2-54c)]:

（1）在平面的积聚投影 P 上标出交线的水平投影 mn（端点 M、N 分别是 AC 边和 BC 边与 P 平面的交点）。

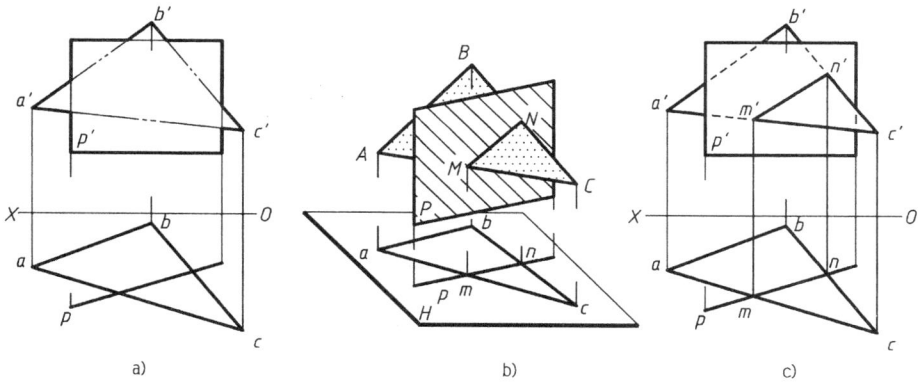

图 2-54　一般位置平面与特殊位置平面相交
a）已知；b）分析；c）作图

（2）过 m 和 n 分别向上引投影连线，交于 $a'c'$ 和 $b'c'$ 于 m' 和 n'。

（3）连接 m' 和 n'，即得交线的正面投影。

（4）判别两平面的可见性。

因为平面 P 为铅垂面，所以看水平投影时，P 平面积聚成直线，平面 abc 均可见；看正面投影时，以交线 $m'n'$ 为分界线，把 $\triangle ABC$ 平面分成前、后两部分，从水平投影可以看出 CMN 在 P 平面的前面，$ABNM$ 在后面，由此，正面投影 $c'm'n'$ 可见，画粗实线，$a'b'n'm'$ 被 P 平面遮住部分不可见，画成虚线；相对而言，P 平面正面投影的可见性可依据 $\triangle ABC$ 平面的可见性直接判别。

2．利用辅助平面法求交点或交线

当直线与平面、平面与平面都是一般位置时，其投影都没有积聚性，因此，不能在图中直接找出交点（或交线），故需要用辅助平面法来求。通常选择含已知直线或已知平面的一边作特殊位置平面为辅助平面，从而把投影无积聚的问题转化为投影有积聚性的问题来求解。

辅助平面法求交点的作图步骤如下：

（1）过已知直线作一辅助平面（特殊位置平面）。

（2）求辅助平面与已知平面的辅助交线。

（3）求辅助交线与已知直线的交点。

（4）判别可见性。

1）一般位置直线与一般位置平面相交

【例 2-22】　如图 2-55a）所示，求一般位置直线 MN 与一般位置平面 ABC 的交点 K。

分析：如图 2-55b）所示，因为已给的直线和平面均无积聚性，所以求它们的交点应用辅助平面法。过 MN 直线作辅助平面 P（一般作投影面的垂直面），辅助平面 P 与 $\triangle ABC$ 平面的交线 DE 为辅助交线。显然，辅助交线 DE 与直线 MN 都在辅助平面 P 上，其交点 K 就是 $\triangle ABC$ 平面与直线 MN 的交点。

作图步骤如下：

（1）过直线 MN 作辅助平面 P（铅垂面），如图 2-55c）所示，用与 mn 重合的迹线 P_H 表示。

（2）求铅垂面 P 与 $\triangle ABC$ 平面的交线 DE，如图 2-55d）所示（为铅垂面与一般位置平面相交问题）。

（3）作出辅助交线 DE 与直线 MN 的交点即为所求的交点 K，如图 2-55e）所示。

（4）利用重影点判别直线的可见性。

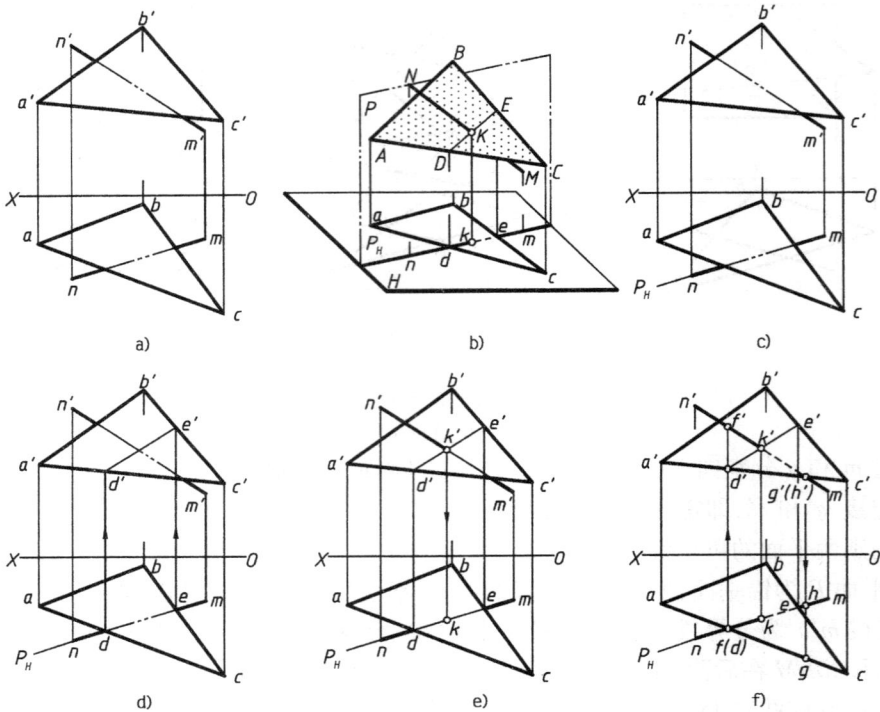

图 2-55　一般位置直线和一般位置平面相交

a）已知；b）分析；c）作辅助平面；d）求交线；e）求交点；f）可见性判别

如图 2-55f）所示，在水平投影上标出交错两直线 AC 和 MN 上重影点 F 和 D 的重合投影 $f(d)$，分别过 d 和 f 向上引投影连线作出它们的正面投影 d' 和 f'。从图中可以看出 MN 直线上的 F 点高于 AC 边上的 D 点，这说明 NK 段直线高于 $\triangle ABC$ 平面，水平投影 fk 可见，画成实线；相反，KM 段低于 $\triangle ABC$ 平面，水平投影 km 被平面遮挡部分不可见，画成虚线。同样地，在正面投影上标出交错两直线 AC 和 MN 上重影点 G 和 H 的重合投影 $g'(h')$，分别过 g' 和 h' 向下引投影连线作出它们的水平投影 g 和 h。从图中可以看出 AC 边上的 G 点前于 MN 直线上的 H 点，这说明 MK 段直线在 $\triangle ABC$ 平面之后，正面投影 $m'k'$ 被平面遮住部分不可见，画成虚线；而 KN 段直线在 $\triangle ABC$ 平面之前，正面投影 $k'n'$ 可见，画成实线，结果如图 2-55f）所示。

2）两个一般位置平面相交

【例 2-23】　如图 2-56a）所示，求两个一般位置平面 ABC 和 DEF 的交线 MN。

分析：如图 2-56b）所示，求两平面的交线，可用辅助平面法分别求一个平面的两条直线与另一个平面的交点（两个点），两点连线取两平面的公共部分就是我们所求的交线 MN。

作图步骤如下：

（1）用辅助平面法求 AB 直线与 DEF 平面的交点 $M(m,m')$，作图过程如图 2-56b）所示。

（2）用同样的方法求 AC 直线与 DEF 平面的交点 I，只求出 i' 即可。

（3）在正面投影图中连接 $m'i'$，取两平面的公共部分即为两平面的交线 $m'n'$，然后再求

58

出 mn。

（4）利用重影点判别两平面的可见性。

利用沿 Z 轴重影点 I 和 II 可判断两平面水平投影的可见性；利用沿 Y 轴重影点 III 和 IV 可判别两平面正面投影可见性。将可见的部分画成实线，不可见的部分画成虚线，结果如图 2-56c）所示。

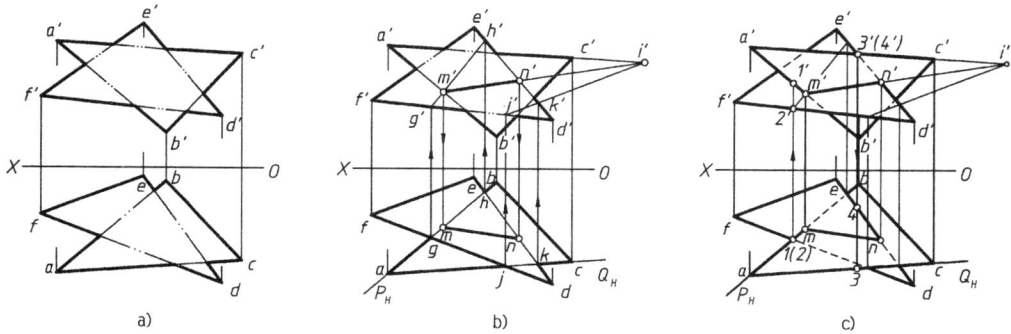

图 2-56　两个一般位置平面相交
a）已知；b）辅助平面法求交点；c）可见性判别

三、垂直关系

1. 直线与平面垂直

直线与平面垂直的几何条件是：若一条直线垂直于平面内的任意两条相交直线，则该直线一定垂直于该平面。同时，若直线与平面垂直，则直线垂直于平面内的所有直线，这里包括相交垂直和交错垂直。

与平面垂直的直线，称为该平面的垂线；反过来，与直线垂直的平面，称为该直线的垂面。

如图 2-57a）所示，我们可以推出直线与平面垂直的投影特性。

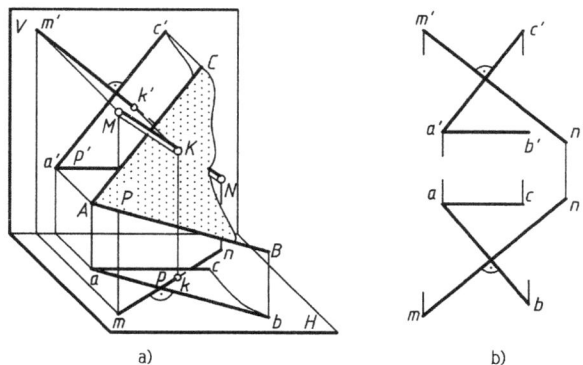

图 2-57　直线与平面垂直的投影特性
a）立体图；b）投影图

设 MN 直线与 $\triangle ABC$ 平面垂直，且 AB 为水平线、AC 为正平线（若所给平面形没有水平线和正平线，可在平面内作水平线和正平线）。根据直线与平面垂直的几何条件可知，垂线 MN 与水平线 AB 垂直，与正平线 AC 也垂直。所以垂线的水平投影与水平线的水平投影垂直，即 $mn \perp ab$；垂线的正面投影与正平线的正面投影垂直，即 $m'n' \perp a'c'$，如图 2-57b）所示。

综上得出平面垂线的投影特性:若一条直线垂直于一个平面,则直线的水平投影必垂直于平面上水平线的水平投影;直线的正面投影必垂直于平面上的正平线的正面投影。反之,若一条直线的水平投影垂直于一个平面上水平线的水平投影,直线的正面投影垂直于该平面正平线的正面投影,则直线必垂直于该平面 。

平面垂线的投影特性通常用来图解有关距离问题。

【例 2-24】 如图 2-58a)所示,求 M 点到△ABC 平面的距离。

分析:点到平面的距离是指垂直距离。因此,过点向平面作垂线并求出垂足,则点到垂足的距离就是点到平面的距离。这里首先应在平面内作投影面的平行线,然后按平面垂线的特性作图。

作图步骤如下[图 2-58b)]:

(1)在平面内任作一条水平线 AD($a'd'$和 ad),其中 $a'd'$∥OX,然后过 m 点作 mn⊥ad。

(2)在平面内任作一条正平线,AE($a'e'$和 ae),其中 ae∥OX,然后过 m'点作 $m'n'$⊥$a'e'$。

(3)用辅助平面法求 MN 直线与△ABC 平面的交点 K。

(4)用直角三角形法求 MK 线段的实长,即为 M 到 ABC 平面的垂直距离。

值得注意的是,垂线与平面内选取的正平线和水平线并不一定相交,投影图中仅利用其平行线的方位。因此,要求出垂足点,还必须求出垂线与平面的交点。

如果要求点到特殊位置平面的距离,则作图非常简单。如图 2-59a)所示,给出 M 点和铅垂面 P,因与铅垂面垂直的直线一定是水平线,而且水平线的水平投影应与铅垂面的积聚投影垂直,所以过 M 点的水平投影 m 作铅垂面积聚投影的垂线应等于距离,如图 2-59b)所示。

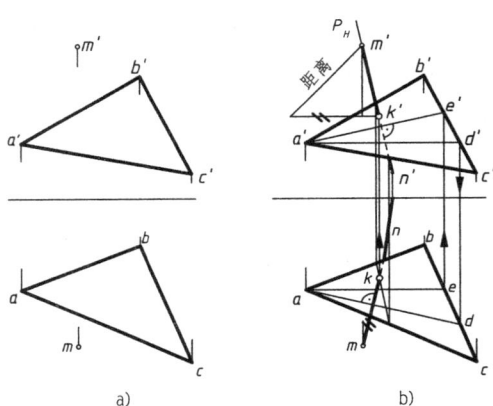

图 2-58 求点到平面的距离
a)已知;b)作图

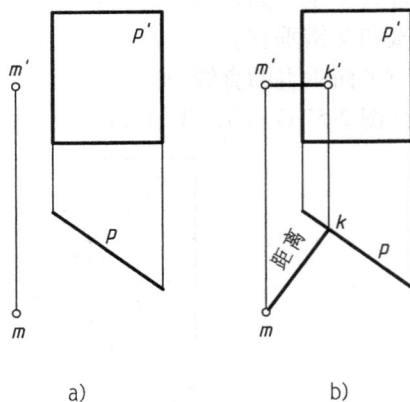

图 2-59 求点到特殊位置平面的距离
a)已知;b)作图

【例 2-25】 如图 2-60a)所示,求 A 点到直线 MN 的距离。

分析:点到直线的距离等于点到直线间的垂直线段的长度。这个垂直线段必然位于过已知点且垂直于已知直线的垂面上,因此只要作出过点与直线垂直的垂面,求出直线与垂面的交点即为垂足,则连已知点和垂足的线段即为点到直线间的垂直线段。

作图步骤如下[图 2-60b)]:

(1)过点 A 分别作与 MN 垂直的水平线 AB 和正平线 AC,其中 ab⊥mn,$a'b'$∥OX;$a'c'$⊥$m'n'$,ac∥OX。故△ABC 平面与 MN 直线垂直。

（2）过 $m'n'$ 作正垂面 Q，利用辅助平面 Q 求直线 MN 与平面 ABC 的交点 $K(k'$ 和 $k)$。

（3）连 $AK(a'k',ak)$ 的二面投影，并用直角三角形法求出 AK 线段的实长，即为点 A 到直线 MN 的距离。

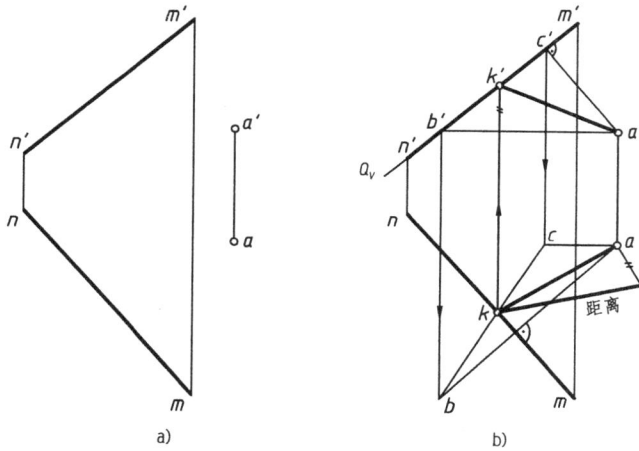

图 2-60　求点到直线的距离

a）已知；b）作图

2. 两平面垂直

平面与平面垂直的几何条件是：若一条直线垂直于一个平面，则过这条直线的所有平面都垂直于这个平面。反之，若两个平面互相垂直，则由第一个平面上的任意点向第二个平面作垂线，该垂线一定在第一个平面上。

如图 2-61 所示，MN 直线垂直于 P 平面，则过直线的所有平面都垂直于 P 平面。

【例 2-26】　如图 2-62a）所示，过 M 点作平面，使它与 $\triangle ABC$ 平面和 P 平面都垂直。

分析：根据两平面垂直的几何条件，只要过 M 点分别向 $\triangle ABC$ 平面和 P 平面作两条垂线，则两垂线所确定的平面与两已知平面都垂直。

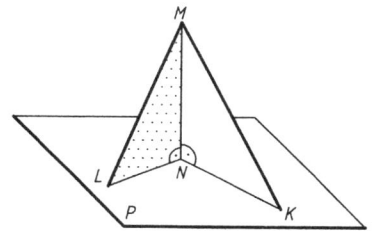

图 2-61　两平面垂直的几何条件

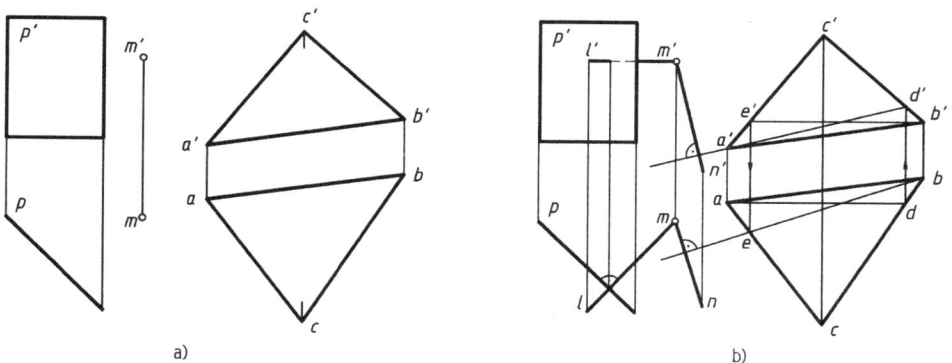

图 2-62　过点作平面与两平面垂直

a）已知；b）作图

作图步骤如下[图 2-62b)]：

(1)在△ABC 平面上分别作正平线 AD 和水平线 BE，然后作垂线 MN，其中 $m'n' \perp a'd'$、$mn \perp be$。

(2)过 M 点作 P 平面垂线 ML。因为 P 平面是铅垂面，它的垂线一定是水平线，过 m 点作 $ml \perp p$，$m'l' \parallel OX$，则 LMN($l'm'n'$ 和 lmn)平面即为所求的平面。

【例 2-27】 如图 2-63a)所示，已知矩形 ABCD 的一边 AB 的投影，邻边 AD 平行于△KMN 平面，且顶点 D 距 H 面 15mm，试完成该矩形的两面投影。

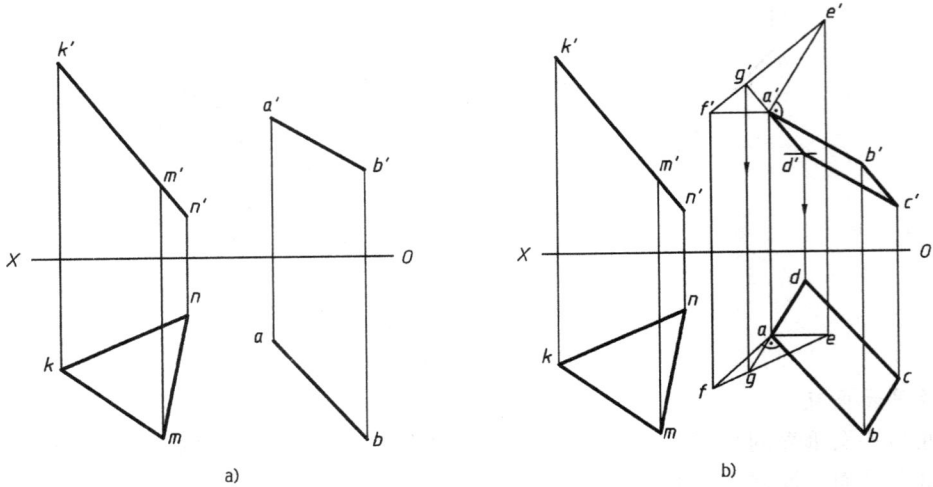

图 2-63 完成矩形 ABCD 的两面投影
a)已知；b)作图

分析：矩形 ABCD 的 AD 边平行于正垂面△KMN，并且点 D 距 H 面 15mm，由这两个条件可先求出 d'。再根据矩形 ABCD 的四个角都为直角，所以点 D 一定在过点 A，且垂直于 AB 的垂面上，由此求出点 D 的水平投影 d。最后利用平行线特性完成矩形 ABCD 的投影。

作图步骤如下[图 2-63b)]：

(1)过 a' 作 $a'd' \parallel k'm'n'$（平面△KMN 是正垂面，正面投影积聚为一条直线），与距 H 面间距为 15mm 的线交于 d'。

(2)过 A 点作与 AB 垂直的平面 AEF，AEF 是由正平线 AE(ae 和 $a'e'$)和水平线 AF(af 和 $a'f'$)确定的。

(3)连接 EF(ef 和 $e'f'$)，AD 在 AEF 平面内，求出 D 点的水平投影 d。

(4)作 $CD \parallel AB$，$BC \parallel AD$，完成矩形的两面投影。

第三章　投影变换

第一节　投影变换的实质和方法

通过前一章对点、线、面及其相对位置投影的介绍可知,当直线或平面相对于某投影面处于平行或垂直的特殊位置时,利用它们的投影特性就能求出实长、实形或倾角,如表3-1所示。

利用显实性和积聚性求几何元素间的问题　　　　　　　　　　表3-1

实长（或实形）		交点（或交线）		
线段的实长	平面的实形	直线与平面相交	两平面相交	两平面相交
距　离				
点到直线的距离	两直线间的距离	点到平面的距离	直线到平面的距离 条件:*MN//P*	两平面间的距离 条件:两平面平行

当直线或平面相对投影面处于一般位置时,它们的投影就不具有如表3-1的特性。解决问题相对要复杂些。在这种情况下,如果能把一般位置直线或平面换成特殊位置直线或平面,

63

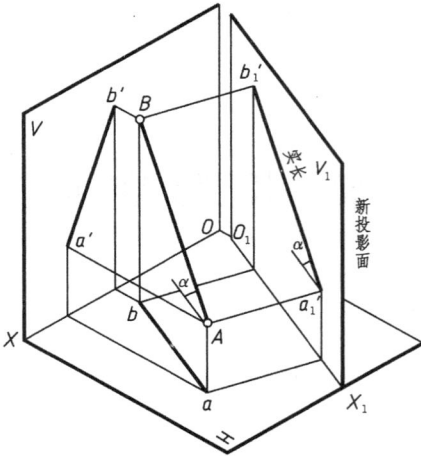

图 3-1 换面法原理

使它们处在有利于解题的位置上,这就是投影变换的目的。

投影变换的方法很多,常用的方法是换面法。

如图 3-1 所示,用 V_1 面替换 V 面,使 $V_1 \perp H$,并且 $V_1 \parallel AB$,即把一般位置直线 AB 变换成 V_1 面的平行线。

很明显,新投影面 V_1 面是不能任意选择的,首先要使空间几何元素在新的投影面上的投影能符合有利于解题的要求,而且新投影面必须与原投影体系中不变的 H 面垂直,在构成新投影体系中,运用正投影原理作出新的投影图。因此采用换面法解题,新投影面的选择必须符合以下换面法的规律:

(1)新投影面必须和空间几何元素处于最有利于解题的位置。

(2)新投影面必须垂直于一个不变的投影面。

第二节 换 面 法

一、换面法的基本原理

换面法是在给出的两面投影体系中,保持空间几何元素不动,用一个新的投影面去替换其中的一个投影面,保留另一个投影面,新的投影面与保留的投影面必须垂直,以构成新的两面投影体系。其实质是通过改变投影面的位置来改变空间几何元素与投影面的相对位置,以便有利于问题的解决。

1. 一次换面(换 V 面)

如图 3-2 所示,在两面投影体系 V/H 中,用新的投影面 V_1 替换投影面 V,保留投影面 H,并使 $V_1 \perp H$。于是,投影面 H 和 V_1 就形成了新的两面投影体系 V_1/H,它们的交线 $O_1 X_1$ 就成为新的投影轴。

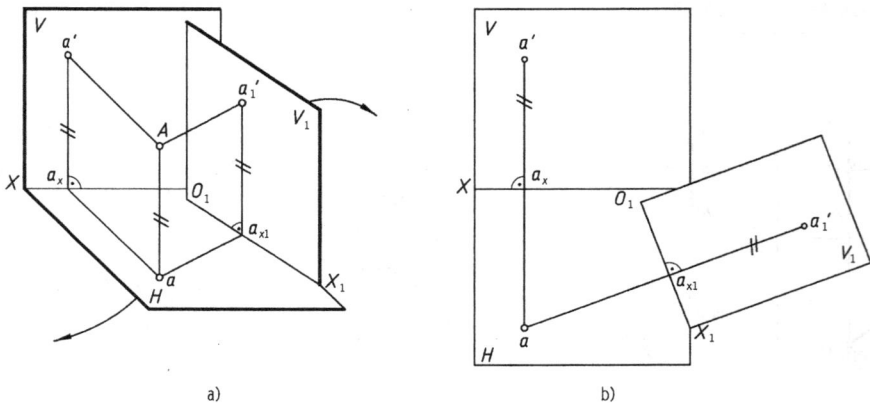

a)

b)

图 3-2 一次换面(换 V 面)

a)立体图;b)投影图

在图 3-2 中,点 A 在 V_1 面上的投影标记为"a'_1",a'_1 称为新的投影;在 V 面上的投影 a' 称为被替换的投影;在 H 面上的投影 a 称为被保留的投影。

当投影面 V、H 和 V_1 展开成一平面时,根据点的两面投影的性质,可知新的投影 a'_1 与原投影 a、a' 之间具有如下关系:

(1)a'_1 与 a 的连线(投影连线)垂直于新轴 O_1X_1,即 $a'_1a \perp O_1X_1$。

(2)a'_1 到 O_1X_1 轴的距离等于 a' 到 OX 轴的距离(等于空间点 A 到 H 面的距离),即 $a'_1a_{x1} = a'a_x = Aa$。

2. 一次换面(换 H 面)

如图 3-3 所示,在两面投影体系 V/H 中,用新的投影面 H_1 替换投影面 H,保留投影面 V,并使 $H_1 \perp V$,于是,投影面 V 和 H_1 就形成了新的两面投影体系 V/H_1,它们的交线 O_1X_1 为新投影轴。

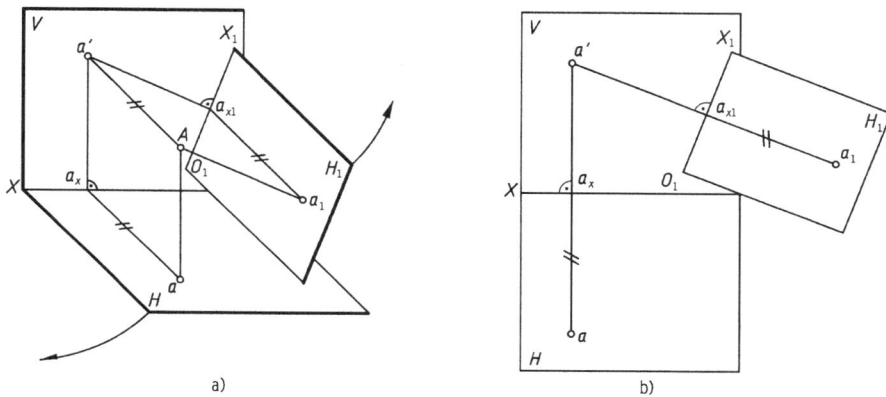

图 3-3 一次换面(换 H 面)
a)立体图;b)投影图

此时空间点 A 在 H_1 面上的投影标记为"a_1",a_1 称为新投影;H 面上的投影 a 称为被替换的投影;V 面上的投影 a' 称为被保留的投影。

当投影面 H、V 和 H_1 展开成为一个平面时,根据点的两面投影的性质可知,新的投影 a_1 与原投影 a' 和 a 之间具有如下关系:

(1)a_1 与 a' 的连线(投影连线)垂直于 O_1X_1 轴,即 $a_1a' \perp O_1X_1$。

(2)a_1 到 O_1X_1 轴的距离等于 a 到 OX 轴的距离(等于空间 A 点到 V 面的距离),即 $a_1a_{x1} = aa_x = Aa'$。

综上所述,无论是替换 V 面还是替换 H 面,均可得出如下点的换面投影规律:

(1)点的新投影与被保留投影的连线垂直于新轴。

(2)点的新投影到新轴的距离等于点的被替换投影到原轴的距离。

这两个规律就是换面法作图的依据。

【例 3-1】 如图 3-4a)所示,给出点 A 的两个投影 a 和 a',以及新轴 O_1X_1,求 A 点在 V_1 面上的新投影 a'_1。

作图步骤如下[图 3-4b)]:

(1)过 a 点向 O_1X_1 引垂线(投影连线)。

(2)在垂线上截取 $a'_1a_{x1} = a'a_x$ 即得新投影 a'_1。

注意,图中投影轴 OX 两侧的符号 V、H 和投影轴 O_1X_1 两侧的符号 H、V_1 表示展开成一个投影面 V、H、V_1 的位置,投影面的边框线不必画出。

【例 3-2】 如图 3-5a)所示,给出点 A 的两个投影 a 和 a',以及新轴 O_1X_1,求点 A 在 H_1 面上的新投影 a_1。

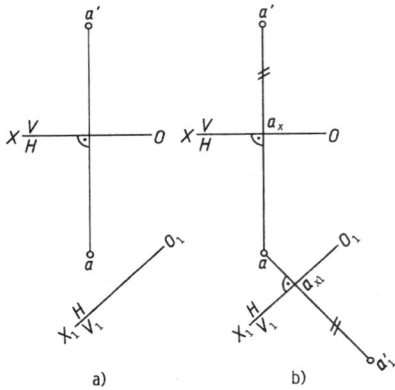

图 3-4 求 V_1 面上的新投影
a)已知;b)作图

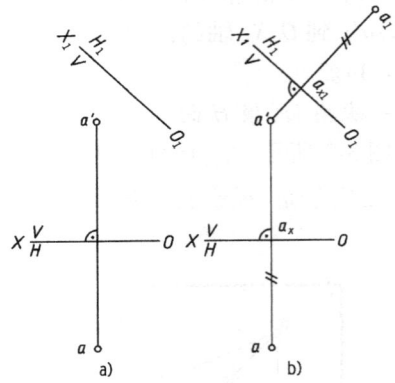

图 3-5 求 H_1 面上的新投影
a)已知;b)作图

作图步骤如下[图 3-5b)]:

(1)自 a' 向 O_1X_1 引垂线(投影连线)。

(2)在垂线上截取 $a_1 a_{x1} = a a_x$,即得到新投影 a_1。

3. 两次换面

在实际解题中,有时一次换面还不能解决问题,还需要进行两次或更多次的换面。

如图 3-6 所示,在 V/H 体系中,第一次用 V_1 面替换 V 面,保留 H 面,形成 V_1/H 体系($V_1 \perp H$,新轴为 O_1X_1);第二次再用 H_2 面替换 H 面,保留 V_1 面,形成 V_1/H_2 体系,($H_2 \perp V_1$,相对于第一次换面的新轴为 O_2X_2)。

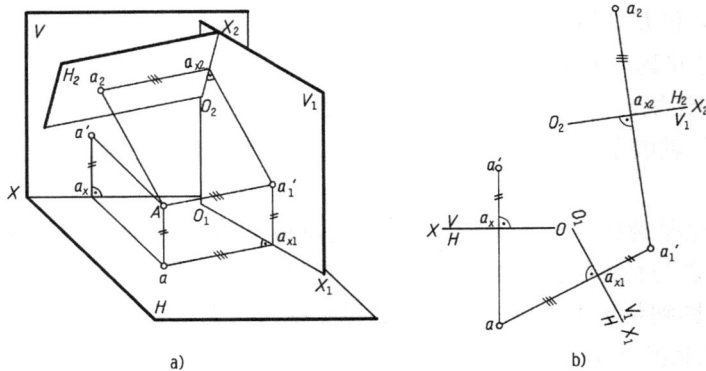

图 3-6 两次换面(先换 V 面后换 H 面)
a)立体图;b)投影图

而如图 3-7 所示,第一次是用 H_1 面替换 H 面,保留 V 面,形成 V/H_1 体系($H_1 \perp V$,新轴为 O_1X_1);第二次再用 V_2 面替换 V 面,保留 H_1 面,形成 V_2/H_1 体系($V_2 \perp H_1$,相对于第一次换面

66

的新轴为 O_2X_2）。

图 3-6 和图 3-7 中的 V/H 体系称为原体系，第一次换面形成的 V_1/H 或 V/H_1 体系相对于原体系称为新体系。第二次换面形成的 V_1/H_2 或 V_2/H_1 体系相对于第一次换面的体系又是个新体系。

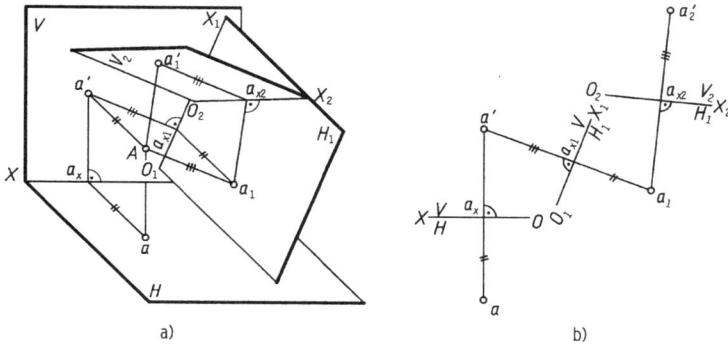

图 3-7　两次换面(先换 H 面后换 V 面)

a)立体图;b)投影图

同第一次换面的原理一样，点在各体系中的新投影与被替换体系中两个投影的关系，都必须符合前面得出的两条换面投影规律。

二、基本作图

在用换面法解题时，主要是利用以下六个基本作图。

1. 把一般位置直线变换成投影面的平行线

分析：如图 3-8a)所示，为把一般位置直线 AB 变换成投影面的平行线，可用 V_1 面替换 V 面，并让 $V_1 \perp H$、$V_1 /\!/ AB$，此时新轴必然与直线的水平投影平行，即 $O_1X_1 /\!/ ab$，直线在 V_1/H 体系中即为 V_1 面的平行线。

作图步骤如下[图 3-8b)]：

(1)作新轴 $O_1X_1 /\!/ ab$(O_1X_1 与 ab 的距离可随意确定)。

(2)分别作出 A、B 两点在 V_1 面上的新投影 a'_1 和 b_1'。

(3)用直线连接 $a'_1b'_1$，即为直线 AB 在 V_1 面上的新投影。

显然，投影 $a'_1b'_1$ 的长度等于线段 AB 的实长，$a'_1b'_1$ 与 O_1X_1 的夹角等于直线 AB 与 H 面的倾角 α。

如图 3-9 所示，若用 H_1 替换 H 面，也可以把直线 AB 变成投影面的平行线，此时新轴 $O_1X_1 /\!/ a'b'$，直线 AB 在 V/H_1 体系中即为 H_1 面的平行线，新投影 a_1b_1 也等于线段 AB 的实长，但 a_1b_1 与 O_1X_1 轴的夹角应等于直线 AB 与 V 面的倾角 β。

2. 把投影面平行线变换成投影面垂直线

分析：如图 3-10a)所示，为把正平线 AB 变换成投影面的垂直线，应该用 H_1 面去替换 H 面，并让 $H_1 \perp V$、$H_1 \perp AB$，此时新轴必然与直线的实长投影垂直，即 $O_1X_1 \perp a'b'$，直线 AB 在 V/H_1 体系中即为 H_1 面的垂直线。

作图步骤如下[图 3-10b)]：

(1)作新轴 $O_1X_1 \perp a'b'$(距离可随意确定)。

（2）作出 A、B 两点在 H_1 面上的新投影 $a_1(b_1)$，即为 AB 直线在 H_1 面上的积聚投影。

如图 3-11 所示是把水平线 CD 变换成 V_1 面垂直线的作图方法。图中新轴 O_1X_1 应垂直于 CD 实长投影 cd，新投影 $c'_1(d'_1)$ 重合成一点。

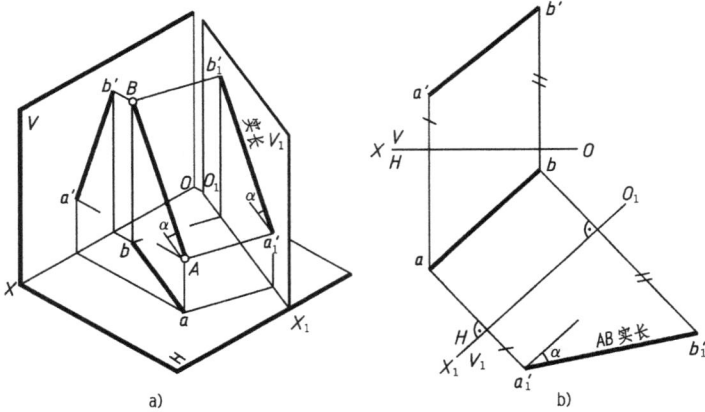

图 3-8　把一般位置直线变换成 V_1 面的平行线

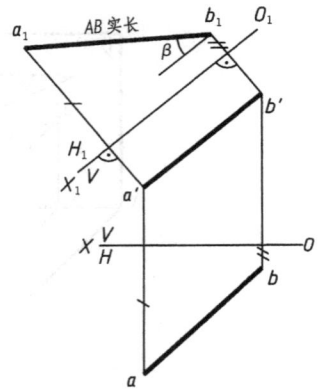

a）分析；b）作图

图 3-9　把一般位置直线变换成
H_1 面的平行线

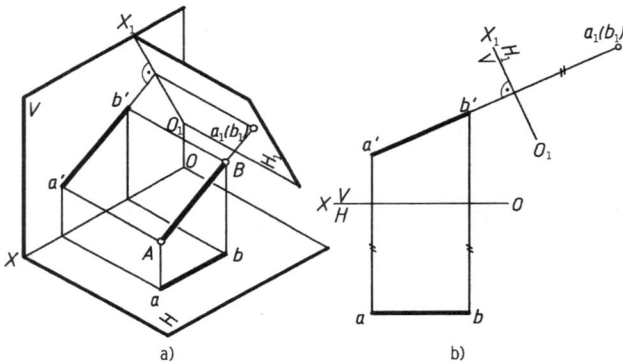

图 3-10　把正平线变换成 H_1 面的垂直线

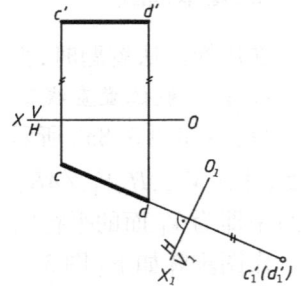

a）分析；b）作图

图 3-11　把水平线变换成 V_1
面的垂直线

3. 把一般位置直线变换成投影面垂直线

分析：如图 3-12 所示，为把一般位置直线变换成投影面的垂直线，必须经过两次换面。第一次换面可把一般位置直线变换成投影面的平行线；第二次换面再把投影面平行线变换成投影面垂直线。

作图：根据分析可知作图过程实际上是基本作图 1 和基本作图 2 的综合（过程参考图 3-8 和图 3-10）。

4. 把一般位置平面变换成投影面垂直面

分析：如图 3-13a）所示，为把 ABC 平面变换成投影面的垂直面，可用 V_1 面替换 V 面。此时，V_1 面必须垂直于平面上的水平线，因为只有这样 V_1 面才能垂直于 H 面，ABC 平面才能在 V_1/H 体系中成为 V_1 的垂直面。

作图步骤如下［图 3-13b）］：

（1）在 ABC 平面上作水平线 AD（$a'd' \rightarrow ad$）。

（2）作新轴 $O_1X_1 \perp ad$。

（3）分别作出 A、B、C 三点在 V_1 面上的新投影 a'_1、b_1'、c_1'（位于一条直线上）。

（4）用直线连接 $a'_1b'_1c'_1$，即为 ABC 平面在 V_1 面上的积聚投影。

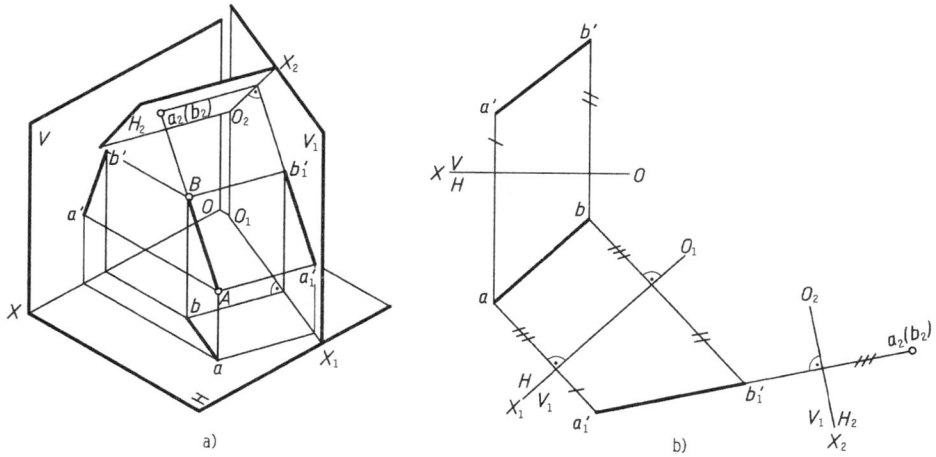

图 3-12　把一般位置直线变换成 H_2 面的垂直线

a)分析；b)作图

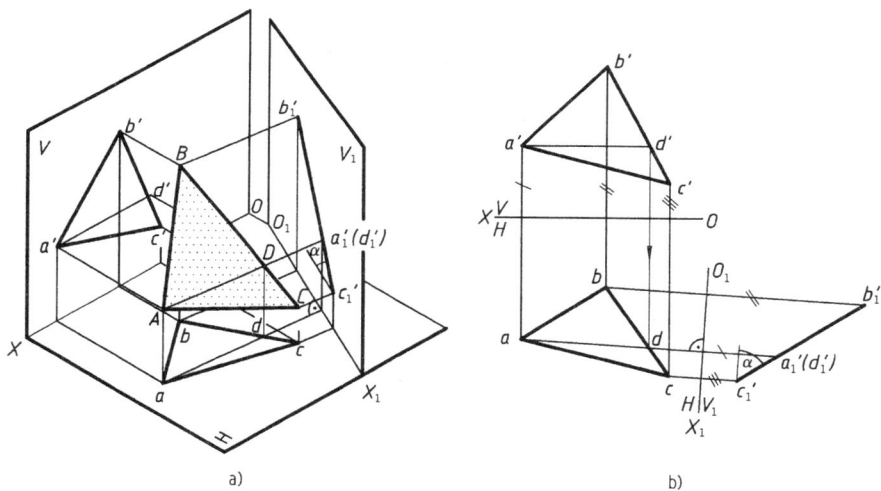

图 3-13　把一般位置平面变换成 V_1 面的垂直面

a)分析；b)作图

显然，积聚投影 $a'_1b'_1c'_1$ 与 O_1X_1 轴的夹角等于 ABC 平面与 H 面的倾角 α。

如图 3-14 所示也是把一般位置平面变换成投影面的垂直面，但是用 H_1 面替换 H 面，此时 H_1 面必须垂直于平面上的一条正平线，才能把平面变换成 V/H_1 体系中 H_1 面的垂直面。作图时，新轴 O_1X_1 应垂直于正平线 AE 的实长投影 $a'e'$，作出的新投影 $a_1b_1c_1$ 积聚成一条直线，它与 O_1X_1 轴的夹角等于平面 ABC 与 V 面的倾角 β。

5. 把投影面垂直面变换成投影面的平行面

分析：如图 3-15a)所示，为把铅垂面 ABC 变换成投影面平行面，必须用 V_1 面替换 V 面，只

69

要 V_1 面平行于平面 ABC 也就必然垂直于 H 面,此时新轴 O_1X_1 必然与平面的积聚投影 abc 平行。这样一来,平面 ABC 在 V_1/H 体系中就成为 V_1 面的平行面。

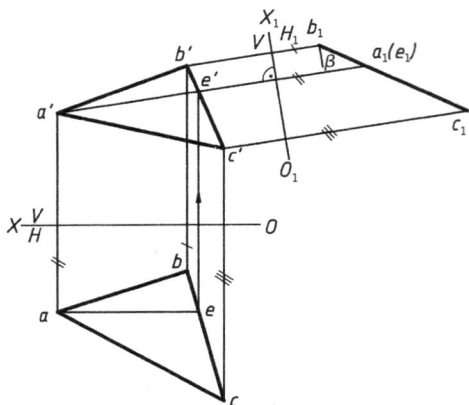

图 3-14　把一般位置平面变换成 H_1 面的垂直面

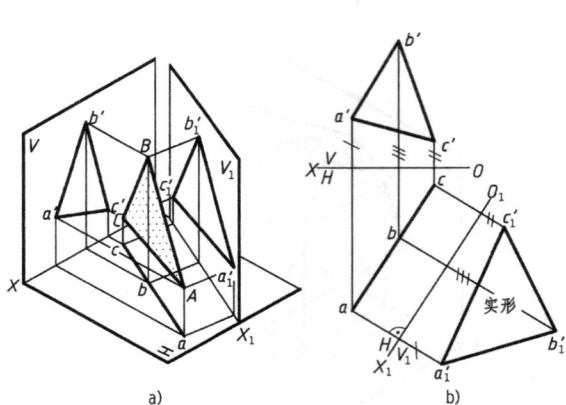

图 3-15　把铅垂面变换成 V_1 面的平行面
a) 分析;b) 作图

作图步骤如下[图 3-15b)]:

(1)作新轴 $O_1X_1 // abc$。

(2)分别作出顶点 A、B、C 在 V_1 面上的新投影 a_1'、b_1'、c_1'。

(3)将 a_1'、b_1'、c_1' 连成三角形,即为平面 ABC 在 V_1 面上的新投影,它反映平面的实形。

如图 3-16 所示是把正垂面 DEF 变换成投影面的平行面,此时必须用 H_1 面替换 H 面,只要 $H_1 // DEF(\perp V)$ 就可以把 DEF 平面变换成 V/H_1 体系中 H_1 面的平行面。作图时新轴 O_1X_1 应平行于 $d'e'f'$,作出的新投影 $d_1e_1f_1$ 即为平面 DEF 的实形。

6. 把一般位置平面变换成投影面的平行面

分析:如图 3-17 所示,为把一般位置平面 ABC 变换成投影面的平行面必须经过两次换面。第一次换面是把一般位置平面变换成投影面的垂直面,第二次换面是把投影面垂直面变换成投影面平行面。

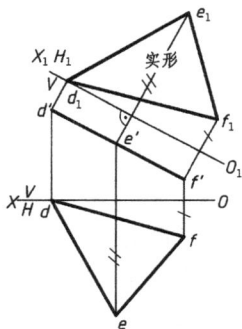

图 3-16　把正垂面变换成 H_1 面的平行面

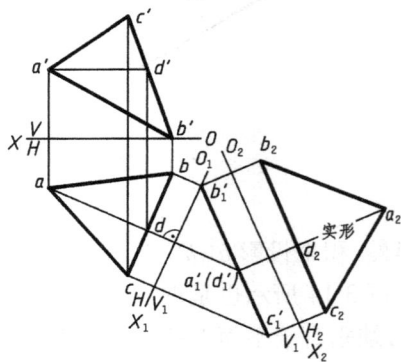

图 3-17　把一般位置平面变换成 H_2 面的平行面

作图:根据以上分析可知,作图过程实际上是基本作图 4 和基本作图 5 的综合(参考图 3-13和图 3-15 或图 3-14 和图 3-16)。

三、换面法的应用

【例 3-3】 如图 3-18a)所示,求直线 MN 与平面 ABC 的交点。

分析:用一次换面可把平面变换成投影面的垂直面(基本作图 4),然后利用平面的积聚投影作出交点的各个投影。

作图步骤如下[图 3-18b)]:

(1)在平面 ABC 上作一条水平线 $AD(a'd' \to ad)$。

(2)作新轴 $O_1X_1 \perp ad$。

(3)作出直线 MN 和平面 ABC 的新投影 $m'_1n'_1$ 和积聚投影 $a'_1b'_1c'_1$,它们的交点 k'_1 即为所求交点 K 的新投影。

(4)过 k'_1 作垂直于 O_1X_1 的投影连线,交 mn 于 k,然后再作出 K 点的正面投影 k'。

(5)利用重影点判别直线的可见性。

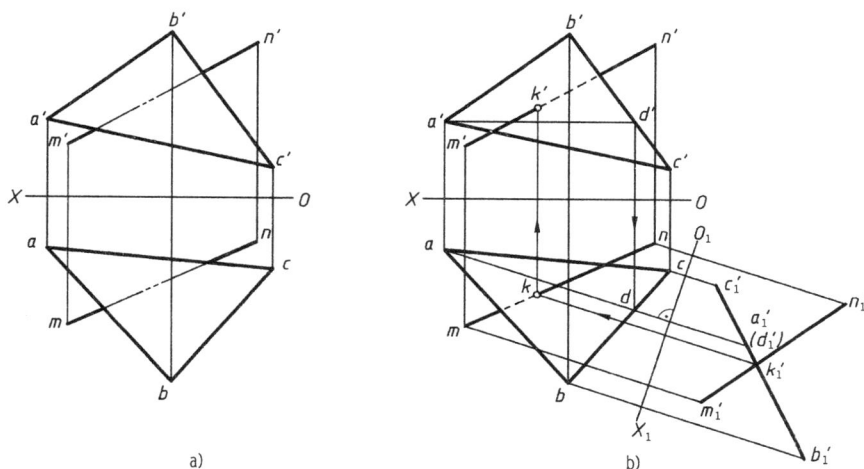

图 3-18　求直线与平面的交点
a)已知;b)作图

【例 3-4】 如图 3-19a)所示,求 $\triangle ABC$ 和 $\triangle BCD$ 之间的夹角。

分析:当两三角形平面同时垂直某一投影面时,它们在此投影面上的投影分别积聚成两条直线,这两条直线的夹角即为所求的两平面夹角。为将两平面同时变为投影面垂直面,就得将两平面的交线变成投影面的垂线(基本作图 3),由此问题也就解决了。

作图步骤如下[图 3-19b)]:利用两次换面把直线 BC 变换成投影面的垂线(基本作图 3),同时作出两平面的新投影 $a'_1b'_1c'_1$ 和 $b'_1c'_1d'_1$,以及 $a_2b_2(c_2)$ 和 $b_2(c_2)d_2$,积聚投影 $a_2b_2(c_2)$ 和 $b_2(c_2)d_2$ 的夹角即为两三角形平面的夹角 θ。

【例 3-5】 如图 3-20a)所示,已知点 A 的水平投影 a 及点 A 到直线 BC 的距离为 17mm,求点 A 的正面投影 a'。

分析:用两次换面把直线 BC 变换成投影面的垂线(基本作图 3),此时 BC 的新投影积聚成一点,这个点与点 A 的新投影之间的距离应等于 17mm(与新投影面垂线垂直的直线是新投影面的平行线)。

71

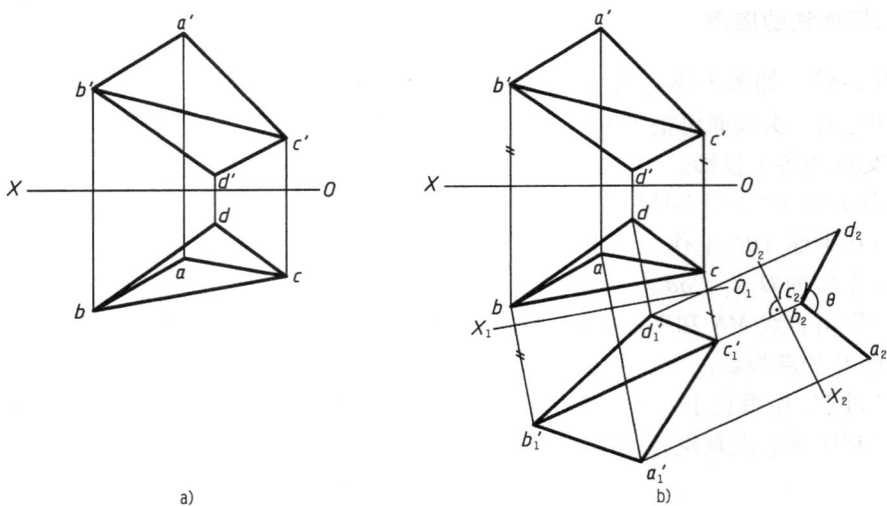

图 3-19　求两平面的夹角
a)已知;b)作图

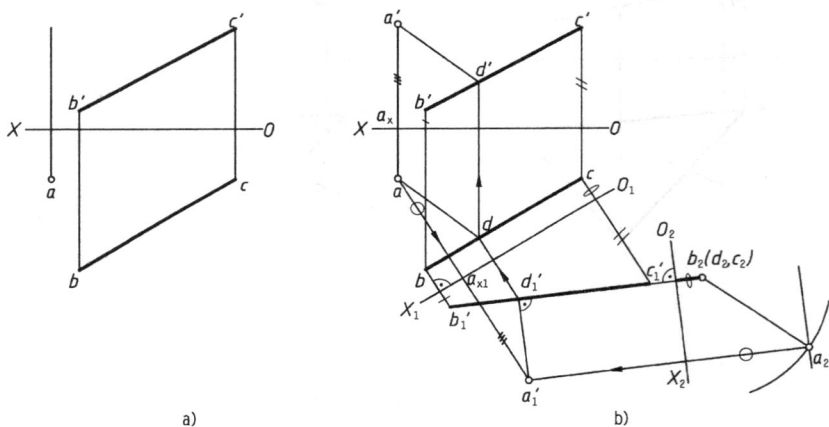

图 3-20　求 A 点的正面投影
a)已知;b)作图

作图步骤如下[图 3-20b)]:

(1)作新轴 $O_1X_1 /\!/ bc$,然后作出直线 BC 在 V_1 面上的新投影 $b'_1c'_1$。

(2)作新轴 $O_2X_2 \perp b'_1c'_1$,然后作出直线 BC 在 H_2 面上的新投影 $b_2(c_2)$。

(3)以 $b_2(c_2)$ 为圆心,17mm 长为半径画弧,与距离 O_2X_2 等于 aa_{x_1} 的平行线相交于 a_2。a_2 即为点 A 在 H_2 面上的新投影。

(4)分别过 a 和 a_2 作 O_1X_1 和 O_2X_2 的垂线(投影连线),两垂线交于 a'_1,a'_1 即 A 点在 V_1 面上的新投影。

(5)过 a 点向上引投影连线,并截取 $a'a_x = a'_1a_{x_1}$,a' 即为 A 点在原体系中的正面投影。

图中还作出了 A 点到 BC 距离 AD 的投影(其中 $a'_1d'_1 /\!/ O_2X_2$)。

【例 3-6】　如图 3-21 所示,求两交错直线 AB、CD 的距离。

分析:两交错直线的距离就是它们公垂线的长度。当将两交错直线中的一条直线变为投影面垂直线时,它们的公垂线一定为新投影的平行线,如图 3-21a)所示。则公垂线在新投影面上的投影就等于两交错直线的距离。因图中所给的 AB、CD 均为一般位置直线,所以需作两次换面。

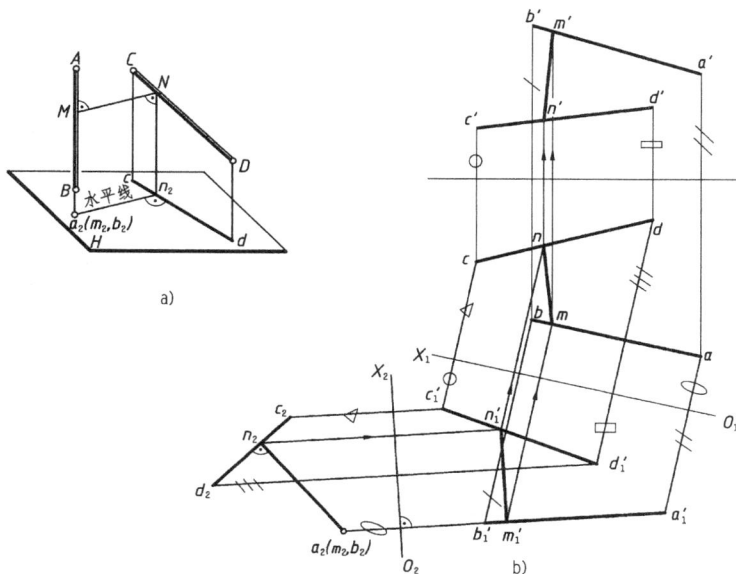

图 3-21　求两交错直线的距离
a)分析;b)作图

作图步骤如下[图 3-21b)]:

(1)作新轴 $O_1X_1 \parallel ab$,AB 在 V_1/H 体系中成为投影面平行线,作出 $a'_1b'_1$ 和 $c'_1d'_1$。

(2)作新轴 $O_2X_2 \perp a'_1b'_1$,AB 在 V_1/H_2 体系中成为投影面垂直线,作出 $a_2(b_2)$ 和 c_2d_2。

(3)过 $a_2(b_2)$ 点作 c_2d_2 的垂线 m_2n_2,m_2n_2 即为两交错直线公垂线的实长(也称为两交错直线的最短距离)。

(4)根据点的换面投影规律,将 MN 在 V_1 面和 V、H 面的投影求出($m_2n_2 \rightarrow m'_1n'_1 \rightarrow mn \rightarrow m'n'$),作图过程中 $m'_1n'_1 \parallel O_2X_2$。

第四章　立体的投影

工程上的形体，无论有多么复杂，都是由一些简单的立体按一定的方式组合而成的。这些简单的立体称为基本形体。基本形体分为平面立体和曲面立体两大类。本章主要讨论基本形体的投影，以及立体被平面截切后的截交线、立体与立体相交后相贯线的投影作图方法。

第一节　平面立体的投影

平面立体是由多个平面围成的立体，工程上常见的平面立体有棱柱、棱锥和棱台等，如图 4-1 所示。由于平面立体是由平面围成，而平面是由直线围成，直线是由点连成，所以平面立体的投影可归纳为求其各表面的交线、顶点的投影。

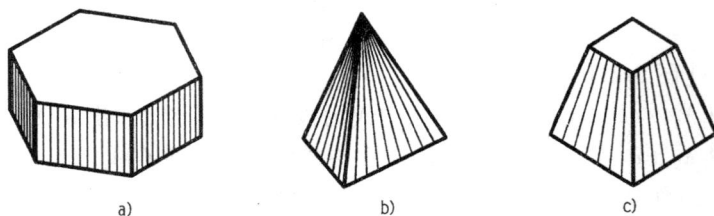

图 4-1　平面立体
a)棱柱；b)棱锥；c)棱台

平面立体各表面的交线称为棱线，作图时都应画出，并判别其可见性，可见的棱线画实线，不可见的画虚线。

一、棱柱

1. 特征

棱柱由棱面及上、下底面组成，棱面上各条侧棱互相平行，有几条侧棱就称为几棱柱。如图 4-2a) 所示，有六条侧棱故称为六棱柱。

2. 投影

为了表达出形体特征，以便看图和画图方便，常使棱柱的上、下底面平行于一个基本投影面，而其他棱面常同时垂直于一个基本投影面。图 4-2a) 所示上、下底面为平行于 H 面的正六边形；六个侧面是同时垂直于 H 面的矩形，其中前、后棱面平行于 V 面，另四个棱面均为铅垂面。

图 4-2b) 所示是六棱柱的三面投影图。作投影图时，一般先画反映上、下重合底面实形的水平投影正六边形，上下底面的正面和侧面投影分别积聚成平行于 X 轴和 Y 轴的水平线段；然后再画六个侧棱面的投影，水平投影积聚在正六边形的六条边上，正面和侧面投影为等高而

不等宽的矩形,其中前、后棱面的正面投影重合,并反映实形,侧面投影积聚为平行于 Z 轴的线段;左前面和左后面、右前面和右后面的正面投影分别为重合的矩形,左前面和右前面、左后面和右后面的侧面投影分别也为重合的矩形。

如果把正六棱柱看成是由上、下正六边形与六条侧棱线构成的,则作投影图时,只要在完成上、下底面的三面投影后,直接画出六条侧棱线的投影即可,六条侧棱的水平投影积聚在正六边形的六个顶点上,正面和侧面投影为反映棱柱高的直线段。

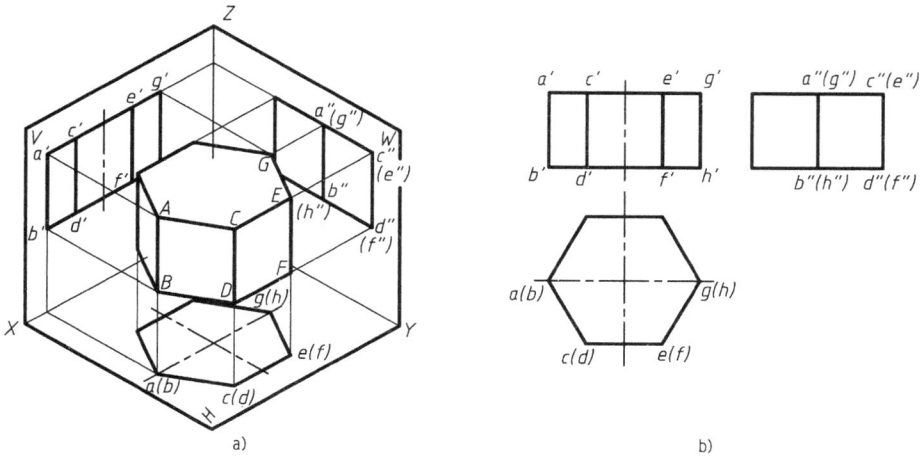

图 4-2　正六棱柱的投影
a)立体图;b)投影图

为保证六棱柱投影间的对应关系,三面投影图必须保持:正面投影和水平投影长对正,正面投影和侧面投影高平齐,水平投影和侧面投影宽相等。这也是三面投影图之间的"投影对应关系"。

3. 棱柱表面上点的投影

在平面立体表面上取点、线与平面上取点、线的方法相同。不同的是平面立体表面上取点、线存在着可见性问题。规定点的投影标记用"○"表示,可见点的投影符号用相应投影面的投影符号表示,如 m、m'、m'' 等;不可见点用相应投影面投影符号加括号表示,如 (n')、(n'') 等。

在投影图上,如果给出平面立体表面上点的一个投影,就可以根据点在平面上的投影特性,求出点在其他投影面上的投影。如图 4-3a)所示,已知六棱柱表面上点 M 的正面投影 m' 可见和点 N 的水平投影 (n) 不可见,求出它们在另外两个投影面的投影。

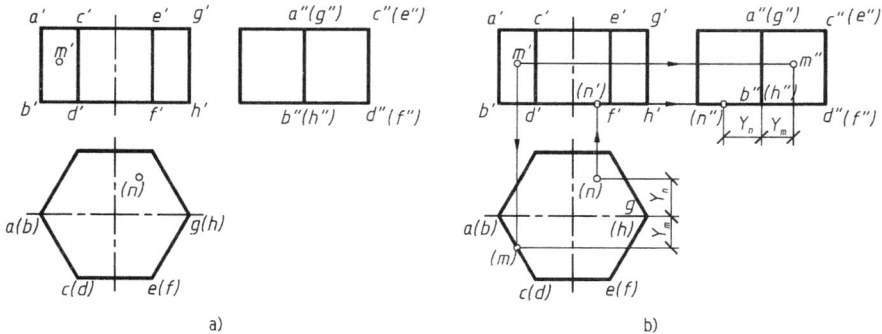

图 4-3　在棱柱表面取点—利用积聚性
a)已知;b)作图

75

如图 4-3b)所示,从投影图上可以看出,点 *M* 在六棱柱前左棱面 *ABDC*(铅垂面)上,利用铅垂面水平投影的积聚性,先求出水平投影(*m*),投影为不可见;然后利用"二补三"求出 *m″*,投影为可见。点 *N* 的水平投影为不可见,说明在六棱柱的下底面(水平面)上。利用水平面的正面和侧面都积聚成直线的特性,可直接在正面和侧面求出(*n′*)和(*n″*),两个投影均不可见。

二、棱锥

1. 特征

棱锥由一个多边形的底面和侧棱线交于锥顶的平面组成。棱锥的侧棱面均为三角形平面,棱锥有几条侧棱线就称为几棱锥。

2. 投影

如图 4-4a)所示是正三棱锥,底面是水平面(△*ABC*),后棱面是侧垂面(△*SAC*),左、右两个棱面是一般位置平面(△*SAB* 和△*SBC*);侧棱线 *SB* 为侧平线,另外两条侧棱为一般位置直线。

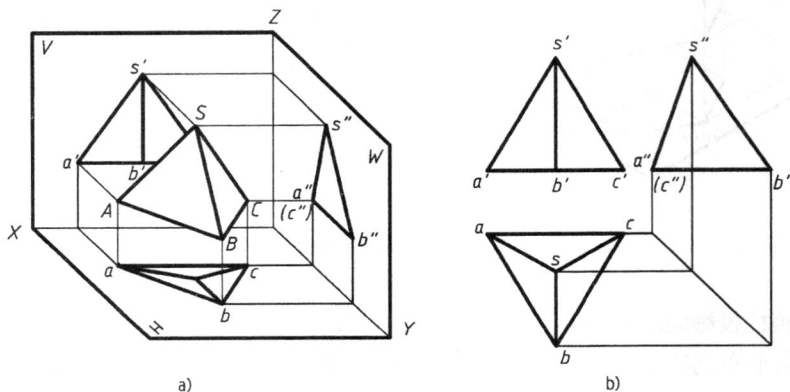

图 4-4　正三棱锥的投影
a)立体图;b)投影图

把正三棱锥向三个投影面作正投影,得三面投影图,如图 4-4b)所示。作投影图时,先画反映实形的底面水平投影△*abc*,△*abc* 的正面和侧面投影都积聚为水平线段 *a′b′c′* 和 *a″b″c″*;然后再画锥顶 *S* 的投影,水平投影 *s* 在△*abc* 的中心,正面、侧面投影由三棱锥的高度和 *S* 的位置确定 *s′* 和 *s″*,最后连接锥顶 *S* 和各顶点 *A、B、C* 的同面投影,即得三棱锥的三面投影图。

从三面投影图可以看出,侧垂面 *SAC* 的侧面投影积聚为一条线段,一般位置的侧棱面 *SAB、SBC* 的各个投影均为它们的类似三角形。

3. 棱锥表面上点的投影

在棱锥表面上定点,不像在棱柱表面上定点都可以根据点所在平面投影的积聚性直接作出,而是需要在所处平面上引辅助线,然后在辅助线上作出点的投影。

如图 4-5a)所示,已知三棱锥表面上点 *M* 和 *N* 的正面投影 *m′* 和 *n′*,要作出它们的水平投影和侧面投影。

从投影图上可知:点 *M* 在左棱面 *SAB* 上,点 *N* 在右棱面 *SBC* 上。两点均在一般位置平面上,为求它们的水平投影和侧面投影,必须在平面上作辅助线才能求出。下面利用两种常用的画辅助线方法,分别求 *M、N* 两点投影。

(1)在 *SAB* 平面内,通过锥顶 *s′* 和 *m′* 在正面投影上画 *s′d′* 线,然后再求出水平投影 *sd*;过

m'向下引投影连线交 sd 于 m,最后利用"二补三"作图求 m'',m 和 m'',均可见。

（2）在 SBC 平面内,过 n' 作 $n'e'$ // $b'c'$,交侧棱 $s'c'$ 于 e',过 e' 向下引投影连线交 sc 于 e,过 e 作 bc 的平行线与过 n' 向下引投影连线交于 n(可见),最后利用"二补三"作图,求 (n'')(不可见点)。

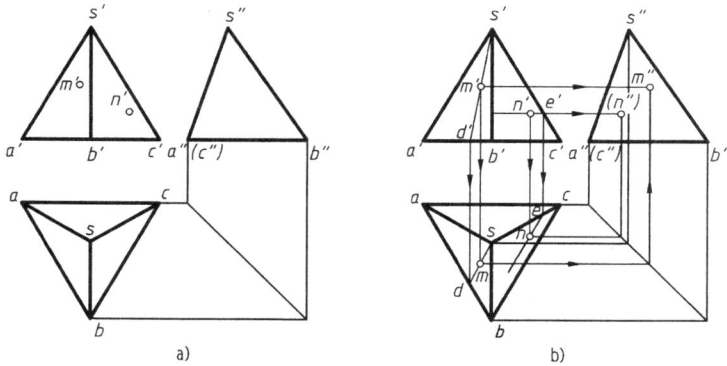

图 4-5　在棱锥表面取点—利用辅助线法
a)已知;b)作图

第二节　平面与平面立体相交

平面与立体相交,就是立体被平面截切,其平面称为截平面,截平面与立体表面的交线称为截交线。截平面与平面立体相交所得截交线是一个平面多边形,多边形的边是截平面与平面立体表面的交线,多边形顶点是截平面与平面立体棱线的交点。因此,求平面立体截交线的问题,可归结为求两平面的交线或求直线与平面的交点问题。

截交线的可见性,决定于各段交线所在表面的可见性,只有表面可见,交线才可见,画成实线;表面不可见,交线也不可见,画成虚线。表面积聚成直线,其交线的投影不用判别可见性。

一、平面与棱柱相交

如图 4-6a)所示,六棱柱被正垂面 P 截断。由于正垂面与六棱柱的六条侧棱相交,所以截交线是六边形。如图 4-6b)所示,P 是正垂面,故 P_V 有积聚性,则截交线的正面投影重合在 P_V 上,与六条侧棱线交点的正面投影 $1'$、$2'(6')$、$3'(5')$、$4'$ 可直接标出;六棱柱六个棱面的水平投影有积聚性,故截交线的水平投影与正六边形重合,6 个交点就是正六边形的角点。要求的只有截交线的侧面投影。

利用点的投影规律,可直接求出截交线六顶点的侧面投影 $1''$、$2''$、$3''$、$4''$、$5''$、$6''$。依次连接六点即为截交线的侧面投影。截交线侧面投影均可见,故连成实线;六棱柱的右侧棱线侧面投影不可见应画成虚线,虚线与实线重合部分画实线。最后整理图面,完成截切后六棱柱的三面投影。

【例 4-1】　如图 4-7a)所示,完成切口五棱柱的正面投影和水平投影。

分析:从侧面投影可以看出,五棱柱上的切口,是被一个正平面 P 和一个侧垂面 Q 将五棱柱的前上角切去一部分。截交线的侧面投影与 P_W 和 Q_W 平面积聚投影重合,两截平面交于一条交线。正平面 P 与五棱柱截交线的正面投影为矩形实形,水平投影积聚成一条线段;侧垂

面 Q 与五棱柱截交线的正面投影和水平投影均为类似五边形。

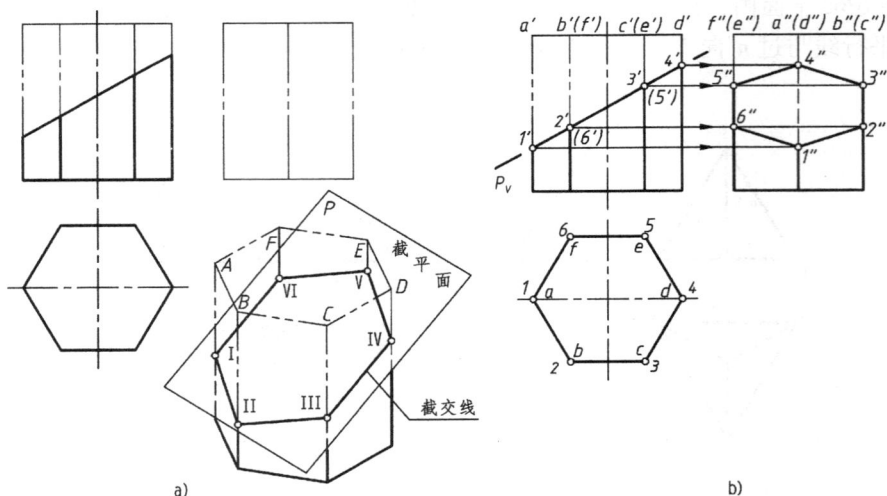

图 4-6　正垂面与六棱柱相交
a)已知和立体图;b)作图

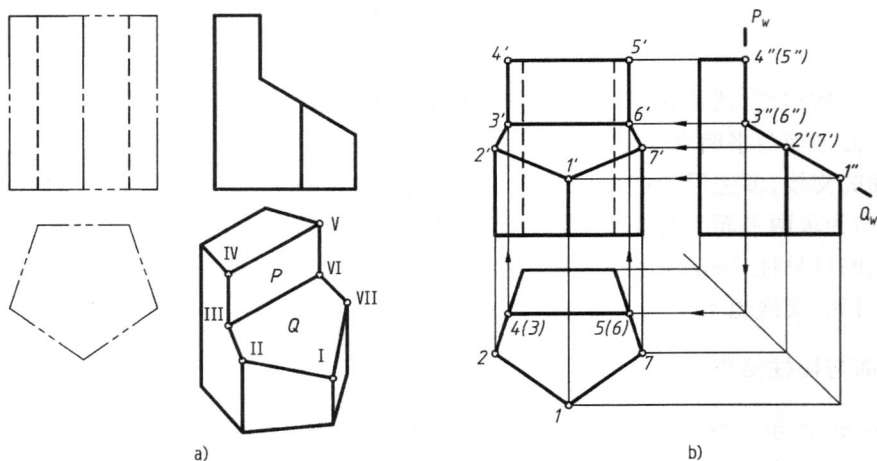

图 4-7　五棱柱切割体
a)已知和立体图;b)投影图

作图步骤如下［图 4-7b)］:

(1)在五棱柱侧面投影的切口处,标出切口的各交点 1″、2″(7″)、3″(6″)、4″(5″)。

(2)根据棱柱表面的积聚性,找出各交点的水平投影 1、2、4(3)、5(6)、7(其中切口 3456 积聚成线段)。

(3)利用交点的水平投影和侧面投影,作出各交点的正面投影 1′、2′、3′、4′、5′、6′、7′(其中切口 3′4′5′6′反映实形,1′2′3′6′7′为五边形)。

(4)在正面投影图中,将同一个截平面所截的截交线连接起来,截交线都可见需画实线。

(5)补画棱线和外围轮廓的投影。将题目中未画全的各棱线,按投影关系补画到各相应的交点,不可见的棱线仍需画成虚线。

78

二、平面与棱锥相交

如图 4-8a)所示,三棱锥被正垂面 P 截切,由于正垂面与三棱锥的三条侧棱线相交,所以截交线是三角形。

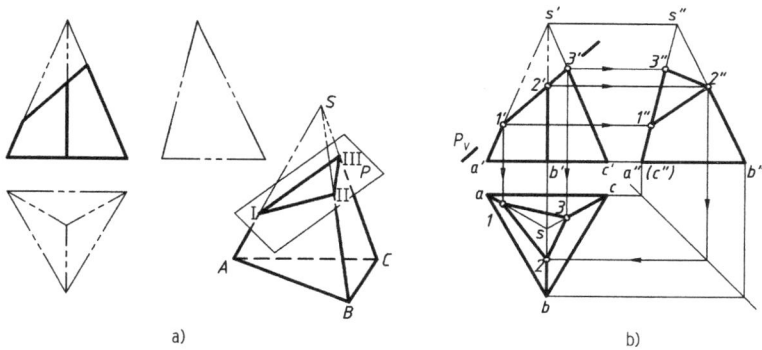

图 4-8　正垂面与三棱锥相交

a)已知和立体图;b)投影图

P 是正垂面,故 P_V 有积聚性,截交线的正面投影重合在 P_V 上,与三条侧棱线交点的正面投影可直接标出 $1'$、$2'$、$3'$,如图 4-8b)所示。I 点和 III 点的水平和侧面投影,可通过 $1'$ 和 $3'$ 直接作到相应的棱线上,作出 1 和 3、$1''$ 和 $3''$;而 II 点宜先过 $2'$ 向右引投影连线,先求侧面投影 $2''$,然后再利用"二补三"求水平投影 2。依次连接 I、II 、III 的水平投影和侧面投影,即得截交线的投影。由于三棱锥的三个侧棱面的水平投影都可见,故截交线也可见;截交线的侧面投影,因正垂面将三棱锥的左上角切掉了,故也是可见的。

最后要完善基本体的各棱线,可见的线画实线,不可见的线画虚线,如图 4-8b)所示。

【例 4-2】　如图 4-9a)所示,完成四棱锥切割体的水平投影和侧面投影。

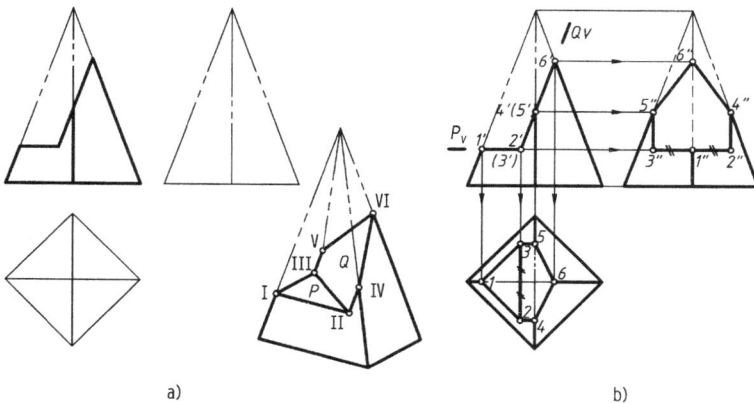

图 4-9　四棱锥切割体

a)已知条件和立体图;b)投影图

分析:从正面投影中可以看出,四棱锥的切口是由一个水平面 P_V 和一个正垂面 Q_V 切割而成的。水平面 P_V 切割四棱锥的截交线是三角形,正垂面 Q_V 切割四棱锥的截交线是五边形。

作图步骤如下[图 4-9b)]:

（1）在正面投影上，标出各交点的正面投影 1′、2′(3′)、4′(5′)、6′。

（2）过 1′、6′分别向下、向右引投影连线，在对应的棱线上，作出它们的水平投影 1、6 和侧面投影 1″、6″。

（3）过 4′、5′向右引投影连线，在对应棱线上，作出它们的侧面投影 4″、5″，并利用"二补三"作图作出它们的水平投影 4、5。

（4）因为 I II 和 I III 线段分别与它们同面的底边平行，利用平行投影的特性可以作出 II、III 两点的水平投影 2、3，然后利用"二补三"作图作出它们的侧面投影 2″、3″。

（5）依次连接各顶点的同面投影，并判别可见性，截交线的水平和侧面投影均为可见画成实线。

（6）补画棱线和外围轮廓的投影。将题目中未画全的各棱线，按投影关系补画到各相应点处，四棱锥右侧棱线侧面投影为不可见应画成虚线。

第三节　两平面立体相交

两立体相交，也称两立体相贯，其表面交线称为相贯线。相贯线是两立体表面的共有线。相贯线的形状和数量是由相贯两立体的形状及相对位置决定的。

两平面立体相交所得相贯线，一般情况是封闭的空间折线，如图 4-10 所示。当一个立体全部贯穿到另一立体时，在立体表面形成两条相贯线，这种相贯形式称为全贯，如图 4-10a）所示；当两个立体各有一部分棱线参与相贯时，在立体表面形成一条相贯线，这种相贯形式称为互贯，如图 4-10b）所示。

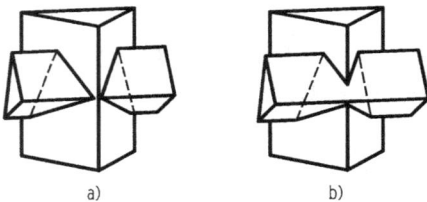

图 4-10　立体相贯的两种形式
a）全贯；b）互贯

相贯线的每一直线段都是两平面体表面的交线，折线的顶点是一个平面体的棱线与另一平面体表面的交点。因此求相贯线就是求两平面体表面的交线及棱线与表面的交点。

求两平面立体相贯线的方法是：

（1）确定两立体参与相交的棱面和棱线。

（2）求出参与相交的棱面与棱线的交点。

（3）依次连接各交点的同面投影。连点的原则为：只有当两个点对于两个立体而言都位于同一个棱面上时才能连接，否则不能连接。

（4）判别相贯线的可见性。判别的基本原则为：在同一投影中只有当两立体的相交表面都可见时，其交线才可见，连实线；如果相交表面中有一个是不可见，则交线就不可见，连虚线。

（5）补画棱线和外围轮廓的投影。将题目中未画全的各棱线，按投影关系补画到各相应的相贯点处，不可见的棱线仍画成虚线。

【例 4-3】　如图 4-11a）所示，求直立三棱柱与水平三棱柱的相贯线。

分析：从水平投影和侧面投影可以看出，两三棱柱都是部分贯入另一三棱柱为互贯，相贯线应是一条空间折线。

因为直立三棱柱的水平投影有积聚性，所以相贯线的水平投影必然积聚在直立三棱柱左右两棱面与水平三棱柱相交的部分；同理，水平三棱柱的侧面投影有积聚性，所以相贯线的侧面投影重合在水平三棱柱三个棱面与直立三棱柱相交的部分。实际上，相贯线的三面投影已经已知两个，只需求出正面投影即可。

从立体图中可以看出,直立三棱柱的 A 棱和水平三棱柱的 E 棱、F 棱参与相交,其余棱线未参与相交。每条棱线与棱面有两个交点,可见相贯线上总共有六个折点,求出这些折点便可连成相贯线。

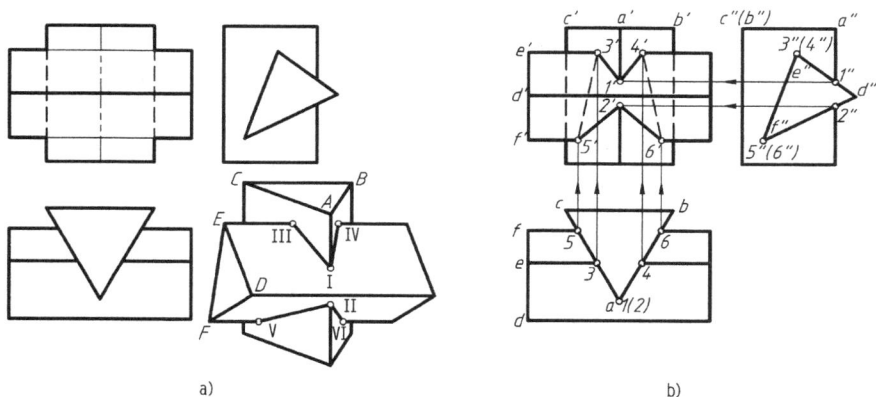

图 4-11　直立三棱柱与水平三棱柱相交
a) 已知条件和立体图;b) 投影图

作图步骤如下[图 4-11b)]:

(1) 在水平投影和侧面投影上,相应确定六个折点的投影 1(2)、3、4、5、6 和 1″,2″、3″(4″)、5″(6″)。

(2) 过 3、4 向上引投影连线与 e′棱相交于 3′、4′,过 5、6 也向上引投影连线与 f′棱交于 5′、6′,过 1″、2″向左引投影连线与 a′棱相交于 1′、2′。

(3) 依次连接各相贯点,在正面投影中,直立棱柱参与相贯的两棱面均可见,水平棱柱前边两可见棱面与其相交的交线 3′1′4′、5′2′6′可见连实线;水平棱柱后棱面的正面投影不可见,故该棱面上交线的正面投影 3′5′和 4′6′不可见连虚线。

(4) 补全棱线和轮廓线的投影。将参与相贯的各棱线补画到相贯点处;直立棱柱上的 B、C 棱线未参与相交,但其正面投影中间部分被水平棱柱遮挡,为不可见,应画成虚线。

【例 4-4】　如图 4-12a)所示,求三棱柱与三棱锥的相贯线。

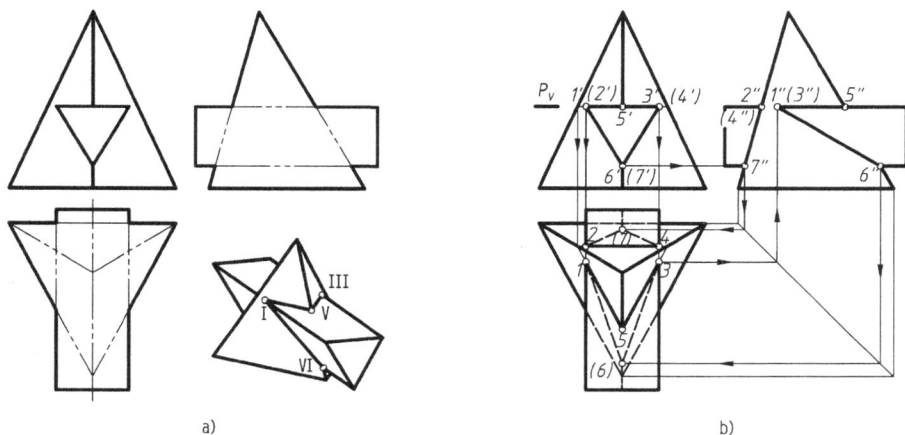

图 4-12　三棱锥与三棱柱相交
a) 已知和立体图;b) 投影图

分析:从水平投影和正面投影可以看出,三棱柱整个贯穿到三棱锥中,是全贯,形成前后两条相贯线。前面一条是由三棱柱的三个棱面与三棱锥的前两个棱面相交而成的空间封闭折线;后面一条是由三棱柱的三个棱面与三棱锥的后面相交而成的三角形。

由于三棱柱的三个棱面的正面投影有积聚性,所以两条相贯线的正面投影,重合在三棱柱各棱面正面投影的积聚投影上。

从图中可知,三棱柱的三条棱线和三棱锥的一条棱线参与相交,其中三棱柱下面的一条棱与三棱锥前面的一条棱相交。前面一条相贯线为四个折点组成空间四边形;后面一条相贯线有三个折点组成三角形。

作图步骤如下[图4-12b)]:

(1)在相贯线的正面投影上标出各折点的投影1'(2')、3'(4')、5'、6'(7')。

(2)过棱柱的上棱面作水平面P_V,作出P_V平面与三棱锥截交线的水平投影,各面上的截交线均平面于底边,作出1、2、3、4、5;侧面投影2″(4″)、5″可直接在各棱线和棱面上求出,1″(3″)得利用"二补三"求出。

(3)VI在三棱锥的最前棱上,VII点在三棱锥后棱面(侧垂面)上,所以先求VI、VII的侧面投影6″、7″,然后再利用"二补三"求出水平投影6、7。

(4)连线,水平投影的153和24可见连实线,163和274不可见连虚线;侧面投影的5″1″6″和5″3″6″重影按可见的5″1″6″连成实线;2″4″7″在棱锥后面积聚的棱面上连实线。

(5)补画棱线和外围轮廓的投影。将题目中未画全的各棱线,按投影关系补画到各相应的相贯点处,不可见的棱线仍画成虚线。这里主要补三棱锥前棱和三棱柱三条侧棱的水平投影。

若在三棱锥内开个三棱柱孔,如图4-13所示。孔口相贯线的作图方法与图4-12的作图方法完全相同,所不同的是贯穿孔补的是孔内不可见的棱线,应画成虚线,如图4-13所示的水平和侧面投影。

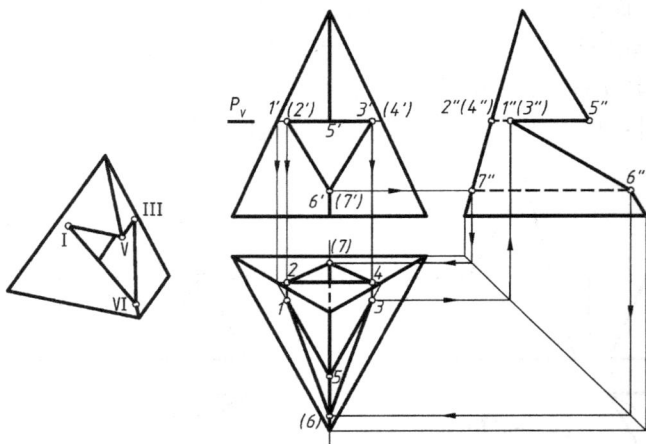

图4-13 三棱锥内穿三棱柱孔

第四节 曲面立体的投影

由曲面围成或由曲面和平面围成的立体称为曲面立体。工程上应用较多的曲面立体是回转体,如圆柱、圆锥和球等。

回转体是由回转曲面或回转曲面与平面围成的立体,回转曲面是由运动的母线(直线或曲线)绕着固定的轴线(直线)作回转运动形成的,曲面上任意位置的母线称为素线。

曲面立体的投影是由构成曲面立体的曲面和平面的投影组成的。画曲面立体投影图时,轴线应用点画线画出,圆的中心线用相互垂直的点画线画出,其交点为圆心。所画点画线应超出轮廓线 3~5mm。

一、圆柱

圆柱是由圆柱面和上、下圆形平面围成。圆柱面可看作是由一条直线(母线)AA_1 绕与其平行的直线(轴线)OO_1 回转一周而形成。

1. 圆柱的投影

如图 4-14a)所示,直立的圆柱轴线是铅垂线,上、下两端面是水平面。把圆柱向三个投影面作正投影,得三面投影图,如图 4-14b)所示。

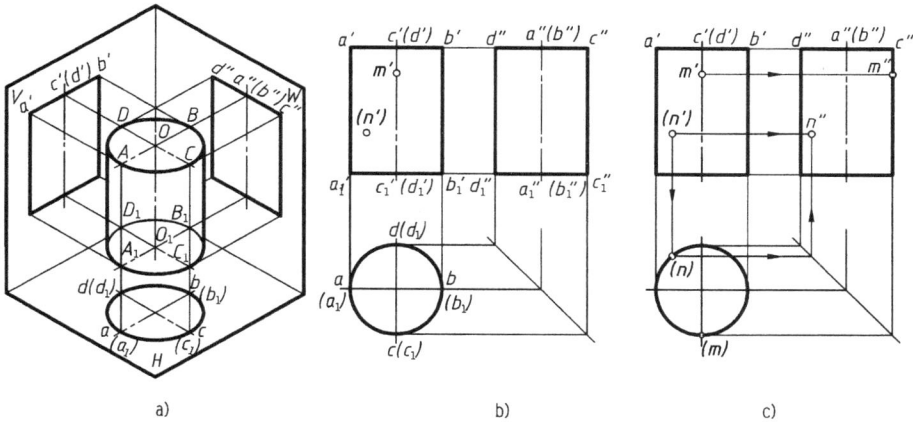

图 4-14　圆柱的投影及表面上取点
a)立体图;b)投影图;c)表面上取点

圆柱的水平投影积聚为一个圆,此圆也是上、下两端面的投影(反映实形)。作图时,先用垂直相交的点画线表示出圆的中心线。圆柱面的正面及侧面投影为大小相等的矩形,上、下两边为圆柱两端面的投影,长度等于圆的直径,图中的点画线表示圆柱轴线的投影。正面投影矩形的左、右两边 $a'a'_1$、$b'b'_1$ 为圆柱正面转向轮廓线 AA_1、BB_1 的投影,它们也是圆柱面前后两半可见与不可见的分界线。正面转向轮廓线的侧面投影 $a''a''_1$、$b''b''_1$ 与轴线重合,不需画出;同理,侧面投影矩形的左、右两边 $c''c''_1$、$d''d''_1$ 是圆柱侧面转向轮廓线 CC_1、DD_1 的投影,这两条转向线是圆柱面左右两半可见与不可见的分界线。侧面转向轮廓线的正面投影 $c'c'_1$、$d'd'_1$ 也与轴线重合,不需画出。正面和侧面的转向轮廓线水平投影积聚在圆周最左、最右、最前、最后四个点上。

2. 圆柱表面上的点和线

在回转体表面取点、线,与在平面上取点、线的作图相同。但需注意的是,在回转体表面作辅助线时,应选择容易画的圆或直线。为此要熟练掌握常见回转曲面的形成及几何性质。

在圆柱面上取点时,可采用辅助直线法(简称素线法)。当圆柱轴线垂直于某一投影面时,圆柱面在该投影面上的投影积聚成圆,可直接利用这一特性在圆柱表面上取点、画线。

【例 4-5】 如图 4-14b)所示,已知圆柱面上点 M、N 的正面投影,求其水平和侧面投影。

分析:由图可知,圆柱的轴线垂直于 H 面,故圆柱的水平投影积聚成圆。由 m' 可见性及图中的位置可知,点 M 在圆柱的侧面转向轮廓线上,故水平和侧面投影可直接求出 (m)、m''。

由 (n') 不可见及位置可知,点 N 在圆柱的左后半个柱面上,水平投影可在圆柱积聚投影圆上直接求出 (n),再由 (n')、(n) "二补三"求出 n''(可见)。作图过程如图 4-14c)所示。

【例 4-6】 如图 4-15a)所示,已知圆柱表面上曲线的正面投影 I-II-III-IV-V,求曲线的水平和侧面投影。

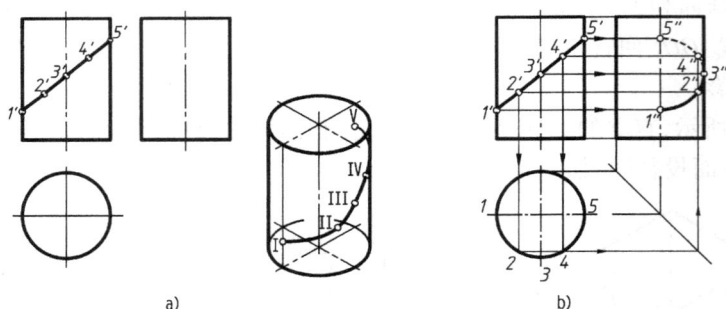

图 4-15 圆柱面上线的投影
a)已知及立体图;b)投影图

分析:由图可知,曲线的正面投影均可见,说明曲线在圆柱的前半个柱面上;水平投影与柱面的前半个积聚投影半圆重合;I-II-III 在柱面的左半个柱面上,故侧面投影为可见,III-IV-V 段在柱面的右半个柱面上,故侧面投影不可见。

作图步骤如下[图 4-15b)]:

(1)从正面投影可知 I 点在最左侧的轮廓线上,III 点在最前的轮廓线上,V 点在最右侧轮廓线上。因此,I 点的水平投影 1 在横向点画线与圆周左侧的交点处,侧面投影 1″ 在轴线上;III 点的水平投影 3 在竖向点画线与圆周前面的交点处,侧面投影 3″ 在轮廓线上;V 点的水平投影 5 在横向点画线与圆周右侧的交点处,侧面投影 5″ 在轴线上。

(2)II 和 IV 两点应先求水平投影,过 2′ 和 4′ 向下引投影连线与水平积聚投影圆前半圆交于 2 和 4,然后用"二补三"作图,确定其侧面投影 2″ 和 4″。

(3)曲线 I II III IV V 的水平投影 12345 是积聚在前半个圆周上的半圆弧。侧面投影为曲线,故在侧面圆滑过渡地连接 1″2″3″4″5″,其中 I II III 在左半个柱面上,故侧面投影 1″2″3″ 可见连实线;III IV V 段在右半个柱面上,故侧面投影 3″4″5″ 不可见连虚线。

二、圆锥

圆锥是由圆锥面和底平面圆围成。圆锥面可看作是由一条直线 SA 绕与它相交的轴线 SO 回转而形成的曲面,如图 4-16a)所示。

1. 圆锥的投影

如图 4-16a)所示,圆锥的轴线是铅垂线,底面是水平面,其三面投影如图 4-16b)所示。圆锥的水平投影为一圆,与圆锥底面圆的投影重合,反映底面的实形,顶点的水平投影在圆心处;正面、侧面投影均为等腰三角形,其中底边为圆锥面下边轮廓和底面的投影,长度等于底圆的直径,而两腰分别为圆锥面正面转向线 SA、SB 和侧面转向线 SC、SD 的投影。正面转向线 SA、

SB 为正平线,其水平投影与横向点画线重合,侧面投影与纵向点画线重合;侧面转向线 SC、SD 为侧平线,其在水平投影和正面投影均与纵向点画线重合,与轴线重合的转向线以点画线表示。

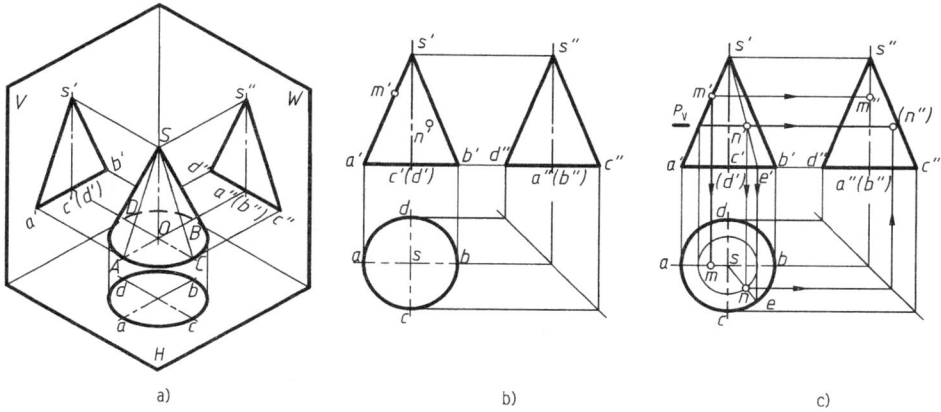

图 4-16 圆锥的投影
a)立体图;b)投影图;c)表面上取点

2. 圆锥表面上的点和线

圆锥面上任意一条素线均过圆锥顶点,母线上任意一点的运动轨迹都是圆。圆锥面的三个投影都没有积聚性,因此在圆锥表面上定点时,需利用其几何性质,采用作简单辅助线的方法。一种是过圆锥锥顶画辅助线的素线法;另一种是用垂直于轴线的圆作为辅助线的纬圆法。

【例 4-7】 如图 4-16b)所示,已知圆锥面上点 M、N 的正面投影 m'、n',求 M、N 的水平和侧面投影。

分析:由 M 点的 m' 可知,M 点在圆锥面正面转向线上,且处于圆锥面的左半面上。过 m' 向下作投影连线与 sa 交于 m,再过 m 向右引投影连线与 $s''a''$ 交于 m''。

点 N 不在转向线上,因此不能直接求出,可用以下两种方法求出[图 4-16c)]:

(1)素线法。过锥顶连 s' 和 n',并延长交底圆于 e',然后过 e' 向下引投影连线交前半底圆于 e,连 se;再过 n' 向下引投影连线与 se 相交,交点即为 N 点的水平投影 n(可见)。N 点的侧面投影(n'')可用"二补三"作图求得(不可见)。

(2)纬圆法。过 n' 点作直线平行于 $a'b'$,与轮廓素线相交,两个交点之间的线段长度,就是过 N 点纬圆的直径,也是纬圆的正面投影。在水平投影上,以底圆圆心为圆心,以纬圆正面投影的线段长度为直径画圆,这个圆就是过 N 点所作纬圆的水平投影。过 n' 点向下引投影连线与纬圆的前半个圆周交于 n,即为 N 点的水平投影(可见)。然后再利用"二补三"作图求出其侧面投影(n'')(不可见)。

【例 4-8】 如图 4-17a)所示,已知圆锥面上曲线 I II III 的正面投影,求曲线的水平和侧面投影。

分析:由图可知,曲线上的三个点都在圆锥面的前左面上,说明其正面和侧面投影均为可见。I 点在圆锥面最左侧转向轮廓线上,III 点在底圆上,这两个点是圆锥面上的特殊点,可通过引投影连线求出水平和侧面投影。而 II 点是圆锥面上的一般点,可利用素线法或纬圆法先求水平投影,然后再求侧面投影。

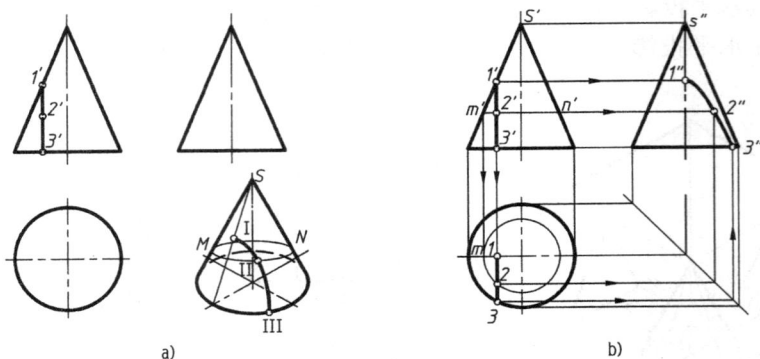

图 4-17　圆锥表面线的投影
a)已知和立体图;b)投影图

作图步骤如下［图 4-17b)］:

(1)过 1′分别向下、向右引投影连线求出 1 和 1″。

(2)过 3′向下引投影连线与前半个圆周交于 3,然后利用"二补三"求出侧面投影 3″。

(3)用纬圆法求 II 点的投影。过 2′作直线平行于圆锥底面积聚投影(为三角形底边),与正面转向轮廓线交于 m′、n′;在水平投影上,以圆中心为圆心,以 m′n′为直径画圆,此圆即是过 II 点的水平纬圆的投影。然后再过 2′向下引投影连线与纬圆的前半个圆周交于 2;最后利用"二补三"求出侧面投影 2″。

(4)用实线连接 123,用圆滑过度的曲线连接 1″2″3″,两面投影均为可见。

三、球

球是由圆球面围成的立体。球面是由一半圆母线绕其一条直径为轴线,回转一周形成的曲面。

1.球的投影

如图 4-18a)所示,球的三面投影都是等直径的圆,它们的直径与球的直径相等,但三个投影面上的圆是不同转向线的投影。正面投影上的圆 $a′$ 是球面正面转向轮廓线 A 的正面投影,

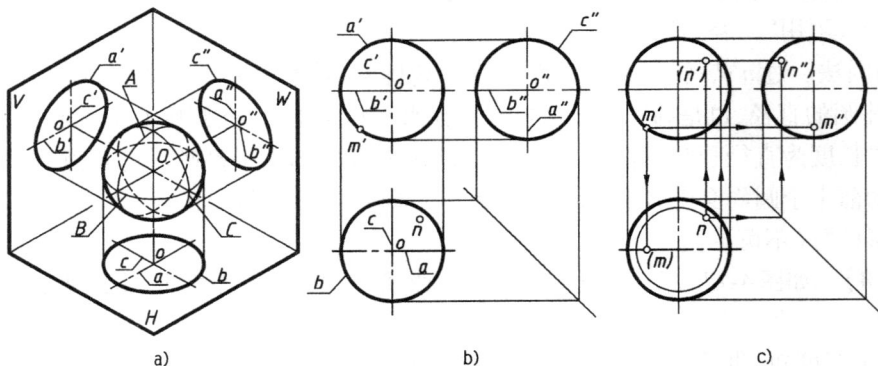

图 4-18　球的投影
a)直观图;b)投影图;c)表面上取点

是前、后两半球面的可见与不可见的分界线，A 的水平投影 a 与球水平投影的横向中心线重合，A 的侧面投影 a'' 与球侧面投影的纵向中心线重合，都不画实线。水平投影的圆 b 是球面 H 面转向轮廓线 B 的水平投影，是上、下两半球面可见与不可见的分界线，B 线的正面投影 b' 和侧面投影 b'' 均在横向中心线上，也不画实线。侧面投影的圆 c'' 是球面侧面转向轮廓线 C 的侧面投影，是左、右两半球面可见与不可见的分界线，C 线的正面投影 c' 和水平投影 c 均在纵向中心线上，同样也不画实线。

球的三个投影均无积聚性，故作图时可先画出中心线确定球心的投影，然后再画出三个与球等直径的圆。

2. 球表面上的点和线

球表面上取点和线，只能采用辅助纬圆法。为作图简便，可过已知点作与各投影面平行的辅助纬圆。

【例 4-9】 如图 4-18b)所示，已知球面上点的投影 m' 和 n，求它们的另外两个投影。

分析：由图可知，m' 在正面转向轮廓线上，且可见，说明 M 点位于正面转向轮廓线左半球的下半部分，其水平投影为不可见点，侧面投影为可见点。

从 N 点的 H 面投影 n 可知，N 点在上半球的右后半部分，为一般点，其正面投影和侧面投影均不可见。

作图步骤如下[图 4-18c)]：

(1)因 M 点在正面转向轮廓线上，是特殊点可直接作出。过 m' 分别向下、向右引投影连线交相应轴线求出 (m) 和 m''，(m) 不可见，m'' 可见。

(2)以 H 面轮廓圆圆心为圆心，过 N 点的水平投影 n 画水平圆，求出水平圆的正面积聚投影，过 n 向上引投影连线交水平圆积聚投影于 (n')。然后利用"二补三"求出 (n'')。(n') 和 (n'') 均不可见。

N 点的正面投影和侧面投影也可利用正平圆或侧平圆求 (n') 和 (n'')，其结果是一样的。

【例 4-10】 如图 4-19a)所示，已知球面上的曲线 I II III IV 的正面投影，求其另外两个投影。

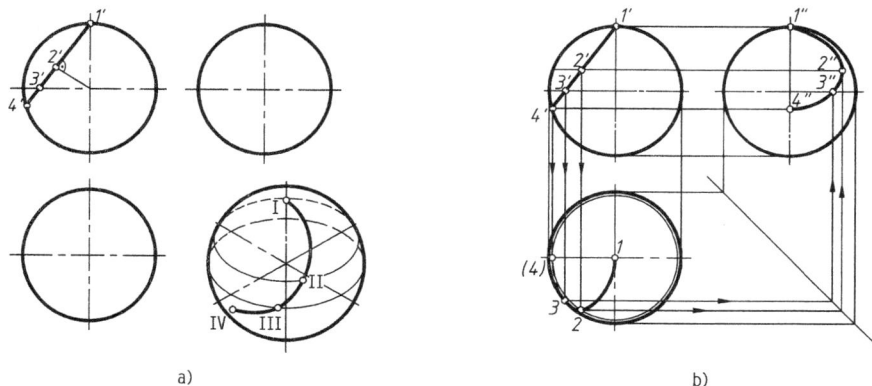

图 4-19　球表面上的点和线
a)已知和立体图；b)投影图

分析：从投影图上可知 I、IV 两点在球正面投影轮廓圆上，III 点在水平投影轮廓圆上，这三点是球面上的特殊点，可以通过引投影连线直接作出它们的水平投影和侧面投影。II 点是球面上的一般点,也是 1′4′的中点,需要用纬圆法求其水平投影和侧面投影。

作图步骤如下[图 4-19b)]:

(1)1 和 1″可在投影图上直接求出。因 I 点是正面投影轮廓圆上的点,且是球面上最高点,它的水平投影 1(可见)应落在中心线的交点上(与球心重影),侧面投影 1″落在竖向中心线与侧面投影轮廓圆的交点上(可见)。

(2)III 点是水平投影轮廓圆上的点,可过 3′向下引投影连线与水平投影轮廓圆前半周的交点即是 3(可见),侧面投影 3″(可见),落在横向中心线上,可由水平投影引投影连线求得。

(3)IV 点是正面投影轮廓线上的点,它的水平投影不可见,过 4′向下引投影连线与水平投影的横向中心线的交点即为(4);侧面投影 4″可见,过 4′向右引投影连线与侧面投影竖向中心线的交点。

(4)用纬圆法求 II 点的水平投影和侧面投影,在正面投影上过 2′作平行横向中心线的直线,并与轮廓圆交于两个点,则这两点间线段就是过点 II 纬圆的正面投影;在水平投影上,以轮廓圆的圆心为圆心,以纬圆正面投影线段长度为直径画圆,即为过点 II 纬圆的水平投影,然后过 2′向下引投影连线与纬圆前半个圆周的交点就是 II 点的水平投影 2,最后利用"二补三"作图确定侧面投影 2″,2 和 2″均可见。

(5)用圆滑过渡的曲线连接 I II III IV 的水平投影 1234,曲线 I II III 段位于上半个球面,所以水平投影 123 可见,连实线;而 III IV 段位于下半个球面,34 不可见,连虚线。点 I II III IV 均处在左半个球面上,所以 I II III IV 的侧面投影 1″2″3″4″均可见,用圆滑过渡的曲线连接 1″、2″、3″、4″各点(实线)。

第五节　平面与曲面立体相交

平面与曲面立体相交时,截交线一般情况下是由平面曲线或曲线和直线段所围成的封闭图形,特殊情况下是多边形。其形状取决于曲面立体形状和截平面的相对位置。

截交线是截平面和曲面立体表面的共有线,截交线上的点也就是它们的共有点。因此,在求截交线的投影时,先在截平面有积聚性的投影上,确定截交线的一个投影,并在这个投影上选取若干个点;然后把这些点看作曲面立体表面上的点,利用曲面立体表面定点的方法,求出它们的另外两个投影;最后,把这些点的同面投影光滑连接,并判别投影的可见性。

为了准确地求出曲面立体截交线投影,通常需作出截交线形状和范围内的特殊点,这些特殊点包括最高点、最低点、最前点、最后点、最左点、最右点,可见与不可见的分界点(投影轮廓线上的点),截交线本身固有的特殊点(如椭圆长短轴端点、抛物线和双曲线的顶点)等,然后按需要再选取一些一般点。

一、平面与圆柱相交

平面与圆柱面相交所得截交线的形状有三种,如表 4-1 所示。

(1)当截平面垂直于圆柱的轴线时,截交线为圆。

(2)当截平面通过圆柱的轴线或平行于轴线时,截交线为两条平行的素线。

(3)当截平面倾斜于圆柱的轴线时,截交线为椭圆或椭圆弧和直线段,椭圆的长、短轴随截平面对圆柱轴线的倾斜角度的变化而变化。

圆 柱 截 交 线

表 4-1

截平面位置	垂直于轴线	平行于轴线	倾斜于轴线
立体图			
投影图			
截交线形状	圆	两条平行于轴线的直线	椭圆

【**例 4-11**】 如图 4-20a)所示,圆柱被正垂面截切,求截交线的三面投影。

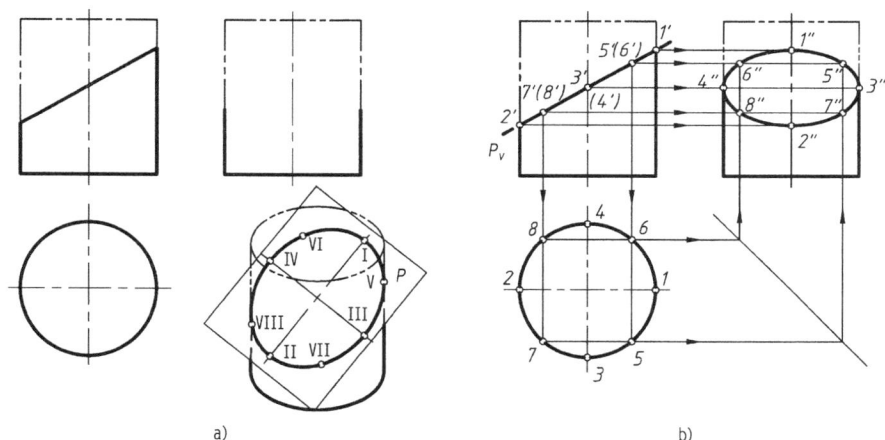

a)

b)

图 4-20 圆柱切割体

a)已知及立体图;b)投影图

分析:从投影图上可知,截平面 P 与圆柱轴线倾斜,截交线应是一个椭圆。椭圆长轴 I II 是正平线,短轴 III IV 是正垂线。因为截平面的正面投影和圆柱的水平投影有积聚性,所以椭圆的正面投影是积聚在 P_v 线上,椭圆的水平投影是在圆柱面积聚圆上,要求的只是椭圆的侧面投影。

作图步骤如下[图 4-20b)]:

(1)求特殊点。在正面投影中正面转向线上标出 $1'$、$2'$,侧面转向线上标出 $3'(4')$,根据圆柱面的性质,很容易求出 1、2、3、4 和 $1''$、$2''$、$3''$、$4''$。

(2)求一般点。在正面投影中标出 $5'(6')$、$7'(8')$,根据圆柱水平投影是积聚圆,可过这四个点正面投影向下引投影连线,在圆周上找到它们的水平投影 5、6、7、8,然后利用"二补三"求出侧面投影 5″、6″、7″、8″。

(3)按水平投影点的顺序依次光滑连接各点的侧面投影即得截交线的侧面投影。

(4)整理轮廓线。圆柱的侧面转向轮廓线应分别画到 3″、4″处。

讨论:当截平面与圆柱轴线相交的角度发生变化时,其侧面投影上椭圆的形状、长短轴方向以及大小也随之改变,如图 4-21 所示。图中 $c''d''$ 长度都是圆柱直径,当 $\alpha < 45°$ 时,$c''d'' > a''b''$,侧面投影是以 $c''d''$ 为长轴、$a''b''$ 为短轴的椭圆,如图 4-21a)所示;当 $\alpha = 45°$ 时,$c''d'' = a''b''$,侧面投影是圆,如图 4-21b)所示;当 $\alpha > 45°$ 时,$c''d'' < a''b''$,侧面投影是以 $a''b''$ 为长轴、$c''d''$ 为短轴的椭圆,如图 4-21c)所示。

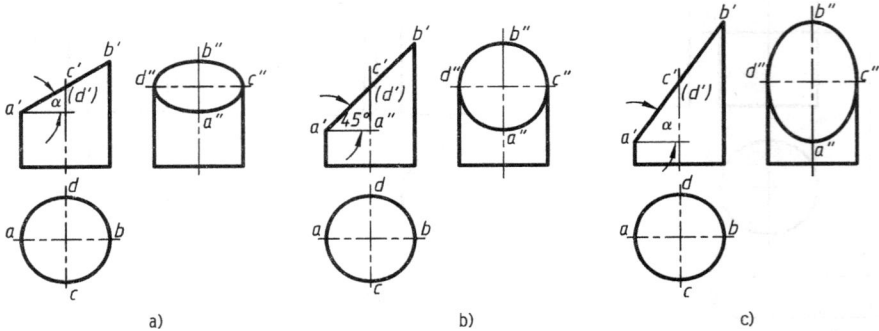

图 4-21 截交线与轴线所成角度对截交线形状的影响

a)$\alpha < 45°$;b)$\alpha = 45°$;c)$\alpha > 45°$

【例 4-12】 如图 4-22a)所示,已知圆柱被截切后的正面投影,求圆柱被截切后的水平投影和侧面投影。

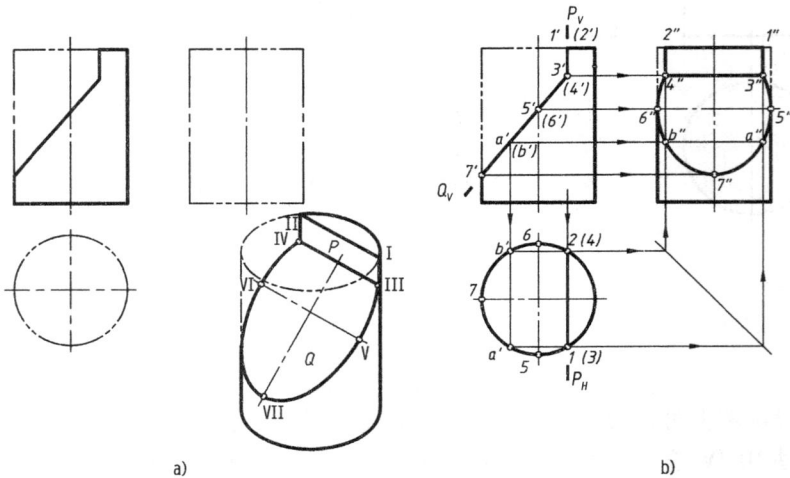

图 4-22 圆柱切割体

a)已知及立体图;b)投影图

分析:圆柱轴线垂直于水平投影面,截平面 P_V 是平行于圆柱轴线的侧平面,与圆柱面的交线应为平行于圆柱轴线的两条直线,与上端面的交线为正垂线;截平面 Q_V 是与圆柱轴线倾斜的正垂面,截交线是椭圆的一部分。两截平面的交线是正垂线。截交线的正面投影与 P_V、Q_V

积聚投影重合,截交线的水平投影与圆柱面的积聚投影圆及 P_H 重合。所以主要是求截交线的侧面投影。

作图步骤如下[图 4-22b)]:

(1)Q 平面与圆柱的截交线是椭圆,所以首先找特殊点 III、IV、V、VI、VII,其中 III、IV 是平面 P、Q 和圆柱面的共有点(其连线为 P、Q 两平面交线);V、VI 是侧面转向点;VII 是正面转向点。V、VI、VII 也是椭圆长短轴上的特殊点。图中加了两个一般点 A、B,各点的求法已表明在图 4-22b)上。

(2)P 平面与圆柱的截交线是平行于圆柱轴线的两平行线 I III、II IV。在侧面投影过 $3''$、$4''$ 作与圆柱轴线平行的线即为 P 平面与圆柱的截交线。P 平面与圆柱上端面的交线为正垂线,水平投影应补上 12 线(可见)。

(3)整理轮廓线。侧面转向轮廓线应补到 $5''$、$6''$ 点,P、Q 两平面交线的水平和侧面投影都应有线,注意补上 34 和 $3''4''$。完成三面投影图。

【例 4-13】 如图 4-23a)所示,求带槽圆柱管的侧面投影。

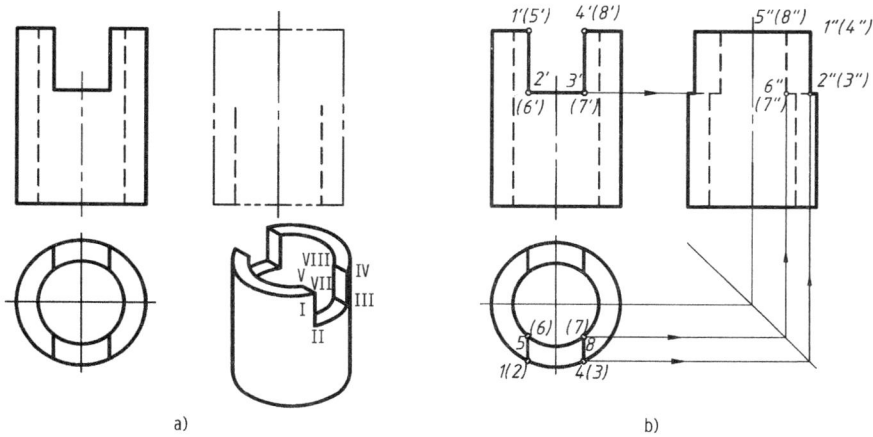

图 4-23 带槽圆柱管
a)已知及立体图;b)投影图

分析:圆柱管轴线垂直于水平投影面。可将圆柱管看作两个同轴而直径不同的圆柱表面(外柱面和内柱面)。圆柱管上端所开的通槽可以认为是被两个侧平面和一个水平面截切而成。三个截平面与圆柱管的内、外表面均有截交线。两个侧平面截圆管的内、外表面及上端面均为直线,水平面截圆柱管的内、外表面为圆弧。截交线的正面投影与截切的三个平面重合在三段直线上,水平投影重合在四段直线和四段圆弧上,这四段圆弧都重合在圆柱管的内、外表面的水平投影圆上。可以根据截交线的正面投影和水平投影,求其侧面投影。

作图步骤如下[图 4-23b)]:

(1)根据圆柱管内、外表面截交线上点的正面投影 $1'(5')$、$2'(6')$、$3'(7')$、$4'(8')$(只求前半部分的截交线,后半部分找对应点即可),其中 $1'$、$2'$、$3'$、$4'$ 是与外柱面的交点,$5'$、$6'$、$7'$、$8'$ 是与内柱面的交点。相对应的水平投影可直接求出 1(2)、4(3)、5(6)、8(7)。

(2)利用"二补三"求出侧面投影 $1''(4'')$、$2''(3'')$、$5''(8'')$、$6''(7'')$。

(3)依次连接截交线上各点的侧面投影。因圆柱管内表面的侧面投影是不可见的,故截交线画虚线。槽底的侧面投影大部分是不可见的,所以连线时注意虚、实分界点是侧平面与圆柱的交线为界。

（4）圆柱开槽后，圆柱管内、外表面的最前和最后素线在开槽部分已被截去，故在侧面投影中，槽口部分圆柱的内外轮廓已不存在了，所以不画线。

二、平面与圆锥相交

当平面与圆锥面相交时，截平面与圆锥轴线或素线的相对位置不同，其截交线的性质和形状也不同。所得截交线的五种形状如表 4-2 所示。

圆 锥 截 交 线 表 4-2

截平面位置	垂直于轴线	过锥顶	倾斜于轴线	平行于一条素线	平行或倾斜于轴线
立体图	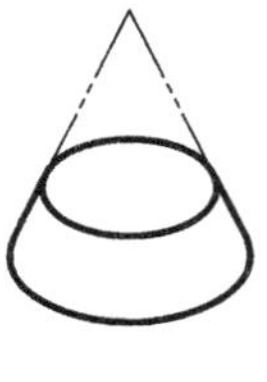			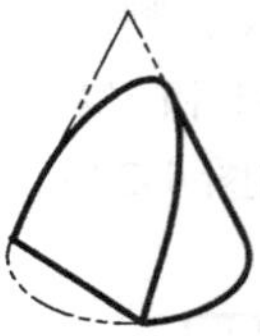	
投影图（θ 为锥顶角）	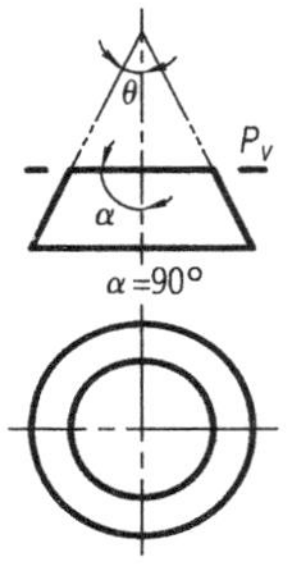 $\alpha=90°$	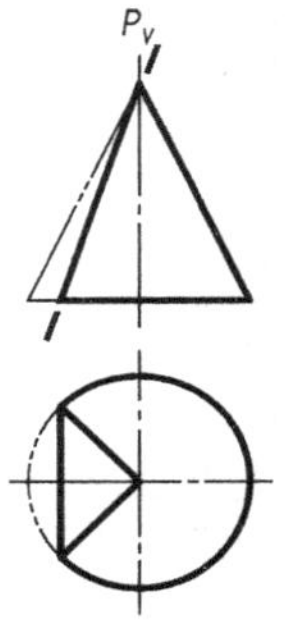	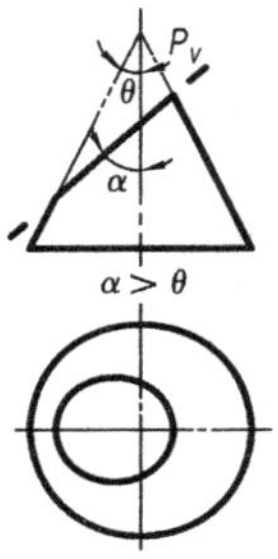 $\alpha>\theta$	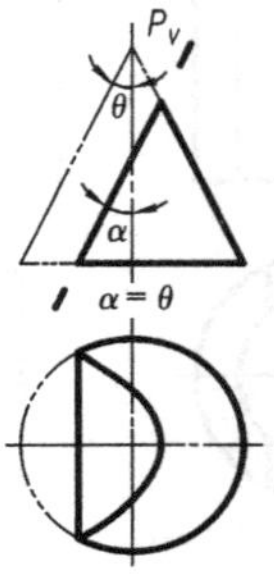 $\alpha=\theta$	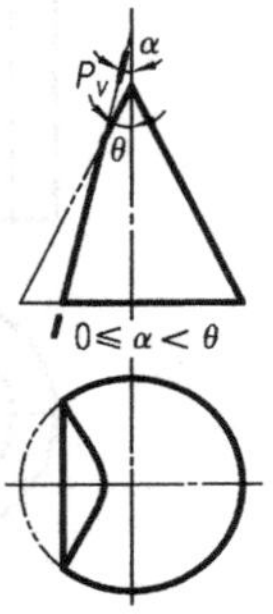 $0\leqslant\alpha<\theta$
截交线形状	圆	等腰三角形	椭圆	抛物线	双曲线

由于锥面的投影没有积聚性，所以为了求解截交线的投影，可依据具体情况，采用素线法或纬圆法求出截交线上的点，并将这些点的同面投影光滑连成曲线，同时要判别可见性，整理图形完成作图。

【例 4-14】 如图 4-24a）所示，求正垂面 P 与圆锥的截交线。

分析：从正面投影可知，截平面 P 与圆锥轴线夹角大于锥顶角，所以截交线是一个椭圆。这个椭圆的正面投影积聚在截平面的积聚投影 P_V 上，水平投影和侧面投影仍然是椭圆，且都不反映实形。

为了求出椭圆的水平投影和侧面投影，首先在椭圆的正面投影上标出所有的特殊点（长短轴端点、正面和侧面投影轮廓线上的点）和几个一般点，然后把这些点看作圆锥表面上的点，用圆锥表面定点的方法（素线法或纬圆法），求出它们的水平投影和侧面投影，再将它们的同面投影依次连接成椭圆。

作图步骤如下［图 4-24b）］：

（1）在正面投影上，标出椭圆长、短轴端点的投影 1′、2′、3′（4′），其中 3′（4′）是线段 1′2′ 的中点，1′、2′ 也是正面投影轮廓线上的点；侧面投影轮廓线上的点 5′（6′）和一般点 a'（b'）。

（2）过 1′、2′、5′、6′ 向下和向右引投影连线，直接求出它们的水平投影 1、2、5、6 和侧面投

影 $1''$、$2''$、$5''$、$6''$。

（3）用纬圆法求出 III、IV、A、B 点的水平投影 3、4、a、b，然后利用"二补三"求出侧面投影 $3''$、$4''$、a''、b''。

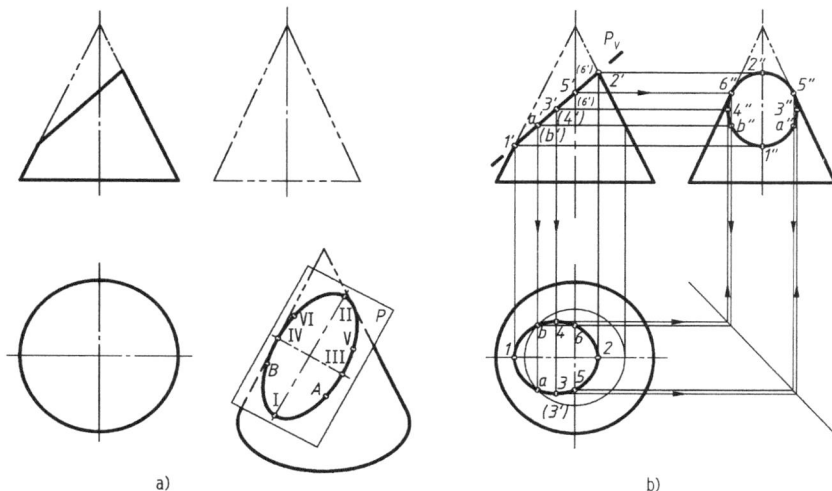

図 4-24　圆锥切割体
a)已知及立体图;b)投影图

（4）将八个点的同面投影光滑地连成椭圆。截交线的水平和侧面投影均可见连实线。

【例 4-15】　如图 4-25a)所示,已知有缺口圆锥的正面投影,求水平和侧面投影。

分析:圆锥缺口部分可看作是被 P、Q、R 三个平面截切而成的。P 平面是正垂面,且通过锥顶,截交线是两条交于锥顶的直线;Q 平面也是正垂面,与圆锥轴线倾斜,且与圆锥前后素线相交,与右侧素线平行,截交线是抛物线的一部分;R 平面是垂直于圆锥轴线的水平面,截交线是圆的一部分。即圆锥缺口部分的截交线是由直线、抛物线弧和圆弧组成,截平面间相交成两条直线。

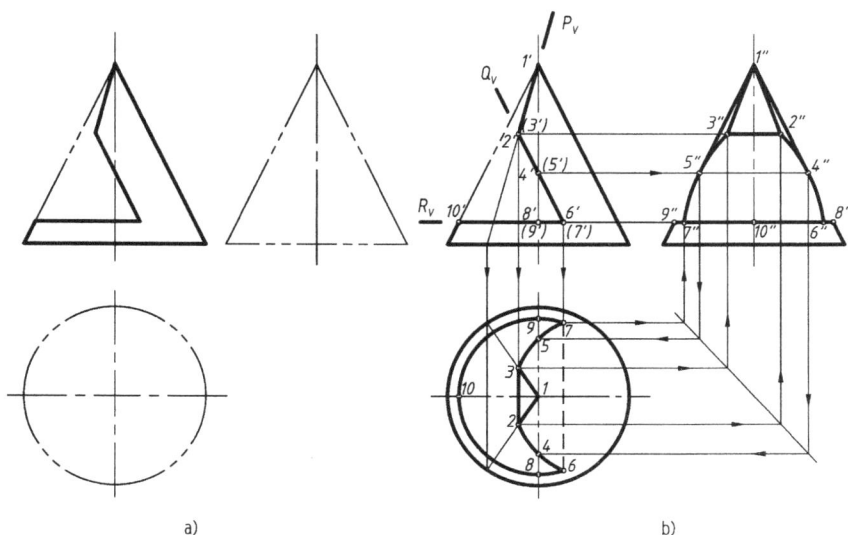

図 4-25　带缺口的圆锥
a)已知;b)投影图

作图步骤如下［图 4-25b)］：

(1)求特殊点。在正面投影中,确定各段截交线的结合点及投影轮廓线上点的投影 1′、2′(3′)、4′(5′)、6′(7′)、8′(9′)、10′。Ⅰ、Ⅳ、Ⅴ 点是特殊点,水平和侧面投影可直接求出;Ⅵ、Ⅶ、Ⅷ、Ⅸ、Ⅹ 点在同一个水平圆上,可先求各点的水平投影,然后利用"二补三"求侧面投影;Ⅱ、Ⅲ 点可利用其特点用素线法先求水平投影后求侧面投影。

(2)作一般点。如图用上述 10 个点所作截交线还不够的话,可在截交线是抛物线的正面积聚投影上再作几个一般点,采用素线法或纬圆法求它们其余两面投影(本题没有作一般点)。

(3)判别可见性。截交线的水平投影和侧面投影均可见,P、Q 两平面的交线也可见;但 Q、R 两平面的交线的水平投影 6、7 不可见应连虚线,侧面投影与 R 平面的积聚投影重合。

(4)将所求各点的同面投影依次用直线、抛物线弧和圆弧连接,即得带缺口圆锥的水平投影和侧面投影。

(5)完善圆锥部分的轮廓线。因圆锥侧面投影轮廓 4″8″、5″9″被截去,故其圆锥侧面投影的最外轮廓线是不完整的,上面连到 4″、5″点,下面连到 8″、9″点。

三、平面与球相交

平面与球相交,不论截平面与球轴线的相对位置如何,其截交线均为圆。

当截平面为投影面平行面时,截交线在截平面所平行的投影面上的投影为圆(反映实形),其他两投影为线段(长度等于截圆直径)。

当截平面为投影面垂直面时,截交线在截平面所垂直投影面上的投影是一段直线(长度等于截圆直径),其他两投影为椭圆。

【例 4-16】 如图 4-26a)所示,已知被正垂面截切后球的正面投影,求其余两面投影。

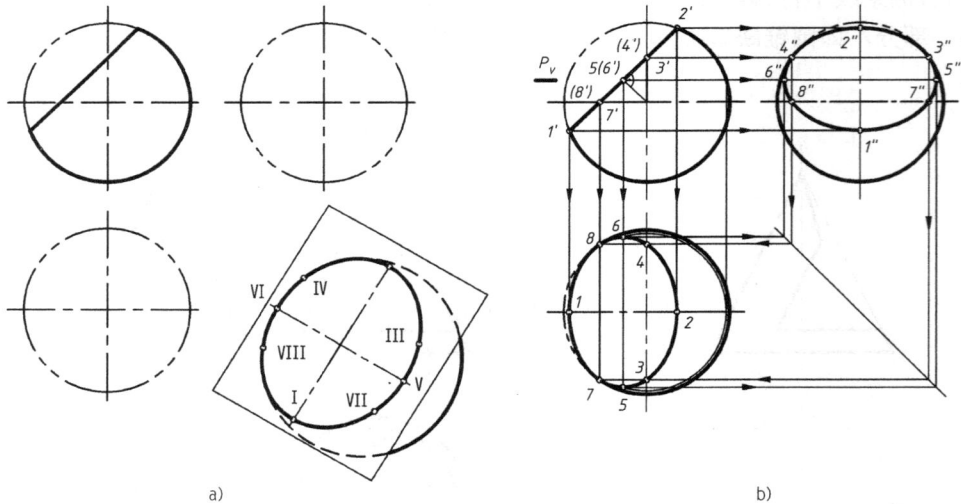

图 4-26 球切割体
a)已知及立体图;b)投影图

分析:因球是被正垂面截切,所以截交线的正面投影积聚在截切平面的直线段上,长度等于截圆直径,其水平投影和侧面投影均为椭圆。

作图步骤如下［图 4-26b)］：

（1）作特殊点。在截平面的正面投影上标出截平圆最左、最右点 1′、2′（在正面轮廓圆上）和最前、最后点 5′(6′)（在线段 1′2′ 的中点处），上下半球分界圆上的点 7′(8′) 和左右半球分界圆上的点 3′(4′)。

（2）求出各特殊点的水平投影和侧面投影，其中 1、2 和 1″、2″应在前后半球分界圆上（即水平投影横向中心线和侧面投影竖向中心线上）；3″、4″在侧面投影轮廓圆上，3、4 在 H 面竖向中心线上；5、6 点得用纬圆法求得，5″、6″可利用"二补三"求得；7、8 在水平投影轮廓圆上，7″、8″在侧面投影横向中心线上。

（3）在水平投影上，按 175324681 顺序光滑连成椭圆，并将 $\overset{\frown}{718}$ 段左侧球的轮廓圆 $\overset{\frown}{78}$ 间擦掉。

（4）在侧面投影上，按 1″7″5″3″2″4″6″8″1″ 顺序光滑连成椭圆，并将 $\overset{\frown}{3″2″4″}$ 段上面球的轮廓圆擦掉。

（5）补全球轮廓线到分界点处。水平投影补到 7、8 分界，侧面投影补到 3″、4″分界，完成作图。

【例 4-17】 如图 4-27a）所示，完成半球切割体的水平投影和侧面投影。

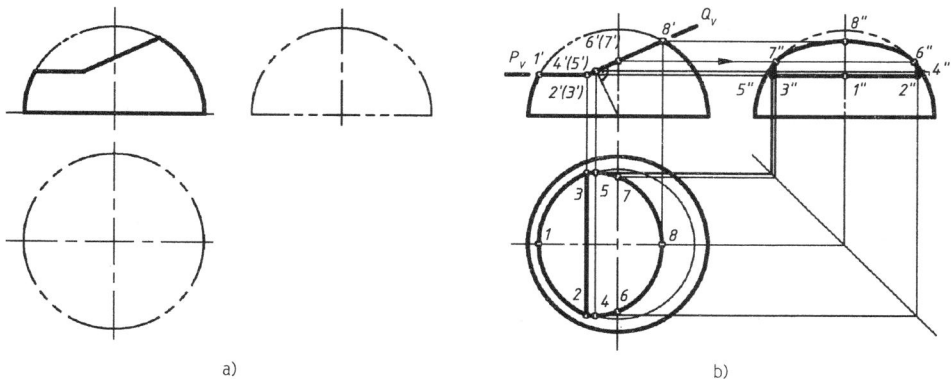

图 4-27　半球切割体
a)已知;b)投影图

分析：球被水平面 P 截切的截交线，正面投影和侧面投影积聚成直线，而水平投影反映圆弧实形；被正垂面 Q 截切的截交线，正面投影积聚成直线（与 Q_V 重合），而水平投影和侧面投影均为椭圆的一部分。P、Q 两平面的交线为正垂线。由此可知，两平面的正面投影都积聚成直线段，即截交线的正面投影已知，主要是求作半球截切后的水平投影和侧面投影。

作图步骤如下［图 4-27b）］：

（1）作特殊点。在正面投影上标出球被 P 平面截切的特殊点为 1′、2′(3′)，被 Q 平面截切的特殊点为 2′(3′)、4′(5′)、6′(7′)、8′，其中 2′、3′为两平面截交线的分界点，4′、5′、8′为椭圆轴端点的投影，6′、7′为侧面投影转向轮廓线上的点，8′也是正面投影转向轮廓线上的点。除 2′、3′和 4′、5′必须用纬圆法求出外，其余各点均可直接求出。

（2）作一般点。如用上述八个点所作截交线还不够的话，可在截交线是椭圆线的正面积聚投影上再作几个一般点，采用纬圆法求它们其余两面投影（本题没有作出）。

（3）判别可见性。由于半球的左上部分被截切，所以水平投影和侧面投影均可见。将所求各点的同面投影依次光滑连接。

（4）整理轮廓线。水平投影外轮廓线是完整的圆,侧面转向线的投影只画 6″、7″点以下的部分。

第六节 平面立体和曲面立体相交

平面立体与曲面立体相交所得相贯线,一般是由几段平面曲线结合而成的空间曲线。相贯线上每段平面曲线都是平面立体的一个棱面与曲面立体的截交线,相邻两段平面曲线的交点是平面立体的一条棱线与曲面立体的交点。因此,求平面立体与曲面立体的相贯线,就是求平面与曲面立体的截交线和求直线与曲面立体的交点。

求平面立体与曲面立体相贯线的方法是:

（1）求出平面立体棱线与曲面立体的交点。

（2）求出平面立体的棱面与曲面立体的截交线。

（3）判别相贯线的可见性,判别方法与两平面立体相交时相贯线的可见性判别方法相同。

【例 4-18】 如图 4-28a)所示,求四棱锥与圆柱的相贯线。

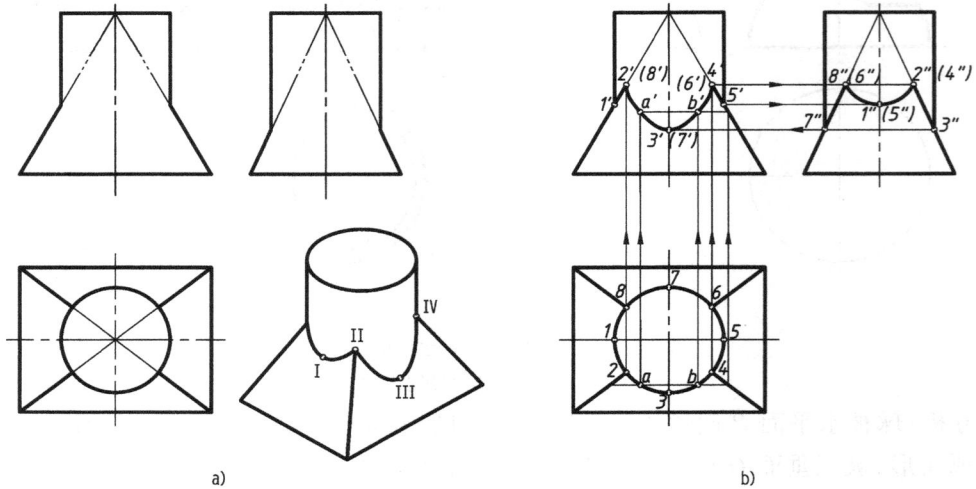

图 4-28 四棱锥与圆柱相交
a)已知及立体图;b)投影图

分析:由图可知,两相贯体左右、前后对称,相贯线也应左右、前后对称。又因圆柱的轴线过四棱锥的锥顶,所有相贯线是由棱锥的四个棱面截切圆柱面所得的四段椭圆弧组合而成。四条棱线与圆柱面的四个交点就是这四段椭圆弧的分界点,这四个点的高度相同,为相贯线上的最高点。

由于圆柱的轴线垂直于 H 面,相贯线的水平投影就位于圆柱面的积聚投影上,故相贯线的水平投影已知。

四棱锥的左右两个棱面为正垂面,其正面投影积聚为直线段,相应的两段相贯线椭圆弧的正面投影也在该直线段上。同理,另两段相贯线椭圆弧的侧面投影,在四棱锥侧垂面的积聚投影上。

作图步骤如下[图 4-28b)]:

（1）求特殊点。包括四段椭圆弧分界点（每段椭圆弧的端点）、最高点、最低点、最前点、最后点等。最高点也是四段椭圆弧分界点，在 H 投影面中为四条棱线与圆柱面的交点 2、4、6、8，由此可求得正面投影2'(8')、4'(6')，侧面投影 2"(4")、8"(6")。在水平投影中圆的中心线与圆周相交的点 1、3、5、7 分别为各椭圆弧最低点的水平投影。在正面投影中 1'、5'两点为圆柱最左、最右轮廓线与棱面积聚投影的交点；侧面投影 1"(5")重合在圆柱的轴线上。在侧面投影中 3"、7"为圆柱最前、最后轮廓线与前后棱面积聚投影的交点，正面投影 3'(7')两点重合在圆柱的轴线上。III、VII 点还是相贯线上的最前、最后点，I、V 也是相贯线上最左、最右点。

（2）求一般点。在相贯线水平投影的适当位置上取一般点 a、b，这两点是圆柱面与棱锥面的共有点，利用棱锥表面定点的方法，即可求得 a'、b'，a"(b")侧面投影在棱锥侧垂面积聚直线上，不影响截交线的投影，所以，可不求出。

（3）依次光滑连接各段相贯线上的点。由于两相贯体前后对称，相贯线也应前后对称，故在正面投影中只连接 2'a'3'b'4'段即可，而 2'1'(8')段和 4'5'(6')段与正垂面积聚投影重合。相贯线的侧面投影与正面投影具有相同的投影特性，求作的结果如图 4-28b)所示。

【例 4-19】 如图 4-29a)所示，求三棱柱与圆锥的相贯线。

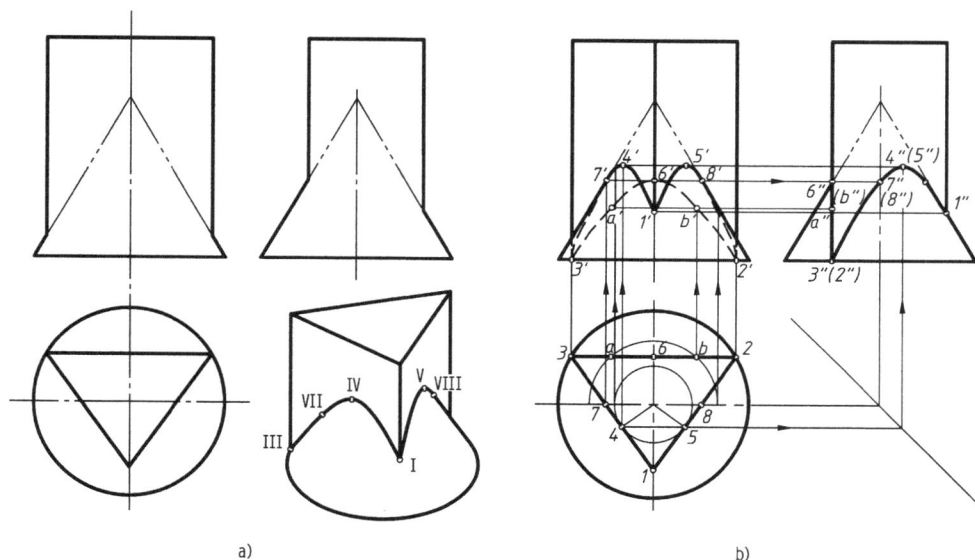

图 4-29 三棱柱与圆锥相交
a)已知和立体图；b)投影图

分析：由图可知，三棱柱与圆锥的相贯线是由三棱柱的三个棱面与圆锥面相交形成三条截交线组成，其空间形状均为双曲线。三棱柱的三条棱线与圆锥面的三个交点是这三段双曲线的分界点。

在投影图中，相贯线的水平投影重合在三棱柱棱面积聚投影上为已知，由于三棱柱的后面为正平面，故该面上的相贯线在正面投影中反映实形，侧面投影在后棱面的积聚投影上；另两个棱面上相贯线的正面投影左右对称，侧面投影重合。

作图步骤如下[图 4-29b)]：

（1）求特殊点。包括每段平面曲线的分界点（双曲线的端点）、最低点、最高点、圆锥轮廓线上的点。在 H 投影面中，结合点为三条棱线与圆锥面的交点 1、2、3。W 面投影中最前面的

97

棱线与圆锥转向轮廓线的交点即为 1″,由此可得正面投影 1′、2′、3′和 2″、3″分别在圆锥底面在
V 和 W 面的积聚投影上。I 点也是相贯线上最前点;点 II、III 还是相贯线上的最左点、最右点,
也是最低点。在水平投影过圆心作棱面积聚投影的垂线,垂足 4、5、6 点是三段相贯线的最高
点。用纬圆法先求 4′、5′,然后利用"二补三"求 4″(5″);在 W 面中后棱面积聚投影与圆锥轮廓
线的交点为 6″,6′在正面圆锥轴线上。在水平投影中,圆锥水平中心线与三棱柱左右两个积聚
平面的交点 7、8 为圆锥正面投影可见与不可见的分界点,其正面投影 7′、8′在圆锥左右转向轮
廓线上,侧面投影 7″(8″)在圆锥的轴线上。

(2)求一般点。在水平投影中,作圆锥的截切纬圆与三棱柱积聚投影相交 a、b,纬圆的正
面投影和侧面投影均为直线段,根据水平投影的交点即可求得正面投影 a′、b′和侧面投影
a″(b″)(积聚在后棱面上)。

(3)依次光滑连接各点并判断可见性。在正面投影中,前半个锥面和三棱柱的前两个棱
面可见,因此相贯线上 7′、8′两点之前的相贯线为可见,用实线连接;7′、8′两点之后相贯线不可
见,用虚线连接;由于相贯线左右对称,其侧面投影中可见与不可见部分重合。只画左半部分
投影的相贯线即可,用实线连接。

(4)补画棱线、轮廓线到相应相贯点,补画时注意棱线的可见性。在 V 面上三棱柱左、右
棱应补到 3′、2′,其中让圆锥遮挡部分看不见,画虚线;而前棱应补到 1′点,可见画实线。圆锥
正面轮廓线应补到 7′、8′分界,可见画实线。在 W 面上三棱柱后面两棱应补到 3″(2″),前棱补
到 1″;圆锥侧面轮廓线应补到 1″、6″点。

【例 4-20】 如图 4-30a)所示,在半球上开个四棱柱孔,求其水平投影和侧面投影。

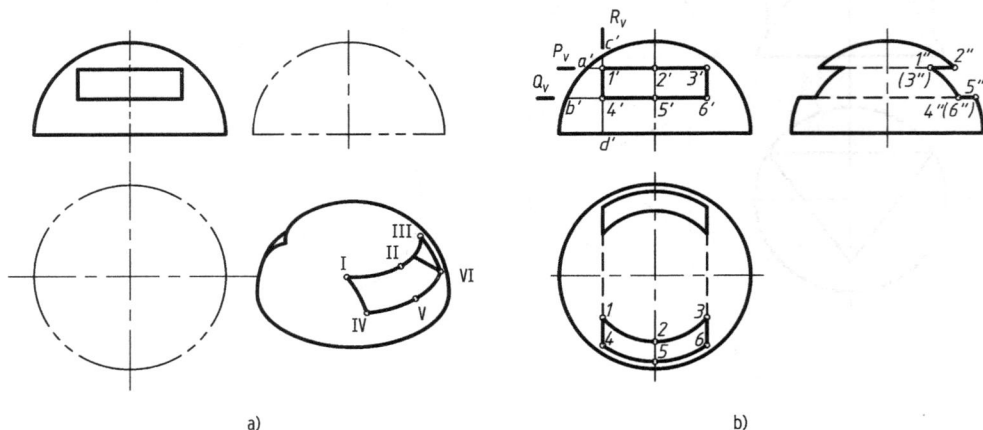

图 4-30 半球穿孔体
a)已知和立体图;b)投影图

分析:球面上开的四棱柱孔,是由上、下水平面和左、右侧平面组成。孔的截交线正面投影
和孔的积聚投影重合。孔的上、下面与球水平投影的截交线为圆弧的一部分,侧面投影积聚成
直线段;左、右面与球的截交线水平投影积聚成直线段,侧面投影为圆弧的一部分。

因开孔球的截交线前后、左右是完全对称的,这里只作出开孔球前半部分的截交线,后半部
分为前半部分的对称图形。球面上的一般点只能用纬圆法求。

作图步骤如下[图 4-30b)]:

(1)以水平投影圆中心为圆心,以 a′2′为半径画圆,求得 $\overset{\frown}{123}$ 弧,1″2″3″侧面投影积聚在直

线段上;$\overset{\frown}{456}$弧是以 $b'5'$ 为半径画圆求得的,侧面投影 $4''5''6''$ 与 $1''2''3''$ 的求法一样;$\overset{\frown}{14}$弧是以侧面投影圆中心为圆心,$c'd'$ 为半径,在侧面画出的一部分圆弧,14 的水平投影积聚成直线段。

(2)补出对称的另一半截交线。

(3)因孔在半球里面,所以孔中四条棱线的水平投影和侧面投影均不可见,应补画虚线。

(4)整理半球的轮廓线,正面投影和水平投影球的外轮廓线是完整的,但侧面投影有一部分外轮廓被所开孔挖掉了,这部分不应该有轮廓线。

第七节　两曲面立体相交

由于相交两曲面立体的形状和相对位置不同,相贯线的形式也有所不同。但任何两曲面立体的相贯线都具有以下基本特性:

(1)相贯线也是两曲面立体表面的共有线,相贯线上的每一点都是两曲面立体表面的共有点;相贯线也是两曲面立体的分界线。

(2)两曲面立体的相贯线,一般情况下是空间封闭的曲线,特殊情况下可能是平面曲线(椭圆、圆等)或直线。

一、两曲面立体相交的一般情况

既然相贯线是两曲面立体表面的共有线,那么求相贯线实质是求两曲面立体表面一系列共有点。求作两曲面立体相贯线的投影时,一般是先作出两曲面立体表面上一些共有点的投影,然后再按顺序光滑连接成相贯线的投影。

在求作相贯线上的点时,与作曲面立体截交线一样,应作出一些能控制相贯线范围和形状的特殊点,如曲面立体投影轮廓线上的点,相贯线上最高、最低、最左、最右、最前、最后点等,然后按需要再求作相贯线上的一般点。在连线时,不可见的相贯线画虚线,可见性的判别原则是:只有同时位于两个立体可见表面上的相贯线才是可见的;否则不可见。最后将两曲面立体看作一个整体,按投影关系整理轮廓线,即完成全图。

1.利用表面取点法求相贯线

当参与相交的两立体中,至少有一个立体表面的某一投影具有积聚性(如垂直于投影面的圆柱)时,相贯线的一个投影必积聚在这个有积聚性的投影上。可以用在曲面立体表面上取点的方法作出两曲面立体表面上的这些共有点的投影。具体作图时,先在圆柱面的积聚投影上,标出相贯线上的一些特殊点和一般点;然后把这些点看作是参与相交两曲面立体的共有点,用表面定点的方法,求出它们的其他投影;最后,把这些点的同面投影光滑地连接起来(可见线连成实线、不可见线连成虚线)。

【例 4-21】　如图 4-31a)所示,求轴线垂直相交的两圆柱的相贯线。

分析:由于两圆柱轴线垂直相交,轴线为铅垂线的圆柱水平投影有积聚性,轴线为侧垂线的圆柱侧面投影有积聚性,相贯线的水平投影和侧面投影分别在这两个有积聚性圆的公共部分,因此,根据这两个投影即可求出相贯线的正面投影。因相贯线前后、左右对称,所以相贯线前后部分的正面投影重合。

作图步骤如下[图 4-31b)]:

(1)求特殊点。由于两圆柱轴线相交,且同时平行于正面,故两圆柱面的正面转向线位于同一正平面内。因此,它们的正面投影的交点 $1'$、$2'$ 就是相贯线上最高点(Ⅰ、Ⅱ 分别也是最左、最右点)的投影;相贯线上最低点(也是最前、最后点)的正面投影 3′、4′可过侧面投影 3″、4″按投影关系求出。

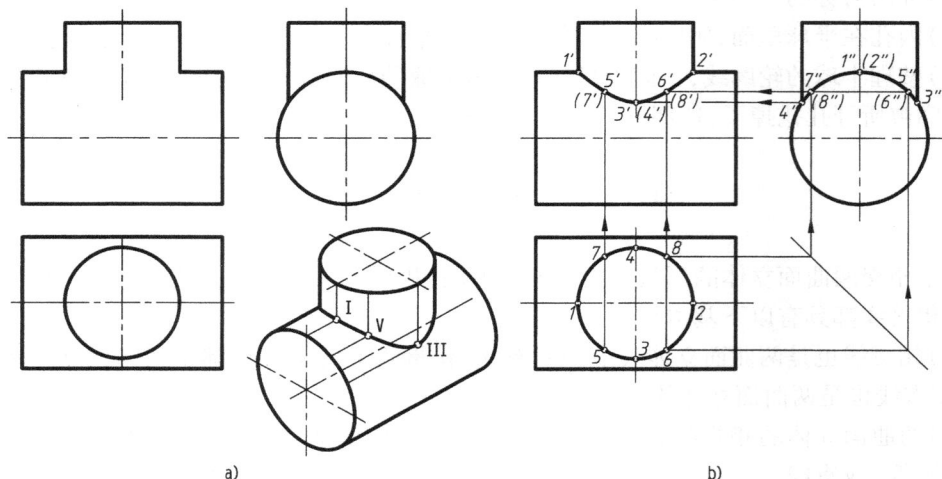

图 4-31 圆柱与圆柱相交
a)已知及立体图;b)投影图

(2)求一般点。在相贯线的水平投影任取一般点 5、6、7、8,求出相应的侧面投影 5″(6″),7″(8″),利用"二补三"求 5′(7′),6′(8′)。

(3)连曲线并判别可见性。将求出的各点按顺序 1′5′3′6′2′光滑地连接起来,由于相贯线前后对称、正面投影可见与不可见部分重合,故只画出实线即可。

两立体相交可能是它们的外表面,也可能是内表面,在两圆柱相交中,就会出现如图 4-32 所示的两外表面相交、外表面与内表面相交、两内表面相交的三种形式。但其相贯线的求法是完全相同的。

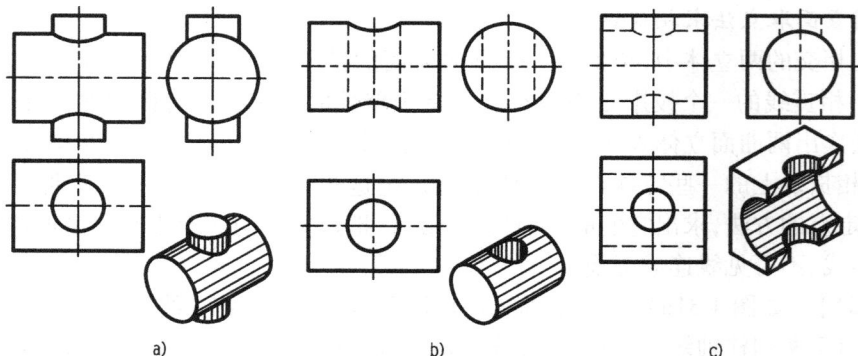

图 4-32 两圆柱相交的三种形式
a)外表面相交;b)外表面与内表面相交;c)内表面相交

当相交两圆柱轴线的相对位置变动时,其相贯线的形状也发生变化。图 4-33 所示为两圆柱直径不变,而轴线的相对位置由正交变为交叉时相贯线的几种情况。

【例 4-22】 如图 4-34a)所示,求轴线正交的圆柱和圆锥的相贯线。

分析:圆柱与圆锥相交后的相贯线为一封闭的空间曲线,前后具有对称性。由于圆柱面的侧面投影有积聚性,所以相贯线的侧面投影与圆柱面的侧面投影(圆)重合,为已知,所需求的是相贯线的正面投影和水平投影。

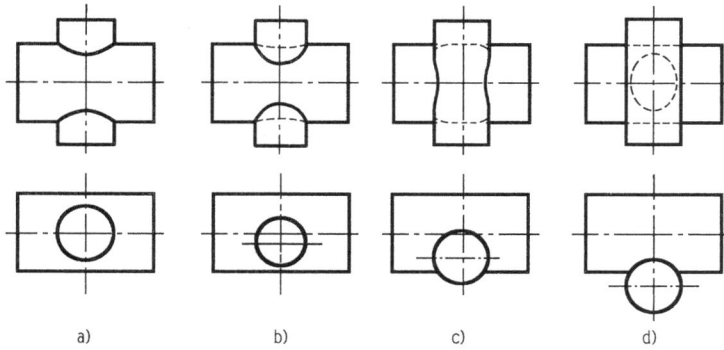

图 4-33　圆柱与圆柱轴线相对位置变动对相贯线的影响

作图步骤如下[图 4-34b)]:

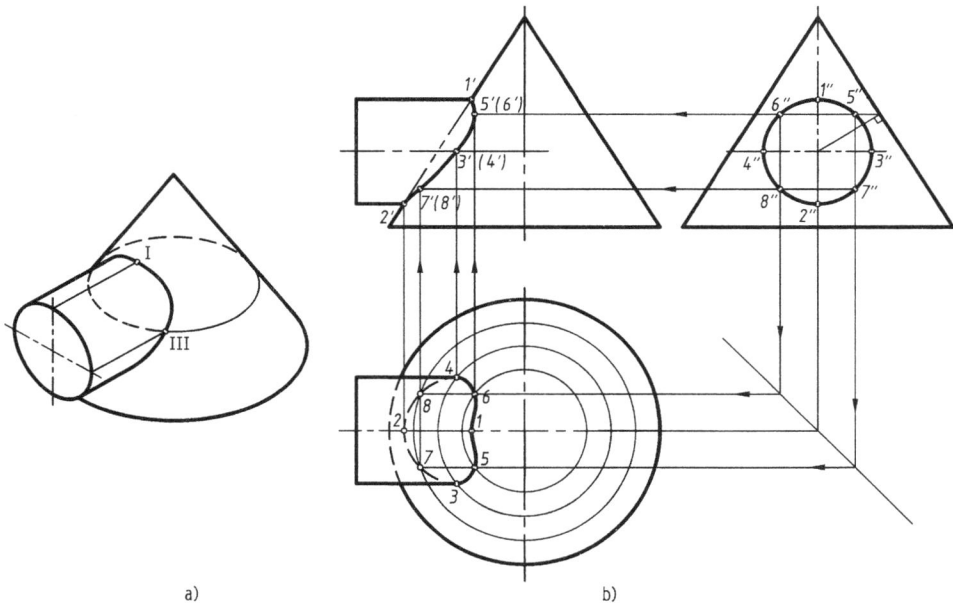

图 4-34　圆柱与圆锥相交

a)立体图;b)投影图

(1)求特殊点。全部圆柱参与相贯,其正面转向线和水平转向线上各有两个点为相贯线上的特殊点,分别是Ⅰ、Ⅱ 、Ⅲ、Ⅳ,其侧面投影可直接标出1″、2″、3″、4″。因为相贯线上的点是两曲面共有点,所以Ⅰ、Ⅱ 、Ⅲ、Ⅳ 点也在圆锥面上。其中Ⅰ、Ⅱ 两点在圆锥的正面转向线上,在正面投影图中可直接求出 1′、2′,水平投影 1、2 在圆锥横向轴线上。Ⅲ、Ⅳ 两点在锥面同一个纬圆上,根据纬圆法,先求水平投影 3、4,然后再求正面投影 3′、4′。

(2)求一般点。在Ⅰ、Ⅱ 之间可求一系列一般点,在相贯线上取前后对称的两对点 Ⅴ、Ⅵ 和 Ⅶ、Ⅷ。侧面投影5″、6″是直接选的一般点,利用 5、6 在同一个水平纬圆的特点,先求水平投影,然后再求正面投影 5′、6′。同理 7″、8″两点也在一个水平纬圆上,与 Ⅴ、

Ⅵ点的求法一样。

（3）依次光滑连线并判别可见性，两相贯体前后对称，其相贯线的正面投影前后也是对称的，水平投影圆柱的下半部分不可见，以3、4为分界点，线35164为可见连实线；37284为不可见连虚线。

（4）整理轮廓线。相贯体为一整体，将各转向线的投影画到相应交点的位置，如水平投影中圆柱的转向轮廓线应分别画到3、4点，可见画实线；圆锥底圆被圆柱遮挡部分应补画成虚线。正面投影中在圆柱正面转向线之间不应画圆锥正面转向轮廓线的投影，两体外轮廓线只画到1′、2′处。

【例4-23】　如图4-35a)所示，求圆柱与半圆球的相贯线。

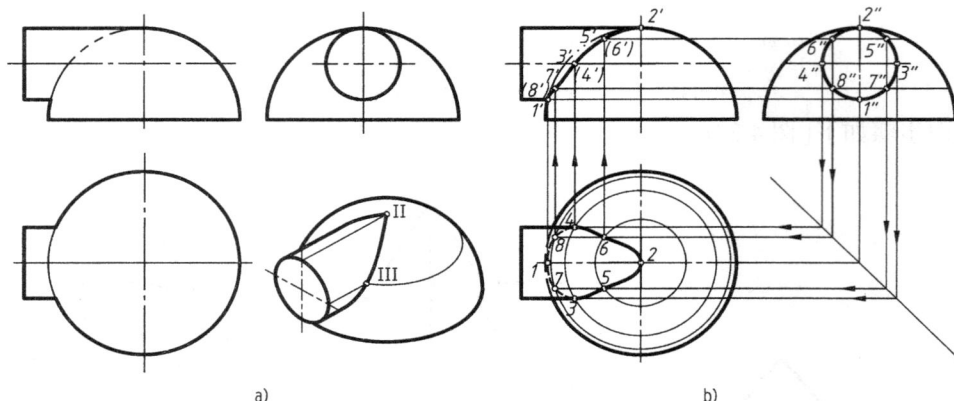

图4-35　圆柱与半球相交
a)已知和立体图；b)投影图

分析：圆柱轴线为侧垂线，因此相贯线的侧面投影与圆柱的侧面投影重合，只需求正面投影和水平投影。两相贯体前后对称，所以相贯线正面投影前后重合。

作图步骤如下[图4-35b)]：

（1）求特殊点。圆柱全部参与相贯，圆柱正面和水平面转向线上的点为特殊点Ⅰ、Ⅱ、Ⅲ、Ⅳ，Ⅰ、Ⅱ也是最低和最高点，Ⅲ、Ⅳ为最前和最后点。根据侧面投影1″、2″得正面投影1′、2′和水平投影1、2。Ⅲ、Ⅳ可利用水平纬圆求得（也可用正面纬圆求），由过3″或4″在球面上画纬圆的积聚投影来确定半径，求出水平投影3、4和正面投影3′、4′。

（2）求一般点。在Ⅰ、Ⅱ之间可求一系列一般点。取相贯线上前后对称两点Ⅴ、Ⅵ，根据侧面投影确定Ⅴ、Ⅵ两点所在纬圆（水平圆）半径，求出水平投影5、6和正面投影5′、6′。Ⅶ、Ⅷ点各面投影的求法同Ⅴ、Ⅵ一样。

（3）依次光滑连线并判别可见性，两相贯体前后对称，其相贯线的正面投影前后重合，只画可见的1′7′3′5′2′即可；水平投影圆柱的下半部分不可见，以3、4为分界点，线35264为可见连实线；37184为不可见连虚线。

（4）整理轮廓线。正面投影1′2′之间不应画球面正面转向线的投影，圆柱的水平转向线的投影应画到3、4点。球水平投影轮廓线被圆柱遮挡部分不可见，应补画虚线。

2.利用辅助平面法求相贯线

辅助平面法求相贯线投影的基本原理是：作一辅助截平面，使辅助截平面与两回转体都相交。求出辅助截平面与两回转体的截交线，再求出两截交线的交点，两截交线的交点即为回转体表面的共有点。这些共有点既在截平面上,又在两回转体表面上,是三个表面的共有点,所以辅助平面法也称为三面共点法,所求的共有点即为相贯线上的点,将这样一系列的共有点分别求出,判别可见性,依次光滑连线后,即可求得相贯线的投影。

为作图简便,选择的辅助平面与两相交立体表面所产生截交线的投影,应该是便于作图的圆或直线。如图 4-36 所示球与圆锥相交,选择的辅助平面是一组水平面,这些水平面截球和圆锥都是水平圆。每个平面截球和圆锥各为一个纬圆,两个圆在水平投影中相交,这些交点就是相贯线上的点。求出一系列这样的点连接成曲线,即为两曲面立体的相贯线。

【例 4-24】 如图 4-36a)所示,求圆锥与球的相贯线。

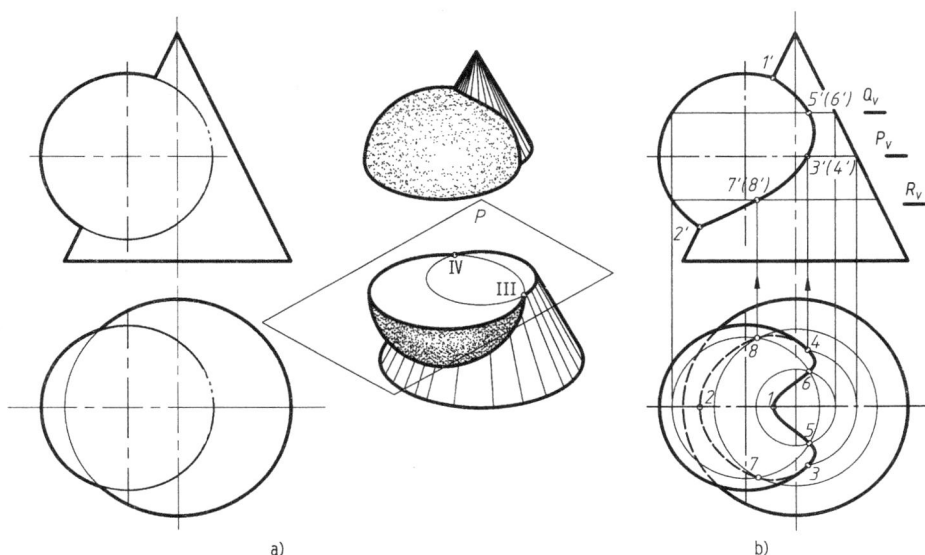

图 4-36 圆锥与球相交

a)已知和立体图;b)投影图

分析:球面和圆锥面的投影都不具有积聚性,其相贯线的投影只能利用辅助平面法先求出一系列点,然后依次连接。根据球和圆锥的形状及其相对位置,应选择水平面作为辅助平面,其与球和圆锥的截交线均为水平圆,水平投影反映实形。

作图步骤如下[图 4-36b)]:

(1)求特殊点。包括最高、最低点,球与圆锥轮廓线上的点。由于球的球心和圆锥的轴线所决定的平面为正平面,故在正面投影中,球的轮廓圆与圆锥轮廓线的交点 $1'$、$2'$ 是相贯线上的最高、最低点;在水平投影中 1、2 在横向中心线上。在水平投影中,球面外形轮廓线上的相贯点是相贯线可见与不可见的分界点。过球心作水平辅助平面 P,P 与球的截交线为球的水平投影轮廓线,与圆锥的截交线为水平圆,两圆水平投影的交点 3、4 即为球面水平轮廓线上的点,其正面投影 $3'$、$4'$ 重合在球的横向中心线上(即 P_V 平面上)。

(2)求一般点。在以上特殊点之间均匀作辅助平面 Q、R,利用纬圆法求出中间点水平投影 5、6、7、8,然后利用点在辅助平面积聚线段上的特性求出正面投影 $5'(6')$、$7'(8')$。

(3)依次光滑连接各点并判断可见性。由于相贯线前后对称,在正面投影中,其相贯线前后重合,故用实线依次连接各可见点 $1'5'3'7'2'$ 即可。在水平投影中,圆锥面的投影都是可见的,但球只有上半球可见,以球轮廓线上的 3、4 为界,35164 可见,连成实线,而在下半球的

103

37284 不可见,连成虚线。

(4)补画轮廓线。在水平投影中将球轮廓用实线补画到交点 3、4。圆锥的底面是完整的,只需将被球遮挡的底面轮廓线画成虚线即可。

以上两种方法,对于有圆柱参与相交的两曲面立体(如圆柱与圆柱、圆柱与圆锥、圆柱与球),表面取点法和辅助平面法均可用,如图 4-34 和图 4-35 都可采用辅助平面法求相贯线上的点,无论采用什么方法,其结果是一样的。但对于圆锥与球相交就必须采用辅助平面法求相贯线上的点。

二、两曲面立体相交的特殊情况

在一般情况下,两曲面立体的相贯线是空间曲线。但是,在特殊情况下,两曲面立体的相贯线的投影可能是平面曲线或直线。下面介绍两种相贯线为平面曲线的特殊情况。

1. 两回转体共轴

当两个共轴的回转体表面相交时,其相贯线是一个垂直于轴线的圆。

如图 4-37a)是圆柱与圆锥共轴、图 4-37b)是圆柱与半球共轴,其相贯线是垂直于轴线的圆,当轴线是铅垂线时,该圆的水平投影是与圆柱等径的圆,其正面投影和侧面投影均积聚为直线。

图 4-37c)是球与圆锥共轴,其相贯线也为水平圆,该圆正面投影积聚为直线,水平投影为圆(反映实形),因在下半球,所以为虚线圆。

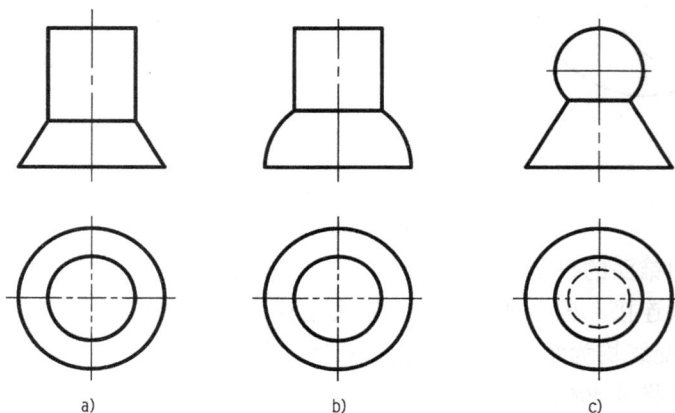

图 4-37　共轴的两回转体相交

2. 两回转体公切于一个球

当两个回转体公切于一个球面时,其相贯线是两个椭圆。

如图 4-38a)为两直径相等的圆柱正交,它们公切于一个球面,其相贯线为两个大小相等的椭圆,椭圆的水平投影与积聚圆柱面的投影重合,正面投影为两圆柱最外轮廓线交点交叉相连的两条直线段。

图 4-38b)为轴线正交的圆柱与圆锥公切于一个球面,相贯线为两个大小相等的椭圆;图4-38c)为轴线正交的圆锥与圆锥公切于一个球面,相贯线为两个大小不等的椭圆。以上两种情况中,椭圆的水平投影仍为椭圆,而正面投影是参与相交的两曲面立体最外轮廓线交点交叉相连的两条直线段。

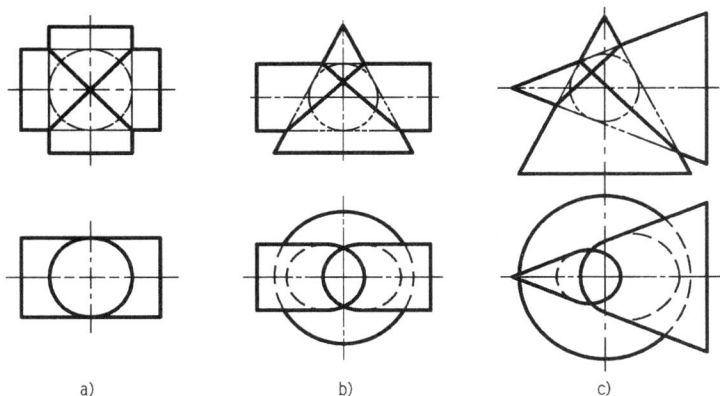

图 4-38　公切于一个球面的两回转体相交

【例 4-25】　如图 4-39a)所示,求圆管与半圆管的相贯线。

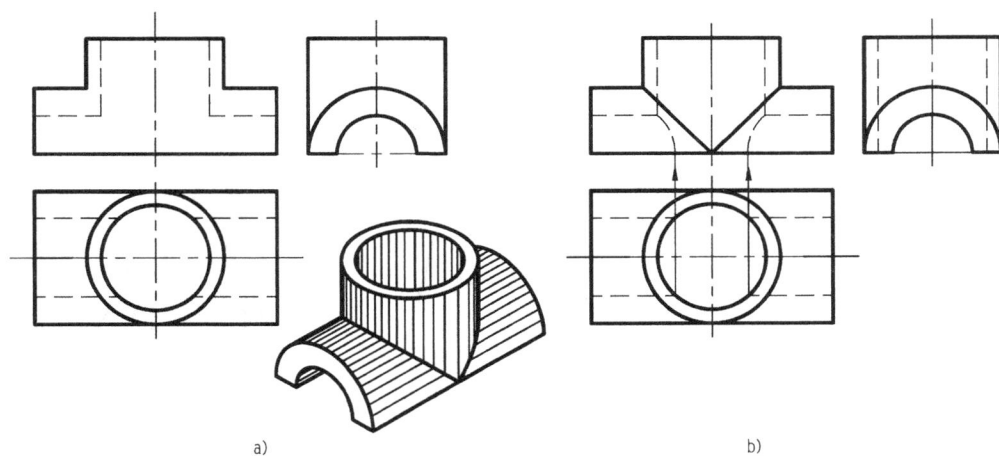

图 4-39　圆管与半圆管相交
a)已知和立体图;b)投影图

分析:由立体图可知,圆管与半圆管为正交,外表面与外表面相交,内表面与内表面相交。

外表面为两个直径相等的圆柱相交,相贯线为两条平面曲线半个椭圆,它的水平投影积聚在大圆上,侧面投影积聚在半个大圆上,正面投影应为两段直线。

内表面的相贯线为两段空间曲线,水平投影积聚在小圆的两段圆弧上,侧面投影积聚在半个小圆上,正面投影应为曲线,没有积聚性,应按两曲面立体一般情况相交求得相贯线。

作图过程如图 4-39b)所示,按上述分析及投影关系,分别求出内、外交线的投影,即为相贯线的投影。

第五章　轴测投影

工程上广泛使用正投影图来绘制施工图样，如图 5-1a) 所示。正投影图能完整、准确地表达物体各部分的形状和尺寸大小，而且绘图简便，便于施工，是工程上普遍采用的图样；但它的立体感不强，缺乏读图基础的人很难看懂。如采用轴测投影图来表达同一物体，很容易看懂。图 5-1b)、c) 分别为用斜二测和正等测画法画出的轴测投影图，比较起来看，轴测投影图的立体感强，直观性好，易于读图；但作图较多面正投影复杂，且度量性较差。所以多数情况下，轴测投影图只能作为一种辅助图样，用来表达某些建筑物及其构配件的整体形状和节点的搭接情况，以弥补多面正投影图的缺陷。

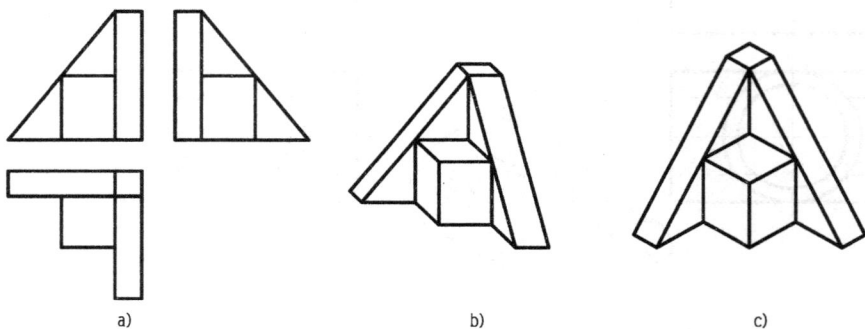

a)　　　　　　　　　　　　b)　　　　　　　　　　　　c)

图 5-1　正投影图与轴测投影图
a) 三面投影图；b) 斜二测轴测投影图；c) 正等测轴测投影图

第一节　轴测投影的基本知识

一、轴测投影图的形成

将物体连同确定其空间位置的直角坐标系一起，沿不平行于任何坐标面的方向，用平行投影法投射到一个平面 P 上所得到的单面投影图称为轴测投影图，简称轴测图。投影面 P 称为轴测投影面，S 称为投射方向。

轴测投影图不仅能反映物体三个侧面的形状，立体感强；而且能够测量物体三个方向的尺寸，具有可量性。但测量时必须沿轴测量，这就是轴测投影命名的由来。

轴测投影的形成及分类如图 5-2 所示。

二、轴间角及轴向伸缩系数

如图 5-2 所示,$O-XYZ$ 是表示空间物体长、宽、高三个方向的直角坐标系;$O_1-X_1Y_1Z_1$ 是坐标系在投影面 P 上的轴测投影,称为轴测轴。轴测轴表明了轴测图中长、宽、高三个方向。轴测轴之间的夹角(∠$X_1O_1Y_1$、∠$Y_1O_1Z_1$ 和 $X_1O_1Z_1$,)称为轴间角。轴测轴上单位长度与相应坐标轴上单位长度的比值称为轴向伸缩系数(或变形系数)。分别用 p、q、r 表示,即 $p=O_1X_1/OX$、$q=O_1Y_1/OY$、$r=O_1Z_1/OZ$。

轴间角和轴向伸缩系数是绘制轴测图时的重要参数,不同类型的轴测图有其不同类型的轴间角和轴向伸缩系数。

三、轴测投影的基本性质

轴测投影属于平行投影,因此具有平行投影的基本性质。

(1)物体上凡是与空间坐标轴平行的线段,在轴测图中也平行于对应的轴测轴,且具有和相应轴测轴相同的轴向伸缩系数。

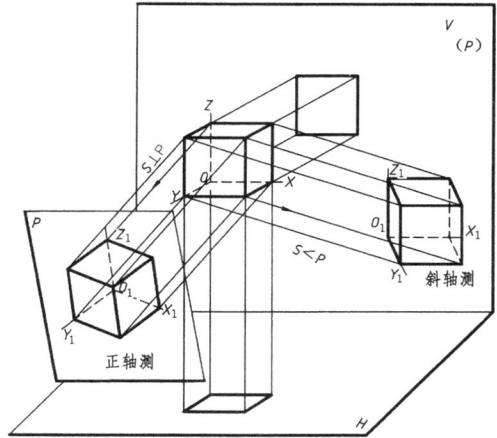

图 5-2 轴测投影的形成及分类

(2)物体上互相平行的线段,在轴测图中也互相平行。

四、轴测投影的分类

根据投射方向相对轴测投影面的位置不同,轴测投影可分为两类:当投射方向 S 垂直于投影面 P 时,所得投影称为正轴测投影;当投射方向 S 倾斜于投影面 P 时,所得投影称为斜轴测投影。这两类轴测投影又根据各轴向伸缩系数的不同,又分为以下三种:

(1)当 $p=q=r$,称为正(或斜)等轴测投影,简称正(或斜)等测。

(2)当 $p=q\neq r$ 或 $p=r\neq q$ 或 $q=r\neq p$,称为正(或斜)二等轴测投影,简称正(或斜)二测。

(3)当 $p\neq q\neq r$,称正(或斜)三轴测投影,简称正(或斜)三测。

第二节 斜轴测投影

当投射方向 S 与投影面 P 倾斜、坐标面 XOZ(即物体的正面)与投影面 P 平行时,所得的平行投影称为正面斜轴测投影;当投射方向 S 与投影面 P 倾斜、坐标面 XOY(即物体的水平面)与投影面 P 平行时,所得平行投影称为水平斜轴测投影。不论是正面斜轴测投影还是水平斜轴测投影,如果三个伸缩系数都相等,就称为斜等轴测投影(简称斜等测);如果两个伸缩系数相等,一个不等,称为斜二等轴测投影(简称斜二测)。

工程上常用斜轴测投影是斜二测,它具有画法简便,图样立体感强等优点。

本节主要讨论斜二测的轴间角和轴向伸缩系数以及斜二测的画法,然后简单介绍水平斜等测图及其画法。

一、斜二测的轴间角和伸缩系数

1. 正面斜二测

如图 5-3a)所示,使坐标面 XOZ 平行于轴测投影面 P,投射方向 S 倾斜于投影面 P,将物体向投影面 P 进行斜投影,即得正面斜轴测投影。因为坐标面 XOZ 平行于投影面 P,所以轴间角 $\angle X_1 O_1 Z_1 = 90°$,而且沿长度方向伸缩系数 $p = O_1 X_1 / OX = 1$,高度方向伸缩系数 $r = O_1 Z_1 / OZ = 1$。轴测轴中 $O_1 Y_1$ 的方向与投射方向 S 有关,$O_1 Y_1$ 的长短与投射方向 S 和投影面 P 的倾斜角度有关。为作图方便,以获得较好的直观效果,取轴间角 $\angle X_1 O_1 Y_1 = \angle Y_1 O_1 Z_1 = 135°$(或 $\angle X_1 O_1 Y_1 = 45°$、$\angle Y_1 O_1 Z_1 = 225°$),取宽度方向伸缩系数 $q = O_1 Y_1 / OY = 0.5$。

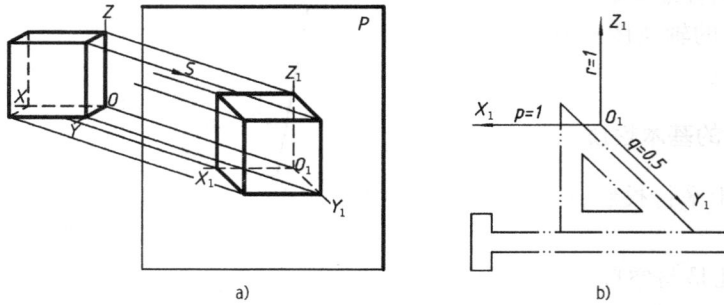

图 5-3 正面斜二测投影图
a)正面斜二测投影;b)斜二测的轴间角与伸缩系数

以上将正面或正平面作为轴测投影面所得到的斜轴测图,称为正面斜二测轴测图。

如图 5-3b)所示斜二测的轴间角和变形系数,画图时将 $O_1 Z_1$ 轴放在铅垂位置上,$O_1 X_1$ 轴放在水平位置上,$O_1 Y_1$ 轴与水平横线成 45°角。

2. 水平斜二测

同理,水平斜二测中 XOY 面平行于投影面,$\angle X_1 O_1 Y_1 = 90°$。轴向伸缩系数 $p = q = 1$,即长度和宽度尺寸保持不变,r 取 0.5,即高度方向尺寸取一半,如图 5-4 所示。

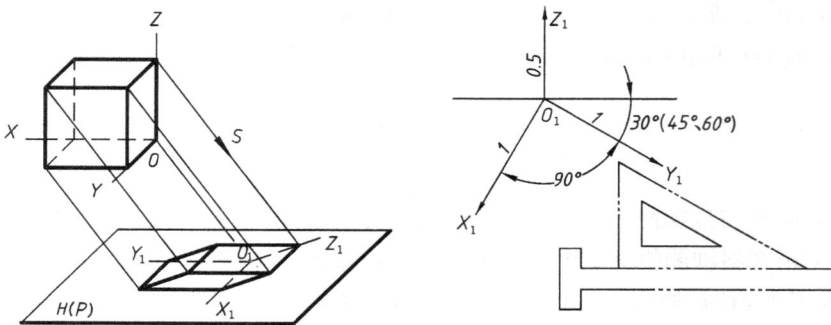

图 5-4 水平斜二测的轴间角与伸缩系数

二、斜二测的形式和作图方法

1. 轴测图的形式

画图之前,首先要根据物体的形状特征选定斜二测的种类,由于正面投影一般能反映物体的基本特征,所以多数情况选用正面斜二测;只有在画一些建筑物的鸟瞰图时才选用水平斜二测。

当选用正面斜二测时,由于正面或与正面平行的平面不变,因此要把物体形状较为复杂的一面作为正面,同时还要根据形状的特点,适当地选择O_1Y_1轴方向。如图5-5所示为立体四个方向的正面斜二测,它们所要展示立体的面是不同的。

图5-5　正面斜二测的不同形式

2. 坐标的确定

为了确定物体上各点的位置,首先将坐标轴选定在物体的投影图上,确定的原则是:若物体在某个方向上是对称的,坐标原点一般定在对称中心线上,坐标轴定在轴线或对称线上;若物体不具有对称性,坐标原点通常选在物体的某个顶点上,坐标轴选在物体的棱线上。坐标面XOY一般与物体的水平面重合。

3. 作图方法

画轴测图常用的方法有:坐标法、特征法、叠加法、切割法。其中坐标法是最基本的方法,其他方法都是根据物体的特点在坐标法的基础上演变而成的。画轴测图时,轴测图上的轴测轴只是作参照用的,轴测轴的选择是以测量尺寸方便为原则选定起画点,依据轴测图的基本性质画出。

画轴测图时,首先要画出参考轴测轴,然后沿轴向、按比例地画出物体上各点的轴测投影;最后连接各点的轴测投影,完成所给形体的轴测投影图。作轴测图时,只画可见的线,不画不可见的线。

三、正面斜二测画法

1. 坐标法

坐标法是利用平行坐标轴的线段量取尺寸,以确定物体上各顶点的位置,并依次连接,画出物体轴测图的方法。

【例5-1】　如图5-6a)所示,作正三棱锥的正面斜二测图。

作图步骤如下:

(1)将坐标轴定位在形体上,坐标原点O与A点重合,三棱锥的底面ABC与坐标面XOY重合,如图5-6a)所示。

(2)画出轴测轴,根据A、B、C三点的坐标,定出底面各角点A_1、B_1、C_1和锥顶S_1在底面的投影s_1。注意沿轴测轴量取长度,其中O_1X_1、O_1Z_1轴的变形系数为1,O_1Y_1轴的变形系数为0.5,如图5-6b)所示。

(3)根据锥顶S的高度定出轴测图上的投影S_1,量取$s_1S_1 = s'b'$,如图5-6c)所示。

(4)连接各顶点S_1A_1、S_1B_1、S_1C_1、A_1B_1、B_1C_1,擦去多余线条和所标注的符号,描深图线,完成作图,如图5-6d)所示。

2. 特征面法

特征面法是根据物体的特征,先画出能反映物体形状特征的一个可见面,然后再画出可见的侧棱,再画出物体的其他表面,最后画出物体轴测图的方法。

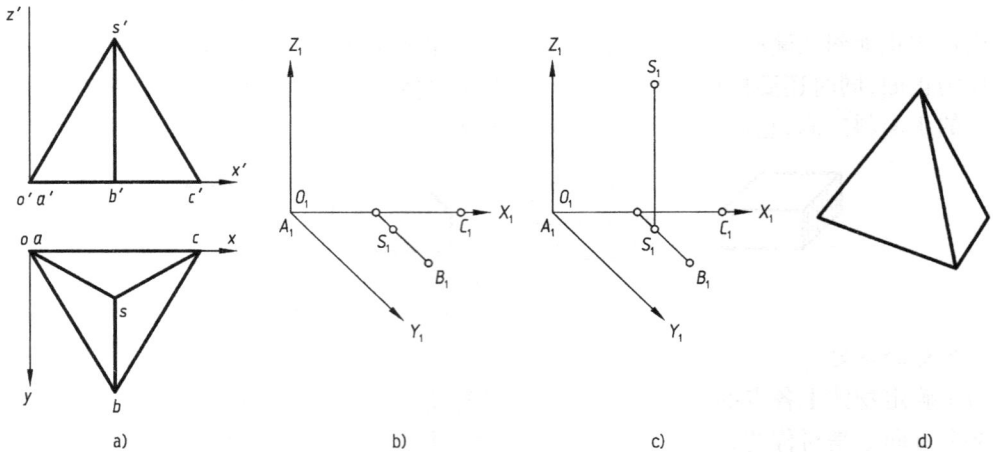

图 5-6 用坐标法画正三棱锥的斜二测图

【例 5-2】 如图 5-7a)所示,作花格砖的正面斜二测图。

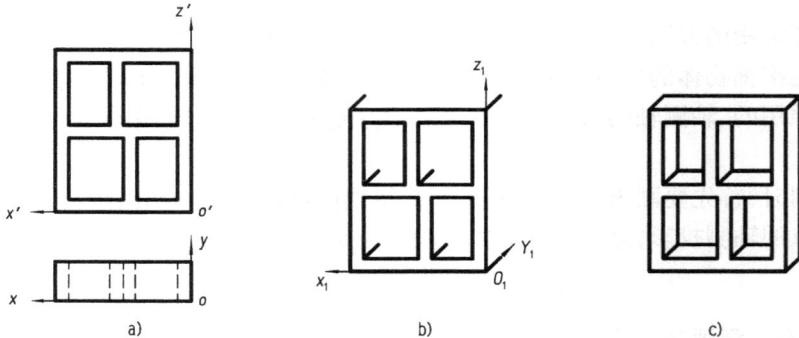

图 5-7 花格砖的斜二测图

作图步骤如下:

(1)取坐标面 XOZ 与花格砖的正面重合,坐标原点 O 在右前下角,如图 5-7a)所示。

(2)画出轴测轴,根据形体正面投影图的形状,画出花格砖正面形状,并从各角点作与 O_1Y_1 轴平行的棱线,只画看得见的七条棱线,如图 5-7b)所示。

(3)在作出的平行线上截取花格砖宽度的一半,并画出花格砖后面可见的轮廓线,擦去轴测轴,描深图线,即完成花格砖的斜二测图,如图 5-7c)所示。

3.叠加法

画由几部分基本体叠加而成的物体时,应该从主到次逐渐画出各基本体的轴测图,这种画轴测投影图的方法称为叠加法。

【例 5-3】 如图 5-8a)所示,作挡土墙的斜二测图。

分析:如图 5-8a)所示,挡土墙是由底板、竖墙和支撑板三部分形体组成,画图时从底板开始一部分一部分地画,三部分逐步叠加完成整体图形。

作图步骤如下:

(1)画出底板的斜二测图,可根据前表面的特征来作,如图 5-8b)所示。

（2）在底板上面叠加画出竖墙的斜二测图，注意左右位置关系，上下两体前后共面，轴测图中共面的地方没有线，如图5-8c）所示。

（3）在底板上面，竖墙的左面，画出支撑板的斜二测图，注意前后居中，擦去多余的线，描深图线，完成挡土墙的斜二测，如图5-8d）所示。

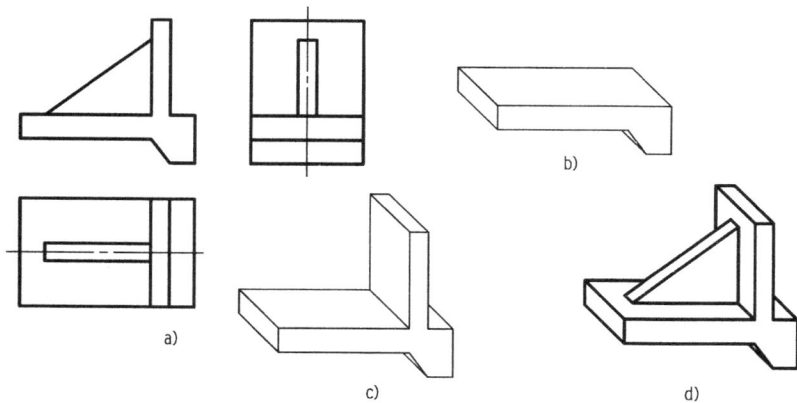

图5-8 用叠加法画挡土墙的斜二测图

4. 切割法

画切割形体时，可先画出未被切割的原体，然后按切割的顺序画轴测图，这种方法称为切割法。

【例5-4】 如图5-9a）所示，作出带切口四棱柱的正面斜二测图。

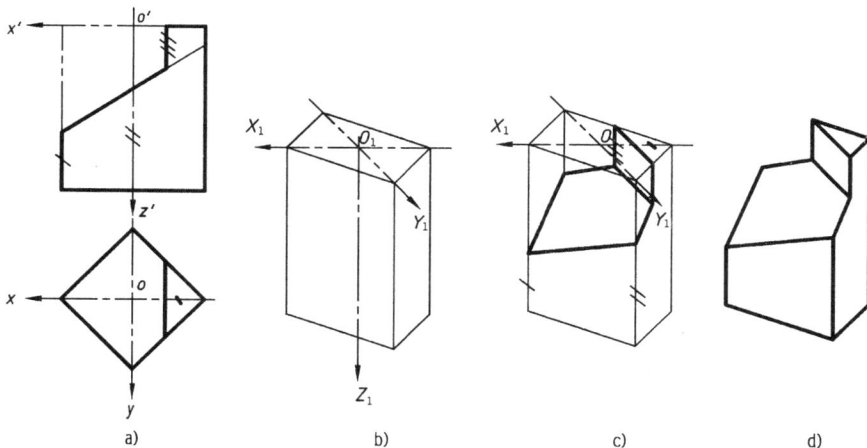

图5-9 用切割法画带有切口四棱柱的斜二测图

分析：根据所给的二面投影图可知，形体是在四棱柱上，用侧平面和正垂面，将四棱柱的左上角切走。画图时，可在完整的四棱柱上按切割顺序进行作图。

作图步骤如下：

（1）设坐标面 XOY 与四棱柱顶面重合，坐标原点 O 设在上表面中心，OZ 轴向下与侧棱平行，如图5-9a）所示。

（2）画出轴测轴及完整的四棱柱的斜二测图，如图5-9b）所示。

（3）根据截平面的位置，在轴测图上画出两截平面与四棱柱的截交线，如图5-9c）所示。

111

（4）擦去多余线条和标记，描深，完成带切口四棱柱的斜二测图，如图 5-9d)所示。

画切割体轴测图时，注意不要遗漏截平面间的交线。

四、水平斜二测图的画法

【例 5-5】 如图 5-10 所示，作建筑小区的水平斜二测。

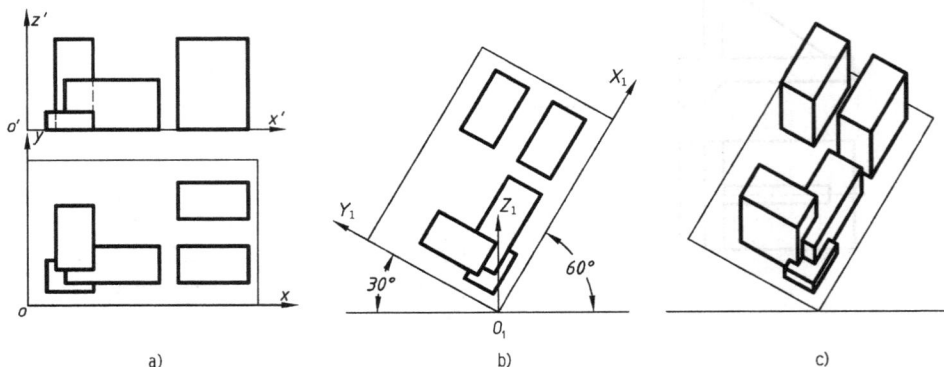

图 5-10 建筑小区的水平斜二测

作图步骤如下：

（1）把坐标面 XOY 选在地面上，坐标原点 O 位在左前角上，如图 5-10a)所示。

（2）画出轴测轴，O_1Z_1 为竖直方向，将 O_1X_1 与水平横线成 60°角，O_1Y_1 与 O_1X_1 成 90°角，如图 5-10b)所示。

（3）根据水平投影图画出各个建筑物底面的轴测图，与水平投影图的形状、大小、位置相同。

（4）过各角点向上引直线，只画可见的线，并量取各自高度的一半，画出各建筑物顶面的轮廓线。

（5）擦去多余线条和标记，描深、完成小区的水平斜二测，如图 5-10c)所示。

五、圆的斜二测画法

1. 近似画法

如图 5-11 所示，平行于坐标面圆的斜二测轴测图。其中平行于 XOZ 坐标面圆的轴测投影仍为圆，且大小不变。平行于 XOY、YOZ 坐标面上圆的斜二测均为椭圆，且形状相同。椭圆的长轴与圆所在坐标面上的一根轴测轴成 7°10′ 的夹角，长度为 $1.06d$；短轴长度为 $0.33d$。

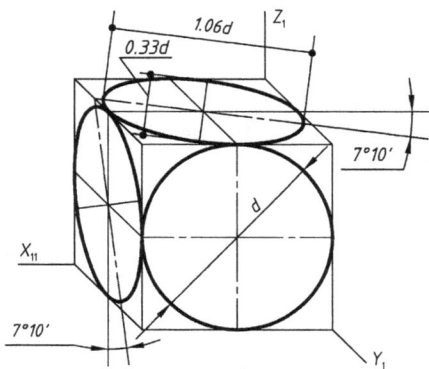

图 5-11 三个坐标面上圆的斜二测图

如图 5-12 所示是 $X_1O_1Y_1$ 坐标面上斜二测椭圆的近似画法。具体作图步骤如下：

（1）画出轴测轴 O_1X_1、O_1Y_1，并在其截取 $O_1A_1 = O_1B_1 = d/2$；$O_1C_1 = O_1D_1 = d/4$，如图5-12a)所示。

（2）过点 A_1、B_1 作 O_1Y_1 的平行线；过点 C_1、D_1 作 O_1X_1 轴的平行线得圆外接正方形的斜二测图平行四边形。过 O_1 作与 O_1X_1 轴成 7°10′ 的斜线，即为椭圆长轴

112

方向。过 O_1 作长轴的垂线,即为短轴方向,如图 5-12b)所示。

（3）在短轴上取 $O_11 = O_12 = d$,连接 $1A_1$、$2B_1$,与长轴交于 3、4 两点。分别以 1、2 为圆心,$1A_1$、$2B_1$ 为半径作两个大圆弧,如图 5-12c)所示。

（4）分别以 3、4 两点为圆心,以 $3A_1$、$4B_1$ 为半径作两个小圆弧与大圆弧相连,即完成与 XOY 面平行圆的斜二测椭圆的投影图,如图 5-12d)所示。

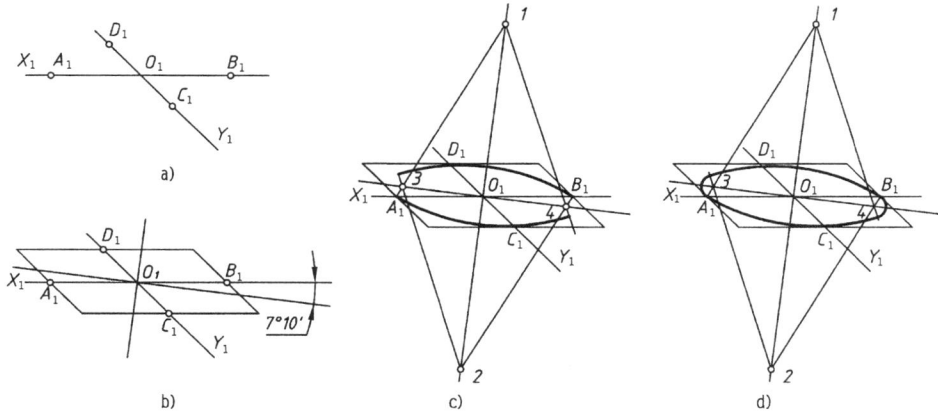

图 5-12　斜二测椭圆的近似画法

与 $Y_1O_1Z_1$ 坐标面平行圆的椭圆画法,与上述画法相同,区别只是长、短轴的方向不同。

2. 八点法画法

如图 5-13a)所示是一立方体的正面斜二测,从图上可以看出:立方体正面的正方形和内切圆,其形状、大小和相切性质都不变;而立方体上面、侧面的正方形和内切圆,其相切性质不变,但形状和大小均已改变,正方形在这两个平面上的斜二测变成了平行四边形,内切圆变成了内切椭圆。

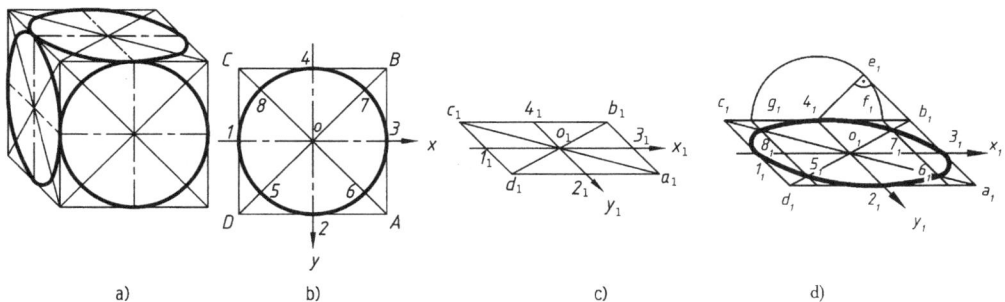

图 5-13　八点法画斜二测图上的圆

在斜二测中画与立方体上面（或侧面）平行的圆时,其椭圆的轴测图可用八点法画出。

如图 5-13 所示,用八点法画水平圆斜二测的作图步骤如下:

（1）作圆的外切正方形 $ABCD$ 与圆相切于 1、2、3、4 四点,连正方形对角线与圆相交于 5、6、7、8 四点,如图 5-13b)所示。

（2）根据 1、2、3、4 点的坐标,在斜二测轴测轴上定出 1_1、2_1、3_1、4_1 四点的位置,并作出外切正方形 $ABCD$ 的斜二测图——平行四边形 $a_1b_1c_1d_1$,如图 5-13c)所示。

（3）连平行四边形的对角线 a_1c_1、b_1d_1,由 4_1 点向 a_1b_1 的延长线作垂线得垂足 e_1,以 4_1 为

圆心，4_1e_1 为半径画圆弧与 c_1b_1 交于 f_1、g_1 两点，过 f_1、g_1 分别作与 a_1b_1 平行的直线，所作的两条直线与平行四边形的对角线交于 5_1、6_1、7_1、8_1 四个点，如图 5-13d）所示。

（4）用曲线按顺序光滑地连接 $1_1 \rightarrow 5_1 \rightarrow 2_1 \rightarrow 6_1 \rightarrow 3_1 \rightarrow 7_1 \rightarrow 4_1 \rightarrow 8_1$ 八个点，即为所画水平圆的斜二测椭圆，如图 5-13d）所示。

侧平圆斜二测同水平圆斜二测的画法完全一样，只是椭圆的长、短轴方向有所不同。

由前述可知，凡是平行于 XOZ 坐标面的图形，其斜二测投影反映实形。当物体的某一方向形状比较复杂，特别是有较多的圆时，可将该面设在与 XOZ 坐标面平行的位置，采用斜二测作图非常方便。

【例 5-6】 如图 5-14a）所示，作拱门的正面斜二测图。

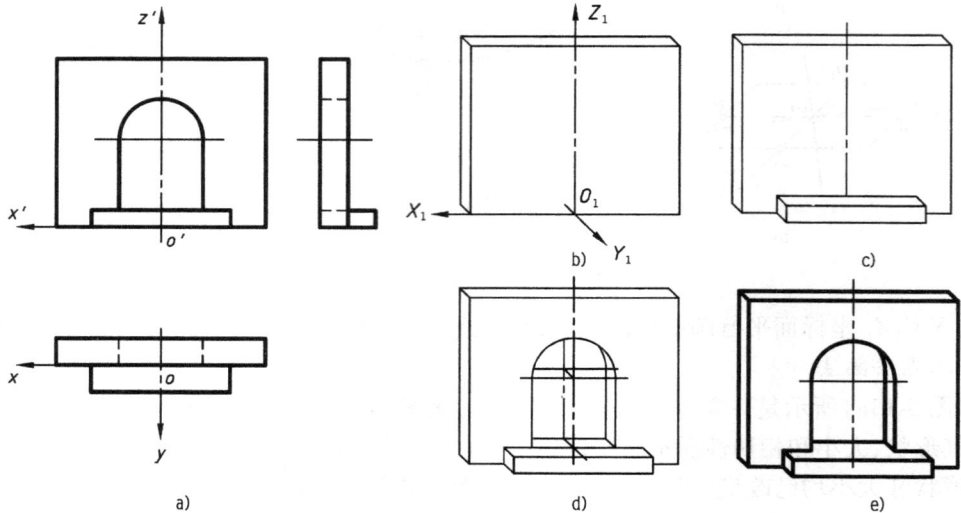

图 5-14 拱门的斜二测图

分析：拱门是由墙体、台阶和门洞组成，可采用叠加和切割法一部分一部分地画，逐步完成整个图形。

作图步骤如下：

（1）把 XOY 坐标面选在底面上，XOZ 坐标面选在墙体前面，OZ 轴在拱门的对称中心线上，如图 5-14a）所示。

（2）画出墙体斜二测图，如图 5-14b）所示。

（3）画出台阶的斜二测图，台阶应居中，台阶的后面应靠在墙体的前面，如图 5-14c）所示。

（4）画出门洞的斜二测图，门洞后面只画出从门洞中能够看到的后边缘线，如图 5-14d）所示。

（5）擦去多余线条和标记，描深，完成拱门的斜二测图，如图 5-14e）所示。

【例 5-7】 如图 5-15a）所示，画出物体的正面斜二测轴测图。

分析：由图可知，物体是由带半圆拱形槽弯板和圆柱叠加而成。弯板前面的半圆拱形槽平行于正平面，其斜二测与半圆拱形槽相同。上面圆柱端面的圆，其斜二测应为水平椭圆。

作图步骤如下：

（1）画出弯板的斜二测图，并画出弯板前的半圆拱形槽及槽后面可见的交线，如图 5-15b）所示。

（2）画上面的圆柱。先画圆柱上端面的轴测图椭圆，然后将椭圆向下平移一个圆柱的高度，上、下两椭圆以竖直方向公切线相连，即作出圆柱的斜二测图，如图 5-15b）所示。

（3）擦去多余线和被遮挡不可见线，描深，完成物体的斜二测图，如图 5-15c）所示。

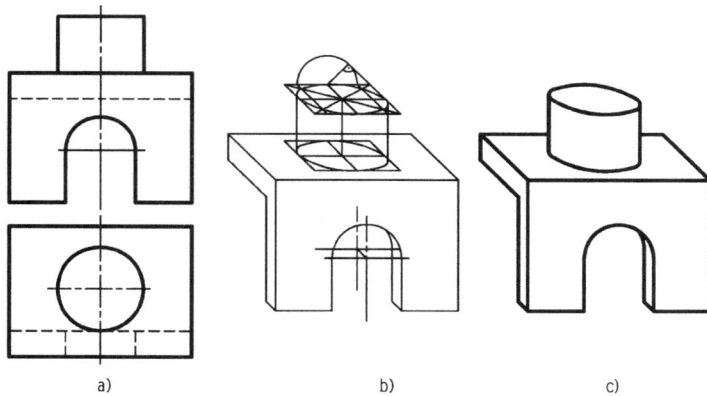

图 5-15　组合体的斜二测

六、水平斜等轴测图

当选取轴测投影面 P 平行于空间物体坐标系的 XOY 面时，进行斜投影可得到水平斜等轴测图，此时，轴 OX 和 OY 与其轴测投影 O_1X_1 和 O_1Y_1 平行且相等，即系数 $p = q = 1$，轴间角 $\angle X_1O_1Y_1 = 90°$。

轴间角 $\angle X_1O_1Z_1$ 和 O_1Z_1 轴向的伸宿系数，同样可以单独随意选择。一般轴间角取 $120°$、$150°$ 或 $135°$，O_1Z_1 轴向的系数也取 1。水平斜轴测图也称为水平斜等测图。为了加强直观性，习惯把 O_1Z_1 轴画成铅垂线，O_1X_1 轴和 O_1Y_1 轴与水平横线成 $30°$、$45°$ 或 $60°$，一般取 $30°$ 或 $60°$，如图 5-16 所示。

水平斜等轴测图表达了物体在水平方向上的实形，作图简便，被广泛用来绘制房屋单体的俯视外观、水平剖视和建筑小区规划图等。

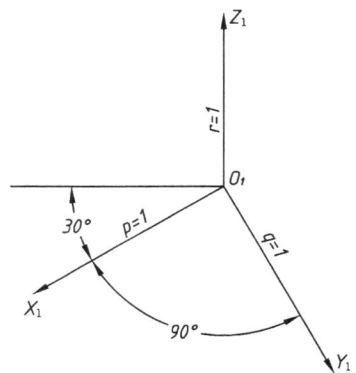

图 5-16　水平斜等测图的轴间角和轴向伸缩系数

【例 5-8】　如图 5-17a）所示，已知房屋的两面投影图，求用水平面截切后的水平斜等轴测图。

（1）在正投影图上，确定原点 O，画出坐标轴 $O\text{-}XYZ$，如图 5-17a）所示。

（2）画轴测轴，使 O_1X_1 轴与水平线成 $30°$；将房屋的水平投影图以 O 为圆心，逆时针转 $30°$ 后与 O_1 点对正，如图 5-17b）所示。

（3）过各角点向下，按图所给的高度画屋内外的边角线。此时应注意室内高度为 Z_2，室外地面的高度为 Z_1。

（4）画出门窗洞口、窗台和台阶可见的各条棱线，描深可见的棱线，完成全图，如图 5-17c）所示。

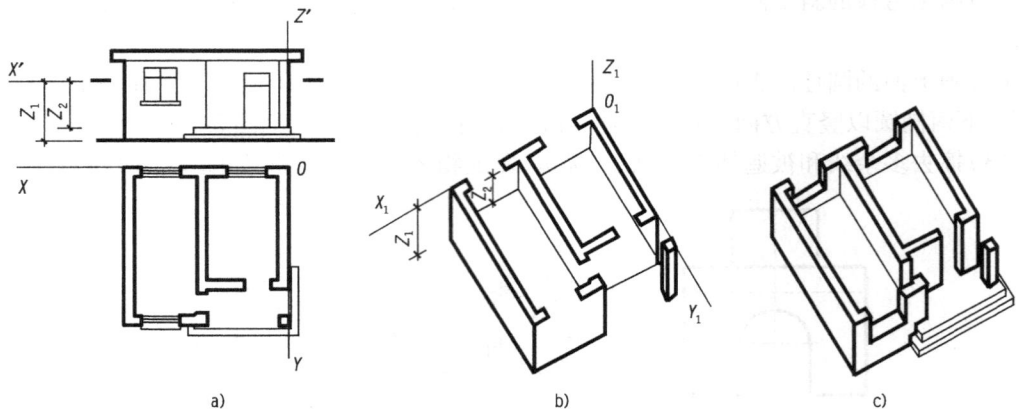

图 5-17　房屋水平斜等测图

第三节　正等轴测图

当投射方向 S 与投影面 P 垂直,三个坐标面 XOY、YOZ 和 XOZ 都与投影面 P 倾斜时,所得的平行投影称为正轴测投影。在正轴测投影中,若三个轴向伸缩系数相等称为正等轴测投影,简称正等测;若两个变形系数相等,一个不等,称为正二等轴测投影,简称正二测。

因正等测画法比较简单,而且立体感强,所以工程上常用正等测来表达物体的形状。本节主要讨论正等测的轴间角、轴向伸缩系数和正等测的画法。

一、正等测的轴间角与轴向伸缩系数

当投影方向与轴测投影面垂直,而且物体三个方向的坐标轴与轴测投影面的夹角均相等时,所画出的轴测图称为正等轴测图。

如图 5-18a)所示,因为三个坐标与投影面成相同的倾角,所以三个轴间角应该相等,即 $\angle X_1 O_1 Y_1 = \angle X_1 O_1 Z_1 = \angle Y_1 O_1 Z_1 = 120°$,一般是将 $O_1 Z_1$ 轴画成铅垂线,$O_1 X_1$,$O_1 Y_1$ 轴画成与水平横线成 $30°$ 角,如图 5-18b)所示。轴向伸缩系数 $p_1 = q_1 = r_1 = 0.82$,为作图方便,常取 $p = q = r = 1$,三个方向伸缩系数都取 1 时称为简化伸缩系数,这只是为简化作图而取的近似值。

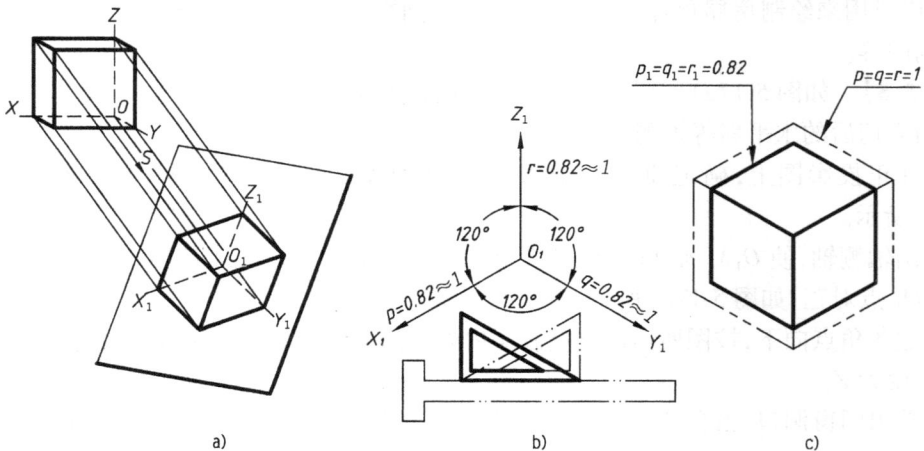

图 5-18　正轴测投影图的轴间角和轴向伸缩系数

116

用简化轴向伸缩系数时,物体上所有沿轴向尺寸都与实际尺寸等长量取,但画出的正等测图是个放大了 $1/0.82 \approx 1.22$ 倍的图。因为是整个物体同时放大,所以物体的形状并不改变,也不影响物体的表达。采用简化轴向伸缩系数画出的轴测图与实际图形只是大小有差别,如图5-18c)所示。

二、正等测的画法

正等测的画法与斜二测的画法相似,只是轴间角与伸缩系数有所不同。作图时,一般将 O_1Z_1 轴画成铅垂线,另外两个方向可按物体所要表达的内容和形体特征进行选择,目的是尽可能地将所需表达的部分清晰地表达出来。

【例5-9】 如图5-19所示,用坐标法作出正六棱柱的正等轴测图。

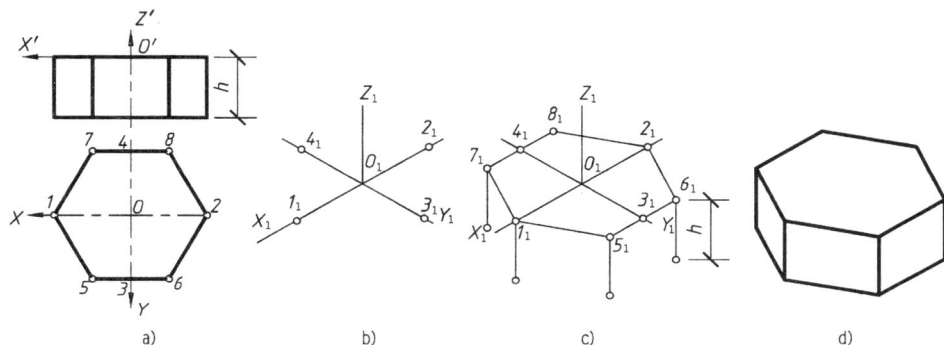

图5-19 用坐标法画正六棱柱的正等测图

分析:正六棱柱的上、下底面都是水平位置的正六边形,前后、左右均对称,可选取上底面的中心为原点 O,两条对称中心线为 X 轴和 Y 轴,六棱柱的轴线作为 Z 轴,建立直角坐标系,如图5-19a)所示。这样选取坐标轴,使坐标原点选取在可见表面上,可避免画出不必要的图线,简化作图过程。

作图步骤如下:

(1)在已给的投影图上定出坐标轴和原点,取上底面对称中心为原点 O,并在水平投影图中确定坐标轴上的点1、2、3、4;六棱柱顶面正六边形的顶点5、6、7、8,如图5-19a)所示。

(2)画轴测轴,按尺寸定出1、2、3、4各点的轴测投影 1_1、2_1、3_1、4_1,其中 1_1、2_1 为上底面的两个顶点,如图5-19b)所示。

(3)过 3_1、4_1 分别作直线平行于 O_1X_1 轴,分别以 3_1、4_1 为中点向两边截取5到6长度的一半,得 5_1、6_1、7_1、8_1 四个顶点。连接各顶点,得上底面投影。过各顶点向下作 O_1Z_1 轴平行线,并截取棱线长为 h,得下底面各顶点,如图5-19c)所示。

(4)连接上述各顶点,画出下底面可见棱线,擦去多余图线及标记,描深全图,完成正等轴测图,如图5-19d)所示。

【例5-10】 如图5-20a)所示,用特征面法作出物体的正等轴测图。

分析:由图可知,物体的前表面和左表面反映物体的形状特征,所以采用特征面法作正等测图。

作图步骤如下:

(1)在已给的投影图上定出坐标轴和原点,取前左下角点为原点 O,坐标面 XOY 与下底面重合,如图 5-20a)所示。

(2)画轴测轴,并将前表面和左表面,按 1:1 画在相应的正等测坐标面内,如图 5-20b)所示。

(3)沿两表面各顶点分别作 O_1X_1、O_1Y_1 轴的平行线,使之对应相交,并补作表面交线,擦去多余图线及标记,描深全图,即得物体的正等测图,如图 5-20c)所示。

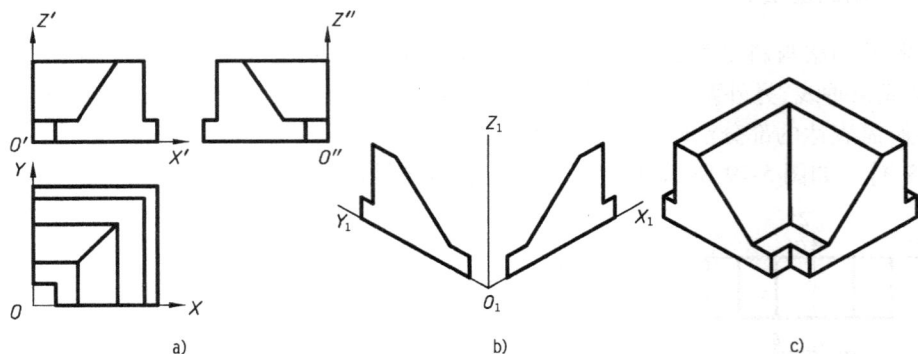

图 5-20　用特征面法画物体的正等测图

【例 5-11】　如图 5-21a)所示,用叠加法作出物体的正等轴测图。

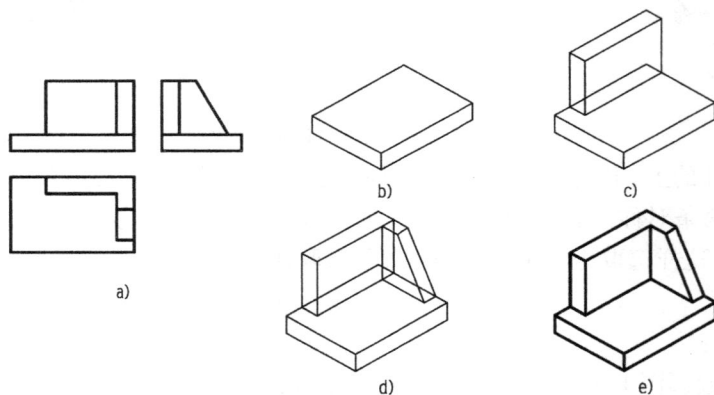

图 5-21　用叠加法画物体的正等测图

分析:由图可知,物体是由三个平面立体叠加而成,可采用叠加法画图。

作图步骤如下:

(1)画出矩形底座的正等测图,如图 5-21b)所示。

(2)将右后角的矩形板准确定位后,画出正等测图,如图 5-21c)所示。

(3)将右前角的棱柱体定位后,画出正等测图,如图 5-21d)所示。

(4)擦去多余和被遮挡的图线,检查描深,完成物体的正等测图,如图 5-21e)所示。

【例 5-12】　如图 5-22a)所示,用切割法作出物体的正等测图。

分析:由图可知,该物体是长方体切割体,切割顺序是先用侧垂面切去长方体的前上角,然后再用一个正平面和两个侧平面分别切去左前角和右前角,作图时可按切割顺序进行。

作图步骤如下:

(1)在三面投影图上确定坐标轴和坐标原点,如图 5-22a)所示。

(2)画轴测轴,在轴测轴中画出未切的长方体,然后用侧垂面将长方体前上角切去,如

118

图 5-22b)所示。

（3）在正面投影上量取侧平面的位置,将平行于 *XOZ* 面由左往右切;在侧平面上量取正平面的位置,将平行于 *YOZ* 面由前向后切,两切割平面相交切去左前角。同理,切去右前角,如图 5-22c)所示。

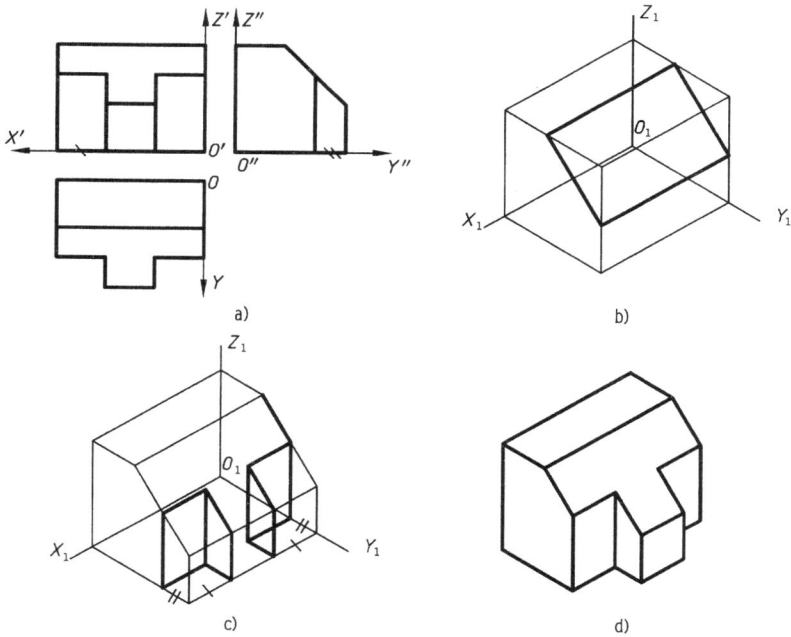

图 5-22　用切割法画形体的正等测图

（4）擦去多余和被遮挡的图线,检查描深,完成物体的正等测图,如图 5-22d)所示。

【例 5-13】　如图 5-23 所示,作出局部梁、板、柱节点的仰视正等测图。

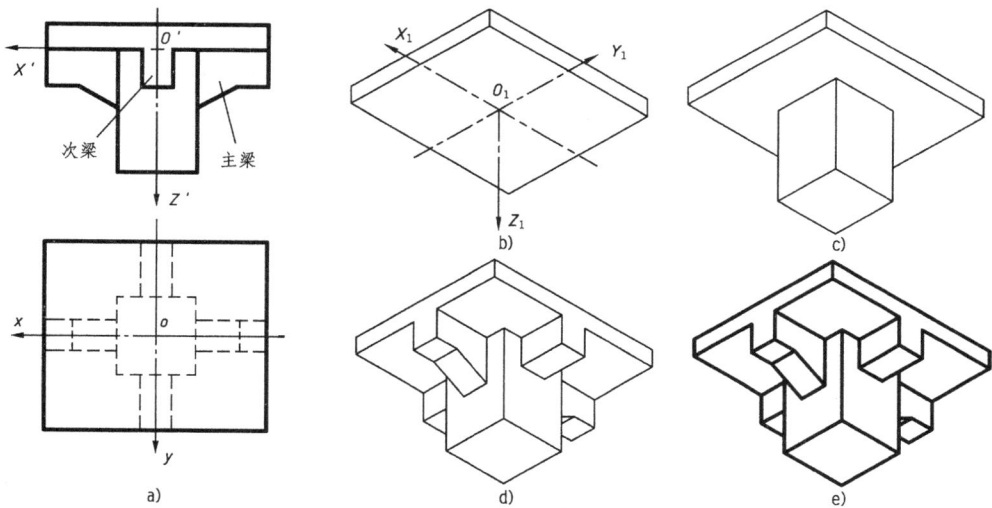

图 5-23　局部节点的正等测图

分析:由图可知,梁、板、柱节点由若干个棱柱体组成,上大下小,为了能表示出下部构造,投射方向应为仰视方向,使板的底面能看到。

119

作图步骤如下：

（1）在两面投影图上确定坐标轴和坐标原点,坐标面 XOY 与楼板的下底面重合,坐标原点 O 在楼板下底面中心,如图 5-23a)所示。

（2）画出楼板的正等测,应先画楼板的下底面,然后往上按楼板高度画出楼板可见的上底面边线,如图 5-23b)所示。

（3）将立柱的上底面定位在楼板的下底面,然后按立柱的高度向下画出立柱的正等测图,如图 5-23c)所示。

（4）将 X 轴方向的主梁定位在楼板的下底面和立柱的左右面上,然后按主梁的高度由上向下画出其正等测图。同理将 Y 轴方向的次梁定位在楼板的下底面和立柱的前后面上,然后按次梁的高度由上向下画出其正等测图,如图 5-23d)所示。

（5）擦去多余和被遮挡的图线,检查描深,完成梁、板、柱节点的正等测图,如图 5-23e)所示。

三、圆的正等测的画法

1. 坐标面(或平行于坐标面)上圆的正等测的近似画法

平行于坐标面的圆的正等轴测投影为椭圆,平行或位于 XOY 坐标面上的圆,其正等测投影椭圆的长轴垂直于轴测轴 O_1Z_1,短轴平行于 O_1Z_1;平行或位于 XOZ 坐标面上的圆,其正等测投影椭圆的长轴垂直于轴测轴 O_1Y_1,短轴平行于 O_1Y_1;平行或位于 YOZ 坐标面上的圆,其正等测投影椭圆的长轴垂直于轴测轴 O_1X_1,短轴平行于 O_1X_1。

在绘制圆的正等测时,常采用四心圆弧法近似画椭圆。如图 5-24a)所示为 XOY 坐标面内的圆,其直径为 d,它内切于正方形,切点为 A、B、C、D。

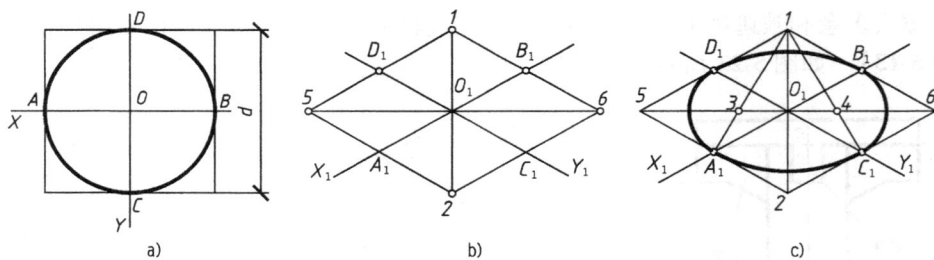

图 5-24　四心圆弧法画圆的正等测

用四心圆弧法画正等测椭圆的步骤如下：

（1）过圆心 O_1 作轴测轴 O_1X_1、O_1Y_1,确定椭圆的长、短轴方向。由直径 d 确定圆的外切点 A_1、B_1、C_1、D_1 四点,过这四个点作圆外切正方形的正等测,图形为菱形,连菱形的对角线 12、56,如图 5-24b)所示。

（2）连接 $1A_1$、$1C_1$ 交 56 于 3、4 两点,则 1、2、3、4 分别为四段圆弧的圆心。分别以 1、2 为圆心、$1A_1$ 为半径画 $\overset{\frown}{A_1C_1}$、$\overset{\frown}{D_1B_1}$ 弧;以 3、4 为圆心、$3A_1$ 为半径画 $\overset{\frown}{A_1D_1}$、$\overset{\frown}{C_1B_1}$ 弧。并以 A_1、B_1、C_1、D_1 为切点描深四段圆弧,即画出近似椭圆,如图 5-24c)所示。

用四心圆弧法画椭圆,就是用四段不同心的圆弧近似画椭圆。实际画图时为简化作图,一般不作菱形,只定出四段圆弧的圆心及四个切点即可。故上述可简化为如图 5-25 所示的形式。

具体方法是:过 O_1 作轴测轴及长、短轴方向线,并以 O_1 为圆心、圆的半径为半径画圆交 O_1X_1、O_1Y_1 轴于 A_1、B_1、C_1、D_1 四个点,交短轴方向线于 1、2 两点,连 $1A_1$、$1C_1$ 交长轴于 3、4 点。分别以 1、2、3、4 为圆心,A_1、C_1、B_1、D_1 为切点作出四段圆弧,如图 5-25b)所示。

2. 圆角正等测画法

如图 5-26a)所示,底板的四角为四分之一圆柱面,半径为 R,厚度为 h。每个圆角的正等测都是椭圆的一部分。

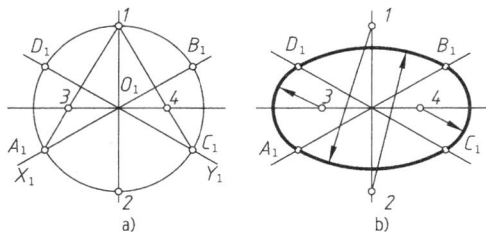

图 5-25 四心圆弧法画圆正等测的简化方法

从图 5-24 可知,圆的正等轴测图是由四段圆弧连接起来的。圆上两弧 $\overset{\frown}{AC}$、$\overset{\frown}{BD}$ 对应椭圆上 $\overset{\frown}{A_1C_1}$、$\overset{\frown}{D_1B_1}$ 两弧;$\overset{\frown}{AD}$、$\overset{\frown}{BC}$ 对应椭圆上两弧 $\overset{\frown}{A_1D_1}$、$\overset{\frown}{C_1B_1}$ 两弧;在轴测图上 $\triangle125$ 为等边三角形,A_1 是 25 的中点,$1A_1\perp25$,$1C_1\perp26$,根据以上分析,画圆角轴测图时,只要在作圆角的边上量取半径 R,如图 5-26b)所示,过量得点作边线的垂线,然后以与边垂线的两直线交点为圆心,垂线长为半径画弧,此圆弧即为轴测图中四分之一圆角,如图 5-26c)所示。具体作图步骤如下:

(1)画底板外接长方体轴测图。从长方体上表面各角点,沿两边分别量取长度为 R 的点作为切点,过切点作相应边的垂线,分别交于 1、2、3、4 点,如图 5-26b)所示。

(2)以 1、2、3、4 为圆心,相应垂线长度为半径作圆弧,如图 5-26b)所示。

(3)将 1、3、4 沿 Z_1 轴方向向下平移距离 h,得 1_1、3_1、4_1。再分别以 1_1、3_1、4_1 为圆心、以相应的半径为半径作圆弧,并作出各角点两圆弧的公切线,如图 5-26b)所示。

(4)擦去多余和被遮挡的图线,描深,完成全图,如图 5-26c)所示。

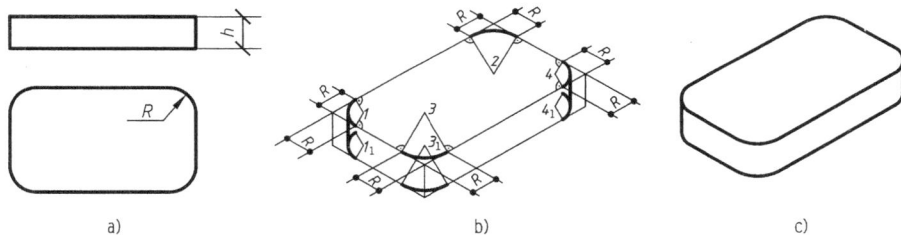

图 5-26 圆角正等测画法

3. 曲面立体的正等测

【例 5-14】 如图 5-27a)所示,画出圆柱的正等轴测图。

分析:圆柱的轴线是铅垂线。它的上、下两端面是平行于 XOY 坐标面且直径相等的圆。

作图步骤如下:

(1)在正投影图中选定坐标系,如图 5-27a)所示。

(2)画轴测轴,定出上、下端面中心的位置,如图 5-27b)所示。

(3)画上、下端面正等测椭圆及两测轮廓线,如图 5-27c)所示。

(4)擦去多余和被遮挡的图线,描深,完成圆柱正等测图,如图 5-27d)所示。

如图 5-28 所示是不同方向上圆柱的正等测图的画法。

【例 5-15】 如图 5-29a)所示,作出圆台的正等轴测图。

分析:由图可知,圆台的轴线是侧垂线,它的左、右两端是平行于 YOZ 坐标面的圆,可按平行于 YOZ 坐标面圆的正等测画出。

121

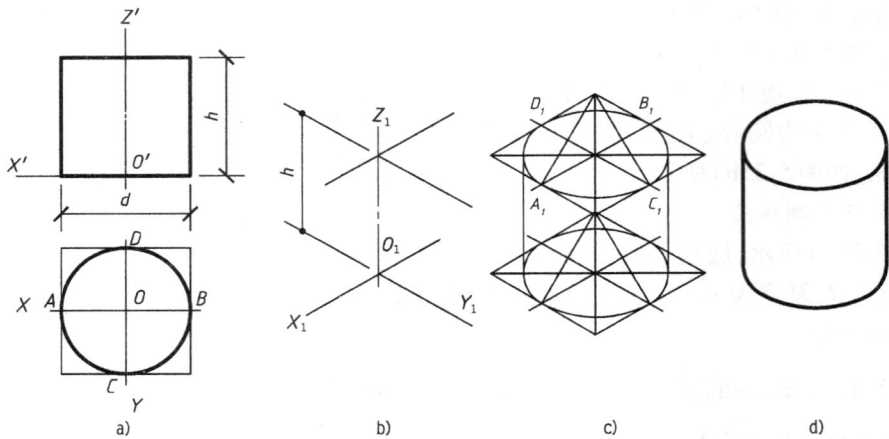

图 5-27 圆柱正等测图

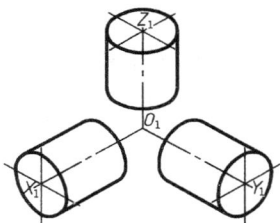

图 5-28 不同方向上圆柱的正等测图

作图步骤如下：

（1）在投影图中确定坐标系，如图 5-29a）所示。

（2）画轴测轴，定出两端面中心位置 O_1、O_2，画出两端圆的外切正方形的正等测，如图 5-29b）所示。

（3）分别画左、右端面的椭圆，并作两椭圆的公切线，如图 5-29c）所示。

（4）擦去多余和被遮挡的图线，描深，完成圆台正等测图，如图 5-29d）所示。

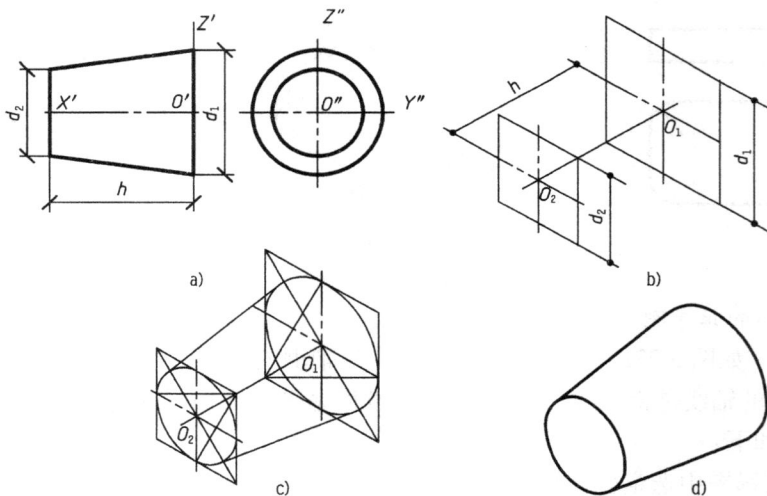

图 5-29 圆台正等测图

【例 5-16】 如图 5-30a）所示，作出球的正等测图。

分析：球的正等测图为与球直径相等的圆，如采用简化伸缩系数，则圆的直径放大了 1.22 倍。为使图形富有立体感，可将过球心且与三个坐标面平行圆的正等测椭圆画出，如图 5-30b）所示。

【例 5-17】 如图 5-31a）所示，已知圆柱切割体的两面投影，试画出其正等轴测图。

122

分析:由图可知,圆柱轴线为铅垂线,被侧平面、水平面和正垂面组合平面所截。画图时应先画出完整的圆柱体,再按截切顺序依次作出正等轴测图。

作图步骤如下:

(1)在两面投影图中确定坐标系及截交线上一系列点的坐标,如图5-31a)所示。

(2)画出圆柱的正等测;切去圆柱左上角部分,其侧平面切口的轴测投影为平行四边形,水平面切口的轴测投影为椭圆的一部分,注意截平面与圆柱上表面以及截平面间均有交线,如图5-31b)所示。

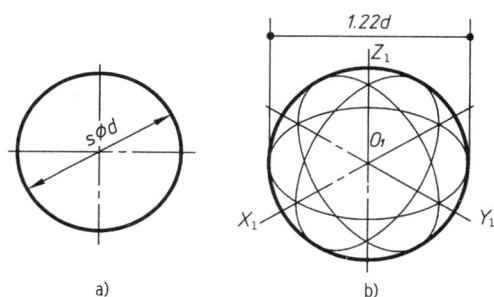

图 5-30 球的正等测图

(3)正垂面斜截圆柱部分的交线为椭圆一部分,可用坐标法作出截交线上一系列点的轴测投影,如图5-31c)所示。

(4)擦去多余和被遮挡的图线,依次光滑连接各点,描深,完成全图,如图5-31d)所示。

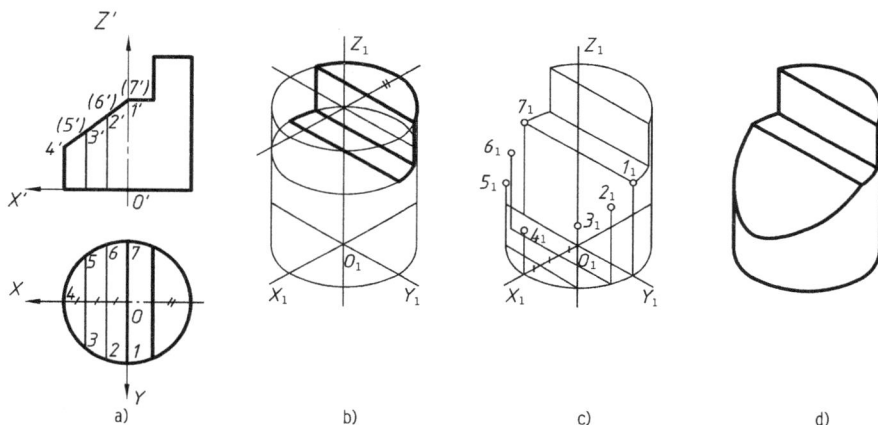

图 5-31 圆柱切割体的正等测图

四、相贯线正等测的画法

立体表面相贯线的轴测投影可利用坐标法和辅助平面法来求。利用辅助平面法时可在轴测图中直接选取辅助平面,而无须与正投影图对应。为作图方便,辅助平面应平行于两圆柱轴线确定的平面。

【例5-18】 如图5-32a)所示,作两圆柱相贯体的正等测图。

分析:由图可知,一个小圆柱和半个大圆柱相交,其相贯线应用辅助截面法作出。

作图步骤如下:

(1)在三面投影图中确定坐标系及相贯线上一系列对应点,如图5-32a)所示。

(2)画轴测轴,并在其中画出半个大圆柱和其上面竖直小圆柱的正等测。

(3)用辅助截面法求出两圆柱表面的公共点1_1、2_1、3_1、4_1、5_1,并依次光滑连接成相贯线,如图5-32b)所示。

(4)擦去多余和被遮挡的图线,描深,完成相贯体的正等测,如图5-32c)所示。

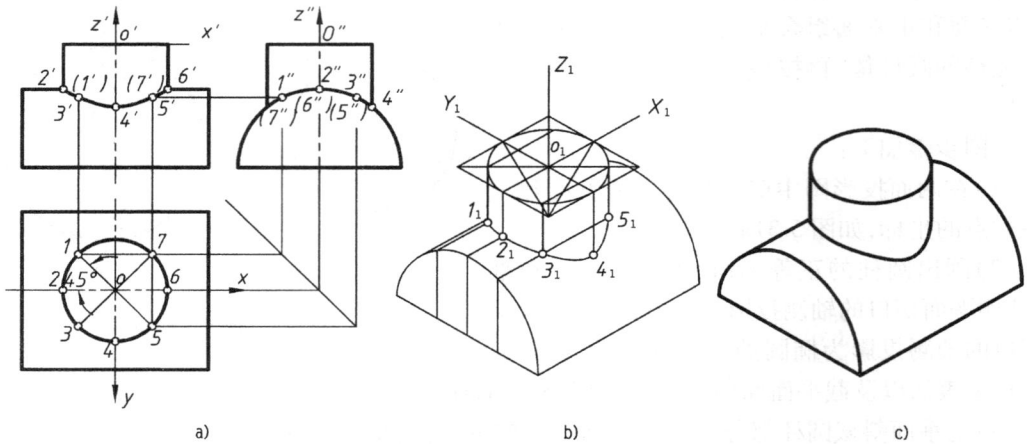

图 5-32　相交两圆柱相贯线正等测画法

五、组合体的正等测

画组合体轴测图时,应先用形体分析法分解组合体,确定坐标原点后依次画出分解后各基本体的轴测图,作图时应注意各基本体间的连接关系。

【例 5-19】　如图 5-33a)所示,画出组合体的正等测图。

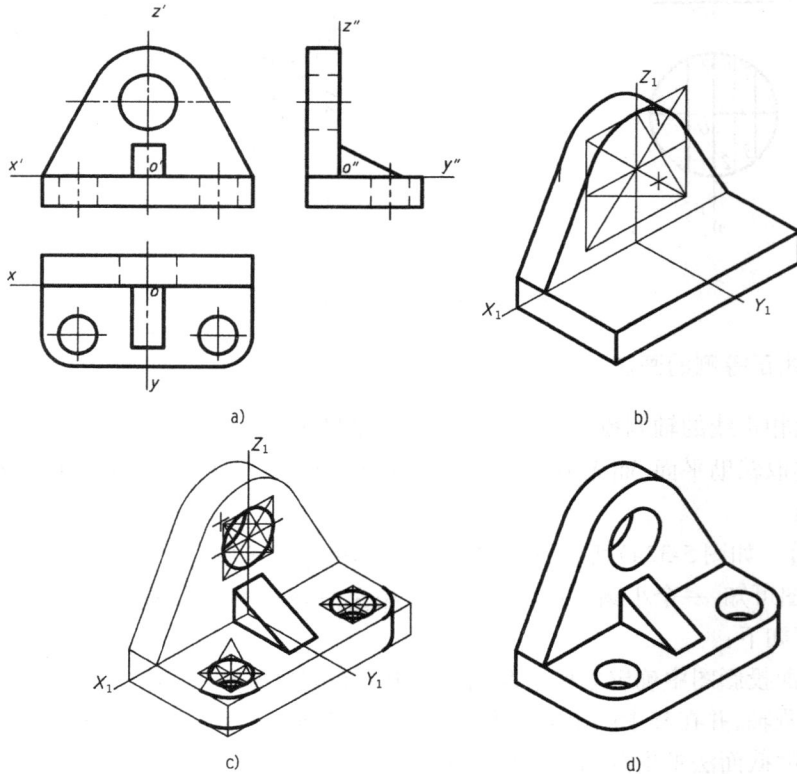

图 5-33　组合体正等测图

分析:由图可知,组合体是由底板、立板和三角形肋板三部分组成。底板前端两侧为四分之一圆角,同轴开有两个圆柱孔;立板底面与底板等宽,上部是圆柱体,同轴开有圆柱孔。

作图步骤如下:

(1)在三面投影图上确定坐标轴和原点,如图5-33a)所示。

(2)画轴测轴,并在其中画出底板四棱柱和立板的轴测图,上、下两体是左右对称的,两体后端面共面,如图5-33b)所示。

(3)画出上下两体间的三角形肋板,并作出图上三个圆柱孔及底板前端四分之一圆角,如图5-34c)所示。

(4)擦去多余和被遮挡的图线,描深图线,完成组合体的正等测图,如图5-33d)所示。

第四节　轴测图的选择

在绘制轴测图时,首先考虑的是用哪种轴测图能将物体表达清楚。由于斜二测图和正等测图的投射方向与轴间角,以及投射方向与坐标面之间的角度均有所不同,而且物体本身又都有其特殊性,这些都会影响到轴测图的表现效果。所以在选择轴测图种类时,首先应考虑画出的轴测图要有较强的立体感,不能有太大的变形,影响人们的视觉效果,其次应根据物体的特征,考虑从哪个方向去观察物体,才能使物体最需表达的部分表现出来,以便图示明显、作图简便。

一、轴测类型的选择

(1)在多面正投影中,如果物体的表面与水平方向成45°,如图5-34a)所示的正四棱柱。此时不应采用正等测图来表达物体,原因是正等测图在这个方向上均聚成与Z轴平行的直线,需用轴测投影表达物体形状的平面表达不出来,如图5-34b)所示。同理,若多面正投影图中物体表面交线位于和水平方向成45°的平面内,交线的轴测投影是平行于Z轴的直线,这也会削弱物体的表现程度。上述两种情况宜选择斜二测轴测图或正二测轴测图,其立体感效果比较好,如图5-34c)所示。

(2)正等测图的三个轴间角和轴向伸缩系数均相等,故平行于三个坐标面的圆的轴测投影(椭圆)的画法相同,且作图简便。因此当物体多个坐标面上有圆或圆弧时,宜采用正等测图,如图5-35所示。

(3)当物体某一轴向具有圆、圆弧或其他较为复杂形状时,应选择作图比较简便的斜二测。因某一轴向可选择在与坐标XOZ平行的平面上,这样在斜二测轴测图中反映实形,画图较为方便,如图5-36所示。

二、投射方向的选择

当轴测投影的类型确定后,根据形体自身的特征,还需选择投射方向,原则是尽可能充分表达物体比较复杂的部分。如图5-37所示,为

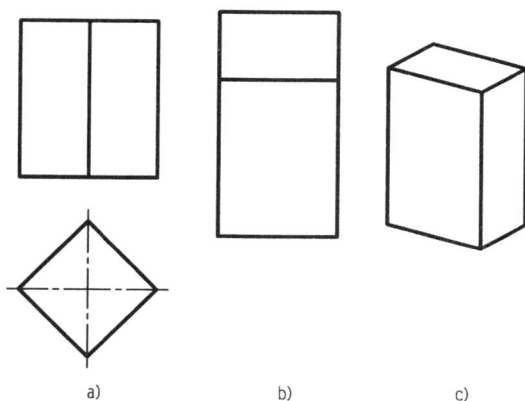

图5-34　轴测投影的选择

a)正四棱柱投影图;b)正等测;c)斜二测图

同一物体四种不同投射方向所画出的正等测图,图中分别列出前左俯视、前右俯视、后左仰视、后右仰视的轴测图。画图时,应根据物体要表示的部分予以选择。

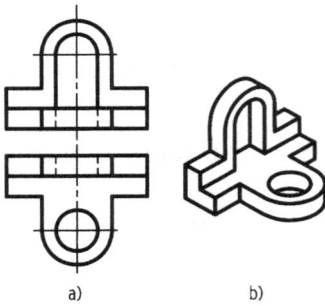

图 5-35 物体的正等测图
a)物体的投影图;b)正等测

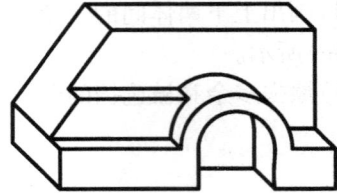

图 5-36 物体的斜二测图

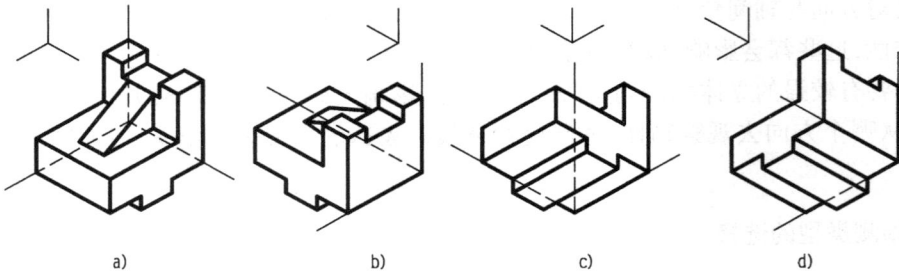

图 5-37 正等测投影方向的选择
a)前左俯视;b)前右俯视;c)后左仰视;d)后右仰视

从图 5-37 所示明显可看出,立体感最好的是图 5-37a),较好的是图 5-37b),图5-37c)、d)比较差,原因是它们主要表现了物体的底部,而复杂的部分基本在上部,上部的肋板在图中根本没表示出来,所以效果比较差。

第六章 组合体视图

第四章中我们曾研究过基本几何体的投影,但是建筑工程中的形体结构是多种多样的,很显然,只掌握基本几何体的画法是不够的。本章以形体分析法为主、线面分析法为辅来分析组合体的画图以及读图和标注尺寸。

第一节 组合体的组成与分析

一、组合体的三视图

在工程制图中,将形体向投影面投射所得的图样称为视图。将在三面投影体系中的正面投影称为主视图,水平投影称为俯视图,侧面投影称为左视图。主视图、俯视图和左视图统称为组合体的三视图,如图 6-1a)所示。

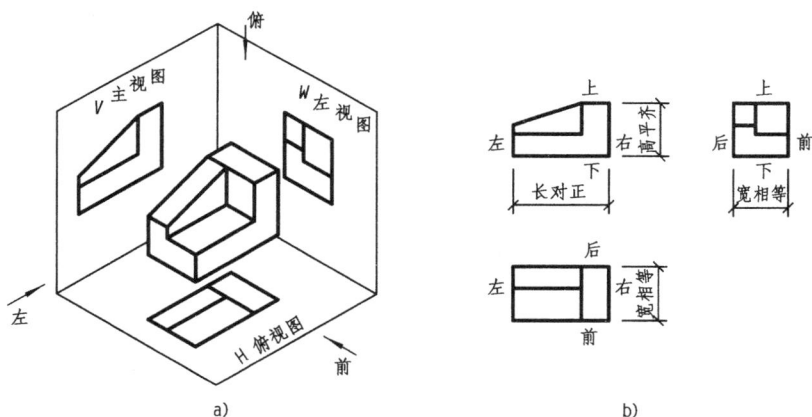

图 6-1 三视图的形成及其特性
a)三视图的形成过程;b)三视图

实际绘图时,一般采用无轴系统,如图 6-1b)所示。有时也可使用有轴系统。但无论采用何种系统,绘图时都必须保持三视图间的投影规律,即主视图和俯视图长对正;主视图和左视图高平齐;俯视图和左视图宽相等(简称投影对应关系)。

二、形体分析法

组合体是由基本几何体组合而成。形体分析法是在绘制和阅读工程图时把复杂形体(组合体)看成是由若干简单形体(基本几何体)通过叠加、挖切等不同的组合方式组合而成的一种分析方法。

1. 形体间的组合形式

组合体是由基本几何体通过叠加和挖切等方式组合而成。所谓叠加就是把基本几何体表面重合地摆放在一起而形成的组合体,如图 6-2 所示。所谓挖切是从基本体中挖去一个基本体,被挖去的部分就形成空腔或孔洞;或者是在基本体上切去一部分,使被切的实体成为不完整的基本几何体,如图 6-3 所示。

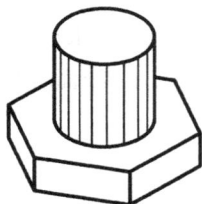

图 6-2　叠加式组合体　　　　　　　　图 6-3　挖切式组合体

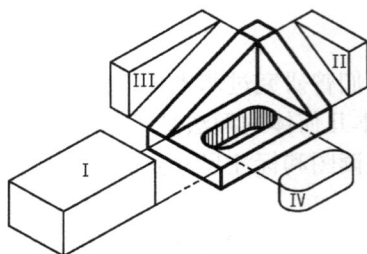

2. 各形体表面间的过渡关系

形体经叠加、挖切组合后,形体的表面间可能产生共面、相切和相交三种组合关系。

1)共面

当两个基本体具有互相连接的一个面(共平面或共曲面)时,它们之间没有分界线,在视图上也就不画线。如图 6-4a)所示,由于上、下两个四棱柱的前后面共面,所以三视图中主视图投影表面共面的位置无线;而图 6-4b)的两个叠加体上部共圆柱面,所以俯视图中也无线。而当两个基本体除重合表面共面外,再没有公共的表面时,在视图中两个基本体之间有分界线。如图 6-4c)所示,由于上、下两个四棱柱的前、后、左、右四个表面不共面,所以三视图中的主视图和左视图上、下两部分投影相交处有线。

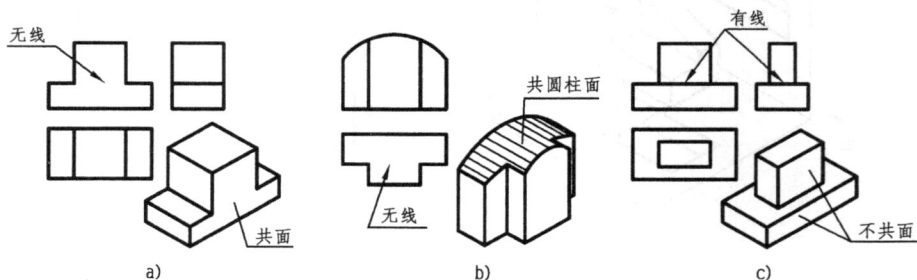

图 6-4　形体间表面的过渡关系
a)平面共面;b)曲面共面;c)表面不共面

2)相交

相交是指两基本体的邻近表面相交所产生的交线,应画出交线的投影。如图 6-5 列出了常见两形体表面相交的例子。从图中可以看出,无论是两实体表面相交,还是实体与空形体或空形体与空形体表面相交,其相交的本质都是一样的,只要形体的大小和相对位置相同,交线就完全相同。

128

3）相切

相切是指两个基本体的邻近表面（平面与曲面或曲面与曲面）光滑过渡。如图6-6所示的圆柱和底座的前面和后面是相切组合成一体的,两体表面交界处为光滑过渡的,所以两表面之间不能划分界线。

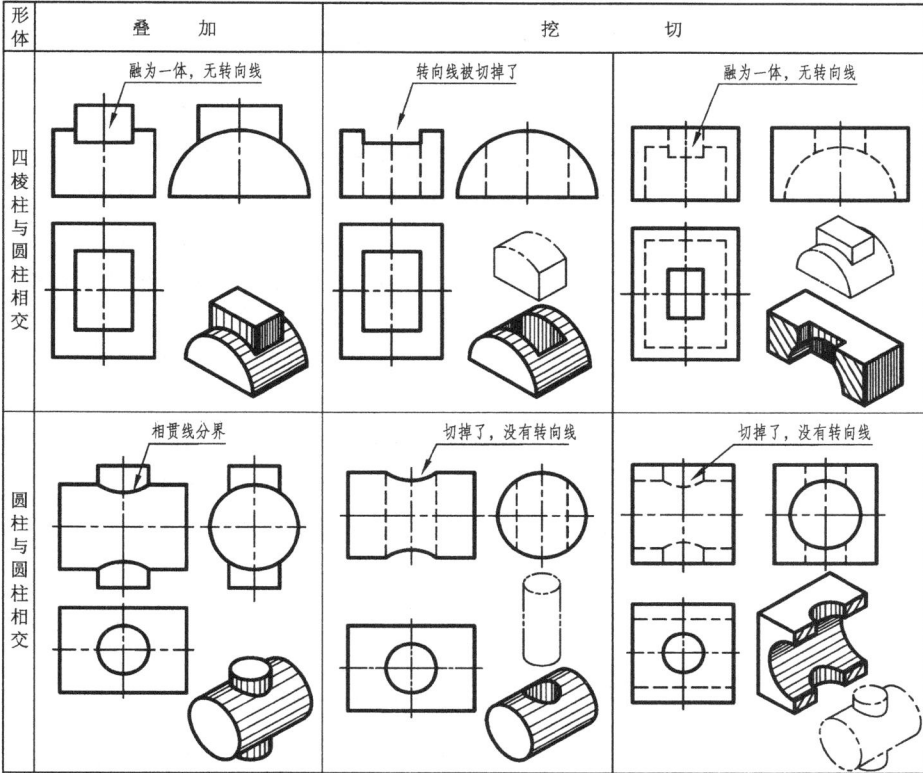

图6-5　形体间产生交线的情况

三、线面分析法

线面分析法是在形体分析法的基础上,运用线、面的空间性质和投影规律,分析形体表面的投影,进行画图、读图的方法。当用形体分析方法看较复杂的形体时,常会碰到有的线框可以对应的其他视图上几个投影,这时就必须进一步对这一复杂的局部进行线面分析。所谓线面分析法,就是根据围成形体的某些侧面或侧面交线的投影,分析它们的空间形状和位置,由面想象出被它们包围的整个形体的空间形状。用线面分析法读图,关键是要分析出视图中每一个线框和每一条线段所表示的空间意义。

1. 线段的含义

视图中的线段可能表示以下三种含义:

（1）可能是形体上某一特殊位置平面的积聚投

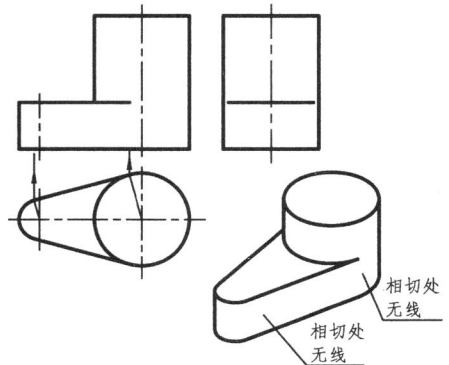

图6-6　形体间表面相切

影,如图 6-7 俯视图上的①线是侧平面 C 的积聚投影。

（2）可能是形体两相邻平面的交线,如图 6-7 俯视图上的③线为水平面 E 和正垂面 F 的交线,④线是圆柱面 D 与水平面 E 的交线。

（3）可能是回转曲面的转向轮廓线,如图 6-7 俯视图②线是圆柱的转向轮廓线的投影。

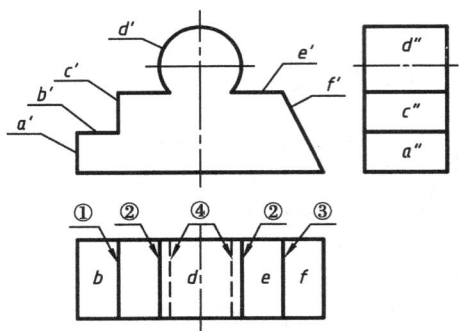

图 6-7　线段、线框和相邻两线框的含义

2. 线框的含义

一个形体不论其形状如何它的投影轮廓总是封闭的线框,而形体上某一组成部分其投影轮廓也是一个封闭的线框,反之,投影图上的每一个封闭线框,也必然代表空间形体的某一表面（平面或曲面）的投影轮廓。如图 6-7 的线框 b 是水平面 B 的水平投影,线框 d 为圆柱面 D 的水平投影。

一个视图上的线框在其他视图上的对应投影有两种可能,一种是积聚为一线段;另一种是类似形或实形。也就是说,如果一个视图上的一个线框在其他视图上没有对应的类似形或实形,就必然积聚成一线段。如图 6-7 俯视图中的线框 f,主视图没有与其对应的四边形,则平面 F 在主视图上积聚为一斜线,该平面为正垂面。类似性在绘图时容易产生错误,如图 6-8 所示,表示垂直面和一般位置面的投影具有类似性的一组组合体三视图,供分析时参考。

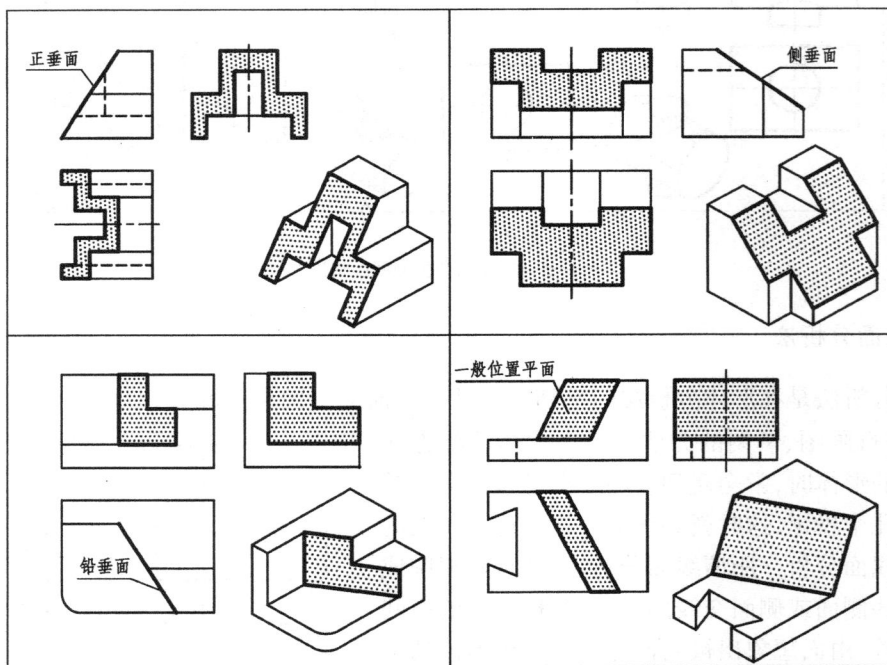

图 6-8　垂直面和一般位置面的投影具有类似性

3. 相邻两线框的含义

视图上相邻的两线框可能有以下两种含义:

（1）可能是两个平行的平面,如图 6-7 所示左视图中的 a''、c'' 两个相邻线框,为两个相互平

130

行的侧平面。

（2）也可能是两个相交的平面,如图6-7俯视图中的 e、f 为相交的水平面和正垂面。

究竟为两个相交平面还是两个平行平面,要根据其他视图才能判断。

第二节　组合体视图的画法

在画组合体的投影图之前,必须熟练掌握基本形体投影图的画法,然后分析该组合体是由哪些基本形体按什么形式组合而成,最后根据各基本形体的投影特性和它们之间的相对位置,逐个画出它们的投影,从而形成组合体的投影。

画组合体视图的方法和步骤如下。

一、形体分析方法

将一个较为复杂的组合体按其功用合理地分解成几个基本部分,弄清各部分的形状、相对位置和表面间过渡关系,有步骤地画图。如图6-9a)所示,该形体是由一个被挖去一个圆柱的四棱柱,上面叠加了一个三棱柱,四棱柱前右下端又叠加了一个四棱柱组合而成的,如图6-9b)所示。

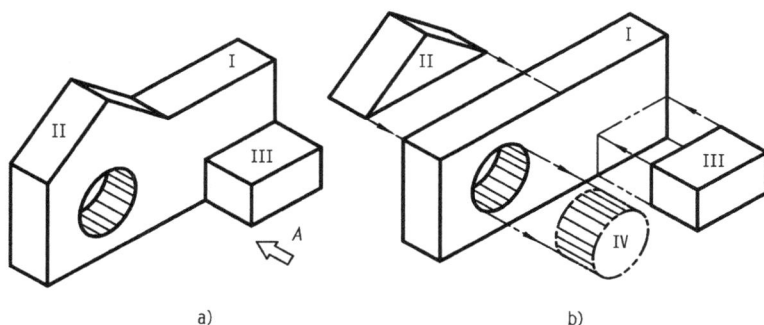

图6-9　组合体的形体分析

a)立体图;b)形体分析

二、视图的选择

每一个物体都可以画出多个视图,但用哪些视图表示才是最清楚、最简单的,这就有个视图选择问题。视图的选择包括两方面内容,即如何选择主视图和确定视图的数量。

1. 主视图的选择

用一组视图来表达形体,首先要确定主视图,主视图一旦确定,其他的视图也随之而确定。因此,主视图的选择是否恰当将影响其他视图的选择和画法。选择主视图应遵循以下原则。

1)正常位置

形体在正常状态或使用条件下放置的位置,称为正常位置。例如,吊车在使用条件下总是立着的,但不用时也可能是平着放的,然而人们通常看到的吊车是立着的,因此立着放就是它的正常位置。画主视图时,应使形体处于正常位置。

2)特征位置

形体安放在正常位置后,还应选择能够反映物体的形状特征和结构特征的方向作为主视方向,来绘制主视图。

3)避免虚线

视图中的虚线是表示物体不可见部分的轮廓线,不但不好画,而且也不便于标注尺寸;虚线越多,表明不可见部分越多,当然也不便于识读。

如图 6-10a)所示,按箭头 A 方向投射,所得到的主视图,能反映出底板、立板和支撑板三部分的形状特征和相互位置,且左视图中的虚线很少,如图 6-10b)所示。若按 B 方向投射,虽然也能看出三者之间的形状特征和相对位置关系,但左视图中出现的虚线较多,给读图和画图都带来不便,故 B 向不可取,如图6-10c)所示。

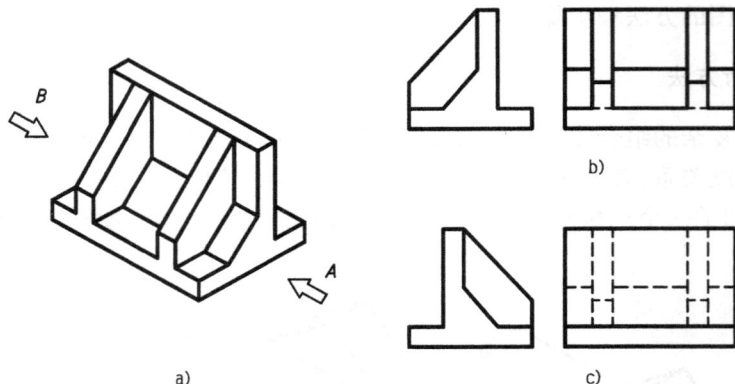

图 6-10 主视图的选择

a)立体图;b)A 向投影视图;c)B 向投影视图

此外,画三视图时还应考虑图面的合理布局。所谓合理布局就是除了要充分利用图纸外,更重要的是使一组视图的图面重心位于图面的中间范围内。

2. 确定视图的数量

确定视图数量的原则是:用最少的视图最完整、清楚地把物体表达出来。

当主视图确定以后,分析组合体还有哪些基本形体的形状和相对位置没有表达清楚,以便选择其他视图。对于多数组合体,一般画出其主视图、俯视图和左视图即可把组合体表达清楚。如图 6-9a)所示,在确定 A 向作为主视图投射方向后,还必须画出俯视图和左视图,才能将整个形体表达清楚。对于较复杂的形体有时需增加其他的视图,这部分将在下一章介绍。

三、画图步骤

1. 确定比例、图幅

在确定了主视图投射方向和安放位置后,就要根据形体的大小和标注尺寸时所需的位置,选择适当的比例和图幅。

2. 布置视图

画出各个视图的定位线、轴线或主要端面位置线等,并注意三个视图的间距,给标注尺寸留下适当位置,使视图均匀布置在图幅内,如图 6-11a)所示。

3. 画底图

根据物体的结构特征逐个画出各部分形体的三面投影图。先画大的易定位的形体,再画

132

小的不易定位的形体。如图 6-9 的形体,先画形体 I,如图 6-11b)所示;然后画形体 I 上叠加的三棱柱 II,如图 6-11c)所示;再画形体 III,如图 6-11d)所示;最后画挖去形体 IV 后形成的孔,如图 6-11e)所示。

4. 检查描深

底稿画完之后,要逐个检查各基本体的投影是否完整,各基本体之间的相对位置是否正确,并特别注意表面过渡关系是否正确。例如,形体 I 上面的三棱柱和形体 I 的前端面共面,在主视图上下过渡表面不应画出界线,应将多余线去掉,如图 6-11e)所示。在检查确认无误后,再根据线型要求描深,如图 6-11f)所示。

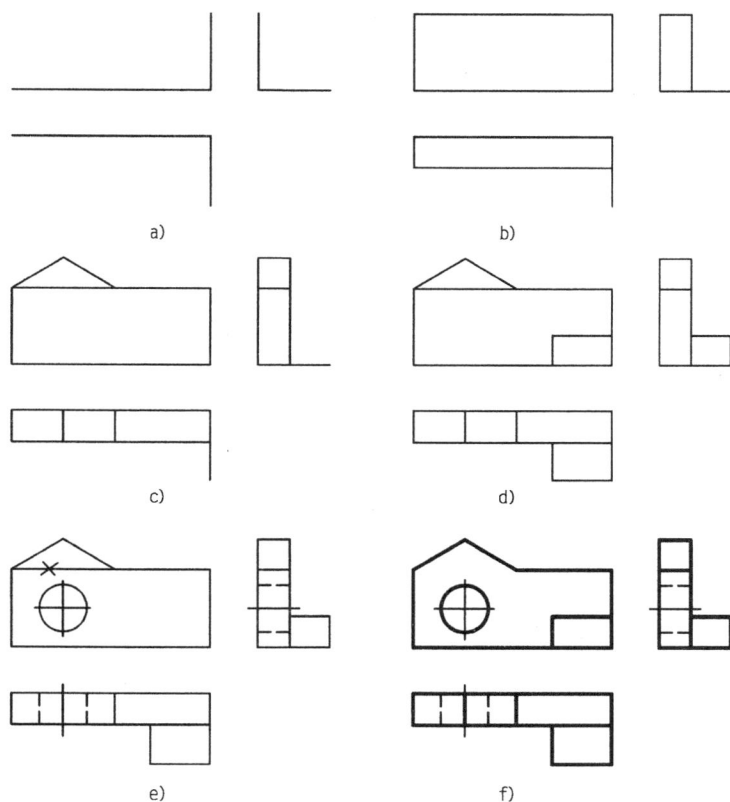

图 6-11 画组合体的三视图(一)

a)画定位线;b)画形体 I;c)画形体 II;d)画形体 III;e)画挖去形体 IV,并检查;f)描深

【例 6-1】 如图 6-12a)所示,画出组合体的三视图。

画图步骤如下:

(1)形体分析。该组合体由形体 I、II、III、IV 组合而成。形体 I 和 II 与 III 均为共面叠加,在形体 II 上挖去形体 IV,如图 6-12a)所示。

(2)确定主视图。选择图 6-12a)中箭头所指的方向为主视图投射方向。

(3)选比例,定图幅。按 1:1 比例,确定图幅的大小。

(4)布图、画定位线。如图 6-12b)所示。

(5)逐个画出各形体的三视图。如图 6-12c)~ f)所示。

(6)检查、描深。如图 6-12g)、h)所示。

133

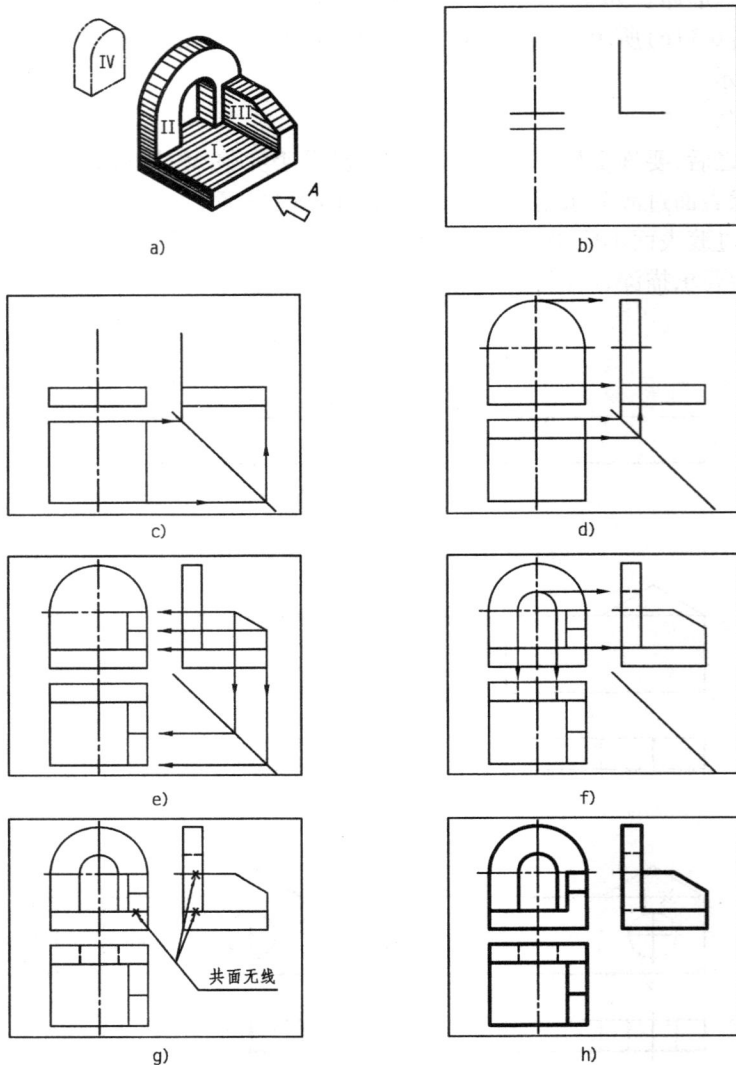

图 6-12 画组合体的三视图（二）

a)立体图;b)画定位线;c)画形体Ⅰ;d)画形体Ⅱ;e)画形体Ⅲ;f)画挖去形体Ⅳ;g)检查;h)描深

【例 6-2】 如图 6-13a)所示,画出组合体的三视图。

画图步骤如下:

(1)形体分析。由图 6-13b)形体分析可知,该组合体是在四棱柱的基础上依次切去Ⅰ、Ⅱ、Ⅲ 部分而形成的。

(2)确定主视图。选择图 6-13a)中箭头所指的方向为主视图投射方向。

(3)选比例,定图幅。按 1:1 比例,确定图幅的大小。

(4)布图、画定位线。

(5)逐个画出各形体的三视图。如图 6-13c)~ f)所示。

画图时应先画出四棱柱的三面视图,然后分别画出切去Ⅰ、Ⅱ、Ⅲ各部分的三面视图。

(6)检查、描深。如图 6-13g)、h)所示。

134

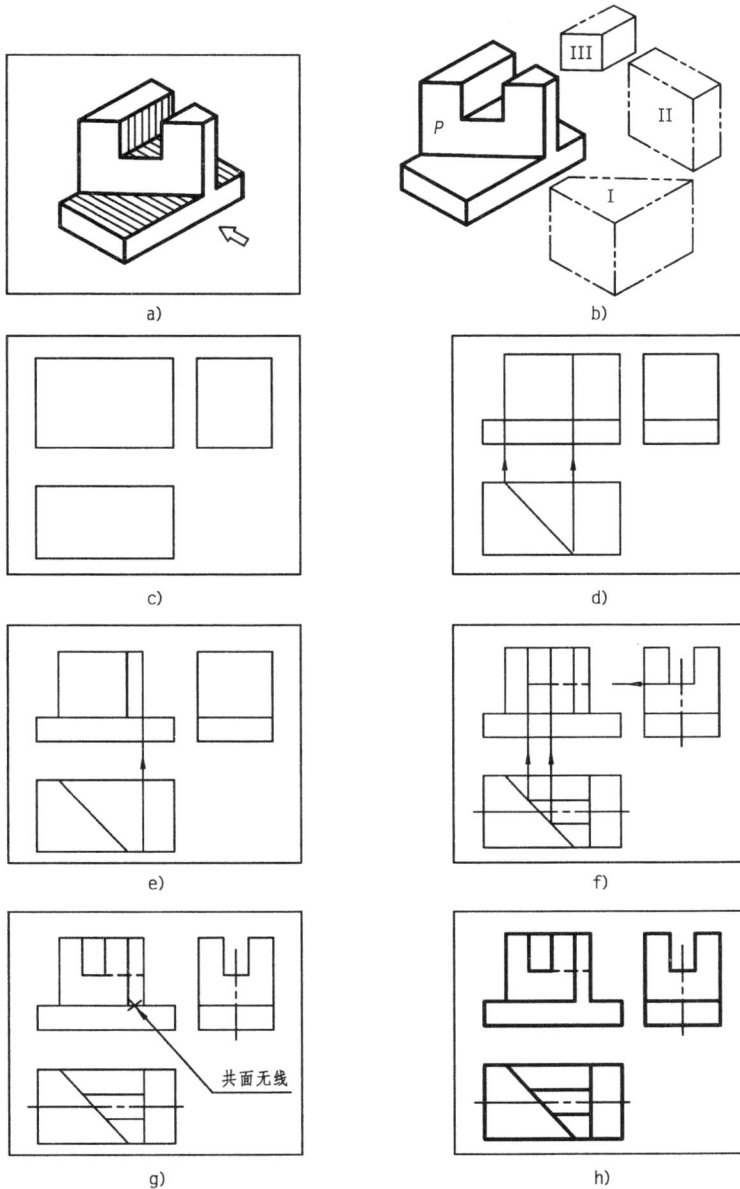

图 6-13　画组合体的三视图(三)

a)立体图;b)形体分析;c)画四棱柱;d)画切去部分 I;e)画切去部分 II;f)画切去部分 III;g)检查;h)描深

【例6-3】　画出如图 6-14a)所示组合体的三视图。

画图步骤如下:

(1)形体分析。由图 6-14b)形体分析可知,该组合体是在六棱柱上叠加上两个形体 II,在中间依次挖切 III、IV、V 部分所形成的。

(2)确定主视图。选择图 6-14a)中箭头所指的方向为主视图投射方向。

(3)选比例,定图幅。按 1:1比例,确定图幅的大小。

(4)布图、画定位线。如图 6-14c)所示。

(5)逐个画出各形体的三视图。如图 6-14d)~f)所示。

如图6-14d)所示,先画六棱柱 I 和切去形体 V 的主视图,然后对应再画出另两面视图;如图6-14e)所示,应先画三棱柱 II 有积聚性的俯视图,然后再画另两视图;如图6-14f)所示,应先画切去半圆柱有积聚投影的主视图和有积聚性的四棱柱孔的俯视图,然后画四棱柱孔在主视图上的投影,同时也就画出了半圆柱孔和四棱柱孔在主视图上的交线(积聚为一点),最后根据投影对应关系画出左视图的交线投影。

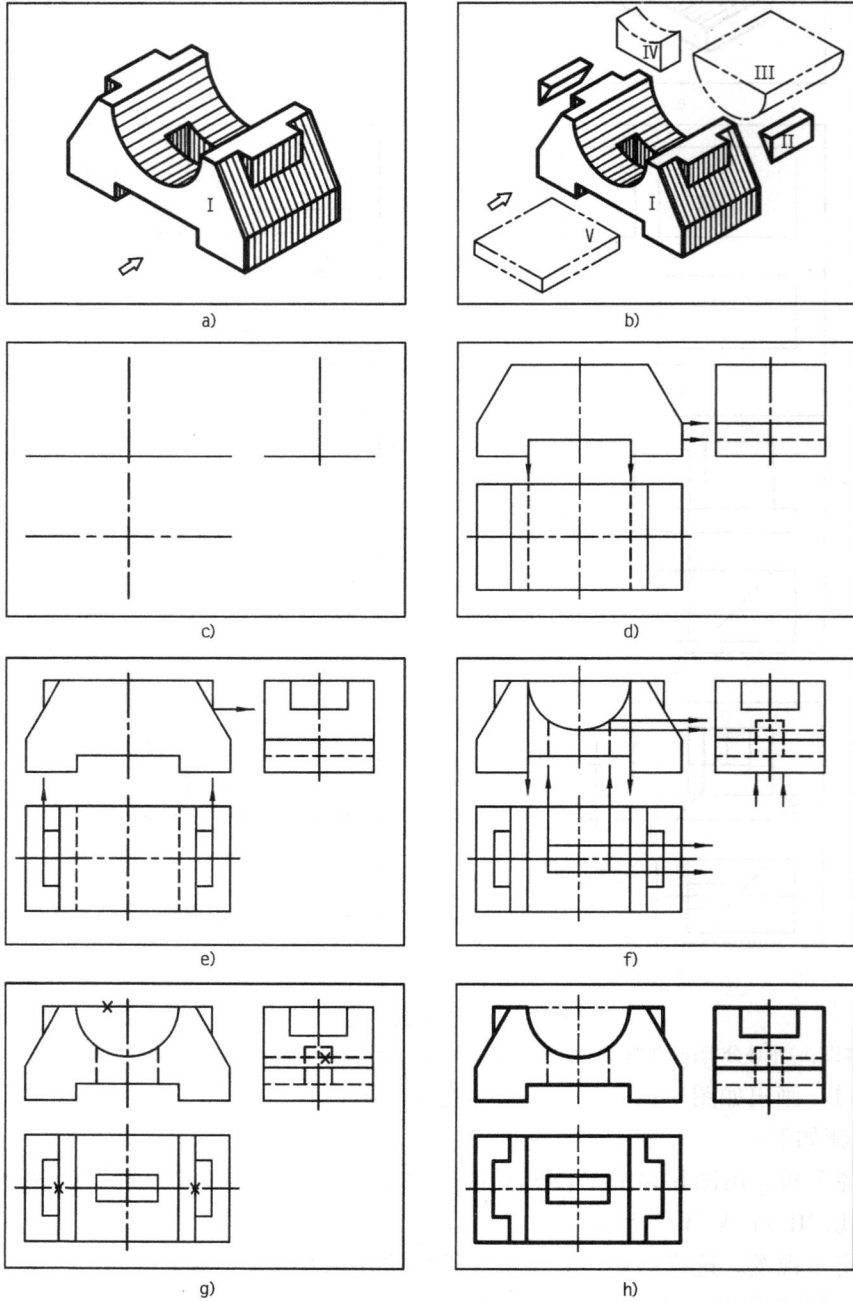

图6-14 画组合体的三视图(四)

a)立体图;b)形体分析;c)画定位线;d)画形体 I – V;e)画形体 II;f)画形体 III 和 IV;g)检查;h)描深

(6)检查、描深。该组合体的各形体过渡表面有共面、挖切和相交,对这些特殊位置的投影要注意检查,将多余的线去掉,如图6-14g)所示。最后完成描深,如图6-14h)所示。

四、徒手画图

在实际工作中,例如在选择视图、布置幅面、实物测绘、参观记录、方案设计和技术交流时,常常需要徒手画图,因此,徒手画图是每个工程技术人员必须掌握的基本技能。徒手画出的图,通称草图,但绝非指潦草的图。草图也要力求达到视图表达正确、图形大致符合比例、线型的规定,线条要光滑、美观、字体端正、图面整洁等要求。

1. 画草图的要求

绘制草图,一般是在印有淡色方格纸或将透明图纸衬上方格纸进行,其方法基本上同仪器图相同。

草图虽然是徒手画的,有一定的误差,但不能潦草、失真。它是目测估计形体的大小和各部分比例绘制出来的,在长、宽、高以及各基本形体的大小、相互之间的比例关系上,应与实物大致一样。不能把高的画成矮的,把长的画成短的。所绘草图的大小,要根据形体的大小,繁简等实际情况,选择适当的比例,进行放大或缩小。徒手画出的图形既要准确、清晰,又要便于标注尺寸。

草图的底线一般用 HB 铅笔,描深粗实线用 2B 铅笔,虚线用 B 铅笔,铅芯一律削成圆锥状。

草图中的点画线、细实线用 H 铅笔一次画成。草图中的字体同仪器图的要求一致。

2. 画草图的技巧

画草图时,图纸可以不固定,手执笔的姿势如图 6-15 所示。手执笔的部位不能太低,用力不能过大。画图时,要目测估计或用铅笔测量形体各组成部分的长、宽、高,找准它们的相互位置及大小比例关系,然后用方格纸上的格数来控制所画图线的长短。

1)徒手画直线

画水平线和垂直线应尽量在方格纸的格线上画。画水平线,可将图纸放得稍斜些,以便从左下方向右上方画,如图 6-15 所示。画短线时,将手腕抵住纸面,用移动手指画出。画较长线时,宜以均匀的速度移动手腕,目光看向终点。画垂直直线,应从上向下画,如图6-15所示,45°斜线要沿方格的对角线方向画。任意斜线应从左上方向右下方或从右上方向左下方画。如图 6-16 所示为徒手画的各类直线段。

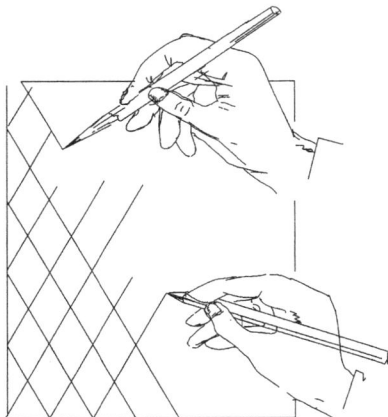

图6-15 画直线的姿势

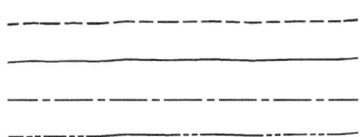

图6-16 徒手画线段

如图 6-17 所示,为徒手画出的与水平线成30°、45°、60°等特殊角度的斜线,方法为按两条直角边的近似比例关系画出,定出两端点后连成直线。也可以按等分圆弧的方式画出。

2)徒手画圆

画圆时,先在方格纸上确定圆心,然后过圆心画出水平、垂直两条中心线。画直径较小的圆时,在中心线上按半径目测定出四个点,然后徒手连接成圆,如图6-18a)所示。画直径较大的圆时,通过圆心画几条不同方向的射线,按半径目测确定一些点后,再徒手连成圆,如图6-18b)所示。

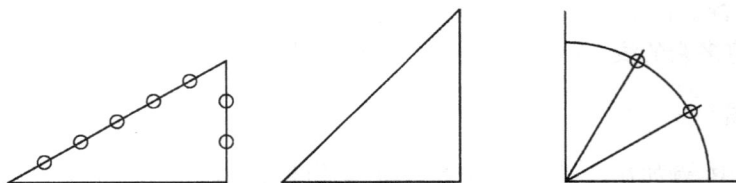

图 6-17 30°、45°、60°线的画法

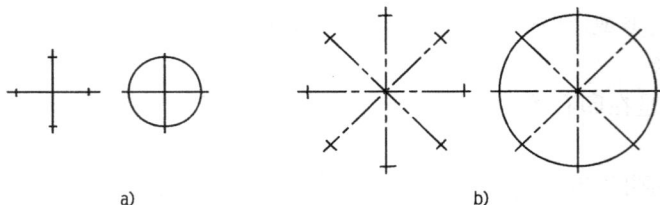

图 6-18 徒手画圆
a)画较小圆;b)画较大圆

3)徒手画椭圆

椭圆的长、短轴一般是已知的,如图 6-19 所示。根据长、短轴的长度,先作出椭圆的外切矩形,如果所画椭圆较小,可以直接徒手画出椭圆,如图 6-19a)所示。如果椭圆较大,则在画出外切矩形后,再作出矩形的对角线,将对角线的一半长度目测分成 10 等分,定出 7 等分的点,如图 6-19b)中的 5、6、7、8 点。依次用光滑曲线连接 1—5—4—6—2—7—3—8 八个点(八点法),即得所作椭圆。徒手画草图时,图线要尽量符合规定,直线要平直,粗细分明,图线应流畅;视图要完整、清楚,布局要合理、恰当。

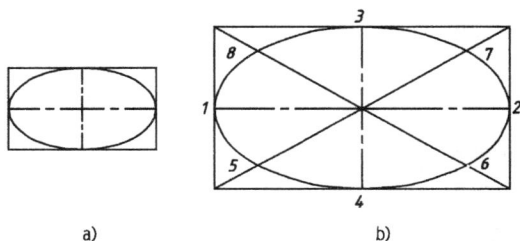

图 6-19 徒手画椭圆
a)画较小的椭圆;b)画较大的椭圆

如图 6-20 所示,为徒手画的形体模型。画图时要按照投影关系和各部分的目测比例先画出整体,然后再画出局部。

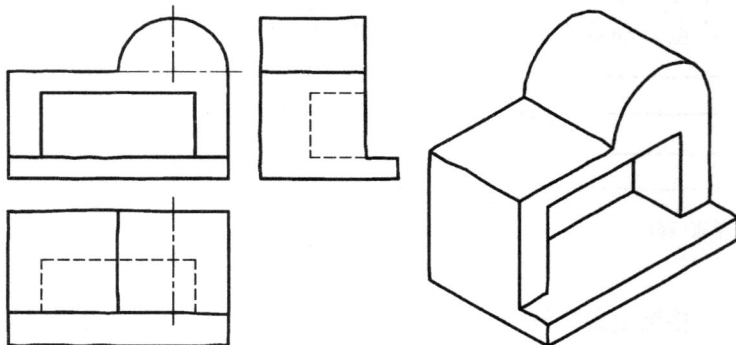

图 6-20 徒手画建筑形体的三视图和立体图

第三节　组合体视图的尺寸标注

组合体视图,只能确定其形状,而要确定组合体的大小及各部分的相对位置,还必须标注出齐全的尺寸。标注尺寸应满足以下要求:

(1)正确性。要符合国家最新颁布的相关制图标准。

(2)完整性。所标注的尺寸必须能够完整、准确、唯一地表示物体的形状和大小。

(3)清晰性。尺寸的布置要整齐、清晰便于识图。

(4)合理性。标注的尺寸应满足设计要求,并满足施工、测量和检验的要求。

一、组合体的尺寸分类

在画组合体视图时,常把组合体分解成基本几何体,在标注组合体尺寸时也可以用同样的方法对组合体的尺寸进行分析,除了要标注各基本几何体的尺寸外,还需标注出它们之间的相对位置尺寸以及总体尺寸。因此,组合体的尺寸分为三类,即定形尺寸、定位尺寸和总体尺寸。

1. 定形尺寸

表示构成组合体各基本几何体形状大小的尺寸,称为定形尺寸。常见的基本几何体尺寸标注如表 6-1 所示。

常见的基本几何体的尺寸标注示例　　　　　　　　　　　　表 6-1

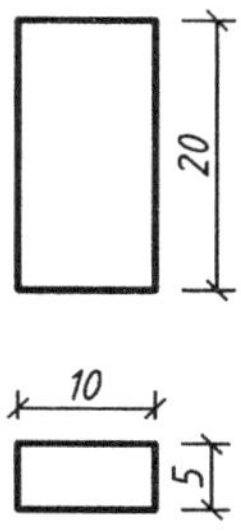

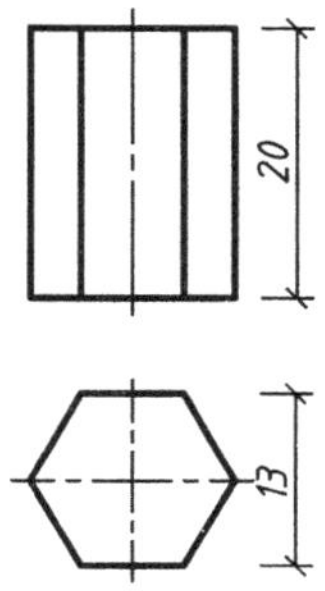

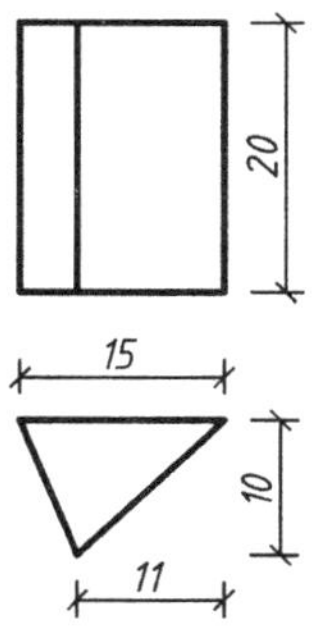

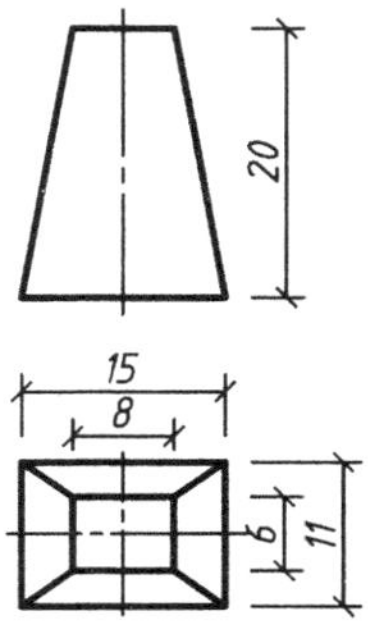

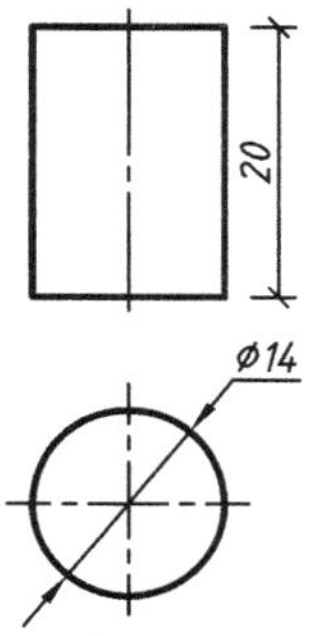

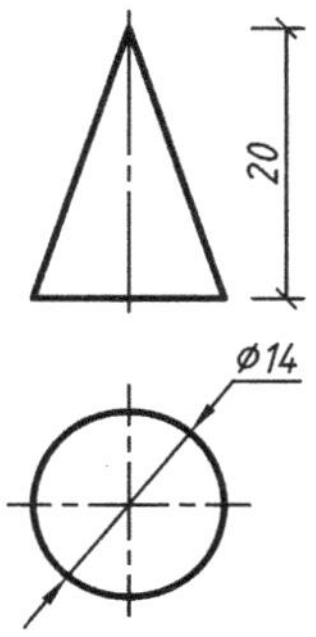

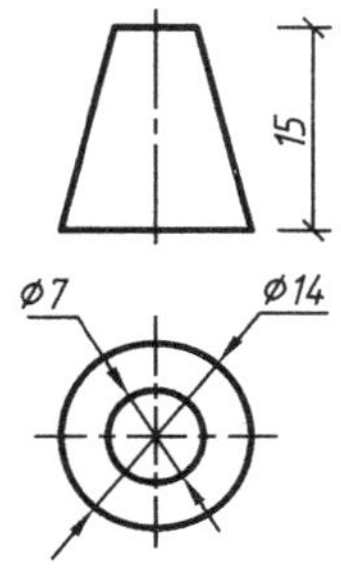

分类	视 图 与 尺 寸 标 注			
被平面截切后的基本几何体				

组合体中一个基本体某方向上的定形尺寸与另一个基本体同方向的定形尺寸重复时省略不注;若有两个以上大小一样、形状相同的基本体,且按规律分布,可用省略方式标注定形尺寸。

如图 6-21 所示的组合体,由左、右两侧各带一个圆柱孔的底板和带有切槽的梯形叠加而成。俯视图中竖向尺寸 25 与主视图中尺寸 50 和 5 是底板的定形尺寸;俯视图中的尺寸 2φ10(为大小一样的 2 个圆柱孔的长度、宽度尺寸)与主视图中尺寸 5(圆柱孔的高度尺寸)是圆柱孔的定形尺寸;俯视图中尺寸 8 与主视图中尺寸 50、25 和 20(25 − 5 = 20)是梯形的定形尺寸;俯视图中尺寸 8 与主视图中尺寸 15 和 10 是梯形上部所挖槽的定形尺寸。

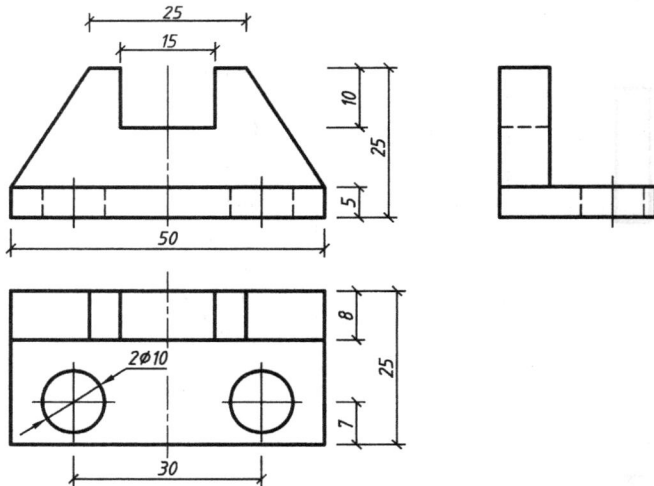

图 6-21　组合体尺寸标注(一)

2. 定位尺寸

表示组合体中各基本几何体之间相对位置的尺寸,称为定位尺寸。

在组合体的长、宽、高任一方向上,至少要有一个尺寸基准作为标注定位尺寸的基准面。一般选择组合体的对称平面(反映在视图上是点画线)、大的或重要的底面、端面或回转体的轴线作为尺寸基准。基准选定后,即可分别注出各基本形体的定位尺寸。

如图 6-21 所示,俯视图中的尺寸 30 是这个形体底板两侧圆柱孔圆心之间沿长度方向的

140

定位尺寸,尺寸基准是图中竖向中心线;尺寸 7 是圆柱孔圆心沿宽度方向的定位尺寸,尺寸基准是形体的前端面(正平面)。主视图上的尺寸 5,是上面梯形板沿高度方向的定位尺寸,其基准是形体的底面。

若基本体在某方向上处于叠加、共面、对称、同轴之一种位置时,就省略该方向上的一些定位尺寸;如某个方向的相互位置可由定形尺寸或其他因素所确定,就不需标注这个方向的定位尺寸;当回转体的轴线或基本形体的对称平面与某方向的基准重合时,不注定位尺寸,只要注出基本形体的定形尺寸即可。如图 6-21 中,上、下两体是叠加而成的,故高度方向的定位尺寸由底板的定形尺寸 5 决定,不需另注高度方向的定位尺寸;叠加时,上、下两部分后端面共面,左右对称线重合,故前后左右的定位尺寸都省略不标注。

3. 总体尺寸

表示组合体的总长、总宽、总高的尺寸,称为总体尺寸。如图 6-21 中的总长 50、总宽 25、总高 25,就是这个形体的总体尺寸。

二、组合体尺寸标注中的注意事项

(1)当组合体出现交线时,不能直接标注交线的尺寸,而应该标注产生交线的形体或截面的定形、定位尺寸。

如图 6-22 所示的形体,是由一个圆柱经切割而成。从形体组成的角度看是属于挖切式组合体,切去部分的尺寸应该标注 20,如图 6-22a)所示;而不应注 54,如图 6-22b)所示。前者标注的是截平面的定位尺寸,后者是所得截交线之间距离。截平面定位后,其交线是自然形成的,故不标注尺寸。

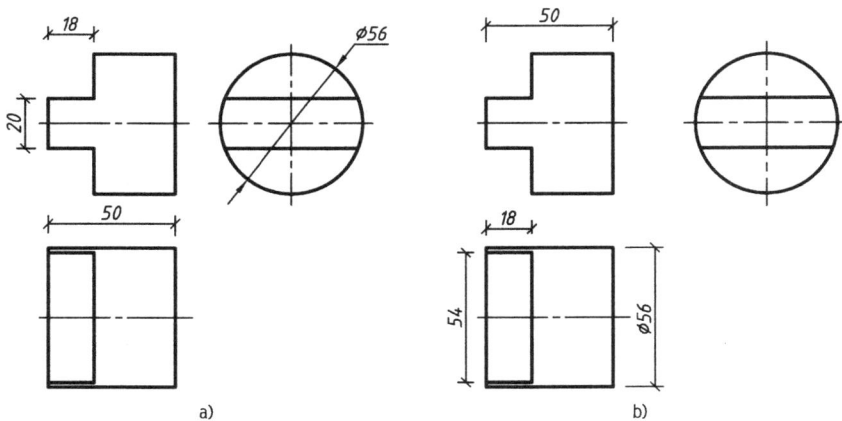

图 6-22 切割体的尺寸标注

a)正确的标注方法;b)标注错误

如图 6-23 所示,是两圆柱相交的例子,正确的尺寸标注方法如图 6-23a)所示。而图 6-23b)中用 R15 直接标注相贯线尺寸是错误的。其原因一是不应直接标注交线尺寸;二是相贯线不是圆弧。

(2)确定回转体的位置,应确定其轴线,而不应确定其轮廓线。如图 6-23b)中以轮廓线高度 6 来确定横放圆柱高低是错误的,在确定其左右位置时以竖放圆柱右轮廓作为尺寸基准也是错误的。

(3)为了使图面清晰,应当尽可能将尺寸注在图形轮廓线之外,并位于两个视图之间,如

141

高度方向尺寸应尽可能标注在主视图与左视图之间,长度方向尺寸应尽可能标注在主视图与俯视图之间。但一些细部尺寸为了避免引出标注的距离太远,应就近标注。

(4)形体上每个几何体的定形尺寸,应尽可能集中注在形状特征明显的视图上,并尽可能靠近基本形体。如图6-21上面梯形板上所开的槽,尺寸15和10应集中标注在主视图上,而底板及板上的孔应集中注在俯视图上,这样,读图时看起来比较方便。

(5)尺寸尽量不标注在虚线上,一般一个尺寸只注一次。如图6-21底板上两个小孔的尺寸,就应标在俯视图上。

(6)尽量避免尺寸线与尺寸线或尺寸界线相交,相互平行的尺寸应按大小排列,小的尺寸在内,大的尺寸在外,并使它们的尺寸数字互相错开。尺寸线相互平行、等距,距离为7～10mm,标注定位尺寸时,对圆形要标注出圆心的位置,如图6-24所示。

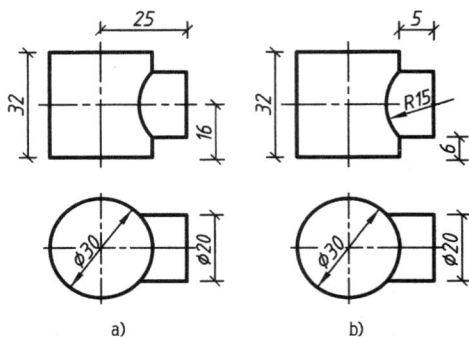

图6-23 相交体的尺寸标注
a)正确;b)错误

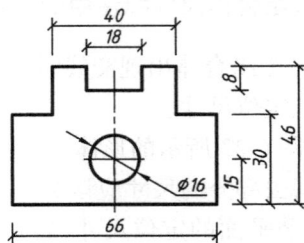

图6-24 平行尺寸的标注

在比较简单的组合体视图上标注尺寸,可以先将各个简单几何体的定形尺寸分别完整地标出,然后标注各简单几何体的定位尺寸,最后标注总尺寸。在比较复杂的组合体视图上标注尺寸时,可以先标注一个简单几何体的定形尺寸,然后标注第二个简单几何体与第一个简单几何体的定位尺寸,再标注第二个简单几何体的定形尺寸……直到标注完最后一个简单几何体的尺寸为止,最后标注组合体的总体尺寸。

三、常见结构的尺寸标注

有些简单的"组合体结构"在形体中出现的频率较多,其尺寸标注方法已经固定,只要模仿标注即可。如图6-25所示,列出了其中一部分可供参考。

四、组合体尺寸标注的方法和步骤

组合体尺寸标注的核心内容是运用形体分析法保证尺寸标注的完整、准确。其方法和步骤如下:

(1)分析组合体是由哪几个基本体组成。

(2)标注出每个基本体的定形尺寸。

(3)标注出基本体相互间的定位尺寸。

(4)标注出组合体的总体尺寸。

(5)调整定形尺寸、定位尺寸和总体尺寸的位置,将重复或多余尺寸去掉。

142

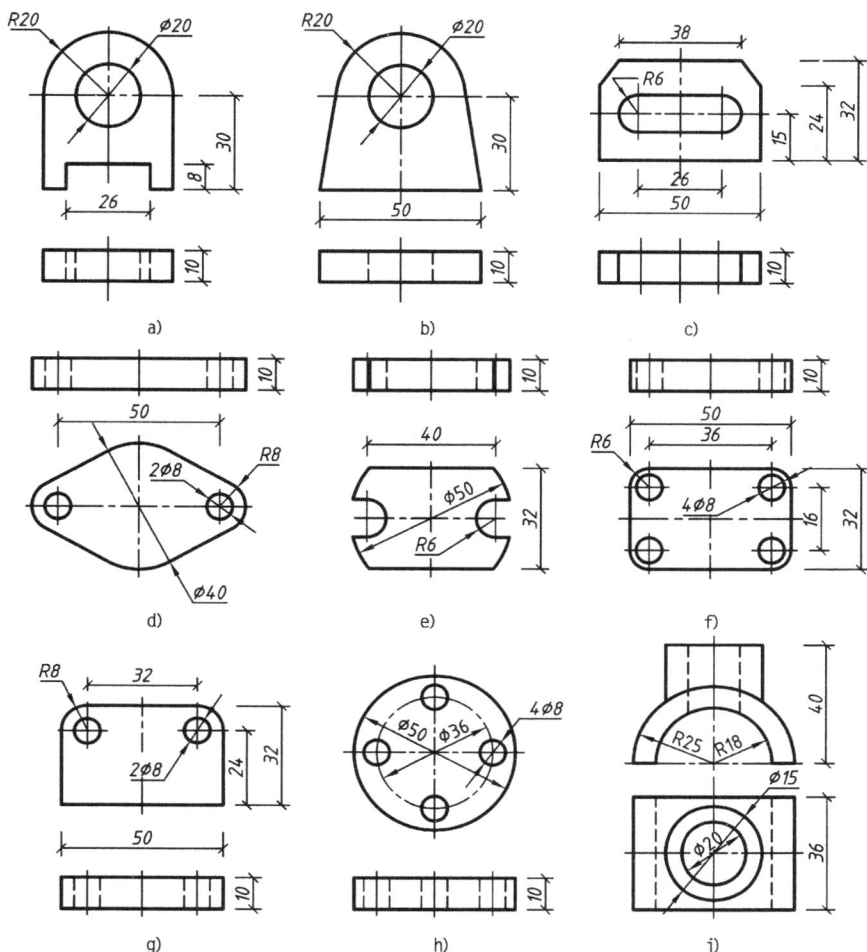

图 6-25　常见结构的尺寸标注

【例 6-4】　如图 6-26 所示,标注组合体的尺寸。

1)形体分析

前面图 6-9 已经分析过。

2)定形尺寸

后竖板的长、宽、高分别为 54、9、21(30 − 9 = 21)。竖板上叠加的三棱柱长、宽、高为 28、9、9,圆柱孔为 φ14,通孔孔深为 9。前右下角的四棱柱的长、宽、高为 16、9、10。

3)定位尺寸

组合体的前后两部分叠加在一起,且底面和右端面对齐,以组合体的右端面、后面和底面为基准,前后两部分在长度和高度方向的定位尺寸省略,后板的宽度 9 就是前面四棱柱宽度方向的定位尺寸。后板上的圆柱孔为通孔,以左端面和底面为基准,宽度方向的定位尺寸可省略,长度方向和高度方向的定位尺寸分别为 14 和 12。

4)总体尺寸

组合体的总长为 54,总宽为 18,总高为 30。

5)调整尺寸

143

调整后的尺寸布局如图6-26所示。标注过程中减去的尺寸是最后调整时要删除的尺寸。

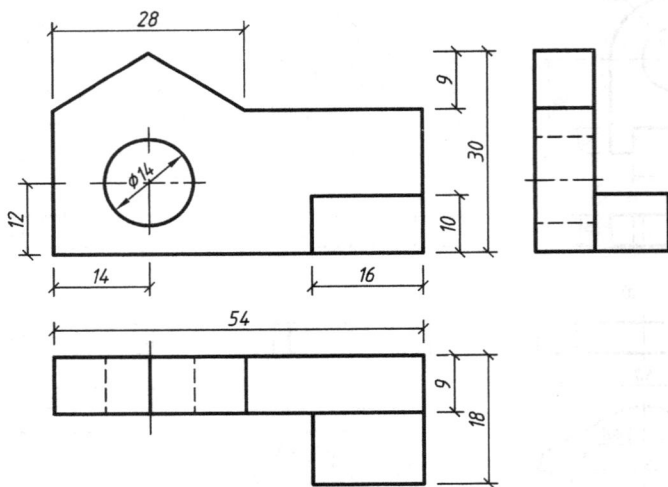

图6-26 组合体尺寸标注(二)

【例6-5】 如图6-27a)所示,标注组合体的尺寸。

1)形体分析

该组合体由底板、肋板和竖板组成。底板和竖板中的孔左右对称,其对称平面重合。竖板和肋板叠加在底板上,底板和竖板的左面、右面、后面共面,如图6-27b)所示。

2)选定位尺寸的基准

选对称平面为长度方向的尺寸基准,底板的后端面为宽度方向的基准,底板的底面为高度方向的基准,如图6-27a)所示。

3)逐个标注形体的定形尺寸、定位尺寸

标注的次序如下:

(1)标注底板的尺寸。定形尺寸为长100、宽40、高8。因为底板是整个组合体的基础,所以底板没有定位尺寸。

(2)标注底板上两个圆孔的尺寸。长度及宽度方向的定形尺寸为$\phi 10$;高度方向等于底板的高度方向定形尺寸。长度方向的定位尺寸标注50,对于基准面对称分布(一般标注对称尺寸50,而不标注两个25),宽度方向标注15,高度方向省略。

(3)标注竖板的尺寸。长度方向定形尺寸同底板长度方向尺寸,宽度方向为8,高度方向尺寸为55(63 − 8 = 55)。长度方向定位尺寸因为竖板以它的对称面与底板的对称面重合而省略,宽度方向定位尺寸因为竖板和底板两者的后面共面也省略了,高度方向等于底板高度方向的定形尺寸。

(4)标注竖板上长圆孔的尺寸。长度方向定形尺寸标R5;宽度方向等于竖板宽度方向的定形尺寸;高度方向尺寸标注25。长度方向定位尺寸标注50;因长圆孔在竖板上是通孔,所以不用标注宽度方向的定位尺寸;高度方向定位尺寸标15。

(5)标注肋板的尺寸。肋板的定形尺寸为长8、宽32(40 − 8 = 32)、高55。长、宽、高三个方向定位尺寸都省略,因长度方向在对称面上,宽由竖板宽已给出,高由底板高已给出。

4)标注总体尺寸

长度等于底板长度尺寸100,宽度为40,高度为63。

144

具体尺寸布局如图 6-27c）所示。

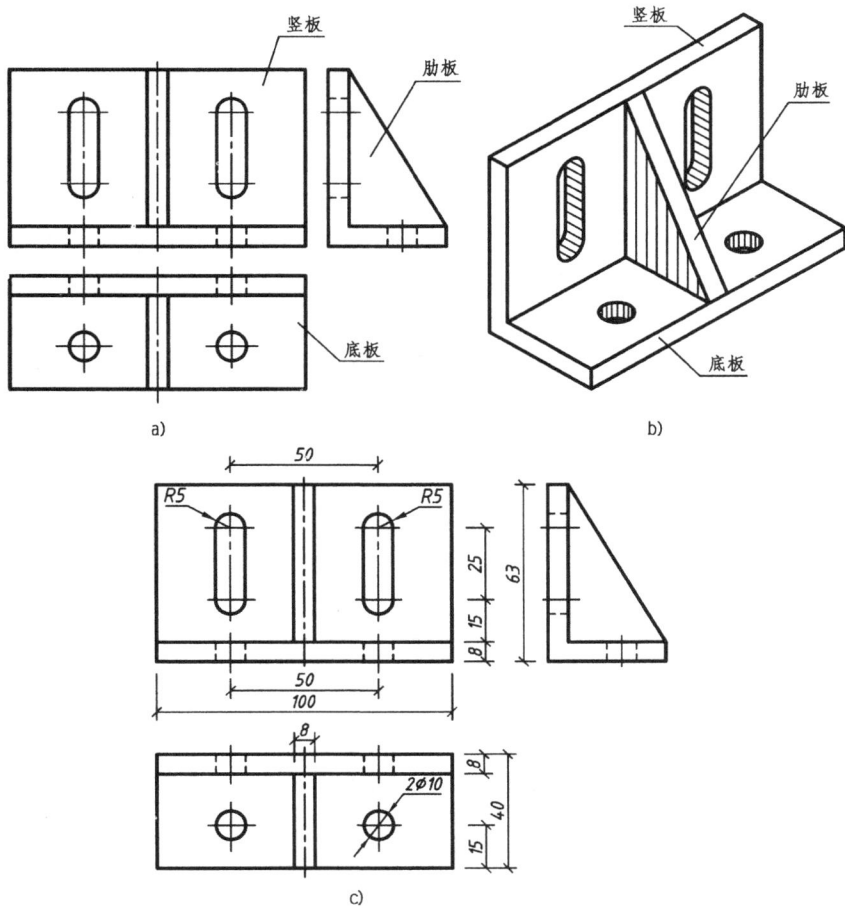

图 6-27　组合体尺寸标注（三）
a）组合体视图；b）立体图；c）组合体尺寸布局

第四节　组合体视图的读图（识读）

　　画图是把形体用正投影方法在平面上用一组视图表达出来，读图则是根据形体的视图想象形体的空间形状的过程。读图是画图的逆过程，也是培养和发展空间想象能力、空间思维能力的过程。读图时除了应熟练地运用投影进行分析外，还应掌握读图的基本方法。

一、读图的基本知识

（1）掌握投影图间的投影对应关系，即"长对正、高平齐、宽相等"。
（2）掌握各种位置直线和各种位置平面的投影特性。
（3）掌握基本几何体的投影特性，且能根据基本几何体的投影图进行形体分析。
（4）掌握尺寸标注，并能用尺寸配合图形，来确定形体的形状和大小。

二、形体分析法

在前述组合体视图的画法中,已经提到过形体分析法,画图时首先要对物体进行形体分析,把它分解为一些基本几何体,然后根据它们的相对位置和组成形式依次画出各基本几何体的视图,最后得到整个物体的视图。而读图是先在视图上把物体分解成几个组成部分(或分成几个基本几何体),然后根据每个组成部分的视图想象出它们的形状,最后再根据各组成部分的相对位置想象出整个物体的空间形状。这种读图的方法称为读图形体分析法。在视图上把物体分成几个组成部分并找出它们相应的各视图,这是运用形体分析法读图的关键。

由前面分析可知:一个形体无论其形状如何它的各投影轮廓总是封闭的线框。而形体上某一组成部分,其投影轮廓也是一个封闭的线框,反之,投影图上的每一个封闭线框,也必然是形体或形体某一组成部分的投影轮廓线。因此,在视图上划分出几个封闭线框,相当于把形体分成几个组成部分。

现以如图 6-28a)所示为例,说明用形体分析法读图的方法和步骤。

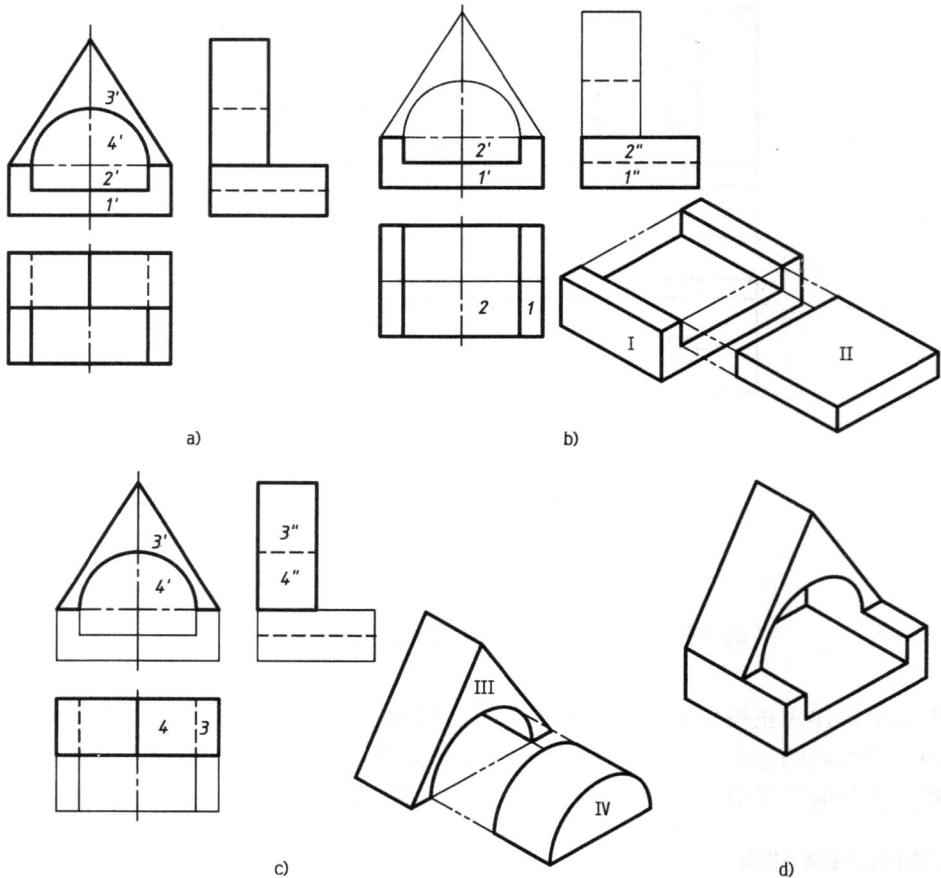

图 6-28 用形体分析法读组合体视图

a)组合体三视图;b)线框 I、II 形状;c)线框 III、IV 形状;d)综合起来想整体

1. 分线框、对投影

即在已知的投影图中划分若干个线框,把每个线框看作是某一形体的一个投影。线框的

146

划分应以便于想出基本形体形状为原则。如图6-28a)所示,是一个形体的三视图,在主视图上,我们把它划分成四个封闭的线框,每一线框都可看成是形体的一个组成部分的投影轮廓。利用"投影对应关系"找出每一个组成各部分在其他视图中的对应投影,如图6-28b)、c)所示。

2.按投影、定形体

按投影规律对应地找出该部分的其他投影。根据各种基本形体的投影特征,确定该部分形体的形状。

3.综合起来想整体

确定了各组线框所表示的简单形体后,再分析简单形体的相对位置,就可以想像出形体的整体形状,如图6-28d)所示。

三、线面分析法

当用形体分析法看物体较复杂的部分时,经常会碰到有的线框可以对应其他视图上几个投影,这时就必须进一步对这些复杂的局部进行线面分析。现以图6-29a)为例,说明用线面分析法读图的方法和步骤。

1.分线框、对投影

使用形体分析法时将视图中的封闭线框理解为"体",而使用线面分析法分析时,是将视图中的封闭线框理解为形体的"面",一般位置面的对应投影是类似形,特殊位置面的对应投影具有积聚性。如图6-29a)的视图中,可以分析出六个线框的投影,分别表示长方体被切割后的主要表面。

2.按投影、定表面

按投影规律对应地找出各组对应投影,对照各种位置的平面和直线的投影性质,可以确定它们是侧平面Ⅰ、正垂面Ⅱ、正平面Ⅲ、侧垂面Ⅳ、正平面Ⅴ和水平面Ⅵ。例如在主视图和俯视图中没有1″线框的类似形,找出对应的积聚投影1′和1,故可以判断Ⅰ面是侧平面;同理可以判断Ⅲ、Ⅴ面是正平面,Ⅵ面是水平面。在俯视图和左视图中,线框2和2″是类似形,而主视图无对应类似形,所以主视图中积聚为线段2′,故可以判断Ⅱ面是正垂面;同样可以判断Ⅳ面是侧垂面。

3.围合起来想整体

把分析所得的各个表面,对照视图中所给定的相对位置,即可围合出形体的形状,如图6-29f)所示。

四、读图时的注意事项

1.几个视图联系起来读图

通常在没有标注尺寸的情况下,只看一个视图是不能正确判断形体形状的。如图6-30所示的四组视图中,主视图完全相同;而图6-31所示的五组视图中,俯视图完全相同。但它们代表的空间形体根据主视图和俯视图可知是完全不同的形体。

有时只根据两个视图也不能判断形体的空间形状。如图6-32所示的三组视图,它们的主视图和左视图完全相同,但通过俯视图的分析可知,它们是完全不同的形体。所以读图时,只有把各自的三面投影视图配合起来分析,才能正确判断其各个形体的空间形状。

2.利用实线、虚线的变化分析形体

如图6-33a)、b)的俯视图和左视图均相同,主视图外轮廓相同,但中间线有虚实之分,分析三视图的对应关系,不难看出它们是两个不同的形体,一个是中间立着个三棱柱,另一个是在中间挖了个三棱柱。

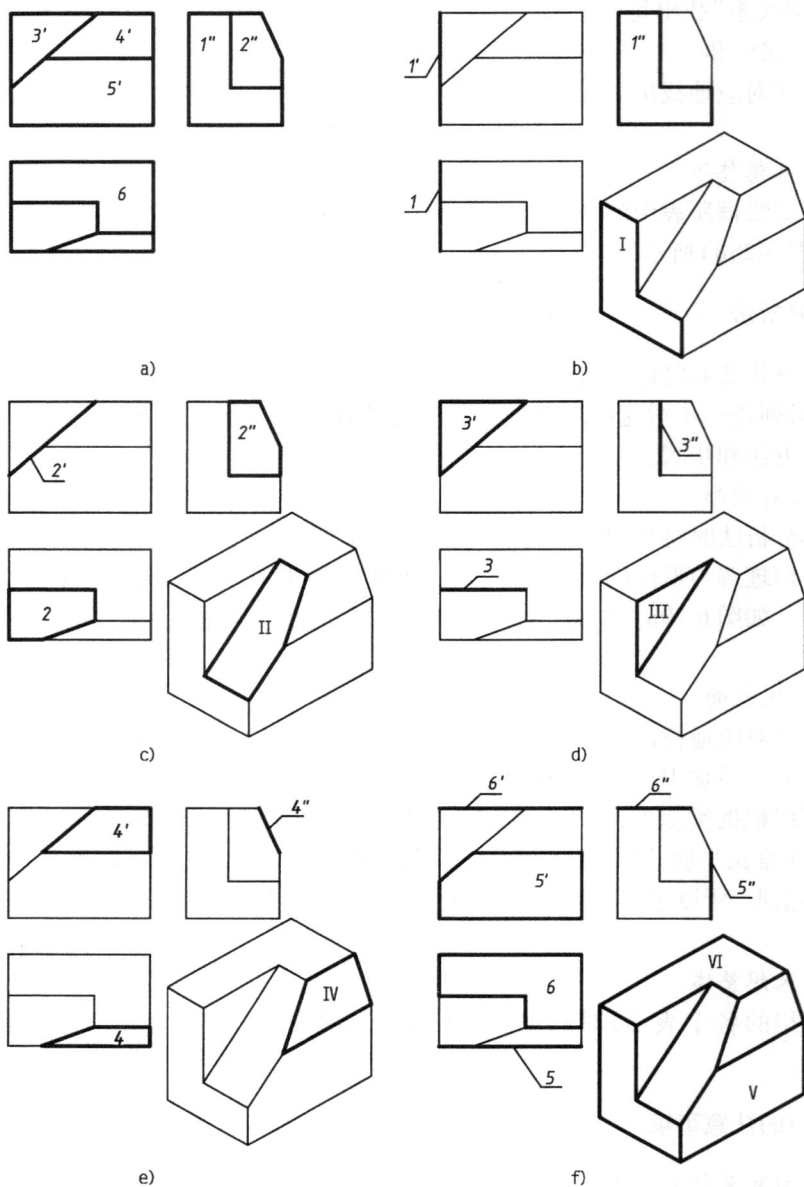

图6-29 用线面分析法读组合体视图

a)组合体三视图;b)画表面 I;c)画表面 II;d)画表面 III;e)画表面 IV;f)画表面 V、VI 并围合整个形体

3. 注意形体之间的表面连接关系

组合体是由基本形体组合而成的,由于基本形体之间的相对位置不同,它们之间的表面连接关系也不同。形体之间的表面连接关系可分为四种:①共面;②不共面;③相交;④相切。看图时必须看懂形体之间的表面连接关系,才能看出形体表面的凹凸和层次,才能彻底想清楚物体的形状。在画图时,必须注意这些关系,才能不多线、不漏线。

(1)当两个形体的表面共面时,中间应该无线。因为两个表面合成为一个连续的表面,应

148

该是一个封闭的线框,如图6-4a)和b)所示。

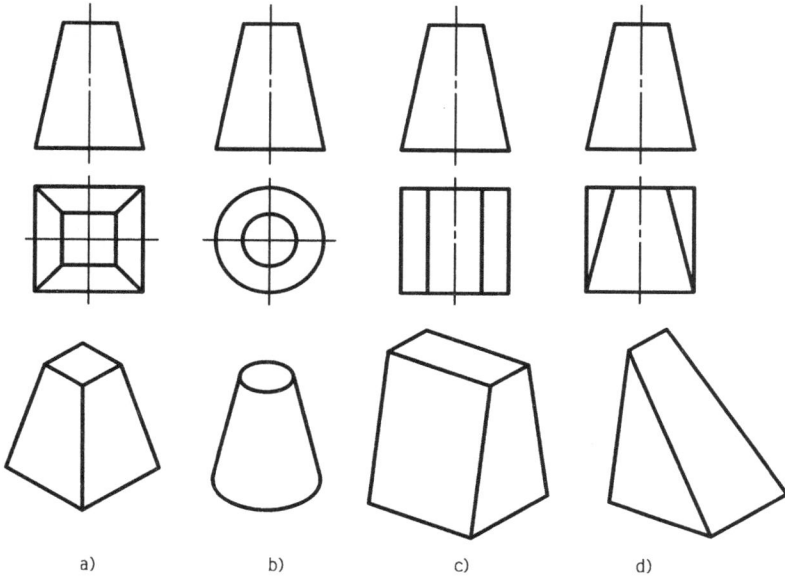

图6-30　主视图相同的两视图

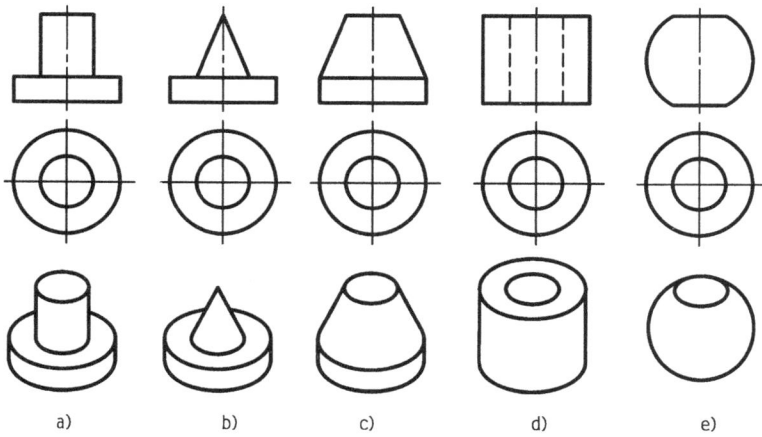

图6-31　俯视图相同的两视图

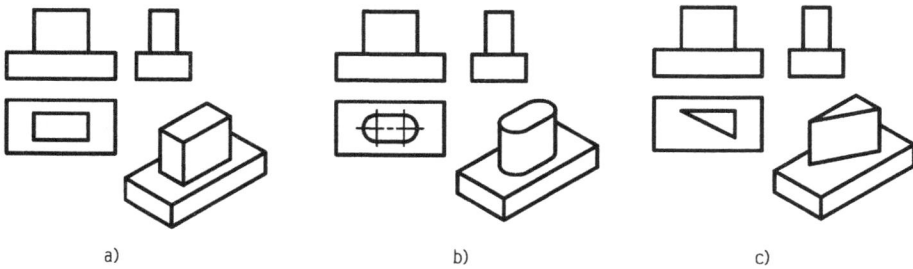

图6-32　主视图、左视图相同的三视图

(2)当两个形体的表面不共面时,中间应该有线隔开,形成两个封闭线框,如图6-4c)所示,否则,就成了一个连续的表面了。

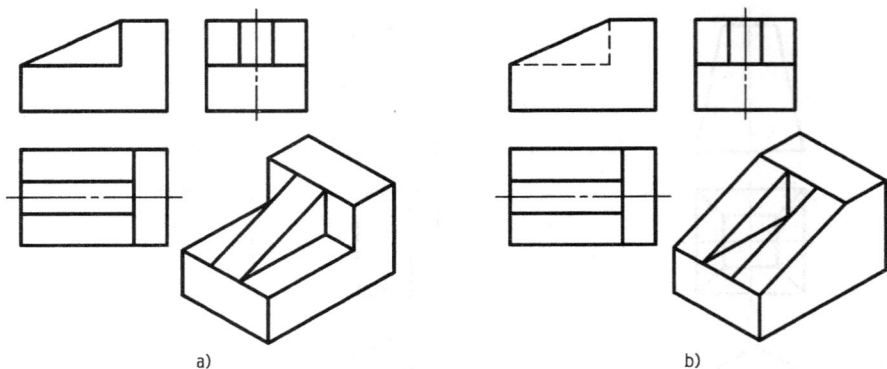

图 6-33 分析投影图中的实线和虚线

(3)当两形体表面相交时,在相交处应该画出交线,如图 6-5 所示,两体相交应以交线分界。

(4)当两形体的表面相切时,在相切处应该不画线,如图 6-6 所示,是平面与曲面相切,曲面与曲面相切,相切处均无线。

读图是一个复杂的思维过程,应边对线框、边分析、边想像、边修正,从而判断出形体的形状。它的基础是对投影法和平行投影性质的理解,对基本形体投影的熟悉,以及对形体、线面的分析和运用。

五、读图举例

【例 6-6】 如图 6-34a)所示,已知形体的两面投影图,补画其另一投影。

补图过程如下:

1)读图

先用形体分析法进行粗读,根据给出的两面视图,运用形体分析法可知,该形体是由一个四棱柱的底板 I 和一个带梯形切槽 III 的梯形棱柱 II 组成的,如图 6-34b)所示。

2)补图

按形体分析的结果,先补出底板 I 的俯视图如图 6-34c),再补出梯形棱柱 II 的俯视图如图 6-34d),最后补出切槽 III 的俯视图如图 6-34e)。整理第三面图,将多余图线去掉,补图结果如图 6-34f)所示。

【例 6-7】 已知如图 6-35a)所示形体的两面投影图,补画其俯视图。

读图的具体步骤如下:

1)分线框、对投影

根据图 6-35a)所示主视图只有一个封闭线框,可能是图示形状的十二棱柱体,对应投影关系从左视图可知,该十二棱柱的前、后端面被两个侧垂面 V 各切去一部分,如图 6-35b)所示。

2)想形体、定位置

由步骤 1 可以想象出组合体的空间形状。但要正确无误地画出组合体的俯视图,就要运用线面分析法仔细分析。该组合体除四组水平面(I、III、IV 和 VI)和四个侧平面外,还有两个侧垂面 V 和两个正垂面 II。前、后端面的侧垂面 V 是十二边形。由类似性可知其正面投影和

150

水平投影也应是十二边形。根据 V 面的正投影和侧面投影可求得水平投影。四个不同高度的水平面 III、I、IV、VI 与正垂面 II、侧垂面 V 和侧平面的交线都是投影面垂直线，所以水平面的形状都是矩形，其边长由正面投影和侧面投影确定。

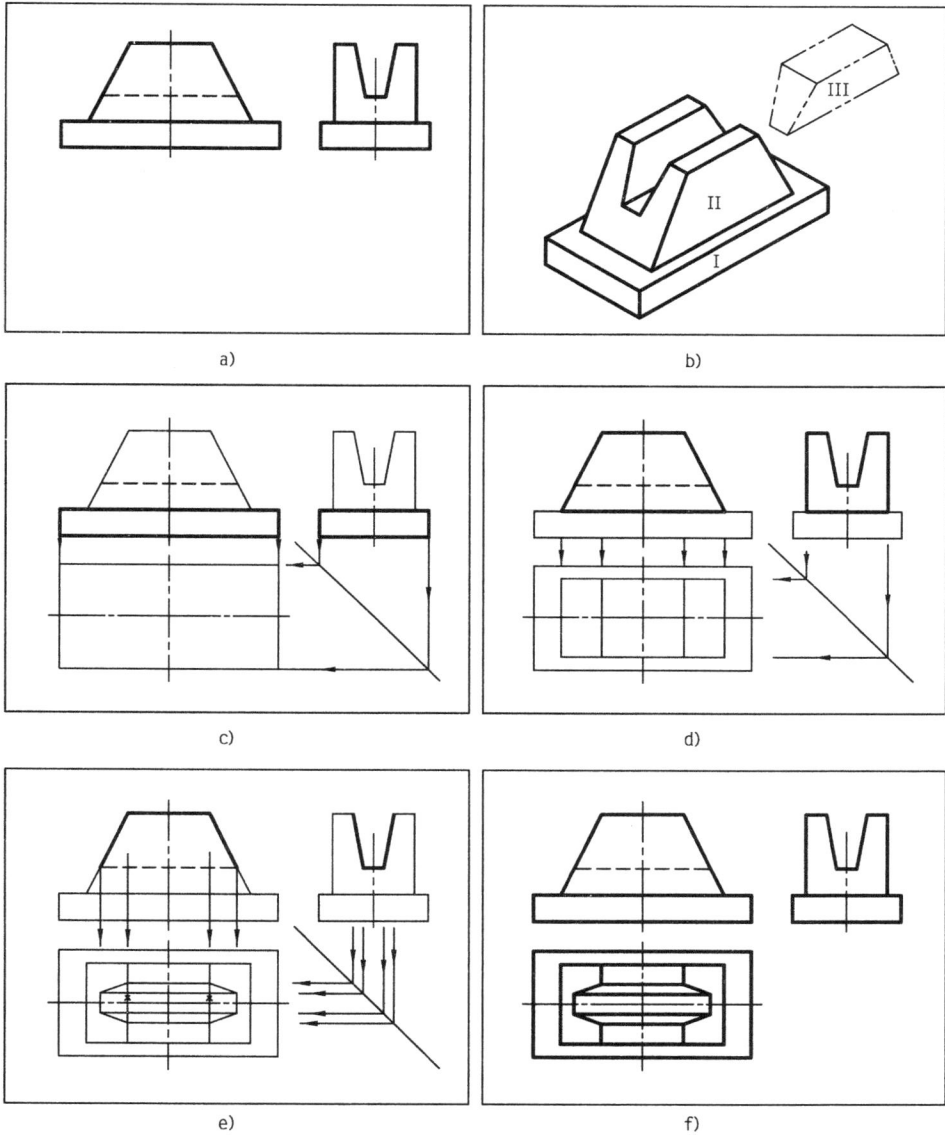

图 6-34　二补三作图(一)

a)已知两面投影;b)形体分析;c)画形体 I;d)画形体 II;e)画挖去形体 III,并将多余线去掉;f)描深

3)补画俯视图

按步骤 2 分析的结果，先补画出水平面 III、I、IV、VI 各面的水平投影，如图 6-35c)所示;再补画正垂面 II、侧垂面 V 的水平投影，如图 6-35d)所示。实际上，图 6-35d)中所补画的四条一般位置直线是正垂面 II 和侧垂面 V 的四条交线。

4)用类似形检查 V 面投影

如图 6-35e)中 V 面的三个投影符合投影规律，V 平面无积聚性的正面投影和水平投影都是十二边形,与想象中 V 面具有类似性相吻合,说明前面分析的结果是正确的。

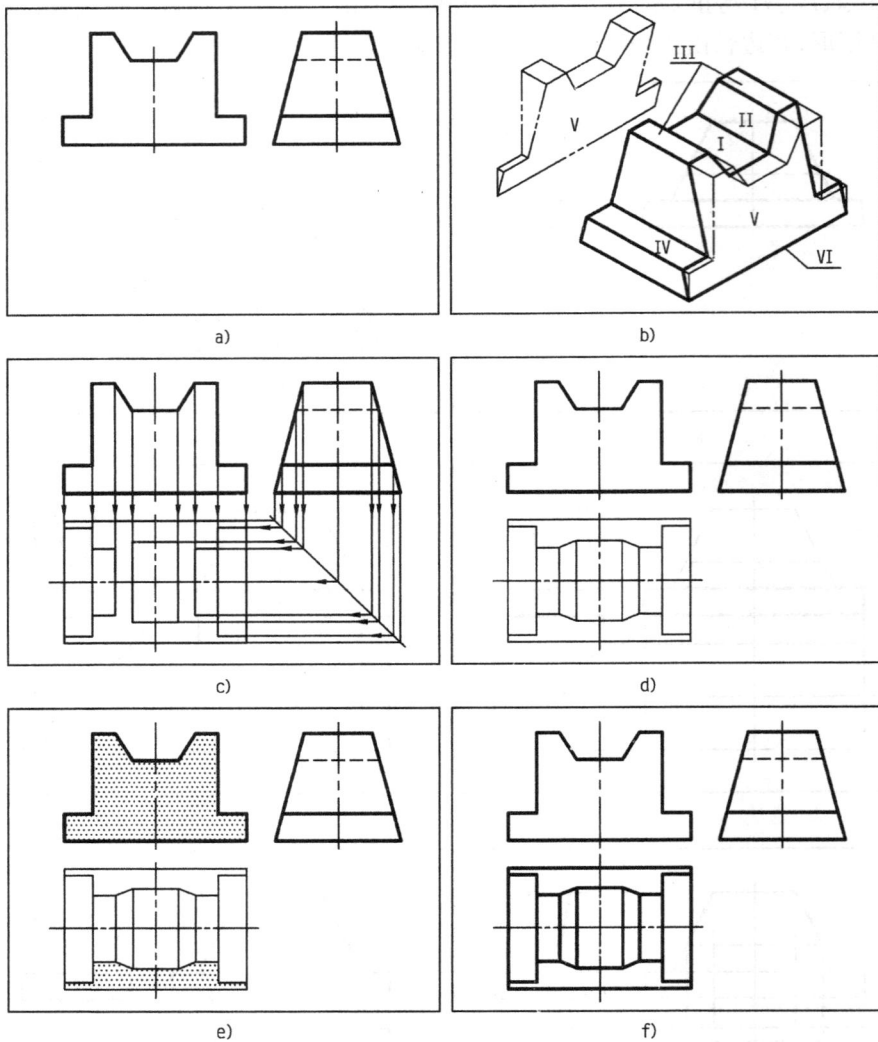

图6-35　二补三作图(二)

a)已知两面投影;b)形体分析;c)画水平面的俯视图;d)画垂直面的俯视图;e)用类似性检查非平行面;f)描深

5)描深

如图 6-35f)所示。根据已知的两面投影视图,补画出形体的第三面投影,是训练读图能力的一种方法,需要运用形体分析方法和线面分析方法看懂两视图所表示形体的空间形状,然后逐个补画各基本几何体的第三面视图,最后处理虚线、实线以及各线段的位置。

第七章　建筑形体的表达方法

在工程上，一般用三面视图及尺寸标注，就可以表达出建筑形体的形状、大小和结构。但是，有些形体的形状和结构比较复杂，仅用三面视图无法将它们的形状完整、清晰地表达出来。为此，制图标准中规定了多种表达方法，本章介绍常用的几种，以供绘图时选用。

第一节　各种建筑形体视图

一、基本视图

形体的形状，一般用三面投影视图即可表示。但是当形体较复杂时，为了便于画图和读图，以满足工程实际需要，按照国家《房屋建筑制图的统一标准》（GB/T 50001—2010）规定，在原来的 H、V 和 W 三个投影面的基础上，再增加与它们各自平行的三个投影面 H_1、V_1 和 W_1，在空间构成一个方盒式的六面投影体系。把形体放在其中，向各投影面进行正投影，这样就得到了六面视图，如图 7-1a）所示。这六面视图称为基本视图。六面视图的名称依次为平面图（H 面投影）、正立面图（V 面投影）、左侧立面图（W 面投影）、底面图（H_1 面投影）、背立面图（V_1 面投影）和右侧立面图（W_1 面投影）。

形体的六面视图展开的方法，正立面保持不动，其他各投影面逐一展开在同一平面上，如图 7-1b）所示。其标准配置关系如图 7-1c）所示，这种配置不必注写视图名称。但在实际工作中，为了合理利用图纸，当在同一张图纸绘制六面视图或其中的某几个图时，图样的顺序宜按主次关系从左至右依次排列，如图 7-1d）所示。此时每个视图，一般均应标注图名，图名宜标注在图样的下方或上方，并在图名下绘一条粗实线，其长度应以图名所占长度为准。视图无论如何布置，其六面视图间仍保持"长对正、高平齐、宽相等"的投影对应规律。即：正立面、平面、底面、背立面视图等长，正立面、左侧立面、右侧立面、背立面视图等高，左侧立面、右侧立面、平面、底面视图等宽。

六面视图的方位对应关系仍然是：左侧立面、右侧立面、平面、底面靠近正立面的一边代表物体的后面，而远离正立面的一边代表物体的前面，如图 7-1c）所示。

没有特殊情况，优先选用正立面图、平面图和左侧立面图这三个视图。

二、辅助视图

工程制图中，形体除了可以用基本视图表示外，还可以采用一些辅助视图来表达需要表达形体的部位。下面介绍几种常见的表达方法：

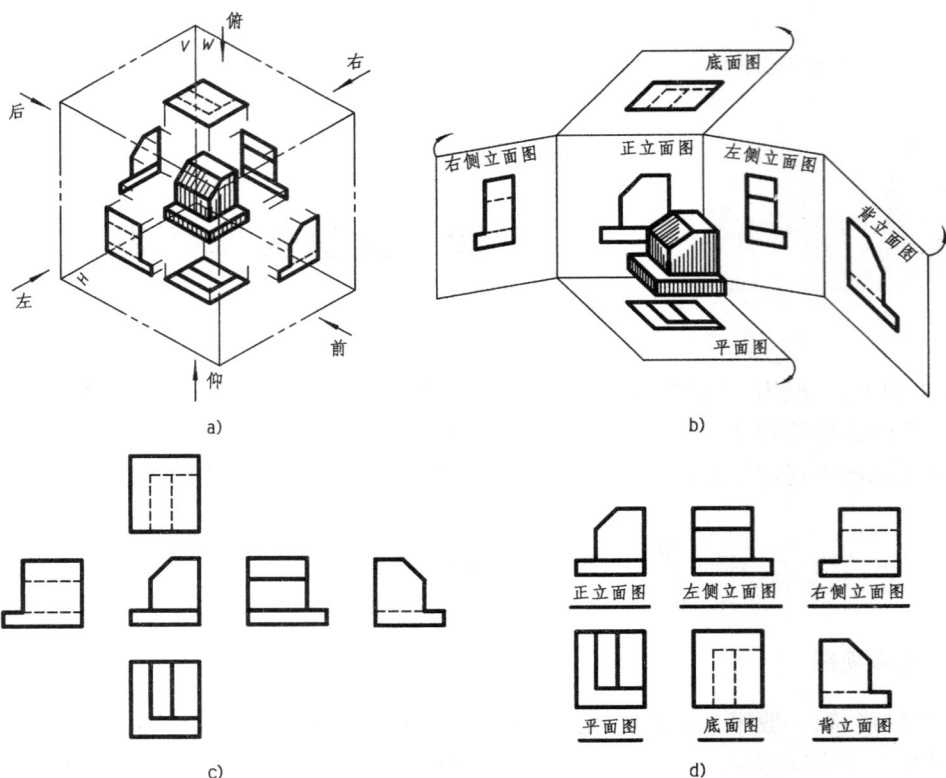

图 7-1　形体六面视图形成及位置

a)六面投影体；b)六面视图展开；c)投影图的排列位置；d)合理布局的排列位置

1. 局部视图

局部视图是将形体的某一部分向基本投影面投影所得的视图。当形体在某个方向仅有部分形状需要表示，而又没有必要画出整个基本视图时，可采用局部视图。局部视图相当于基本视图的一部分。

采用局部视图时应注意以下几点：

(1)在基本视图上用带字母的箭头指明投影部位和投射方向，对应在局部视图的下方(或上方)用相同的字母标明"X向"，如图 7-2 所示的"A向"。

(2)局部视图可按基本视图的形式配置，如图 7-2所示，必要时也可以配置在其他适当位置。

(3)局部视图的断裂处边界线用波浪线或折线表示。当所表示的局部结构是完整的，且外轮廓又是封闭时，可省略波浪线。

2. 斜视图

当形体的表面与基本投影面成倾斜位置时，在基本投影面上就不能反映表面的实形。这时，可用换面法，增设一个与倾斜表面平行的辅助投影面，并用正投影法在该投影面上作出反映倾斜部分实形的

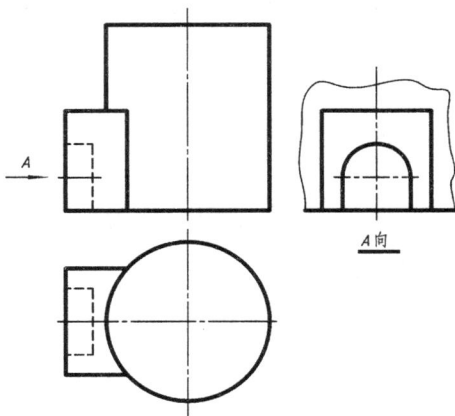

图 7-2　局部视图

投影。这种将形体向不平行于基本投影面的平面投影所得的视图称为斜视图,如图7-3所示。

采用斜视图时应注意以下几点:

(1)斜视图的标注方法与局部视图一样。

(2)斜视图尽可能按投影关系配置,如图7-3所示的 A 向视图。必要时也可以平移到图纸其他适当位置,为了绘图方便,也可以将图形旋转配置,但必须在图形名称后加注"旋转"二字,如图7-3所示的"A 向旋转"。

(3)斜视图是为了反映倾斜表面的实形,所设的辅助投影面只能垂直于一个基本投影面,形体上原来平行于基本投影面的表面,在斜视图中不反映实形,所以一般以波浪线或折线为界省略不画。在基本视图中同样要处理好这类问题,如图7-3所示的俯视图。

3.展开视图

当形体呈折线形或曲线形时,该形体的某些面可能与投影面平行,而另一些面则不平行。与投影面平行的面,可以画出反映实形的投影图,而倾斜的或弯曲的面则不能同时反映实形,为了同时表达出这些面的实形和大小,假想把形体的某些倾斜或弯曲部分展至与某一基本投影面平行后,再向该基本投影面投影,这样所得到的视图称为展开视图。

展开视图不作任何标注,只需在图名后注写"展开"二字即可,如图7-4所示。

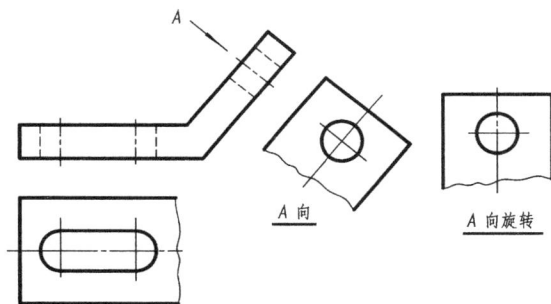

图7-3 斜视图

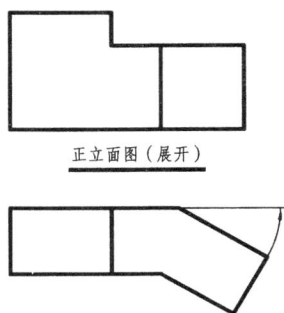

图7-4 展开视图

4.镜像视图

有些建筑结构,直接用正投影法绘制出的俯视图可能虚线过多,给看图带来许多不便。这时如果把 H 面当作一个镜面,在镜面中就会得到形体的反射图像,如图7-5a)所示,这种投影法称为镜像投影法,用镜像投影法绘制的视图称为镜像视图。用镜像投影法画的视图,应在图名后加注"镜像"二字,如图7-5b)所示"平面图(镜像)"。它与前面所说的俯视图不同。或按图7-5c)所示画出镜像投影识别符号。

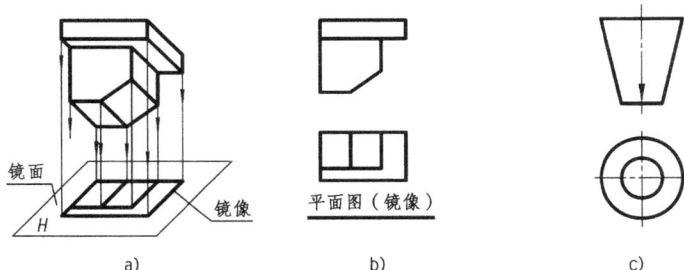

图7-5 镜像投影法绘制的投影图

a)镜像投影的形成;b)平面图(镜像);c)画出镜像投影识别符号

155

三、第三角投影简介

1. 第三角投影的概念

互相垂直的三个投影面(V、H、W)扩展后,可将空间分成八个分角,如图7-6a)所示,这八个分角依次称为第一分角、第二分角、……第八分角。大多数国家的制图标准中把形体放在第一分角进行正投影。根据我国的制图标准规定,工程图样均采用第一角投影画法。但也有些国家,例如美国、英国、日本等则采用第三角投影,即将形体放在第三分角进行正投影,如图7-6b)所示。随着我国加入WTO,国际间技术合作、技术交流日益增加,有必要对第三角投影的画法有所了解。

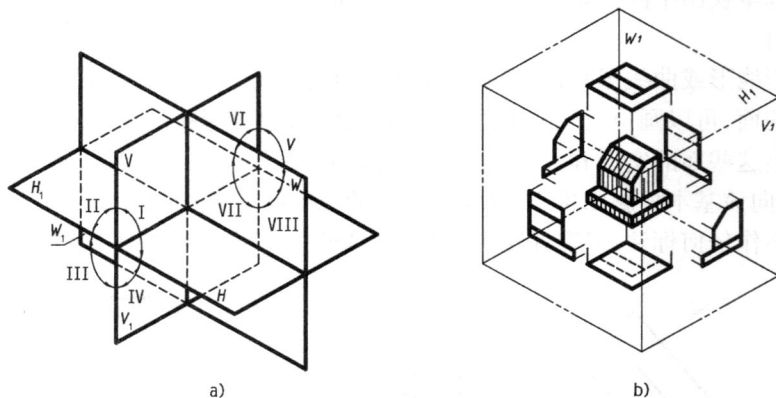

图7-6　第三分角投影
a)八个分角;b)第三分角立体图

2. 第三角投影法

如图7-6b)所示,把形体放在第三分角中,并向三个投影面进行正投影,然后再按图7-7a)所示,V_1保持不动,将H_1面向上旋转90°,将W_1面向右旋转90°,便得到位于一个平面上属于第三角投影的六面投影图,如图7-7b)所示。

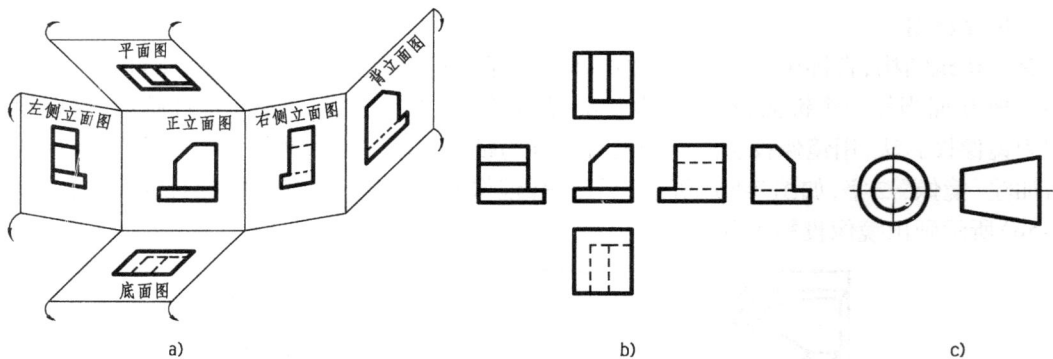

图7-7　第三角六面投影视图的形成、配置及标志
a)六面视图展开;b)投影图的排列位置;c)标志符号

如采用第三角画法,则必须在图样中画出如图7-7c)所示的第三角画法的标志符号。

3. 第一角与第三角的比较

1)相同点

投影都采用正投影法,在三面投影之间仍遵循"长对正、高平齐、宽相等、"的"投影"对应

156

关系。

2)不同点

(1)观察者、形体、投影面三者位置关系不同。第一角投影画法是将形体置于第一分角内,形体处于观察者与投影面之间,投影过程为"观察者→形体→投影面";而第三角投影画法是将形体置于第三分角内,形体处于投影面之后,假定投影面是透明的,投影过程为"观察者→投影面→形体"。

(2)投影图的排列位置不同。第一角投影的 H 面平面图置于 V 面正立面图的下方,W 面的左侧立面图置于 V 面正立面图的右侧,而第三角投影是 H_1 面平面图置于 V_1 面正立面图上方,W_1 面的左侧立面图置于 V_1 面正立面图的左侧,如图7-7b)所示。

第二节 剖 面 图

在投影图中,形体的可见轮廓线画实线,不可见的轮廓线画虚线。对于内部形状比较简单的形体,只用投影视图来表示还可以,但对于内部形状比较复杂的形体,投影视图的虚线会很多,使得视图中的实线和虚线纵横交错,内外层次不分明,给读图带来很大的不便,甚至会将形体理解错。同时,虚线多,给尺寸标注也带来了很大的不便。如图7-8所示,正立面和左侧立面的实线和虚线,很难确定其在空间形体的位置。为了解决以上问题,工程上常采用剖面图来表达形体的内部结构。

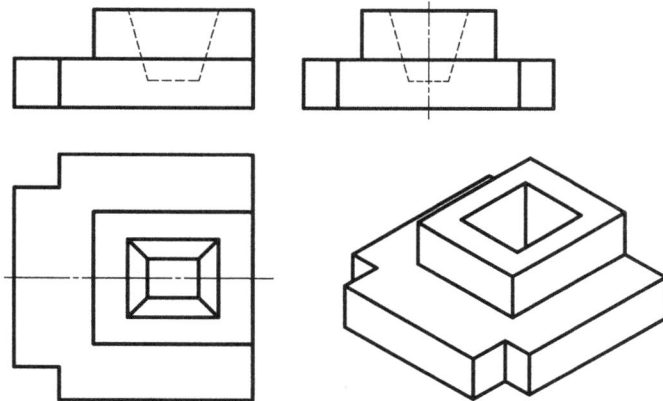

图7-8 形体三视图及立体图

一、剖面图的形成与标注

1.剖面图的形成

剖面图是用假想剖切平面将形体切开后,移去观察者和剖切平面之间的部分,将剩余部分向投影面投射,这样所得的视图称为剖面图。如图7-9a)所示,用与 V 面平行的剖切平面 P 沿形体前后对称面将其剖开,与原来未剖切的图7-8正立面图对比可以看出,由于将形体假想剖开,形体内部结构显露出来,在剖面图上,原来不可见的线变成了可见线,而原外轮廓可见的线有部分变成不可见的了,此时不可见的线可不画。

2.剖面图的标注

(1)剖切位置线。剖面图的剖切位置,用剖切位置线来表示。作剖面图时,一般都使剖切平面平行于基本投影面,从而使断面的投影反映实形,若是对称形体,剖切平面要通过对称面。剖切平面既为投影面平行面,与之垂直的投影面上的投影则积聚成一条直线,这条直线表示剖切位置。剖切位置线在视图的两端用粗实线画成两段,长度为 6~10mm。绘图时,剖切位置线在图中不应与视图上的图形轮廓线相交,如图 7-9b)所示。

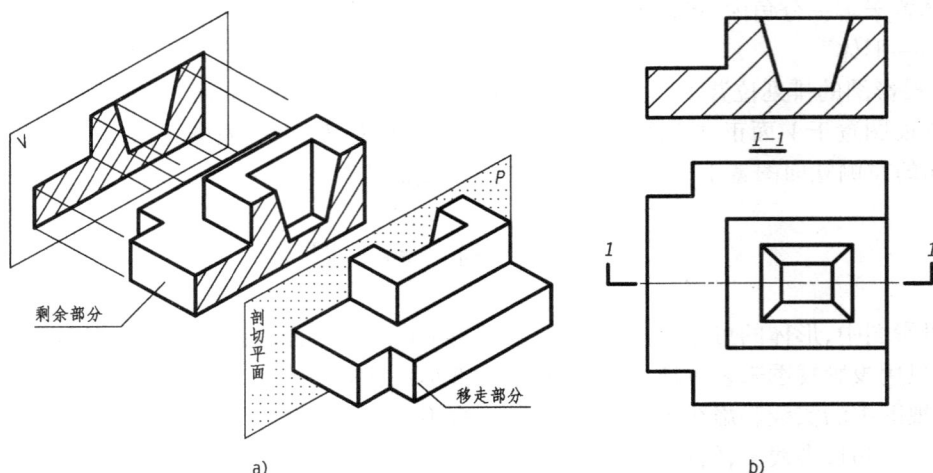

图 7-9 形体剖切及剖面图
a)剖面图的形成;b)剖面图

(2)投射方向线。为表明剖切后剩余部分形体的投射方向,在剖切位置线两端各画一段垂直于剖切位置线的粗实线,长度为 4~6mm,如图 7-9b)所示。

(3)剖面图的编号。对复杂结构的形体,可能要同时剖切几次。为了区分清楚,对每一次剖切要进行编号,采用阿拉伯数字,按顺序从左到右、从下到上的连续编排,并注写在剖视方向的端部。剖切位置线需要转折时,在转折处的外侧也应加注相同的编号。编号数字一律水平书写,如图 7-10 所示。在相应的剖面图下方或上方,写上与剖切符号相同的编号作为剖面图的图名,如图7-9b)中的 1-1,并在图名下方画一条等长的粗实线。

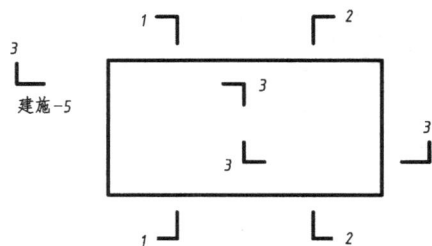

图 7-10 剖切符号与编号

(4)材料图例线。剖切平面与形体接触的部分,一般要画出表示材料类型的图例,如图 7-11 所示。在不指明材料时,用间隔均匀(一般为 2~6mm)的 45°方向细斜线画出图例线,在同一形体的各个剖面图中,图例线方向、间距要一致,如图 7-9b)所示。

(5)剖面图如与被剖切图样不在同一张图纸内,可在剖切位置线的另一侧注明其所在图纸的图纸号,如图 7-10 中的"建施-5",也可以在图纸上集中说明。

(6)有些习惯画法可以不标注剖切符号,如通过形体的对称面的剖切符号、房屋图的平面图的剖切符号等,可以不标注。

二、画剖面图的注意事项

(1)剖切是假想的,目的是为了清楚地表达形体的内部形状,并不是真正地将形体切开拿走一部分。因此除了剖面图外,其他视图应按未剖切前的形体形状画出。如图 7-9b)的平面图,并未因画了 1-1 剖面图而只画一半。同一形体若需要进行几次剖切时,每次剖切前都应按完整的形体进行考虑。如图 7-9b),作了 1-1 剖面图之后,若左侧立面图也采用剖面图时仍按完整形体剖切。

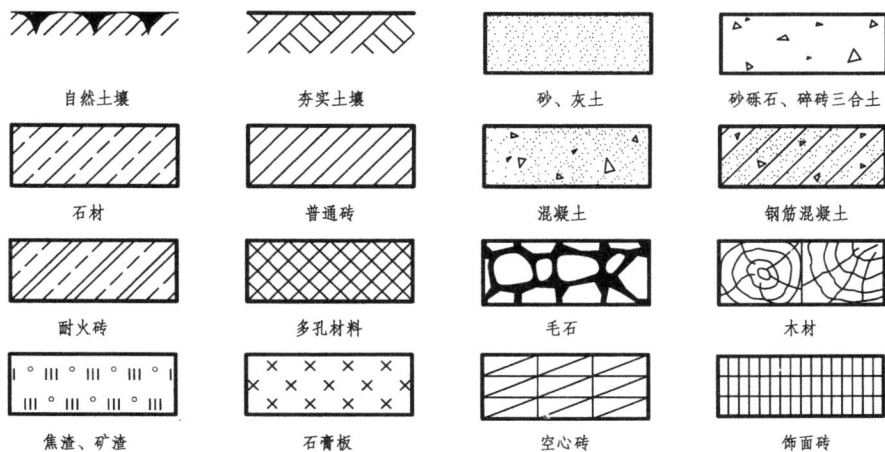

图 7-11　常用建筑材料图例

（2）为了使剖面图中的截断面反映实形,剖切平面一般应平行于基本投影面,且尽量通过形体的孔、洞、槽的对称中心线。

（3）剖面图是"剖切"后将剩下的部分进行投射,所以,在画剖面图时,剩下部分所有看得见的图线均应画出,而看不见的轮廓线（虚线）一般可省略不画。如图 7-9b）中 1-1 剖面图省略了看不见的虚线。

（4）要仔细分析剖面后面的结构形状,分析有关视图的投影特点,以免画错。如图 7-12 所示,要注意区别它们不同之处在什么地方。

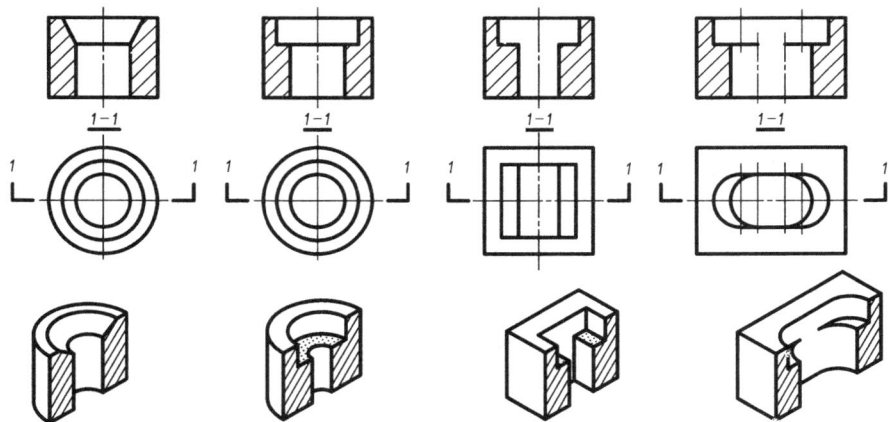

图 7-12　孔槽的剖面图（立体图为剖切后剩下的部分）

三、剖面图的种类

为了表示形体的内部形状,可根据形体的形状特点,采用不同的剖切方式,画出不同的剖面图。

1. 全剖面图

1）形成

假想用一个平面将形体全部剖开,然后画出它的剖面图,这种剖面图称为全剖面图,如图7-9所示。全剖面图一般要标注剖切位置线,只有当剖切平面与形体的对称平面重合,且全剖面图又置于基本投影图位置时,可以省略标注。

2）适用范围

适用于外形结构比较简单而内部结构比较复杂的形体。

2. 半剖面图

1）形成

当形体的内、外形在某个方向上具有对称性,且内外形又都比较复杂时,以对称点画线为界,将其投影的一半画成表示形体外部形状的正投影,另一半画成表示内部结构的剖面图,中间用点画线分界。这种投影图和剖面图各画一半的图,称为半剖面图。如图7-13所示,由于正立面图是对称图形,为了同时表示内外形,所以采用半剖面;同理,平面图和左侧立面图也是对称图形,为了表示该方向的内外形也应画成半剖面,如图7-14a）~d）所示。

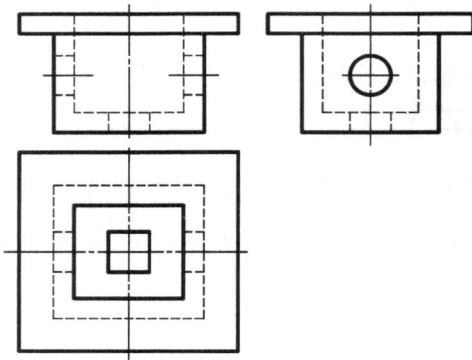

图7-13　组合体三视图

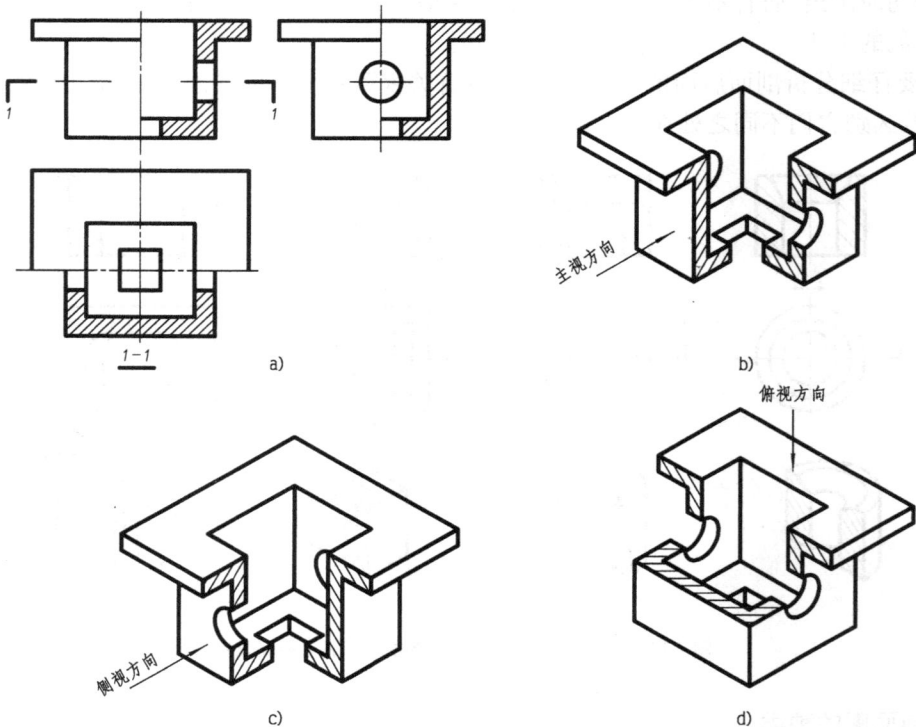

图7-14　半剖面图的形成及画法
a）半剖面图;b）主视图半剖;c）左侧立面半剖;d）平面图半剖

160

2）适用范围

适用于内、外形都需要表达的对称形体。

3）注意事项

（1）半剖面图的半个视图和半个剖面图的分界线画成点画线（对称线），不能当作形体的外轮廓线画成实线。若作为分界线的点画线刚好与轮廓线重合，则应避免用半剖面。

（2）当对称点画线为竖直时，将视图画在点画线的左侧，剖面图画在点画线的右侧；当对称点画线为水平时，将外形投影图画在水平点画线的上方，剖面图画在水平点画线的下方，如图7-14a）所示。

（3）若形体具有两个方向的对称平面，且半剖面图又置于基本投影位置时，标注可以省略，如图7-14a）所示的正立面图和左侧立面图标注均省略了。但当形体具有一个方向的对称面时半剖面图必须标注，标注方法同全剖面图，如图7-14中置于平面图位置的1-1剖面。

3. 局部剖面图

1）形成

在不影响外形表达的情况下，用剖切平面局部地剖开形体来表达结构内部形状所得到的剖面图，称为局部剖面图，如图7-15所示。局部剖切的位置与范围用波浪线来表示。

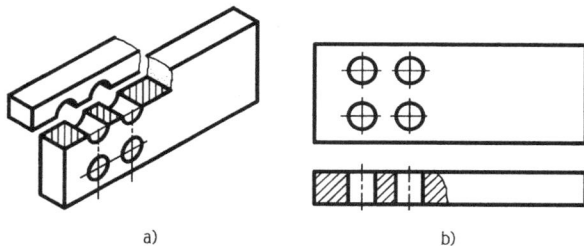

图7-15　局部剖面图形成及画法
a）局部剖面图的形成；b）局部剖面图

2）适用范围

（1）外形复杂、内部形状简单且需保留大部分外形，只需表达局部内部形状的形体。

（2）形体轮廓与对称轴线重合，不宜采用半剖或不宜采用全剖的形体，可采用局部剖，如图7-16所示。

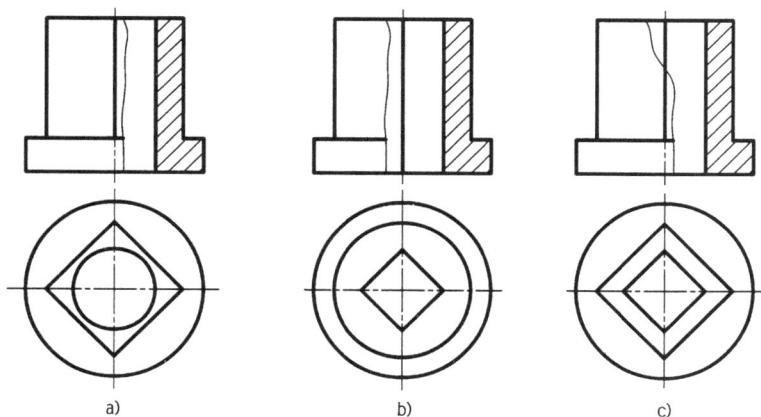

图7-16　局部剖面图的选用
a）对称中心线与外轮廓线重合时的局部剖面图；b）对称中心线与内轮廓线重合时的局部剖面图；c）对称中心线同时和内外轮廓线重合时的局部剖面图

（3）建筑物的墙面、楼面及其内部构造层次较多，可用分层局部剖面来反映各层所用的材料和构造，分层剖切的剖面图，应按层次以波浪线将各层隔开，波浪线不应与任何线重合，如图7-17所示。

3）注意事项

（1）局部剖切比较灵活，但应照顾看图的方便，不应过于零碎。一般每个剖面图局部剖不能多于三处。

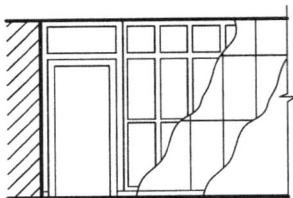

图7-17　分层剖切的局部剖面图

（2）用波浪线表示形体断裂痕迹，波浪线应画在实体部分，不能超出视图轮廓线或画在中空部位，不能与图上其他图线重合。

（3）局部剖面图只是形体整个外形投影中的一部分，不需标注。

4.阶梯剖面图

1）形成

当形体内部结构层次较多，采用一个剖切平面不能把形体内部结构全部表达清楚时，可以假想用两个或两个以上相互平行的剖切平面来剖切形体，所得到的剖面图称为阶梯剖面图，如图7-18a)所示。

2）适用范围

阶梯剖面图适合于表达内部结构不在同一平面的形体。

3）注意事项

（1）阶梯剖面图必须标出名称、剖切符号，如图7-18b)立面图所示。为使转折处的剖切位置不与其他图线发生混淆，应在转折处标注转折符号"┘"，并在剖切位置的起、止和转折处注写相同的阿拉伯数字，如图7-18b)平面图所示。

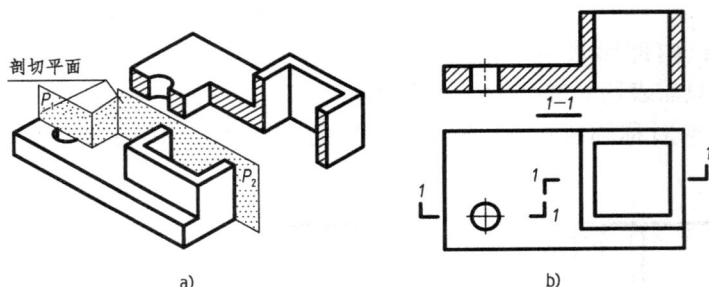

图7-18　阶梯剖面图的形成与画法

a)阶梯剖面图的形成；b)阶梯剖面图

（2）阶梯剖面图的剖切平面转折位置不应与图形轮廓线重合，也不应出现不完整的要素，如不应出现孔、槽的不完整投影。只有当两个投影在图形上具有公共对称中心线或轴线时，才允许各画一半，此时应以中心线或轴线为界。

（3）在剖面图上，由于剖切平面是假想的，不应画出两个剖切平面转折处交线的投影。

5.旋转剖面图

1）形成

用两个相交的剖切平面（交线垂直于一基本投影面）剖切形体后，将被剖切的倾斜部分旋转与选定的基本投影面平行，再进行投射，使剖面图即得到实形又便于画图，这样的剖面图叫旋转剖面图。如图7-19平面图所示，1-1剖切平面在形体回转轴的右侧平行于V面，投影反映实形，左侧小部分不平行于投影面，应先旋转左侧与V面平行，再投影得到旋转剖面图。

2）适用范围

适用于内部不在同一平面上,且具有同一回转轴的形体。

3)注意事项

(1)旋转剖的剖切面交线常和形体的主要孔、轴的轴线重合。采用旋转剖时,必须标出剖面图的名称,标注全剖切符号,在剖切面的起始和转折处用相同的字母标出。

(2)在画旋转剖面图时,应先剖切、后旋转,然后再投影。而且应在旋转剖面图名称后边注写"展开"二字。

四、剖面图中的尺寸标注

剖面图中的尺寸标注方法与组合体视图的尺寸标注方法基本相同,均应遵循制图标准中的有关规定。对于半剖面图,因其图形不完整而造成尺寸组成欠缺时,在尺寸组成完整的一侧,尺寸线、尺寸界线和标注方法依旧,尺寸数字仍按图形完整时注出,但需将尺寸线画过对称中心线,如图7-20中尺寸26和圆孔$\phi16$所示。

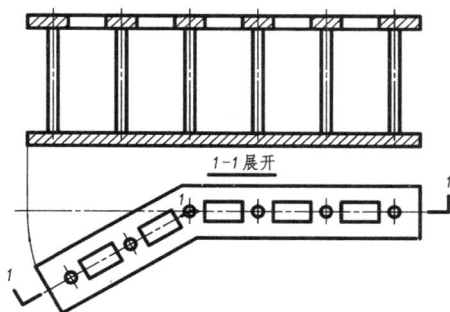

图7-19 旋转剖面图

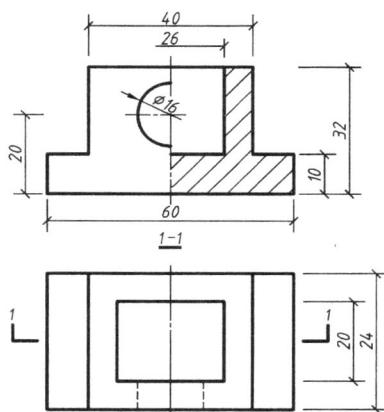

图7-20 半剖面尺寸标注

剖面图中画剖面线的部分,如需标注尺寸数字,应将相应的剖面线断开,不要使剖面线穿过尺寸数字,如图7-21所示。

五、综合读图

读图前应掌握的基本知识同读组合体视图一样。其主要方法也是形体分析法和线面分析法。读图的步骤一般是先概括后细分,先形体分析后线面分析,先外后内,先整体后局部,再由局部到整体。最后加以综合,想象出形体的完整形状。

图7-21 剖面线中的尺寸标注

【例7-1】 如图7-22a)所示,已知形体的三面投影及立体图,试用适当的视图将形体内外结构表示清楚。

1.读图

根据三面投影图可知,H面投影图都可见,故没有必要采用剖面图;主视方向内部比较复杂,所以可采用全剖面来表示内部结构;对W面图可采用半剖面。

2.确定剖切位置,并将视图画成剖面图

(1)确定剖面位置。在主视方向上因形体前后对称,所以选择前后对称面作为剖面,如

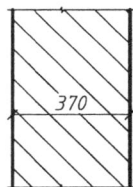

图 7-22b)所示。形体剖开后,其内部形状完全显露出来,故原 V 面图中的虚线都变成可见的粗实线,如图 7-22c)所示。在左视方向上形体的左半部分是完全可以看到的,故剖切平面没必要通过此内部;而形体的右半部分内部为阶梯孔,且局部对称,故选择通过阶梯孔轴线的侧平面作为剖面,如图 7-22d)所示。剖切后将形体前左角移去,将剩余的部分向 W 面投影,一半视图(画在 W 面投影图的左半边)与原图的粗实线是一样的;一半剖面图(画在 W 面图的右半边)是将剖切平面通过的截面和剩余部分一起投影,如图 7-22e)所示。

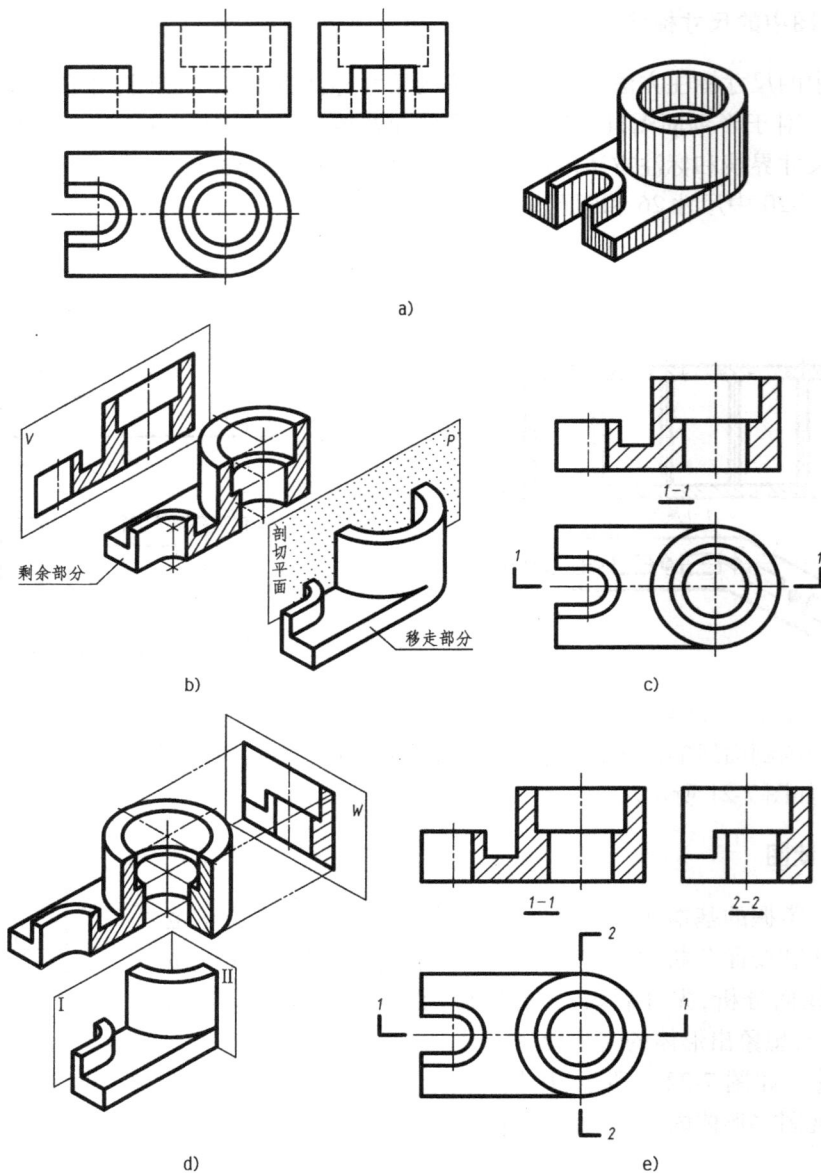

图 7-22 剖面图选择与画法

a)形体三视图及立体图;b)全剖面图的形成;c)画全剖面图;d)半剖面图的形成;e)半剖面图

(2)标注剖切符号。全剖的 V 面图因剖切平面通过前后对称面,所以可不标注剖切位置线和剖切符号;但 W 面图的半剖面图,因图形左右不具有对称性,所以剖切位置线和剖切符号

164

必须标注。如图 7-22e)的 1-1 位置线和符号可省略不标注,但 2-2 必须标注。

(3)画图例线。在各剖切平面剖到的形体截面上画上图例线,注意同一形体不论是哪个剖面图,其图例线的方向和均匀程度必须一致。

3. 检查和描深

检查各剖面图是否有多线、漏线的,及时修正。检查无误后,根据图线要求描深。

【例 7-2】 如图 7-23 所示,已知倒长圆形薄壳基础的一个视图和一个剖面图,试补第三面视图。

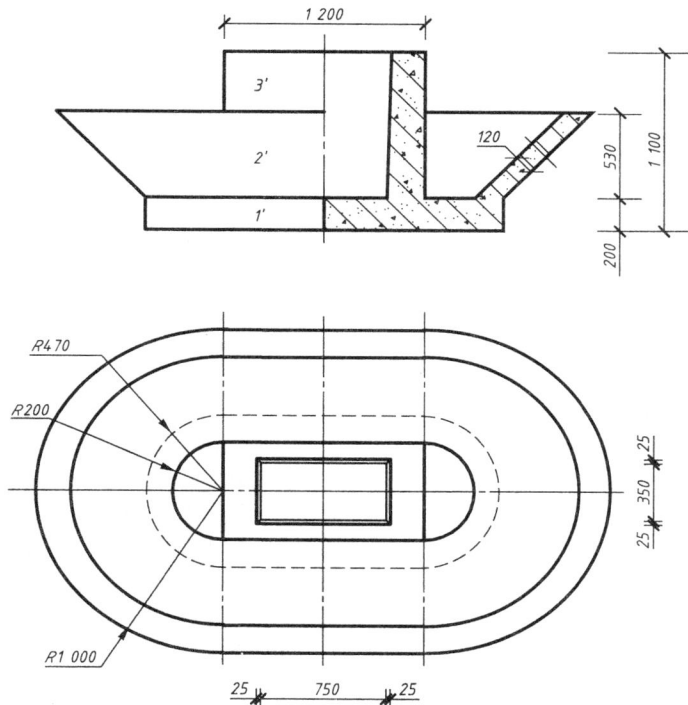

图 7-23 倒长圆形薄壳基础

1)读图

(1)根据已知视图和剖面图以及所标注的尺寸可知,该基础是一个前后和左右完全对称的形体,V 面投影画的是半剖面图。

(2)形体分析。从 V 面的半剖面图对应平面图可知,该基础由三部分组成。

①长圆形基础底板。V 面投影矩形线框 1′,与 H 面投影中长圆形虚线线框相对应,由此可知,该形体是由左右两个半圆柱和中间一个四棱柱组成的。由于此部分位于基础的下部,H 面投影的这部分被上面的形体挡住了,所以画成虚线,单独画出的底板如图7-24a)所示。

②倒长圆台形壳体。V 面投影中底板上方的梯形线框 2′ 和表示内部形状的半剖面,与 H 面投影中的三个长圆形相对应,由此可知,该部分形体是一个倒长圆台,左右两部分是两个倒半圆台,中间是一个以梯形为左右端面的四棱柱,四棱柱的前后面为侧垂面,在其内部挖去一个相似的倒长圆台,最后形成了一个倒长圆台形壳体,如图 7-24b)所示。

③从 V 面投影图中最上面的线框 3′ 和表示内部形状的半剖面可知,该部分是一个在中间被挖去一个楔形的四棱柱,位于基础的中间,其形成如图 7-24c)所示。

④综合分析以上形体的相对位置关系,不难想象出该基础的形状,如图 7-24d)所示。

165

⑤从倒长圆形薄壳基础立体图 7-24d)明显看出,该基础前后、左右是完全对称的,现已给出 V 面投影为半剖面图,要补的 W 面投影也应采用半剖面图,其形成如图 7-24e)所示。

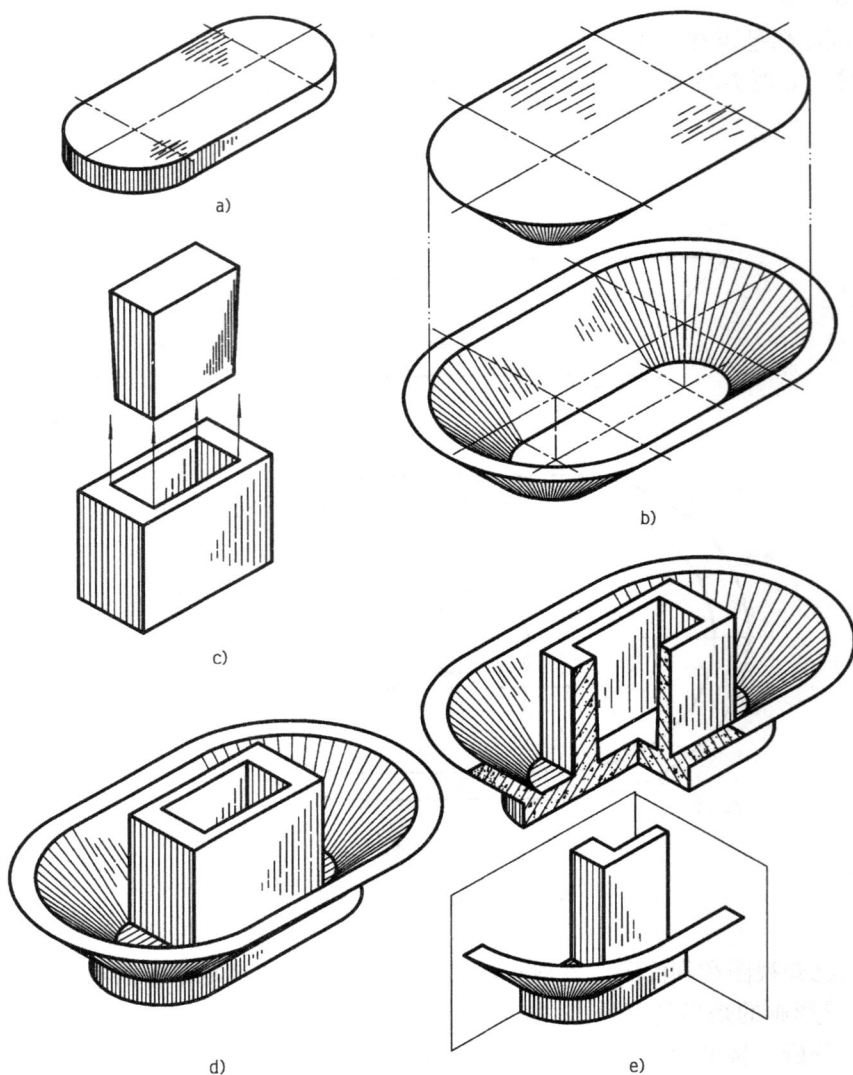

图 7-24　基础的形体分析

a)长圆形基础底板;b)倒长圆形壳体;c)四棱柱及楔形杯口;d)倒长圆形薄壳基础立体图;e)倒长圆形薄壳基础半剖立体图

2)补绘 W 面投影

(1)首先画对称中心线(点画线),对应将底板的 W 面投影画出,如图 7-25a)所示。

(2)对应画出倒长圆台形壳体的 W 面投影,如图 7-25b)所示。

(3)对应画出四棱柱和楔形杯口的 W 面投影,如图 7-25c)所示。

(4)将基础的 W 面投影改画成半剖面图,并将剖切平面剖到的形体部分,画上钢筋混凝土图例,然后描深,如图 7-25d)所示。

(5)倒长圆形薄壳基础的尺寸,在 V 面投影和 H 面投影中已经详细标出,在 W 面投影上

166

无需再标。最后完成的全图如图 7-26 所示。

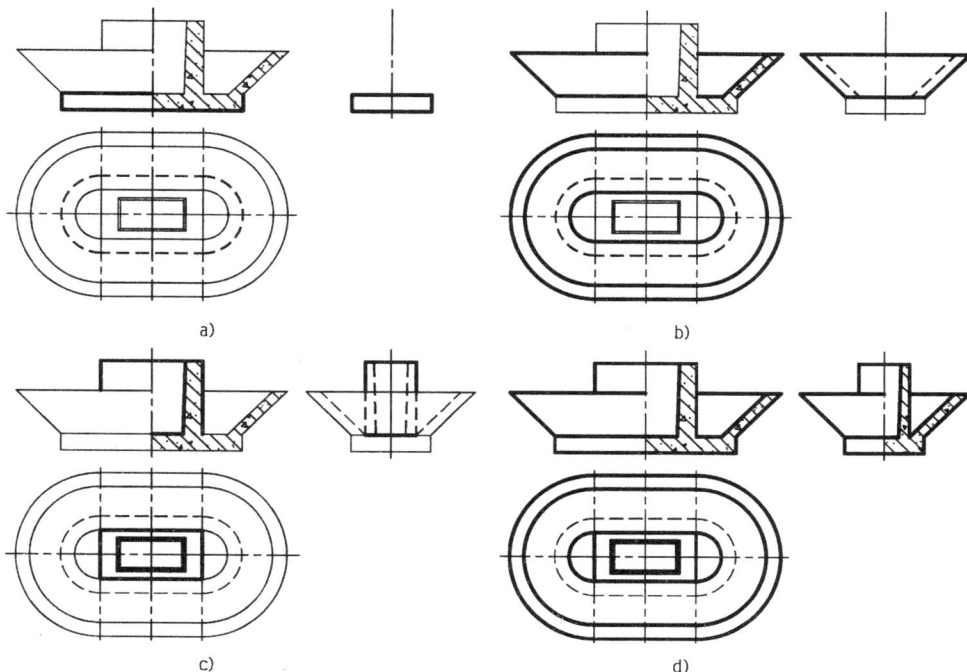

图 7-25　补画基础左侧立面图

a) 画底板的 W 面投影图; b) 画倒长圆台形壳体的 W 面投影图; c) 画四棱柱及楔形杯口的 W 面投影图; d) 将基础的 W 面投影图改画成半剖面图, 并描深

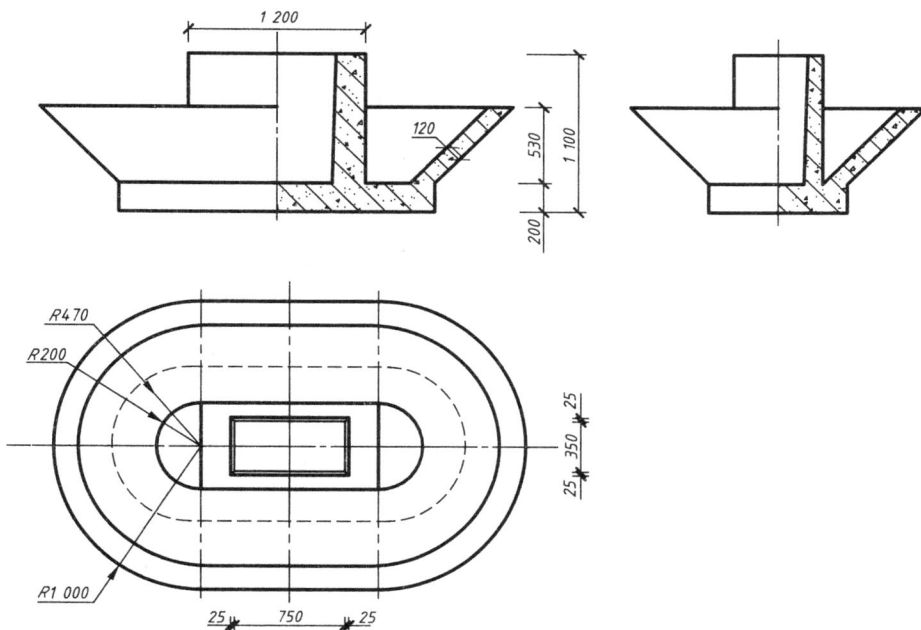

图 7-26　倒长圆薄壳基础三视图

【例 7-3】　如图 7-27 所示, 已知组合体的两面投影, 补画 W 面投影, 并用适当的剖面将形体内外形状表示清楚。

167

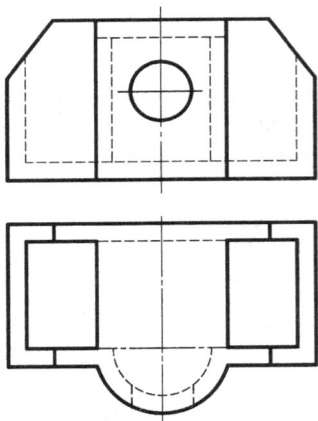

图 7-27　组合体二面投影图

1）读图

从所给两面投影图可知，该组合体的形成过程首先是在六棱柱 I 内挖切掉相似六棱柱 II；其次是在形体前叠加个半圆柱 III，再在其内挖掉个半圆柱 IV 形成管壁；然后再叠加形体 V；最后在前管壁上挖掉圆柱 VI，其形成如图 7-28a）～c）所示，完成后的组合体如图 7-28d）所示。

2）补画 W 面投影

根据组合体的形成过程，逐一完成其 W 面投影，补 W 面投影过程如图 7-29a）～e）所示。最后完成的组合体三视图如图 7-30所示。

3）剖面图的选择

从上面的分析可知，该组合体为左右完全对称的空形体，其他方向没有对称性。现选择 V 面和 H 面投影为半剖面图，W 面投影为全剖面图。剖切平面分别为通过六棱柱空形体对称面的正平面；通过挖切圆孔轴线的水平面；通过形体左右对称面的侧平面。其剖切后的立体图如图 7-31a）～c）所示。

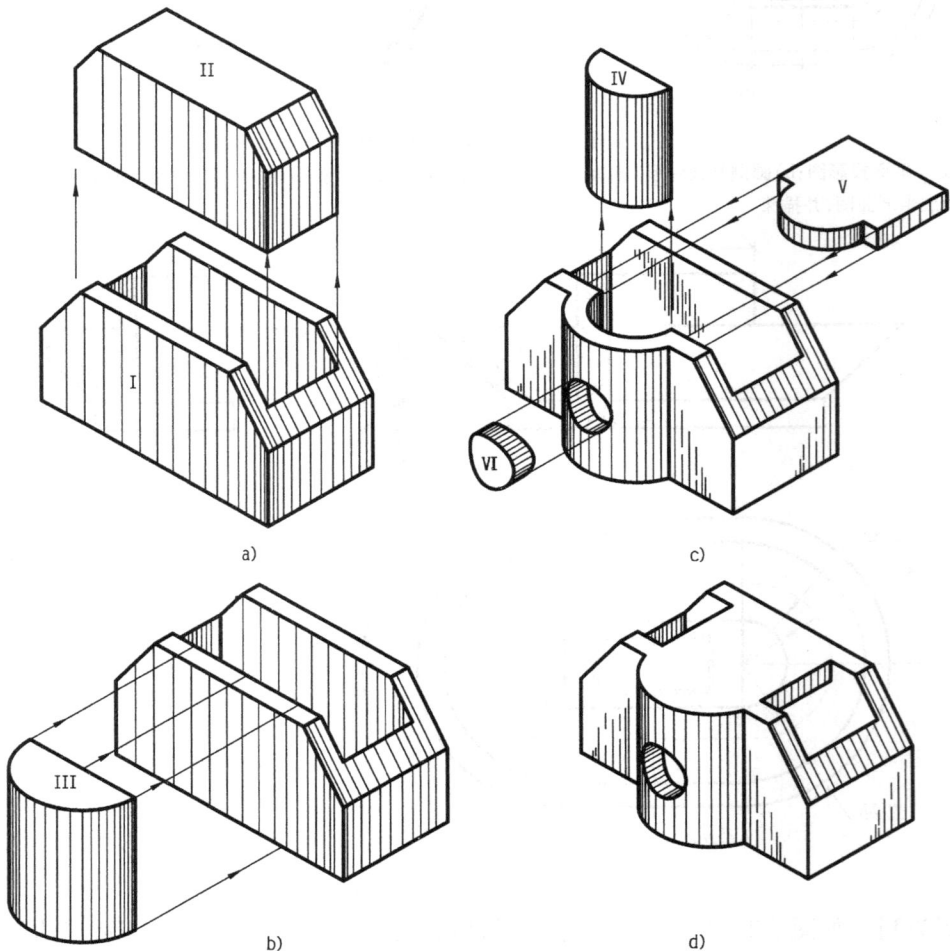

a)

b)

c)

d)

图 7-28　组合体的形体分析

168

4）补画剖面图

根据以上分析，由图 7-30 将三视图改画成剖面图，擦去多余的线，在剖面图上画上图例线，完成的剖面图如图 7-32 所示。

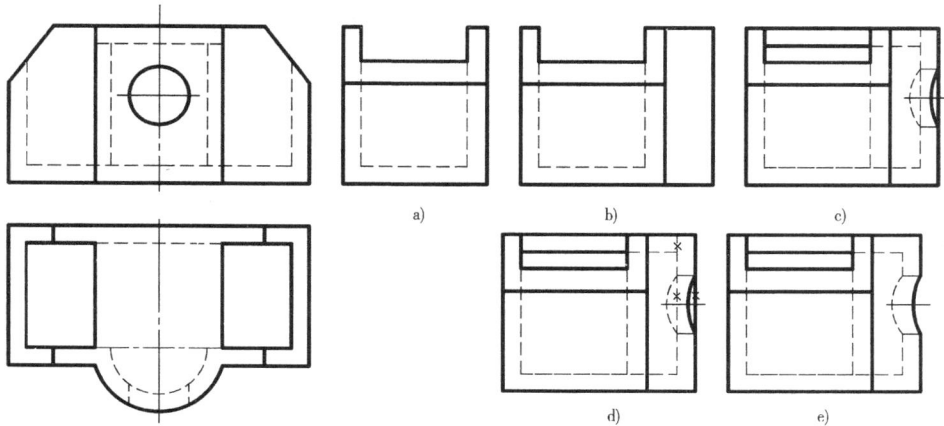

a)　　　　　　　　b)　　　　　　　　c)

d)　　　　　　　　e)

图 7-29　左视图补图过程

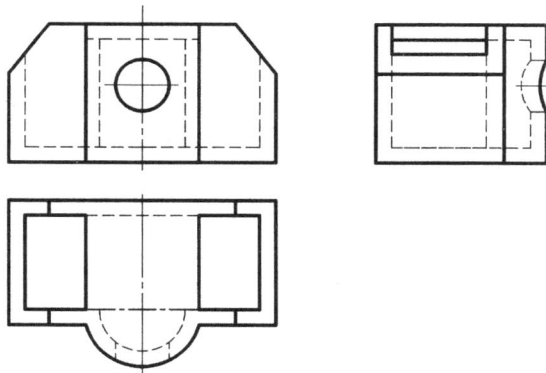

图 7-30　组合体三视图

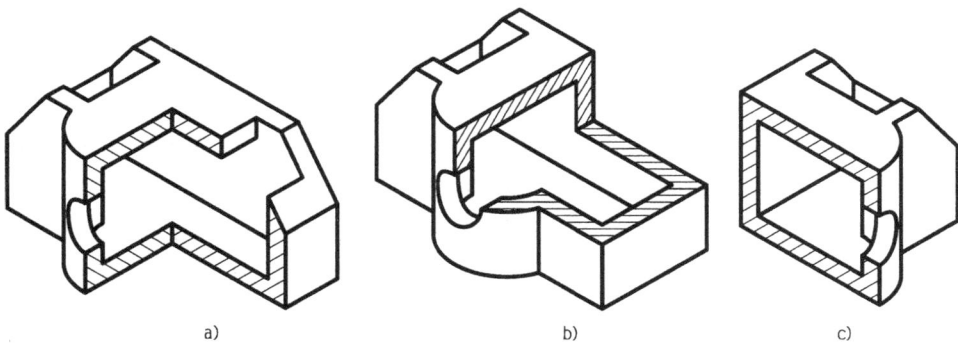

a)　　　　　　　　b)　　　　　　　　c)

图 7-31　剖面立体图
a）V 面半剖面形成；b）H 面半剖面形成；c）W 面全剖面形成

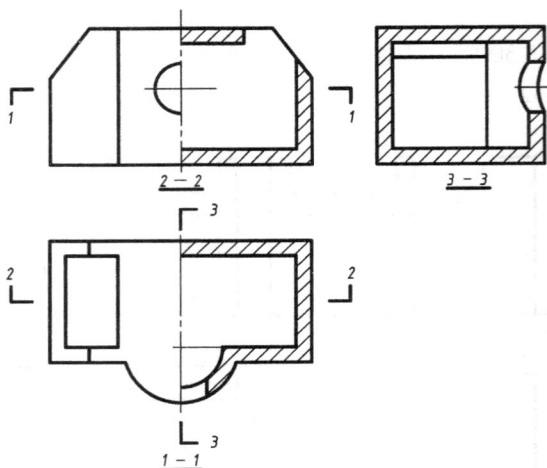

图 7-32 剖面图

第三节 断 面 图

一、断面图的形成与标注

1. 断面图的形成

假想用剖切平面将形体的某处剖开后,仅画出该剖切面与形体接触部分的图形(即截面),并在断面上画上材料图例(或剖面线),这种图形称为断面图。如图 7-33a)、c)所示为楼梯断面图。

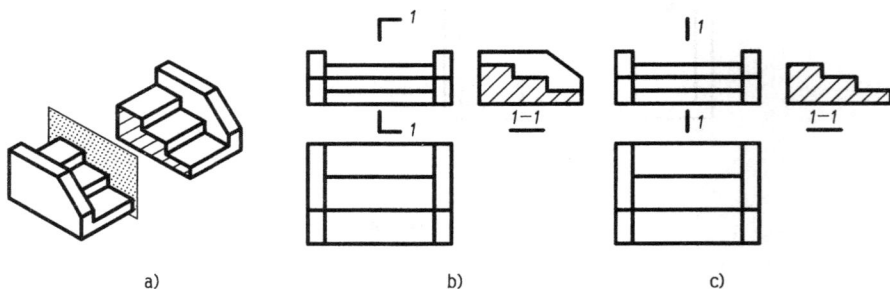

图 7-33 剖面图与断面图
a)立体图;b)剖面图;c)断面图

2. 断面图的标注

只有画在投影图之外的断面图才需要标注,如图 7-33c)所示。断面图要用剖切符号表明剖切位置和投射方向。剖切位置的画法同剖面图,用长度为 6～10mm 的短粗实线画出剖切位置线。断面图的剖视方向用编号的注写位置表示投影方向,例如编号写在剖切位置线右侧,表示投射方向向右,如图 7-33c)所示。编号写在剖切位置线的下方,表示投射方向向下,如图 7-34所示。断面图的编号、材料图例、图线线型均与剖面图相同,图名注写时只写上编号即可,不再写"断面图"三个字。

二、断面图与剖面图的区别

(1)性质上的区别。剖面图是剖开后余下部分的投影,是体的投影。而断面图只是切开

170

后断面的投影,是面的投影。剖面图中包含断面图,而断面图只是剖面图中的一部分,如图7-33b)、c)所示。

(2)画法上的区别。剖面图是画出切平面后的所有可见轮廓线,而断面图只画出切口的形状,其余轮廓线即使可见也不画出。

(3)标注上的区别。剖面图既要画出剖切位置线又要画出投射方向线,而断面图则只画剖切位置线,其投影方向用编号的注写位置来表示。

(4)剖切形式上的区别。剖面图的剖切平面可以发生转折,而断面图每次只能用一个剖面去剖切,不允许转折。

三、断面图的种类与画法

有些构件,需表达其内形,在没必要画出剖面图时,可用断面图来表示。常用的断面图有移出断面、重合断面和中断断面。适当选择断面图,可以简化形体的表达方式。

1.移出断面

画在形体投影图之外的断面图称为移出断面。如图7-34所示,图中采用了移出断面来表示立柱各段的断面形状。

移出断面的外形轮廓线用粗实线绘制。当形体需要作出多个断面时,可将各个断面图整齐地排列在视图的周围,以便于识读。当移出断面图尺寸较小时,断面可涂黑表示。断面图也可用较大的比例绘出,以利于标注尺寸和清晰地显示截断面的构造。

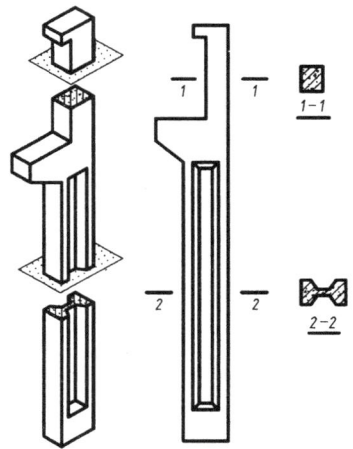

图7-34 立柱移出断面图

2.重合断面

将断面图重叠画在基本视图轮廓之内的断面图,称为重合断面图,如图7-35a)所示。

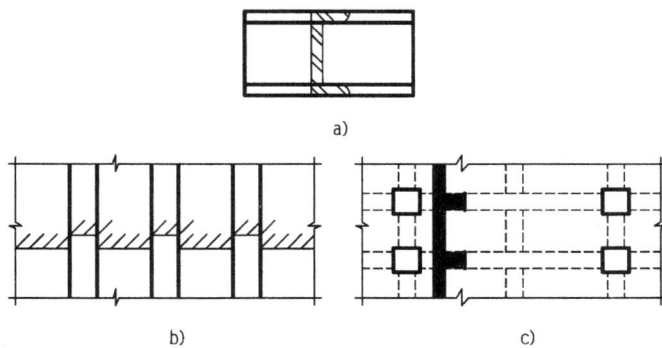

图7-35 重合断面图

a)槽钢;b)墙上装饰线重合断面图;c)楼板层重合断面图

重合断面图的比例应与基本视图一致,其断面轮廓线规定用细实线,并不加任何标注。视图上与断面图重合的轮廓线,不应断开,仍按完整画出。

如图7-35b)所示为墙面装饰的重合断面图,仅用来表示墙面的起伏,故该断面图不画成封闭线框,只在断面图的范围内,沿轮廓线边缘加画45°剖面线。

如图7-35c)所示为现浇钢筋混凝土楼板层的重合断面图,是用侧平面将楼板层剖切得到

171

的断面图,经旋转后重合在平面上,因梁板断面图形较窄,不易画出材料图例,故用涂黑表示。

3. 中断断面

当形体较长,且沿长度方向断面图形状相同或按一定规律变化时,可以将断面图画在视图中间断开处,这种断面图称为中断断面图,如图 7-36 所示。中断断面图轮廓线用粗实线表示。

图 7-36　中断断面图

第四节　轴测剖面图

轴测图能直观地反映形体的外形;剖面图、断面图能详细准确地表达形体内部构造。若把轴测图和剖面图结合起来画,则既能直观地表达外部形状又能准确看清内部构造,这便是本节要研究的轴测剖面图。

一、形成与分类

在轴测图中,形体内部结构表达不清楚时,可假想用剖切平面将形体的轴测图剖开,然后作其轴测图,称为轴测剖面图。

根据需要,剖切时,有时用单一剖切面剖切整个形体得轴测全剖面图,如图 7-9a)所示;有时用几个平行的剖切平面剖切形体也可得出轴测全剖面图,如图 7-18a)所示;有时用两个互相垂直的平面剖切形体,可得轴测半剖面图,如图 7-14a)所示;有时甚至用一个或几个不规则的平面局部地剖切形体,保留大部分外形,这样可得轴测局部剖面图,如图 7-15a)所示。

二、轴测剖面图上图例画法的规定

(1)为了使轴测剖面图能同时表达形体的内、外形状,一般采用互相垂直的平面剖切形体的1/4,剖切平面应选取通过形体主要轴线或对称面的投影面平行面作为剖切平面,如图 7-37 所示。

(2)在轴测剖面图中,断面的图例线不再画 45°方向斜线,而是与轴测轴有关,其方向应按如图 7-38 所示方法绘出。在与该坐标面相关的两轴测轴上,任取一单位长度并乘该轴的变形系数后定点,然后连线,即为该坐标面轴测图剖面线的方向。

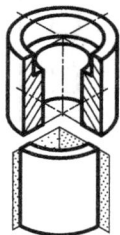

图 7-37　剖切平面的位置

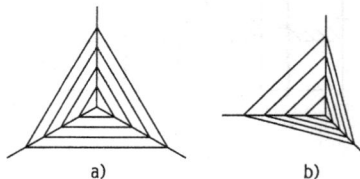

图 7-38　轴测剖面图中剖面线的规定画法
a)正等测;b)斜二测

(3)当沿着筋板或薄壁纵向剖切时,同剖面图剖到这部分一样,不画剖面线,仅用实线将它和相邻结构分开。

三、轴测剖面图的画法

画轴测剖面图的方法有以下两种:

1.先画后剖

所谓先画后剖,就是先画完整形体的轴测图,然后进行剖切,最后补画形体内形和添加剖面线的方法,如图7-39所示。

2.先剖后画

所谓先剖后画,就是先画剖切断面形状并添加剖面线,然后按先近后远、先内后外的原则完成外形与细节的方法。

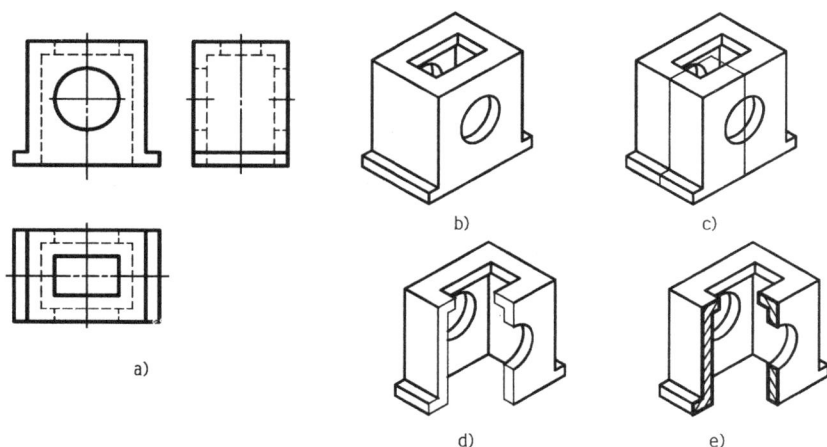

图7-39 轴测剖面图的画法

a)已知形体的三面投影图;b)先画形体外形轴测图;c)确定剖切平面位置;d)将多余线去掉补画内形可见线;e)添加图例线

比较两种方法,第二种方法比第一种方法作图图线少,但初学者不易掌握,一般应在熟悉第一种方法后再用第二种方法。

四、轴测剖面图画法示例

轴测剖面图的画法与轴测图画法基本相同,只是在相应的断面上要画上图例线。轴测剖面图中的可见线宜用中实线,断面轮廓宜用粗实线绘制,不可见线一般不画,必要时,可用细虚线画出所需部分。

【例7-4】 如图7-39a)所示,已知形体的投影图,作出轴测剖面图。

作图步骤如下:

(1)画出形体的轴测图,如图7-39b)所示。

(2)确定剖切平面在对称平面上,沿剖切平面将形体剖开,如图7-39c)所示。

(3)将多余的线去掉,画出断面及内部显露出来的可见轮廓线,如图7-39d)所示。

(4)在各断面上画出材料图例线,完成的轴测剖面图如图7-39e)所示。

第五节 常用的规定画法和简化画法

一、简化画法

1.折断画法

当只需表示形体的一部分形状时,可假想将不需要的部分折断,画出留下部分投影,并在折断处画上折断线。对不同材料的形体,折断线的画法也不同,如图7-40所示。

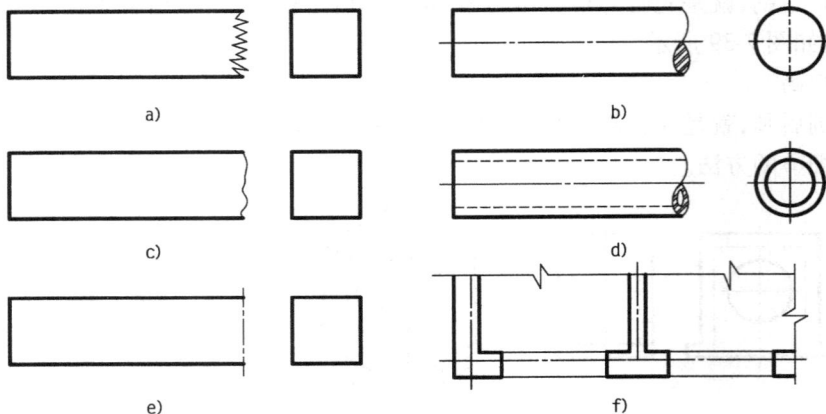

图7-40 常见构件折断画法
a)方木;b)圆钢;c)方钢;d)钢管;e)方钢;f)房屋平面图

2. 断开画法

若形体较长,且沿长度方向形状相同或按一定规律变化时,其投影图可采用断开画法。即假想将其折断,去掉中间一部分,只画出两端部分,但尺寸要按总长标注,断开处应以折断线表示,如图7-41所示。

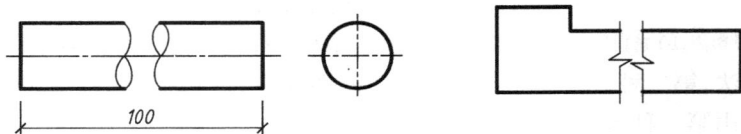

图7-41 断开画法

3. 对称画法

对于对称形体的投影图,可以以对称中心线为界,只画出该图形的一半,并在对称线上画上对称符号。对称符号是用两平行细实线画在对称中心线的两端,平行线的长度为6~10mm,两平行线的间距为2~3mm,平行线在对称线两侧的长度应相等,两端的对称符号到图形的距离也应相等,如图7-42a)所示。如果图形不仅左右对称,而且上下也对称,还可进一步简化只画出该图形的四分之一,但此时要增加一条竖向对称线和相应的对称符号,如图7-42b)所示。如果图形在对称线处外轮廓线有变化时,对称图形可画到超出对称线,此时不宜画对称符号,而在超出对称线部分画上折断线,如图7-42c)所示。

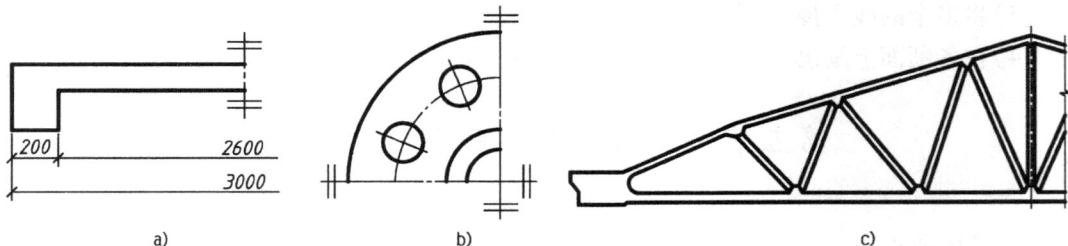

图7-42 对称画法
a)画出对称符号;b)画出对称符号;c)不画对称符号

174

4. 相同要素的省略画法

构配件内多个完全相同且连续排列的构造要素,可仅在两端或适当位置画出其完整形状,其余部分以中心线或中心线交点表示,如图 7-43a)、b)、c)所示。

如相同构造要素少于中心线交点,则其余部分应在相同构造要素位置的中心线交点处用小圆点表示,如图 7-43d)所示。

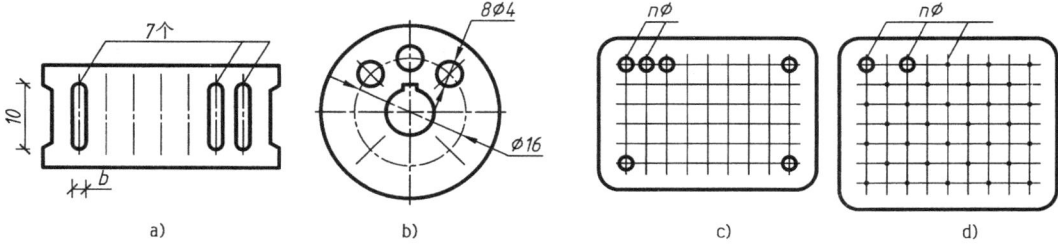

图 7-43　相同要素省略画法

a)以中心线表示其余部分;b)以中心线交点表示其余部分;c)以中心线交点表示其余部分;d)以小圆点表示其余部分

5. 构配件局部不同的省略画法

当两个构配件仅部分不相同时,则可在完整地画出一个后,另一个只画不相同部分。但应在两个构配件的相同部分与不同部分的分界处,分别绘制连接符号。两个连接符号应对准在同一线上,如图 7-44 所示,用折断线的两侧加标注 A 表示连接符号。

二、规定画法

1. 不剖物体

当剖切平面纵向通过薄壁、筋板或柱、轴等实心物体的轴线或对称平面时,这些物体不画图例线,只画外形轮廓线,此类物体称为不剖物体,如图 7-45 所示的筋板。

2. 图例线的规定画法

当剖面或断面的主要轮廓线与水平线成45°倾斜时,应将图例线画成与水平线成30°或60°方向,如图 7-46 所示。

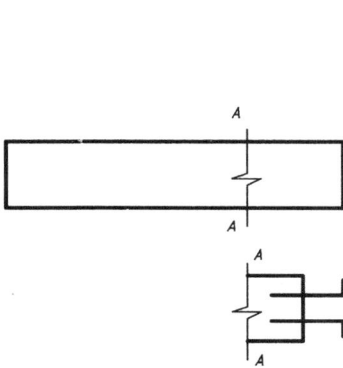

图 7-44　构件局部不同的省略画法　　图 7-45　不剖物体　　图 7-46　图例线的规定画法

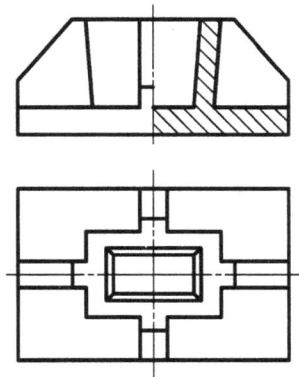

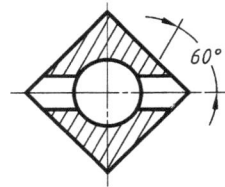

第八章 计算机绘图基础

第一节 概　　述

计算机绘图是 20 世纪 60 年代发展起来的新兴学科。随着计算机图形学理论及其技术的发展,计算机绘图技术也迅速发展起来。将图形与数据建立起相互对应的关系,把数字化的图形信息经过计算机存储、处理,然后通过输出设备将图形显示或打印出来,这个过程就是计算机绘图。计算机绘图通常是借助计算机绘图系统来完成的。

计算机绘图系统由软件系统和硬件系统组成,其中,软件是计算机绘图系统的关键,而硬件设备则为软件的正常运行提供了基础保障和运行环境。随着计算机硬件功能的不断提高与软件系统的不断完善,计算机绘图已广泛用于各个领域。使用计算机绘图具有如下突出优点。

1. 输入方便、精度高

在手工绘图时,线、圆弧之间的相交或连接关系并不精确,而计算机绘图系统提供了许多精确的绘图工具,如捕捉、正交、相对坐标等,可以确保图形的精确。计算机绘图系统具有多种输入方式(键盘、数字化仪、鼠标等)和图形编辑功能,而所需工具仅为一台计算机。

2. 速度快且便于修改

在手工绘图时,经常因图形修改困难而重画,从而大大影响了工作效率。而用计算机绘图,可以充分利用计算机的图形编辑功能修改图形,改变图形的比例、颜色、线型,对图样的修改、存储、打印输出等都很方便。而且,相同的图形也不用重画,只需将重画的图形做成块,在绘图时根据需要随时插入即可,可大大提高工作效率。

本章以 AutoCAD2012 为例,介绍计算机绘图的基础知识。

第二节　AutoCAD 的基本操作

一、AutoCAD 的启动

用鼠标双击 Windows 桌面上 AutoCAD2012 的图标🖼,就可启动 AutoCAD2012。

二、AutoCAD 的工作界面

启动 AutoCAD2012 以后,就会进入 AutoCAD2012 的经典工作界面,如图 8-1 所示。

1. 下拉菜单

下拉菜单在屏幕的顶部,由 12 个菜单栏组成,这些菜单栏包含了 AutoCAD 中绝大多数命令。用鼠标单击某一菜单栏,即可弹出该栏目下的下拉菜单,在下拉菜单中又包含了一系列的选项,点击其中的条目即可触发相应的操作命令。在选项右侧有黑色小三角的菜单项表示还有下一级子菜单,必须选择子菜单项中的选项,命令才可以执行。右侧有"…"的菜单项,表示单击该项后将弹出一个管理器,与该命令有关的参数设置将在管理器中进行。

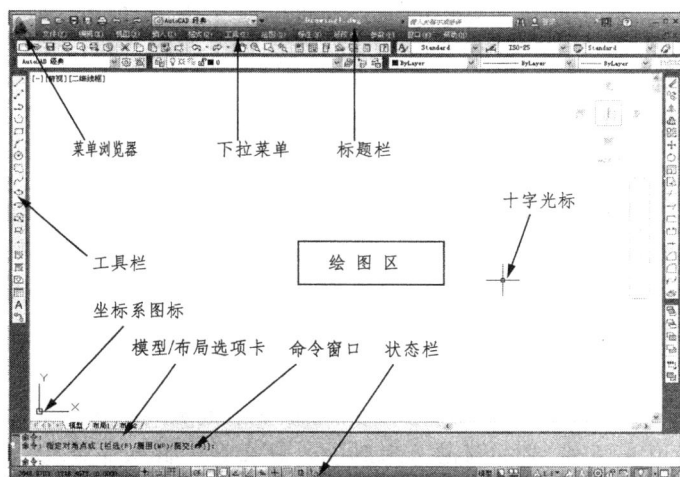

图 8-1 AutoCAD2012 中文版用户界面

2. 工具栏

为了方便用户使用,AutoCAD 中的大部分命令都有形象的图标,当鼠标指针停在图标上时,会在图标的右下角显示相应的命令提示,单击这些图标就可以执行相应的命令。

在 AutoCAD2012 中右击任何工具栏图标,在打开的工具栏(Toolbars)管理器中,选定要使用的工具栏的名称,就会出现所选择的工具栏。图标按钮按其功能分类,组成各个工具栏。工具栏可根据需要打开或关闭,其位置可以任意拖动。缺省状态只有标准、样式、图层、特性、绘图、修改和绘图顺序工具栏。

有的工具栏图标右下角有小三角形,将鼠标移到图标上并按住鼠标左键不放,会弹出一系列相关的图标,将鼠标移到任一个图标上松开鼠标左键,所选图标即变成当前图标。

3. 绘图区

绘图区占据了大部分屏幕,在该区域中显示所绘制的图形。当移动鼠标时,在绘图区中会出现随之移动的十字光标。

4. 命令窗口

在绘图区的下方是命令行操作和提示的区域,用户键入的命令、数据以及 AutoCAD 发出的提示信息就显示在这个区域。AutoCAD 的命令提示符是"命令(Command):",在这个提示符下面可以键入或从菜单中选择各种命令。这个区域缺省显示只有 3 行,多行信息自动向上滚动。用户也可以改变该区域的大小,按 F2 键可以弹出一个比较大的文字窗口,用以显示更多的命令和提示。

5. 状态栏

状态栏位于屏幕的底部,用于显示或设置当前的绘图状态。状态栏上位于左侧的一组数字动态地显示着光标所在位置(X、Y、Z)坐标;当用户将光标移到菜单上或工具栏的按钮上时,状态条上将显示相应的功能提示。其余按钮从左到右分别表示当前是否启用了捕捉、栅格

177

显示、正交模式、极轴追踪、对象捕捉、对象捕捉追踪、动态 UCS（用鼠标左键双击，可打开或关闭）、动态输入等功能以及是否显示线宽、当前的绘图空间等信息。

三、AutoCAD 命令的输入

AutoCAD 是交互式绘图软件，对它的操作是通过命令来实现的。命令的输入有多种方式，各有其优缺点。

1. 命令输入方式

用户可通过下列方式之一或交叉使用各种方式来输入命令。

1）命令栏输入

在命令栏的"命令（Command）："提示下，键入命令的英文名称（最简捷的方式是键入快捷键），然后按回车键或空格键命令即被执行，根据提示输入该命令所需的参数或子命令后，即执行该命令的功能。这是最直接、最基本的方式。但是 AutoCAD2012 有许多命令，要记住所有命令的拼写不是件容易的事，最好是记住常用命令的快捷键，以快速输入命令。

2）菜单输入（下拉菜单）

首先打开相应的菜单，在菜单中选择要执行的命令。将鼠标放在该命令所在的位置，此时该命令将增亮，单击鼠标左键，命令被输入并执行。在菜单中输入命令与命令栏输入命令是等效的。它的优点是不用记住命令的拼写，操作简便。但若运行过程有多步时，输入命令需要逐级打开菜单，速度稍慢些。

3）图标输入

将光标移到工具栏中要执行命令的图标上，单击鼠标左键，该命令即被输入并执行。由于工具栏就在绘图区，点取其上的图标输入命令非常直观、便捷。对于初学者来说，这种命令输入方法最适用，但工具栏不能打开太多，以免过多的占据绘图空间影响使用。

2. 透明命令

有一些命令如 Zoom、Pan 等，不仅可以直接在命令状态下执行，而且可在其他命令执行过程中插入执行。这些命令称为透明命令。当透明命令执行完后，将恢复被中断的命令执行。

3. 重复命令

如果想要重复上一个命令的执行，只要按回车键或空格键即可，不需要重新输入命令。

4. 中止命令

如果需要取消一个正在执行的命令，按键盘左上角的 Esc 键即可终止该命令，系统重新回到等待接受命令的状态，即命令行显示"命令："提示符。

四、AutoCAD 的文件操作命令

在 AutoCAD 系统中，用户所绘制的图形是以图形文件的形式保存的。AutoCAD 图形文件的扩展名为".dwg"。文件操作命令主要集中在菜单条[文件]项下拉菜单中，以及标准工具栏的前三项。

1. 创建一个新的图形文件（New）

命令：New　　　菜单：文件→新建　　　标准工具栏图标：⬜

用以上三种方法都可执行该命令，执行命令后出现创建新图形的管理器如图 8-2 所示[选择样板]管理器。

管理器内的样板文件是绘图时将要用到的一些设置,预先用文件格式保存起来的图形文件,其后缀为 dwt。AutoCAD 为用户提供了一批样板文件以适应各种绘图需要,这些样板文件放在 Template 子目录中。用户也可以创建自己的样板文件,还可以使用后缀为 dwg 的一般图形文件作为样板文件开始绘制新图。

图 8-2 AutoCAD 2012 新建图形管理器

如果直接单击［新建］,系统将按照默认设置自动建立一个新的图形文件,文件名为"Drawing1.dwg"。图形的初始环境,例如绘图单位、图层、栅格间距、线型比例等采用系统缺省设置。用 New 命令,也可以创建一个新的图形文件。

2.打开一个已有的图形文件(Open)

命令:Open　　　菜单:文件→打开　　　标准工具栏图标:📂

执行命令后,屏幕上显示一个类似图 8-2 的［选择文件］管理器,用户可在［查找范围］列表框中选择文件夹,然后在文件列表框中查找要打开的图形文件。选定要打开的文件后,按［打开］按钮即可打开一个已有的图形文件。AutoCAD 可同时打开多个图形文件,通过菜单条中的［窗口］进行切换。

3.保存图形文件

对于绘制或编辑好的图形,必须将其存储在磁盘上,以便永久保留。另外在绘图过程中为了防止在操作中发生断电等意外事故,也需经常对当前绘制好的图形进行存盘。文件的存盘有以下两种形式:

1)文件的原名存盘命令(Save)

命令:Save　　　菜单:文件→存盘　　　标准工具栏图标:💾

AutoCAD 把当前编辑的已命名图形文件以原文件名直接存入磁盘。若文件未命名,则弹出［图形另存为］管理器,从管理器中［保存于］下拉列表中确定存盘路径,并在［文件名］框中输入图形文件名,然后单击［保存］按钮。

2)文件的改名存盘命令(Save as)

命令:QSave　　　菜单:文件→另存为　　　标准工具栏图标:💾

命令执行后,同样弹出［图形另存为］管理器,从管理器中［保存于］下拉列表中确定存盘路径,并在［文件名］框中输入与原文件名不同的图形文件名,然后单击［保存］按钮。

4.回退和重作命令(Undo、Redo)

Undo(图标↶)命令的作用是取消上一次操作,多次使用可回退多步。

Redo(图标↷)是 Undo 的反操作。但 Redo 命令只可取消上一个 Undo 操作,不可多次使用。

5.退出 AutoCAD 系统(Exit 或 Quit)

命令:Exit 或 Quit   菜单:文件→退出

创建或编辑完图形后需退出 AutoCAD 时,正确的方法是执行 Exit 或 Quit 命令。如果对图形所做的修改尚未保存,则会出现警告管理器。选择"是",将保存对当前图形所做的修改,并退出 AutoCAD;选择"否",将不保存从上一次存储到目前为止对图形所做的修改;选择取消则取消该命令的执行。

五、绘图环境的设置

1.图形单位设置(Units)

命令:Unit   菜单:格式→单位…   标准工具栏图标:🔲

在 AutoCAD 中,图形实体是用坐标点来确定其位置的,而坐标是以图形单位作为度量单位的。图形单位是长度单位,它可以代表"毫米"或"英寸"等。在开始绘图前,先要建立图形单位和实际单位的关系。AutoCAD 系统默认的图形单位是"毫米"。

图 8-3 [图形单位]设置管理器

执行该命令后,屏幕上将弹出[图形单位]管理器,如图 8-3 所示。在[长度]组合框内[类型]栏中,有五种单位制式供选择,在[精度]栏中可设定图形单位的精度;同样,在[角度]组合框内,可设置角度的单位制式和精度。[顺时针]复选框设置角度测量方向,不选时为逆时针为正;[插入时的缩放单位]框中的单位就是图形单位的物理含义;[方向]复选框设置角度测量的起始方向。对于初学者可先采用系统的缺省设置绘图。

2.绘图界限的设置(Limits)

命令:Limits 菜单:格式→图形界限

该命令用于设置绘图范围的大小。执行命令后即可进行图幅的设置和修改。该命令还有两个选项:ON 代表打开图形界限,不允许在图幅范围以外绘图;OFF 代表关闭图形界限,可以在设定的图幅以外绘图。

绘图环境的设置还包括图层、颜色、线型、线宽以及尺寸变量等,后面将陆续介绍。

第三节 基本绘图命令

一、显示控制命令

在用 AutoCAD 绘图时,经常需要对图形进行局部观察或全局审视。AutoCAD 为这些操作提供命令,比如可用 Zoom 命令来缩放图形,用 Pan 命令平移图形等。

1.缩放命令(Zoom)

命令:Z   菜单:视图→缩放→任选其中一项

缩放命令具有众多选项,键入该选项中大写的英文字母即可执行,如键入 A 并按回车键,则执行[全部]选项。各选项含义如下。

实时(Real time):为缺省项,按回车键即可执行。单击标准工具栏上的实时缩放图标 也可执行。该命令用来增加或减小观察图像的放大倍数,该命令执行后,光标变成放大镜状,按住鼠标左键不放,移动鼠标可进行实时缩放。

上一个(Previous):恢复上次显示的视图。

窗口(Window):缩放由两个对角点所确定的矩形区域。

动态(Dynamic):显示图形的完整部分,并用光标确定图形的缩放位置。

比例(Scale):以当前的视区中心作为中心点,输入参数值进行缩放。

圆心(Center):该项先确定一个中心点,后给出缩放系数和一个高度值。

全部(All):用于显示在绘图区域内的整个图形。

范围(Extents):将视图在视区内最大限度地显示出来。

2. 平移命令(Pan)

命令:P   菜单:视图→平移→任选一项   图标:

该命令用来在任何方向中,实时移动观察视图。执行该命令后,光标变成手状,按住鼠标左键不放,移动鼠标,视图也发生相应的变化。当执行实时平移或缩放时,单击鼠标右键弹出一快捷菜单,可选择合适的选项,进行快速转换。

二、数据输入的方式

在 AutoCAD 中的许多命令被执行后,会提示输入必要的信息,如画直线、圆弧等。除执行命令外,还要输入点以指定其位置、大小和方向等。下面介绍几种常用数据的输入方式。

1. 点的定位

用键盘输入点的坐标有三种方式:绝对坐标、相对坐标和极坐标。

(1)绝对坐标:相对于坐标原点(0,0)的坐标。在命令的提示下,输入 X,Y 坐标。

例如:指定下一点: <u>80,50</u>(表示该点相对坐标原点的坐标为 80,50)。

(2)相对坐标:相对于前一个点的坐标,形式为"@x,y"。这里的@表示相对的意思,后面的数字分别表示该点相对前一个点在 X、Y 方向上的位移量。例如:前一个点的坐标是(80,50),在下一个点提示后键入 <u>@-20,30</u>(相当于该点的绝对坐标为(60,80))。

(3)极坐标:极坐标的绝对形式为"距离<角度",相对形式为"@距离<角度"。角度是距离与 X 轴的夹角,缺省设置下逆时针为正,顺时针为负。例:

指定下一点: <u>50<30</u> 或指定下一点: <u>@50<30</u>

前者表示点与坐标原点的距离为50,后者表示点与前一个点的相对距离为50。

(4)用鼠标在屏幕上直接定点

移动鼠标的十字光标到达某个位置,按下鼠标左键,该点坐标即被输入。为了使鼠标迅速、准确地输入点的坐标,AutoCAD 还设置了辅助绘图工具,如光标捕捉、目标捕捉、自动追踪及点的过滤功能等。

2. 角度的输入

在缺省的状态下,角度的大小是自 X 方向逆时针度量的,通常用"度"表示。在相应的命令提示符下通过键盘直接键入数值即可。

3. 距离的输入

AutoCAD 有许多命令的输入提示要求输入距离的数值。这些提示符有:高度(Height),宽度(Width),半径(Radius),直径(Diameter)等。当系统提示要求输入一个距离时,可以直接从键盘输入距离数值;也可以用鼠标指定两个点的位置,系统将自动计算距离,并以该距离作为要输入的数值接受。

4. 关键字的输入

关键字大多出现在命令的提示行中,以大写字母的形式出现。它表示命令可以有多种方式执行,由用户通过关键字选择。如画圆弧的命令:

命令: _arc 指定圆弧的起点或［圆心(C)］:

如果直接键入点,该点就是圆弧上的一个点;若选择关键字"C",再输入的点就是圆弧的中心点。

三、常用的二维绘图命令

AutoCAD 绘图命令是绘制工程图样的基本命令。能否准确、灵活、高效地绘制图形,关键是能否熟练地掌握绘图方法和绘图技巧。

AutoCAD 2012 常用的绘图命令如表 8-1 所示。

常用的二维绘图命令图标、热键及功能 表 8-1

图　标	命　令	热　键	功　能
	直线(Line)	L	通过指定两点绘制直线段
	构造线(Xline)	XL	通过指定点绘制无限长的直线
	多段线(Pline)	PL	绘制可变宽度的多段直线或圆弧相连而成的图形
	正多边形(Polygon)	POL	绘制 3~1024 边的正多边形
	矩形(Rectang)	REC	通过矩形的长和宽或两个对角点的位置来绘制矩形
	圆弧(Arc)	A	通过所给弧线的尺寸类型绘制一段圆弧
	圆(Circle)	C	绘制圆
	样条曲线(Spline)	SPL	创建通过或接近点的平滑曲线
	椭圆(Ellipse)	EL	绘制椭圆
	插入块(Insert)	I	向当前图形插入块或图形
	创建块(Block)	B	从选定对象创建块定义
	点(Point)	PO	绘制点
	图案填充(Bhatch)	H	在指定的区域内填充图例
	面域(Region)	REG	创建面域
	多行文字(Mtext)	MT	通过管理器输入文字、定义字体、修改字高等
	表格…(Excet)		创建空的表格对象
	多线(Mline)	ML	绘制由两条或两条以上直线段组合而成的平行线组

AutoCAD 中图形的绘图工具栏如图 8-4 所示。在绘图时,命令行会提示输入点,我们可以输入绝对坐标、相对坐标,或者单击鼠标左键在屏幕上拾取一点。

图 8-4　绘图工具栏

1. 直线命令（Line）

命令:L　　　菜单:绘图→直线　　　图标:

执行直线命令后,在指定第一点:输入起点坐标后按回车键,指定下一点〔或放弃(U)〕:输入下一点坐标。输入 U 后按回车键,则可取消最后所画的一段线段;输入 C(Cloce)后按回车键,则用一线段将终点和起点连接;按回车键结束直线命令。

【例 8-1】　如图 8-5 所示,画出钢筋混凝土梁轮廓图形。

作图过程:在绘制工具栏上单击直线图标 ;将光标移到合适处,单击鼠标左键定为 A 点,然后依次键入@25,0 ✓(按回车键)→@0,35 ✓→@15,6 ✓→@0,14 ✓→@-15,0 ✓→@0,15 ✓→@-25,0 ✓→@0,-15 ✓→@-15,0 ✓→@0,-14 ✓→@15,-6 ✓→@0,-35(或直接键入 C)✓。

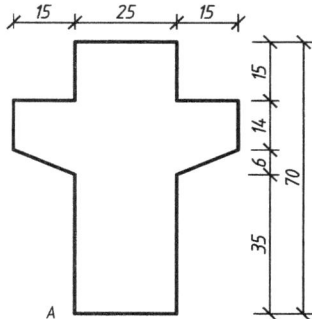

2. 画圆命令（Circle）

命令:C　　　菜单:绘图→圆　　　图标:

执行命令后,命令提示为"Circle 指定圆的圆心或〔三点(3P)/两点(2P)/相切、相切、半径(T)〕:"可以通过给定圆心,然后给出半径或直径画圆;或键入 3P 回车后给出三点画圆;或键入 2P 回车后给出两点画圆;或键入 T 回车后选择两个已知图线后再给半径画圆。

3. 圆弧命令（Arc）

命令:A　　　菜单:绘图→圆弧　　　图标:

执行命令后,命令提示中各选项包含圆弧的起点(S),圆弧的终点(E),圆弧的第二个点(圆弧起点和终点中间的点),圆弧的圆心(C),圆弧的弦长(L),圆弧的半径(R),圆弧所对应的圆心角(A),圆弧生成的起始方向(D)。可以通过其中的选项,根据所给圆弧的尺寸确定画圆弧的方式。

4. 多段线命令（Pline）

命令:PL　　　菜单:绘图→多段线　　　图标:

该命令用来绘制相连的直线或圆弧段组成的多段线。AutoCAD 将这一系列线视为一个单独的对象。多段线可具有宽度,并且易于被编辑。

执行命令后,命令提示"指定起点:",指定一点后,提示为"指定下一个点或〔圆弧(A)/半宽(H)/长度(L)/放弃(U)/宽度(W)〕:"其中圆弧(A)为从起点开始画圆弧,后面的选项与圆弧命令的执行过程基本一样;半宽(H)和宽度(W)为选定画线的半宽或宽度,线段的起点和终点宽度不同时,可画不等宽线;长度(L)为线段沿原方向延伸一个指定的长度,如果最后一段多段线是弧,则延伸的就是该弧的切线;放弃(U)为取消上一段线。再画线时选项中多一项"闭合(C)",是用于封闭图形的。

【例 8-2】　画如图 8-6 所示的图形。

作图过程:单击图标 ,将光标移到合适处,单击鼠标左键定 A 点,然后依次键入@30,0 ✓→A ✓→@0,20 ✓→L ✓→@-30,0 ✓→C ✓。作图过程中键入的 L 是从圆弧回到画直线状态。

图 8-5　钢筋混凝土梁轮廓

183

5. 正多边形命令(Polygon)

命令:POL   菜单:绘图→正多边形   图标:⬡

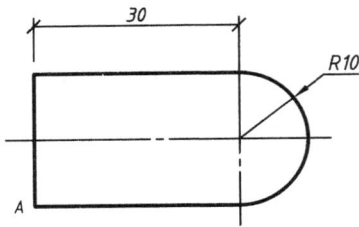

图 8-6   绘制平面图形

执行命令后,提示中有三种画正多边形的方式,分别为根据正多边形外接圆的半径;或根据正多边形内切圆的半径;或根据正多边形边长画正多边形。采用何种方式,取决于正多边形所给的尺寸形式。

6. 矩形命令(Rectang)

命令:REC   菜单:绘图→矩形   图标:▢

执行命令后,缺省是通过给定矩形的两个对角点绘制矩形,选项的含义是倒角(C)设置矩形各角的倒角长度;标高(E)设置离 XY 平面高度;圆角半径(F)设置矩形各角的圆角半径;厚度(T)设置所画矩形的高度;线宽(W)设置所画矩形的线宽。

7. 椭圆命令(Ellipse)

命令:EL   菜单:绘图→椭圆   图标:⬭

执行命令后,缺省是通过给定椭圆一个轴的两个端点,后指定另一轴的一半距离;选项[圆弧(A)]是画椭圆弧的,选择此项后出现的提示与绘制整个椭圆基本相同,完成椭圆提示后,指定起始角度和指定终止角度;选项[中心点(C)]是首先确定椭圆的中心点,然后指定一个轴端点,再指定另一轴的距离。

8. 图案填充命令(Bhatch)

命令:H   菜单:绘图→图案填充   图标:▨

执行命令后,弹出如图 8-7 所示[图案填充和渐变色]管理器。在[样例]中选择图案样式,或单击[图案]下拉框后的(…)按钮弹出[填充图案选项板],可以直观地选择需要填充的图案形式。在管理器中可设定选定填充图案的角度(G)和缩放比例(S)。进行图案填充之前必须要确定边界,Auto-CAD 只能在一个封闭的边界内才能填充。因而想填充一个区域必须使其边界相交,或作几条使其边界相交成封闭边界的辅助线,在填充图案后再将其删除。用户可利用[添加:拾取点]按钮在要填充的区域内选择一个点,也可利用[添加:选择对象]按钮来选择形成一个或几个封闭区域的若干对象。选择[预览]按钮可预览填充图案的结果。

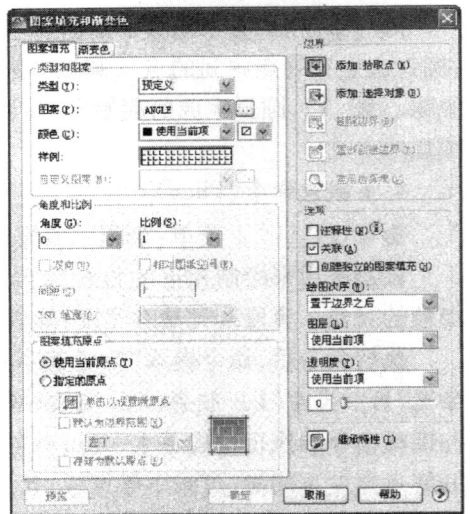

图 8-7   [图案填充和渐变色]管理器

9. 多线命令(Mline)

命令:ML   菜单:绘图→多线   图标:〰

图样中经常要画平行线,尽管可以用直线命令配合复制或偏移命令来完成,但比较麻烦。若用多线命令可同时绘制 1~16 条平行线(多线元素),多线命令的执行过程与直线命令类似,都是指定起点和端点。但不同的是,多线命令执行的结果是多条平行线。

命令执行后,命令行提示:

184

当前设置：对正＝上，比例＝20.00，样式＝Standard

指定起点或［对正（J）/比例（S）/样式（ST）］:(指定起点或选项修改当前设置)

指定下一点：

指定下一点或［放弃（U）］:(输入下一点或输入 U 放弃前一段多线)

指定下一点或［闭合（C）/放弃（U）］:(输入下一点，或输入 C 使多线闭合，或输入 U 放弃前一段线)

其中：

指定起点：确定多线的起点后，拖动光标，从起点处延伸到光标所在位置有橡皮筋线跟随光标，随着光标的移动而改变。其组成的平行线与当前的多线样式相同。

对正（J）：修改对正方式。输入 J 回车后，命令行提示：

输入对正类型［上（T）/无（Z）/下（B）］＜上＞：缺省是上对齐（多线的顶部与光标对齐）；若选择 Z 是多线的中间与光标对齐；若选择 B 是多线的底部与光标对齐。

比例（S）：修改比例，比例值是平行线间的距离的全局比例因子。

样式（ST）：选择其他的多线样式。需要在命令行中输入所需样式的名称，如果忘记了多线样式名称，可输入"？"然后回车，将出现一个 AutoCAD 文本窗口，上面列出已加载的多线样式名称及说明，可以从中找到所需样式的名称。

10.多线样式

菜单：格式→多线样式…

执行命令后，弹出如图8-8所示［多样样式］管理器。在［样式］中只有缺省的双线样式，单击［新建］会弹出如图8-9所示［创建新的多线样式］管理器，输入新样式的名称后，单击［继续］弹出如图8-10所示［新建多线样式］管理器，在此框中可设置线间距离、颜色、线型等。

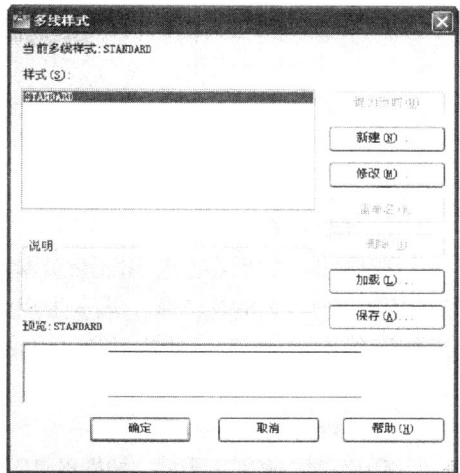

图 8-8　［多线样式］管理器

图 8-9　［创建新的多线样式］管理器

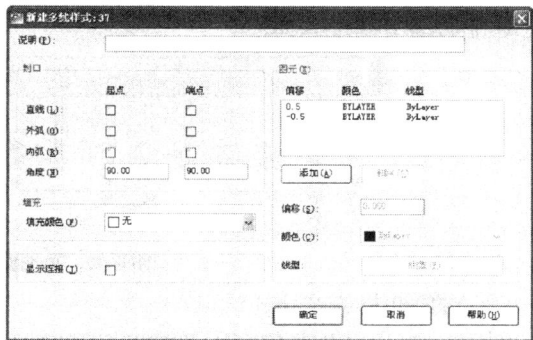

图 8-10　［新建多线样式］管理器

四、辅助绘图工具

AutoCAD 提供了许多帮助画图的工具型命令，这些命令本身并不产生实体，但可以为用户设置一个更好的工作环境，帮助用户提高作图的准确性和绘图速度。在用户界面上，将这些命令作为功能按钮集中显示在状态栏中，如图8-1所示。用鼠标左键单击使按钮高亮，则该按钮所表示的功能处于打开状态,相反则处于关闭状态。当功能按钮有需要设置或修改的参数时,把光标放在该按钮上并单击鼠标右键,将弹出一个快捷菜单,选择其中[设置]选项后,弹出相应的[草图设置]管理器,可进行参数设置。如[对象捕捉]的设置管理器如图 8-11 所示。

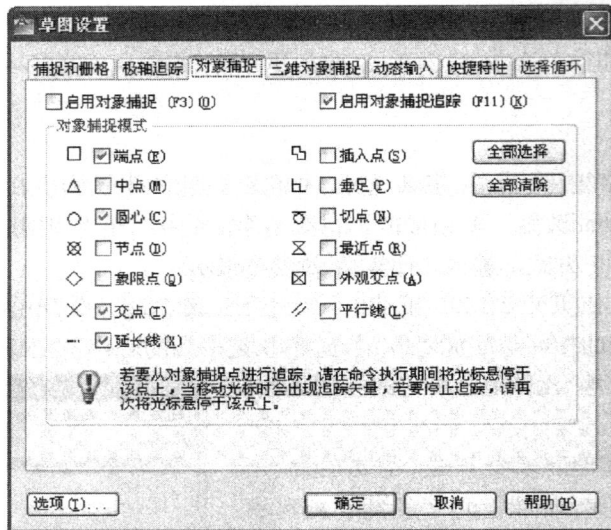

图 8-11 辅助绘图工具管理器

1. 对象捕捉

在作图时如果需要使用图形实体上的某些特殊点,例如:直线的端点、中点;圆或圆弧的圆心、切点;线与线的交点等。若直接用光标拾取,误差可能较大;若键入数字,又难以知道这些点的准确坐标,而目标捕捉功能可以帮助用户迅速而准确地捕捉到这些点。

使用目标捕捉有以下两种方法。

(1)单点捕捉

打开对象捕捉工具栏,如图 8-12 所示。在绘图命令的操作过程中,当需要使用某一特殊点时,单击捕捉工具栏中的相应按钮,光标变成靶区,移动靶区接近实体,捕捉点被绿色标记显示出来,按鼠标左键捕捉到实体上需要的类型点。单点捕捉方式每次只能捕捉一个目标,捕捉完了即自动退出捕捉状态。

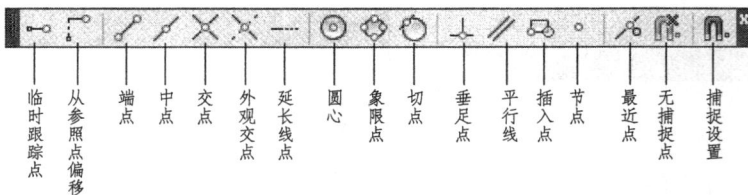

图 8-12 单点捕捉工具栏按钮

(2)对象捕捉方式(F3)

在图 8-11 [对象捕捉]中,设置目标捕捉的捕捉点,可以一次设置若干个捕捉模式。在状态栏中,若[对象捕捉]处于激活状态,则设置的目标捕捉一直可用,直到[对象捕捉]关闭。在操作过程中,若需选择某特殊点时,将光标放在其位置附近,捕捉功能会自动找到。可以通过单击状态栏按钮[对象捕捉]或按 F3 键打开或关闭对象捕捉功能。

2. 光标捕捉(F9)

在图 8-11[草图设置]管理器中的[捕捉与栅格]中,使用捕捉命令可以生成一个在屏幕上虚拟的栅格。这种网格看不见,但启动捕捉时,它会迫使光标的移动只能落在栅格点上,当关闭时,它对光标无任何影响。可以通过单击状态栏按钮[捕捉]或按 F9 键打开或关闭栅格捕捉功能。

3.屏幕栅格(F7)

栅格是屏幕上显示的一个可见的参考栅格,它的作用如同使用方格纸画图一样,有一个视觉参考。栅格显示的范围是由图形界限命令设置的图形界限。栅格只是一种辅助工具,不是图形的一部分,因此不会被打印输出。可以通过单击状态栏按钮[栅格]或按 F7 键打开或关闭栅格显示。

4.正交模式(F8)

当设置了正交模式后,将迫使所画的线平行于 X 轴或 Y 轴。可以通过鼠标左键单击状态栏按钮[正交]或按 F8 键打开或关闭正交模式功能。

【例 8-3】 如图 8-13 所示,绘制平面图形。

作图过程:

(1)打开[正交模式]F8。在[绘图]工具栏中点取[多边形]图标 ⬠,键入边数 3,按边(E)长 110 绘制正三边形,如图 8-13 所示。

(2)单击[圆]图标 ⊘,选择(T)回车,单击任意两条边给半径 18 绘 φ36 的圆。同理绘另外两个圆。

(3)设置捕捉方式:捕捉切点(Tan)类型,按下[对象捕捉]按钮,打开自动捕捉功能。

(4)单击[圆]图标 ⊘,选择 3P(三点绘圆)回车,分别单击三个已绘制的 φ36 圆,绘出中间的圆。

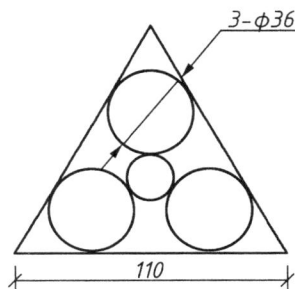

图 8-13　平面图形

5.极轴追踪

使用[极轴追踪]功能,可沿指定角度的增量角来绘制对象,其设置如图 8-14 所示。[增量角]下拉子项中设有常用的增量角度值,也可在[附加角]中单独设置各种角度。

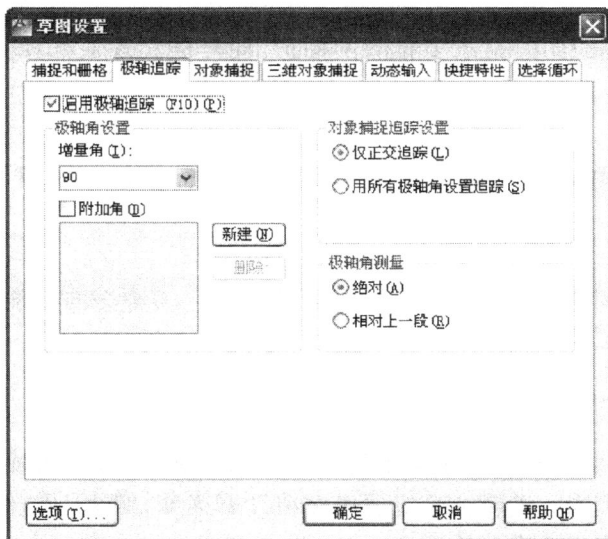

图 8-14　极轴追踪设置管理器

第四节　图形的编辑命令

无论什么样的图形,都是由许多基本图形组成,要经常对这些基本图形进行编辑。绘图和编辑命令配合使用,可以灵活快速地画出图形,一般情况下编辑命令要比绘图命令用得多。

一、构造选择集

要对图形进行编辑和修改,需要选择被编辑修改的图形对象,被选择的对象可以是一个或多个实体。图形编辑是对指定的实体进行编辑,在执行编辑命令时,首先要选择图形实体,这些被选中的图形实体构成了选择集。

在 AutoCAD 中可首先选择图形对象,再执行相应的命令。也可先执行命令,再选择图形对象。选择的对象会被醒目地显示出来(如用虚线表示)。当输入编辑命令后,用户在"选择对象:"提示下,可将拾取框移到对象上直接选取对象,也可用窗口选取对象或者输入有效的选取选项。常用的选取目标方式有以下几种。

1. 直接指定方式

这是默认的方式。此时将光标拾取框移到要选的图形对象上,按下鼠标左键,图形对象变成醒目的显示方式,这意味着该图形已被选中。

2. 窗口方式

如果鼠标点取的第一个点没有拾取到图形对象,系统会自动显示[窗口拾取]。若拖动鼠标从左到右输入两点,以这两点为对角线形成矩形窗口,完全落在窗口内的图形可被选中;若拖动鼠标从右到左输入两点,以这两点为对角线形成矩形窗口,只要与窗口有重叠的图形都被选中。

3. 扣除方式

如果要从已经被选中的图形对象中排除某些图形,用"R"回答选取目标的提示,然后再用指定拾取点或窗口的方式指明需从选择集中移出的对象,此时这些图形对象又变成原来的状态。也可按住 Shift 键的同时拾取要排除的图形,同样能实现从选择集中排除某些图形的操作。

4. 加入方式

在使用了排除方式后,键入"A",系统又回到选取目标状态,可以继续选择要编辑的图形对象。

5. 全选方式

若要选择所有的图形对象,可在选择对象时键入"A",系统会将选择除已锁定或已冻结图层上的所有图形对象。

二、图形的编辑命令

编辑命令的操作过程为:输入编辑命令↙→在[选择对象]提示后选择图形对象↙→对选中的图形对象集进行编辑。编辑命令主要集中在下拉菜单[修改]及[修改工具栏]中,其图标、命令名、热键及功能如表8-2所示。

常用编辑命令的图标、热键及功能

表 8-2

图标	命 令	热键	功 能
	删除（Erase）	E	从图形中删除对象
	复制（Copy）	CO	将对象复制到指定方向上的指定距离处
	镜像（Mirror）	MI	创建选择对象的对称（镜像）副本
	偏移（Offset）	O	复制一个与指定图形对象偏移指定距离的新图形对象
	阵列（Array）	AR	对选择对象进行有规律的多重复制
	移动（Move）	M	选择对象移动到指定方向上的指定距离处
	旋转（Rotate）	RO	将选择对象绕基点旋转一定角度
	缩放（Scale）	SC	将选择对象在 X 和 Y 方向上按相同的比例系数放大或缩小
	拉伸（Stretch）	S	通过窗选或多边形框选将选择对象的某一部分拉伸,其余部分保持不变
	拉长（Lenthen）	LEN	改变图中对象的长度或角度
	修剪（Trim）	TR	以指定的剪切边为界,修剪所选定的对象
	延伸（Extend）	EX	使所选对象延伸至指定的边界
	打断（Break）	BR	将直线段、圆、圆弧、多段线等断开一段
	倒角（Chamfer）	CHA	给直线图形倒棱角
	圆角（Fillet）	F	给直线、多段线倒圆角
	分解（Explode）	X	将块、尺寸及多段线分解为单个实体图形,使多段线失去宽度

1. 删除命令（Erase）

命令:E　　菜单:修改→删除　　图标:

执行命令后选择对象按回车键、空格键或单击鼠标右键将选择对象删除。

2. 复制命令（Copy）

命令:CO　　菜单:修改→复制　　图标:

执行命令后选择对象,命令行会提示用户指定一个基点,给出一个基点,移动鼠标或给出相对基点的距离,以确定拷贝的位置和数量。复制结束,按回车键退出命令。

3. 镜像命令（Mirror）

命令:MI　　菜单:修改→镜像　　图标:

执行命令后选择镜像对象回车,提示输入两点确定镜像线（即对称轴）;确定镜像线后,提示"是否删除原对象?",默认为"N（不删除）",即进行镜像复制,若要删除旧对象则选择"Y（删除）"选项。在对图形进行左右或上下镜像时,可以打开正交功能（单击状态栏上的正交按钮或按 F8 功能键）,作出水平或垂直的镜像线。

189

如图 8-13 所示,正三边形内的三个圆,可只用圆的命令画一个圆,另两个可用镜像命令复制,其镜像线应为一个角点和该角点对应边中点的连线。

4. 偏移命令(Offset)

命令:O　　　菜单:修改→偏移　　　图标:

偏移命令可创建于原图形对象偏移一定距离的拷贝。直线的偏移拷贝是等长线段。圆弧的拷贝是同心圆弧,并且保持圆心角相同。圆的拷贝是同心圆。

执行该命令后,先输入数值或在屏幕上拾取两点指定偏移距离,然后选定要偏移的对象,并指定偏移方向。此后可以连续进行偏移操作,结束命令按回车键。

5. 阵列命令(Array)

命令:AR　　　菜单:修改→阵列　　　图标:

在执行命令后会弹出如图 8-15 所示管理器,在选择对象后,可以选择[矩形阵列]或[环形阵列]样式。若选择矩形阵列,则提示要输入行数、列数、行偏移和列偏移距离;若选择环形阵列,则提示要阵列的中心点、项目数(包括原对象)和阵列填充的角度,最后要确定复制时是否旋转,选择[复制时旋转项目],则在复制时绕中心点旋转,否则只作平移。

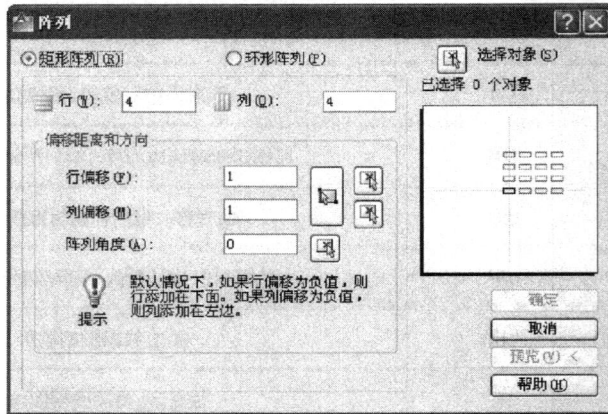

图 8-15　阵列管理器

6. 移动命令(Move)

命令:M　　　菜单:修改→移动　　　图标:

执行该命令并选择对象后,指定一点作为基点,然后指定位移的第二点。图形按两点间的距离移动所选择的对象。

7. 旋转命令(Rotate)

命令:RO　　　菜单:修改→旋转　　　图标:

执行命令并选择要旋转的图形对象,指定物体旋转的基点(中心点)后,默认为[指定旋转角度],输入旋转角度值(逆时针为正)。选择[参照(R)]选项,则先选取两点作为参照角度,再输入新角度。

8. 比例缩放命令(Scale)

命令:SC　　　菜单:修改→缩放　　　图标:

执行命令并选择要比例缩放的图形对象,回车并确定基点,默认为输入缩放比例值。选择[参照(R)]选项时,应先确定参照长度(可以用鼠标选定两点作为参照距离),再输入新长度,以新长度和参照长度的比值作为缩放比例。

190

9. 拉伸命令(Stretch)

命令:S　　　菜单:修改→拉伸　　　图标:

执行此命令后,用户必须使用从右向左窗口选择拉伸的对象,然后再输入两点确定拉伸对象的移动位移。全部在窗口内的图形对象只被移动,不完全包含在窗口内的对象只拉伸在窗内的部分,而窗口外的对象保持位置不变。

10. 修剪命令(Trim)

命令:TR　　　菜单:修改→修剪　　　图标:

执行命令后,应先选择剪切边界并按回车键或单击鼠标右键确认,然后再选择图形对象上要修剪的部分。如要一次选中多个剪切对象,可使用热键 F(Fence)选项后回车,用鼠标单击两点确定一条直线,使这条直线通过要修剪的图形,回车后所有与这条直线相交的图形均以边界为界剪掉。在提示选择剪切边时直接回车,界面上的所有图形对象均为剪切边。

11. 延伸命令(Extend)

命令:EX　　　菜单:修改→延伸　　　图标:

执行命令后,应先选择边界,后选择要延伸的对象。可以连续选取延伸的多个对象,直到按回车键结束。同修剪命令一样,若在选择边界时直接回车,系统将所有的图形对象均设为边界。也可使用热键 F(Fence)选项延伸多个对象。

12. 打断命令(Break)

命令:BR　　　菜单:修改→打断　　　图标:

执行命令后选定需打断的图形对象,默认的选项为指定对象上的第二断点。如在选择对象时选择对象上的第一个断点,然后再选择第二断点,则这两点之间的部分被删除。如键入 F后回车,可重新指定第一断点,然后指定第二断点。拾取的第二点可以不在对象上,对象上距拾取点最近的点将被作为第二断点。若在指定第一断点时,输入@回车,则图形两段在截断点重合,在断点处被分成两部分。

13. 圆角命令(Fillet)

命令:F　　　菜单:修改→圆角　　　图标:

执行命令后,应先确定[半径(R)],计算机有一个默认值,若不合适就应选择[半径(R)]选项设定圆角的半径。设定半径之后,选择两个能相交的图形对象,则两图形之间用圆弧光滑连接,圆角命令结束。若执行圆角命令后,选择[多段线(P)]项,可对多段线的所有角进行倒圆角。[修剪(T)]项是设定是否剪裁过渡线段的,如果将半径值设为 0,该命令可用于连接两个不相交的对象。

14. 分解命令(Explode)

命令:X　　　菜单:修改→分解　　　图标:

可分解的对象有:多段线、块、尺寸、图案填充等。多段线被分解成没有线宽的直线段和圆弧,在以后的处理中,直线段和圆弧均被当作独立图形对象对待;块被分解后,则整个块回到形成前的组成状态,块内的每个图形实体均可单独处理;尺寸被分解为多行文字、直线段、实心体和点;图案填充则被分解为组成填充图案的一条条直线段。有时需要将一体的组合图形分解,才能修改其中的个别对象。

三、用夹持点功能进行编辑

夹持点是布局在图形对象上的控制点。不输入编辑命令而直接选取图形对象时,在图形上便显示出一些小方块,这些小方块就是夹持点,如图8-16所示的圆、直线和五边形上的小方块便是夹持点。在夹持点中选取一个,点击一下,此夹持点便成了红色。借助这些夹持点可以很方便地对实体进行拉伸、移动、复制、旋转、镜像等编辑操作。此时命令行出现显示:

"＊＊拉伸＊＊"

"指定拉伸点或［基点(B)/复制(C)/放弃(U)/退出(X)］:"

这个提示告诉用户可以使用夹持点操作。选用的夹持点不同,操作也不同。例如直线,选取中间夹持点,缺省操作是移动。选取两端的夹持点,缺省的操作是拉伸。这时拖动鼠标,光标会相对基点拉伸实体。到达合适位置后单击鼠标左键,拉伸结束。

如果用回车回答上述提示,夹持点操作就转成移动操作;再回车,转成旋转操作;再回车,转成缩放操作;再回车,转成镜像操作。依次循环上述命令的执行。按两次 ESC 可撤消夹持点显示。

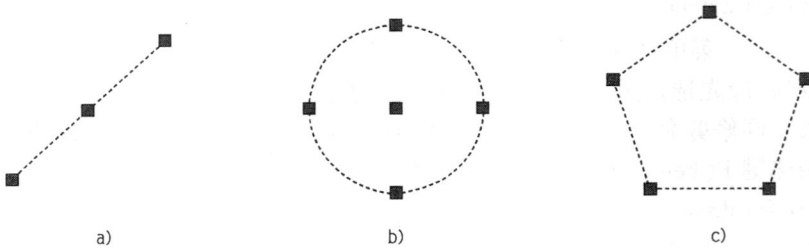

图8-16　夹持点的位置

第五节　图层及颜色、线型、线宽

为了更好地组织图形,AutoCAD 提供了一个分图层的功能,在绘图时可以把一张图纸上具有相同线型、相同颜色的图形对象放在同一图层上。图层相当于没有厚度的透明胶片,各层之间完全对齐,每一层上可以使用一种线型和一种颜色进行绘图和修改,不会影响到其他层,将各图层上所画的图形按相对位置关系叠加到一起可构成一张复杂的图样。因此,用图层来控制和组织图形为绘制复杂图样提供了有效的手段,同时也节省了大量的存储空间。

一、图层的特性

(1)在一幅图中,用户使用图层数量和每个图层所容纳图形对象的数量是没有限制的。

(2)每一个图层都应有自己的名字,图层名可用字母、数字和字符组成。0 图层是 AutoCAD 提供的一个缺省层,在没建立自己的图层时,图形是绘制在 0 层上的,0 层是不能删除的。

(3)一般情况下,每个图层上的图形对象各自设置成一种颜色、一种线型和一种线宽。

(4)AutoCAD 允许用户建立多个图层,但所绘图只能在当前层上。

(5)各图层具有相同的坐标系、绘图界线、显示时的缩放倍数,用户可以对位于不同图层的实体同时进行编辑操作。

(6)用户可以对各图层进行打开(ON)、关闭(OFF)、冻结(Freeze)、解冻(Thaw)、锁定(Lock)与解锁(Unlock)等操作,以决定各图层的可见性和可操作性。

(7)同一图层上也可以实现不同线型、不同颜色的绘图,但不提倡这种绘图方式,因它对图形的编辑会带来麻烦。

192

二、图层命令（Layer）

命令:LA   菜单:格式→图层   图标:⊟

选择上述任意方式输入命令后会弹出［图层特性管理器］管理器,如图 8-17 所示。矩形区域中显示了已建立的图层及各图层的状态,如果要修改某个特性,可单击相应的特性图标即可,管理器中各选项功能如下:

（1）新建图层。单击新建图层图标按钮,则图层列表上会添加一个新层,该层与上面一层的属性相同,图层名称可以改变。

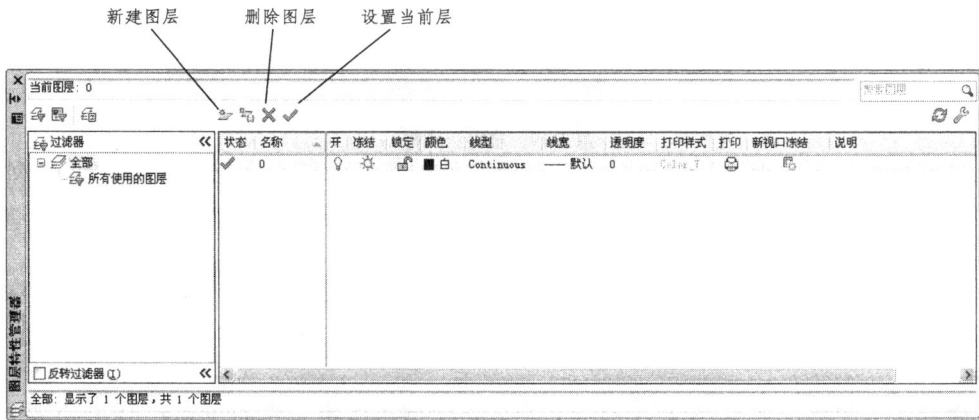

图 8-17 ［图层特性管理器］设置管理器

（2）删除图层。选中要删除的层,单击删除图层按钮。当图层上有图形对象时不可删除,还有 0 层、当前层和被外部文件参考的层不能删除。

（3）设置当前层。首先选择要成为当前层的层,再单击对号按钮即可。

（4）打开与关闭图层。单击小灯泡可以使图层在打开与关闭之间转换。关闭图层,则该层上的图形对象不可见;若关闭的是当前层,在屏幕上所画的图形是看不到的。

（5）冻结与解冻图层。单击太阳可以使图层在冻结与解冻之间转换。若将某层冻结,图标变成雪花状,冻结图层上的图形对象是不可见的。冻结图层与关闭图层的区别在于冻结图层上的对象不参与编辑等操作,而关闭图层上对象是参与操作。因此在复杂的图形中冻结不需要的图层可以加快系统重新生成图形时的速度。但当前层是不能冻结的。

（6）图层锁定与解锁。单击锁图标可以使图层在加锁与开锁之间转换。若图层加锁了,则在锁定层上的图形对象可见但不能被编辑和修改。

（7）图层颜色的设定。单击颜色小框则弹出可供选择的颜色管理器。

（8）图层线型的设定。单击线型图标,则会出现可供选择的线型管理器。在其中可通过［加载(L)］将所需线型调入内存,以供选择用。

三、图层的使用

图层的操作主要通过图层工具栏来进行,其上各按钮的作用如图 8-18 所示。

利用图层工具栏上的图层状态列表图标,可以很方便地管理图层,包括打开或关闭、冻结

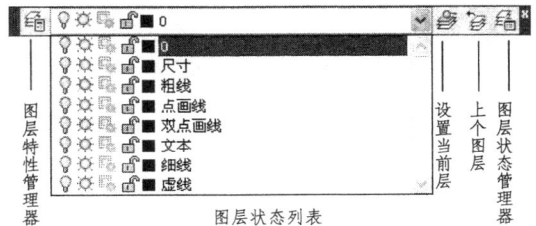

图 8-18 图层工具栏

或解冻、锁定或解锁和设定当前层（从下拉列表中选定当前层即可）等。当需要将某一图形对象从一个图层调到另一图层时，只要先选中图形对象，再从层列表上选择要放置的图层即可。

四、特性

每个图形对象都具有特性。有些特性是基本特性，适用于多数对象，例如图层、颜色、线型、线宽等。有些特性是专用于某个对象的特性，例如，圆的特性就包括半径和面积、直线的特性包括长度和角度。

多数基本特性可以通过图层指定给对象，也可以使用如图 8-19 的特性工具栏给对象直接指定特性。

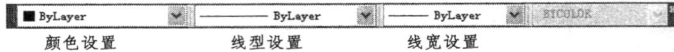

图 8-19　特性工具栏

如果将各栏的特性都设置为 ByLayer，则该对象的特性与其在图层的特性相同。例如，若在图层 0 上绘制直线的颜色设置为 ByLayer，图层 0 的颜色为"红色"，则直线的颜色显示的就是红色。

如果将特性设置为指定的某项，则该项所设将替代图层中的设置。例如，若在图层 0 上绘制直线的颜色设置为"蓝色"，而图层 0 的颜色设置为"红色"，则直线的颜色显示的是蓝色，而不是红色。

线型比例可调整点画线、虚线等线型的画长和间隔的长度。可通过图 8-19 中线型设置中的[其他]选项来设置[全局比例因子]。全局比例因子会影响到所有已经画出的线型和将要画出的图线。

第六节　图中文字书写

在工程设计中，常要对图形进行文字注释，AutoCAD 提供了多种创建文字的方法，对简短的文字输入用单行文字，对带有内部格式的较长文字则用多行文字。文字是按一定的字形生成的。每种字形都有相应的字体，在使用文字命令前，应根据用户的需要定义文字样式，否则系统会默认文字样式的。

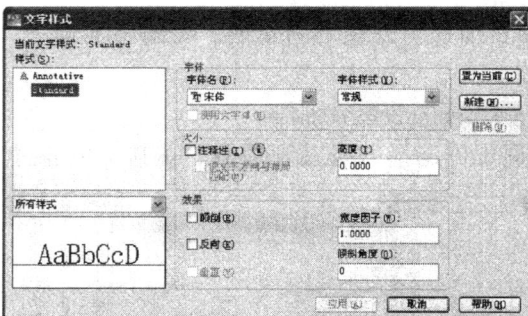

图 8-20　[文字样式]管理器

一、文字类型的设定

在样式工具栏中单击图标 ，弹出如图 8-20 所示管理器。

该管理器中[样式]显示当前字样名称，"Standard"是系统缺省设置，用户可通过[新建]按钮设置多种字样；每种字样都指定一种字体，在[字体名]框可以选择字体。[高度]框内设置字体的高度，若不在此设置（值为 0），而在命令执行过程中输入字体的高度也是一样的。用户可通过预览框看到字体样式的效果。设置[样式]和[字体名]后，应单击[应用]，所设置的才有效。

194

二、文字标注

文字标注有单行文字和多行文字标注两种方式。在绘图工具栏中单击 **A** 图标,可标注多行文字;在[绘图]下拉菜单中,[文字]项中有单行和多行文字标注命令。单行文字并非只能写一行,而是每一行都是一个对象;而多行文字则是以一个段落为一个对象的。

1. 单行文字的书写(Text)

命令:DT   菜单:绘图→文字→单行文字   图标:**AI**

执行命令后,系统提示:"指定文字的起点或[对正(J)/样式(S)]:"

提示选项中的 J 是选择文字对齐的方式,系统会给出各种方式以供选择;S 是要输入已定义的字样名,缺省是"Standard"。

绘图中使用一些特殊字符,不能由键盘直接产生,为此 AutoCAD 提供使用控制码实现特殊字符的书写方法。控制码以%%开头,如:%%d 是角度"°"的控制码;%%c 是直径"φ"的控制码;%%p 是正负号"±"的控制码。

2. 多行文字的书写(Mtext)

命令:MT   菜单:绘图→文字→多行文字   图标:**A**

执行了命令后,给出两点,将弹出一个[多行文字编辑器]的管理器,在框内可以选择字体、字高以及输入文字。在[多行文字编辑器]中,可在一行中书写不同字体、不同字高的文本。这是单行文字书写命令所做不到的。

三、文字编辑

命令:DDEDIT   菜单:修改→对象→文字→编辑   图标:**A**

使用上述任何一种都可以修改文字的内容,原文字是在什么状态下写的,编辑时就回到什么状态下修改。

若用夹持点编辑方式可以实现对文字位置的移动和改变文字框的大小。

第七节 尺 寸 标 注

尺寸标注是工程制图中一项十分重要的内容,尺寸标注能准确无误地反映物体的形状大小和相互位置关系,利用 AutoCAD 尺寸标注命令,可以方便快速地标注出图形上的各种尺寸。在执行标注命令时,AutoCAD 可以自动测量出所标注图形的大小,并在尺寸线上标注出测量的尺寸数字。

一、尺寸标注样式

命令:DDIM   菜单:格式→标注样式   图标:

执行命令后会弹出一个尺寸标注样式管理器,如图 8-21 所示。尺寸标注样式控制着尺寸标注的外观特性,如尺寸起止符号的类型、标注文字的样式等。尺寸标注形式的设置可集中在管理器中进行,在该管理器中,用[置为当前]按钮可以将已有的尺寸格式设置为当前样式;[新建…]按钮是建立新的尺寸样式;[修改…]按钮可以打开[修改标注样式]管理器,在如图 8-22 ~ 图 8-26 所示的管理器中进行尺寸样式的编辑。在缺省时管理器中只有 ISO-25 一种样式,下面以设置斜线样式为例,说明常用参数的设置。

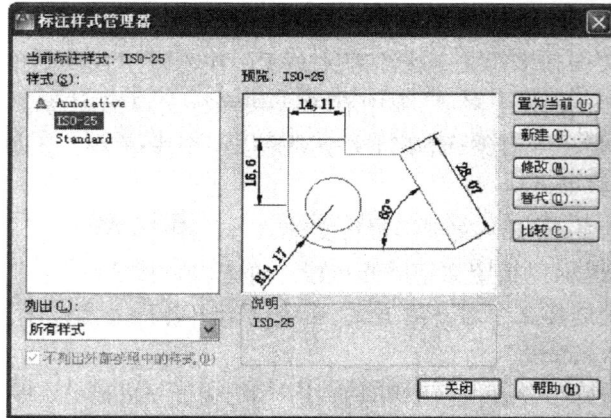

图8-21 尺寸标注样式管理器

1.尺寸线和尺寸界线的设置

在[修改标注样式]管理器中,单击[线]标签后,出现如图8-22所示管理器,其中有两个参数设置区和实时显示区。

(1)在[尺寸线]设置区中,[颜色]和[线宽]分别用于设置尺寸线的颜色和线宽;[基线间距]用于设置基线方式标注尺寸时,控制平行尺寸线之间的距离。

(2)在[尺寸界线]设置区中,[超出尺寸线]用于设置尺寸界线超出尺寸线的长度。[起点偏移量]用于设置尺寸界线起始点距标注点的距离。土建制图中尺寸界线起始点距标注点的距离应大于或等于2。

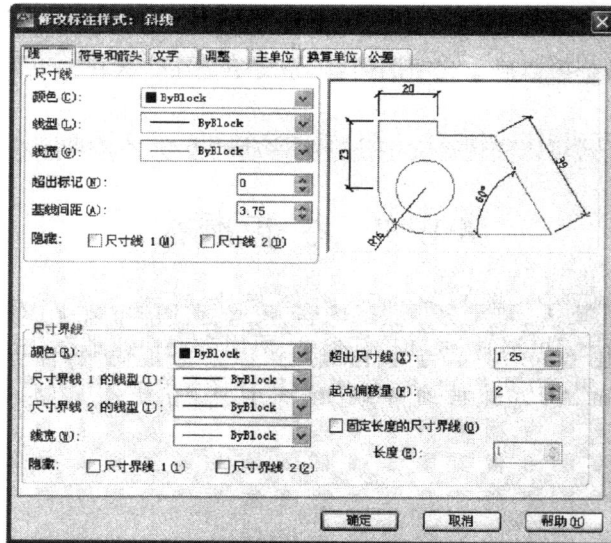

图8-22 [修改标注样式]管理器中[线]页

2.符号和尺寸起止符的设置

在[修改标注样式]管理器中,单击[符号和箭头]标签后,出现如图8-23所示管理器,其中有四个参数设置区和实时显示区。

(1)在[箭头]设置区,可用于选择箭头的形状和大小。这里选土建制图常用的建筑标记。

(2)在[圆心标记]设置区,可用于设置是否对圆心进行标记及标记的大小。

(3)在［弧长符号］设置区,可用于设置标注弧长时,弧长符号的有无及放置位置。

(4)在［半径标注折弯］区可设置标注大圆弧时尺寸线的折弯角度。

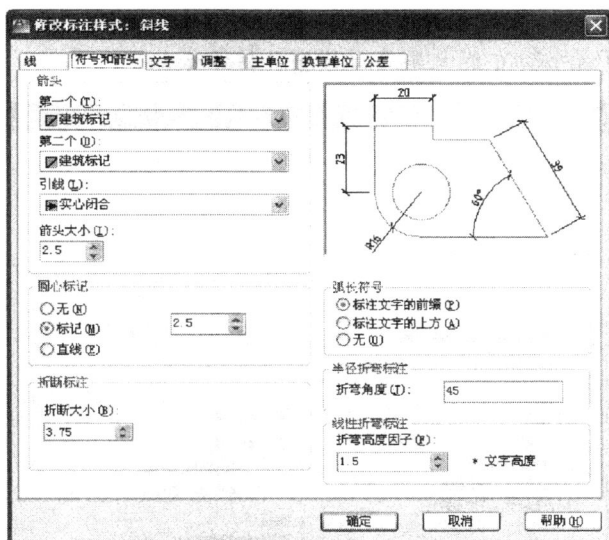

图 8-23　［修改标注样式］管理器中［符号和箭头］页

3.尺寸文字的设置

在［修改标注样式］管理器中,单击［文字］标签后,出现如图 8-24 所示管理器,其中有三个参数设置区和实时显示区。

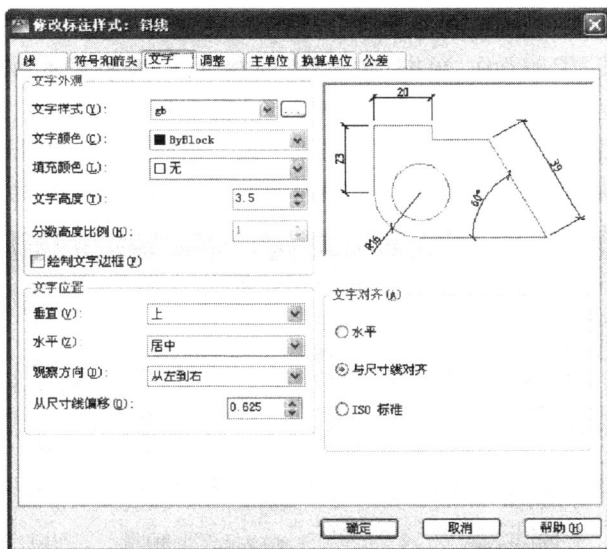

图 8-24　　［修改标注样式］管理器中［文字］页

(1)在［文字外观］设置区,可以选择文字样式、文字颜色、文字高度以及是否绘制文字边框。

(2)在［文字位置］设置区,可以选择文字的垂直、水平位置,设置文字距尺寸线的距离。

(3)在［文字对齐］设置区,选择［水平］则文字总是水平排列,选择［与尺寸线对齐］则文字平行于尺寸线排列。

4.尺寸间各要素关系的设置

在［修改标注样式］管理器中,单击［调整］标签,出现如图 8-25 所示管理器,在［调整选

197

项]中可控制标注文字、箭头、引出线和尺寸线的位置。在[标注特征比例]中,有两个单选框。若选中[使用全局比例]框,就激活旁边的比例系数框,在框中可输入要调整的比例,图纸中所有尺寸标注的样式,如箭头、尺寸线长度、文字等,都将按比例缩放。但尺寸标注的测量值是不变的。若选中[将标注缩放到布局],则自动设置比例系数为1。

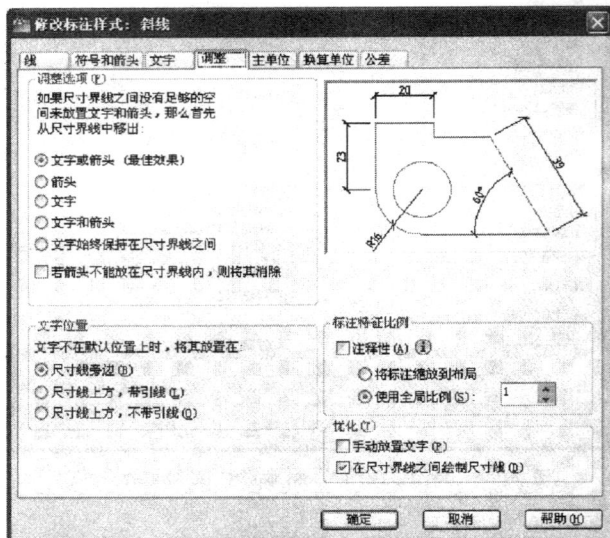

图 8-25　[修改标注样式]管理器中[调整]页

5.尺寸单位及精度的设置

在[修改标注样式]管理器中,单击[主单位]标签后,出现如图8-26所示管理器,其中可以设置尺寸数字的表达形式、精度、标注比例等。在[测量单位比例]中,用户可根据图形的比例相对应输入一个系数,作为测量尺寸时的缩放系数。例如设置比例因子为100时,如果标注某个尺寸时测量得到的长度为10,则自动将标注的尺寸值放大100倍为1000。

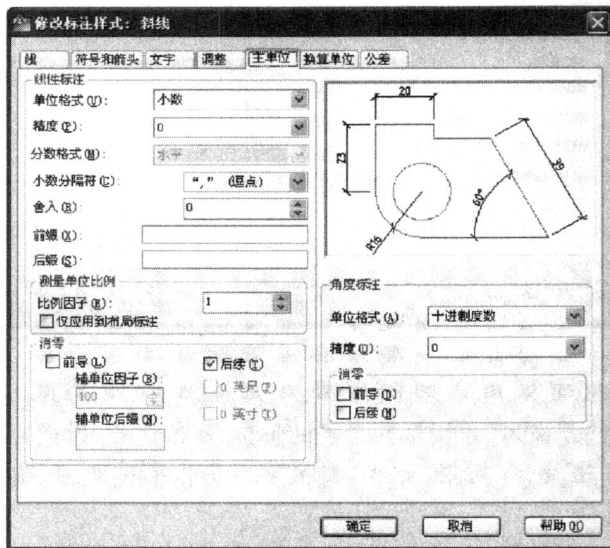

图 8-26　[修改标注样式]管理器中[主单位]页

二、尺寸标注

AutoCAD 有多种尺寸标注命令及一些与尺寸相关的命令,其工具栏如图 8-27 所示,其常用尺寸命令功能如表 8-3 所示。

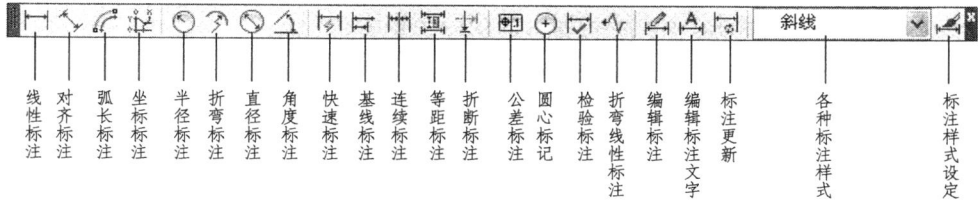

图 8-27　标注工具栏

常用尺寸标注命令功能　　　　　　　　　　　　　　　　表 8-3

命　　令	图　标	功　　能
线性标注（Dimlinear）		对选定两点进行水平、垂直标注
对齐标注（Dimaligned）		对选定两点进行平行于两点连线的标注
坐标标注（Dimordinate）		对选定点引出标注其坐标数值
半径标注（Dimradius）		对圆或圆弧进行半径标注
直径标注（Dimdiameter）		对圆或圆弧进行直径标注
角度标注（Dimangular）		对两直线间、圆、圆弧进行角度标注
快速标注（Qdim）		对选定的图形进行一组基线标注或连续标注等
基线标注（Dimbaseline）		标注具有共同基线的多个尺寸
连续标注（Dimcontinue）		创建从上一次或选定所建标注的延伸线处开始的标注

（1）线性尺寸标注

单击线性标注图标▯,命令行会显示:

指定第一条尺寸界线原点或 <选择对象>:(捕捉第一条尺寸界线的起点)A

指定第二条尺寸界线原点:(捕捉第二条尺寸界线的起点)B

指定尺寸线位置或

[多行文字(M)/文字(T)/角度(A)/水平(H)/垂直(V)/旋转(R)]:(确定尺寸线的位置)

标注文字 = 60(显示尺寸数字如图 8-28 所示)

执行中的[多行文字(M)]表示利用多行文字编辑器输入尺寸文字;[文字(T)]表示在命令行输入尺寸文字,而不用系统的测量值。这时如需要输入代表直径的符号"φ"应键入"％％c"控制码、代表角度的符号"°"应键入"％％d"控制码。[角度(A)]表示改变尺寸文字的角度;[水平(H)]表示尺寸只能水平标注;[垂直(V)]表示尺寸只能垂直标注;[旋转(R)]表示尺寸沿某一角度标注。如果不准备对文本进行修改,就向上面一样直接选定标注位置完成标注,如图 8-28 所示。

（2）对齐尺寸标注

单击对齐标注图标▯,命令行会显示:

指定第一条尺寸界线原点或 <选择对象>:(捕捉第一条尺寸界线的起点)B

指定第二条尺寸界线原点:(捕捉第二条尺寸界线的起点)C

指定尺寸线位置或[多行文字(M)/文字(T)/角度(A)]:(确定尺寸线的位置)

标注文字=55(如图8-28所示)

(3)半径和直径尺寸标注

单击半径(或直径)标注图标⊘(或⊘),命令行会显示:

选择圆弧或圆:(选择图形中的圆或圆弧)

标注文字=10(显示系统测量的尺寸数字)

指定尺寸线位置或[多行文字(M)/文字(T)/角度(A)]:(确定尺寸线的位置)

若要修改圆弧的半径或直径,输入时在尺寸数字前加前缀"R"代表半径(或"%%c"代表直径),标出的尺寸才会带有半径(或直径符号),如图8-29所示,2φ10在修改时就应写成"2%%c10",标注的结果才是2φ10。

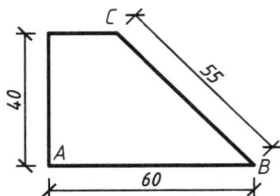

图8-28　线性和对齐尺寸标注

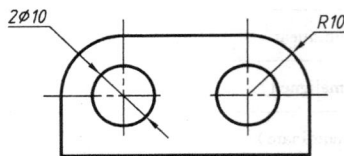

图8-29　半径和直径的标注

(4)角度尺寸标注

单击角度标注图标◢,命令行会显示:

选择圆弧、圆、直线或<指定顶点>:

各选项的含义是:

①若拾取到一条线段上,后面的提示会要用户拾取第二条线段,并以两线段的交点为顶点,标注两条不平行线段之间的夹角,如图8-30a)所示。

②若拾取圆弧,则直接标注圆弧的包含角,如图8-30b)所示。

③若拾取圆,则标注圆上某段圆弧的包含角。该圆圆心被置为所注角度的顶点,拾取点为第一个端点,后面的提示会要用户拾取第二个端点,该点可在圆上,也可不在圆上,尺寸界线会通过选取的两个点,如图8-30c)所示。

④若直接回车,则提示输入角的顶点,角的两个端点,AutoCAD根据给定的三个点标注角度,如图8-30d)所示。

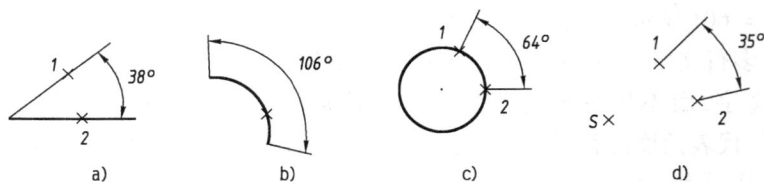

图8-30　角度的标注

(5)基线标注

单击基线标注图标┝┥,命令行会重复显示:

指定第二条尺寸界线原点或[放弃(U)/选择(S)]<选择>:(捕捉第二条尺寸界线的起点,第一条尺寸界线为基线)

如图 8-31 所示尺寸 100 和 123 为 53 的基线尺寸。

（6）连续标注

单击连续标注图标┣┿┫,命令行会重复显示:

指定第二条尺寸界线原点或［放弃(U)/选择(S)］＜选择＞:（捕捉第二条尺寸界线的起点,第一条尺寸界线为已经标注的尺寸）

如图 8-31 所示尺寸 70 和 78 为前一个 78 的连续标注。

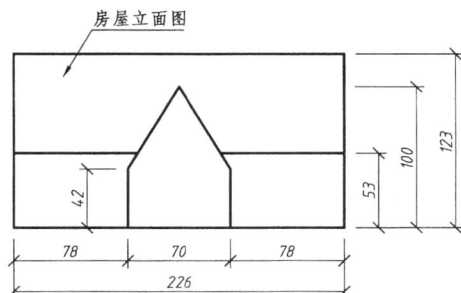

（7）引出线标注

单击引线标注图标🏹,命令行会显示:

指定第一个引线点或［设置(S)］＜设置＞:（确定引线的起点）

指定下一点:（确定引线的第二点）

指定下一点:（确定引线的第三点）

指定文字宽度＜0＞:↙

输入注释文字的第一行＜多行文字(M)＞:房屋立面图↙

输入注释文字的下一行:↙

图 8-31　房屋立面图

三、尺寸标注的编辑

对于已经标注好的尺寸一般是编辑修改尺寸数字,最便捷的方法是使用夹持点编辑模式改变尺寸数字的位置。编辑尺寸数字数值可使用编辑文字的方法,单击文字编辑命令🅰图标,选择要编辑的尺寸,系统进入多行编辑窗口,如图 8-32 所示。窗口内系统测量值,要修改可将测量值删除,注写改变后的尺寸数字后确定,尺寸数值将变成改变后的值。

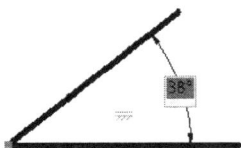

图 8-32　文字格式管理器

值得注意的是,修改后的尺寸数字,无论所标注的尺寸大小如何改变,其尺寸数值是不变的。而用系统自动测量的数值,随所标注尺寸大小的改变,尺寸数值也相应改变。

第八节　图　　块

一、块的概念

图块是由赋予图块名的多个图形对象组成的一个集合。组成图块的各个对象可以有自己的图层、线型和颜色。AutoCAD 把图块当作一个单一的对象来处理,可以随时将它插入到当前图形或其他图形指定的位置,同时可以缩放和旋转,充分利用块的作用可大大提高绘图效率。

二、块的命令(Block)

1. 块生成命令

命令:B   菜单:绘图→块→创建   绘图工具栏图标:

执行命令后,系统随之弹出[块定义]管理器,如图 8-33 所示。在这个管理器中需要输入块的名称、设置拾取块的基点,这个基点就是该块插入时的插入点。确定构成块的图形对象。若选中[保留]项时,块使用的图形对象仍被保留;若选中[转换为块],则用块替换原有的图形对象;若选中[删除],则指定块定义后,组成块的图形对象被删除。

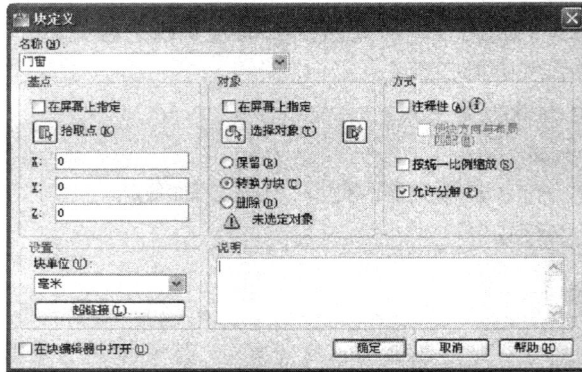

图 8-33 块生成管理器

2. 块插入命令(Insert)

命令:I   菜单:插入→块   绘图工具栏图标:

与块生成命令相对应,插入命令可以将已建立的图块或图形文件,按指定位置插入到当前图形中,并可以改变插入图形的比例和角度。

执行命令后,系统随之弹出[插入]管理器。在这个管理器[名称]中选择要插入的图块名。确定插入点,块插入时的缩放比例以及插入时旋转的角度,这三项可以在绘图区中指定,也可以在文本框中输入数值。若选中[分解],则块在插入后即被分解成一些单个的图形对象,可以分别对其进行编辑修改。块分解后,其颜色、线型有可能发生变化,但形状不会改变。

3. 多重插入块命令(Minsert)

命令:Minsert

该命令是以矩形阵列的形式插入块,例如在立面图中窗户就可以用这个命令插入。但与矩形阵列不同的是,多重插入块命令插入后阵列的全部图形是个整体的块,不能分开对个别单体图形进行编辑,也不能分解。

执行命令后,系统会提示输入插入块的名称、插入点以及插入块的行数、列数和行间距、列间距。

4. 块存盘命令(Wblock)

命令:W

以上的块操作命令都是在一个图形文件中进行。若想将块插入到其他图形文件中,就必须用块存盘命令,才能将块插入到其他图形文件中。

执行该命令后,系统随之弹出[写块]管理器。在这个管理器中需要选择保存的图形对象,确定插入点,给块存盘文件起名等操作

用块存盘命令生成的图形文件,在插入时与一般块插入完全一样。

三、块与图层的关系

画在不同图层上的图形对象可以组合成一个块。在生成和插入块时,AutoCAD 有以下规定:

(1)块中原来位于0层上的图形对象在块插入后被绘在当前层上,其颜色和线型随当前层绘出。而位于其他层上的图形对象,插入后仍保留在原来层上,以原来所在层的颜色、线型绘出。

(2)若在画块的图形之前,把特性工具栏中的颜色和线型定义为[Byblock],然后再画出块的各个图形实体,将他们组合成块,再将颜色和线型定义为[Bylayer],插入时整个块的颜色和线型都随当前层。

第九节　图形输出

图形输出是计算机绘图中一个重要环节。在图形输出之前,首先要配置好输出设备,然后进行图纸大小的设置,输出的设置和操作都在[打印－模型]管理器中进行。图形输出命令的执行有:

命令:Plot　　　菜单:文件→打印　　　图标:🖨

执行命令后弹出如图 8-34 所示的管理器。在管理器中,用户要在[打印机/绘图机]栏中[名称]框内选择要使用的输出设备;在[图纸尺寸]栏中选择打印图纸的大小;在[打印区域]栏中的[打印范围]框内选择打印图样的范围,若选"窗口",将允许用户临时开设一个窗口,打印窗口内的图形;若选"范围",将打印当前工作空间中的全部图形对象;若选"图形界限",可将打印绘图界限内的图形;若选择"显示",将打印当前视窗中显示的图形。在[打印比例]栏中选择图形打印的比例,这里说的比例是图纸中的长度与图形单位的对应关系,而不是手工绘图时图纸中的长度与实物长度之比。

单击图 8-34 所示[打印机/绘图机]栏中的[特性],在[绘图仪配置编辑器]对话中选择[设备与文档设置]页,然后选择[自定义特性],再在[自定义特性]管理器中选择[基本],在[基本]页中可设置打印份数和图纸输出的方向(横向或纵向)。

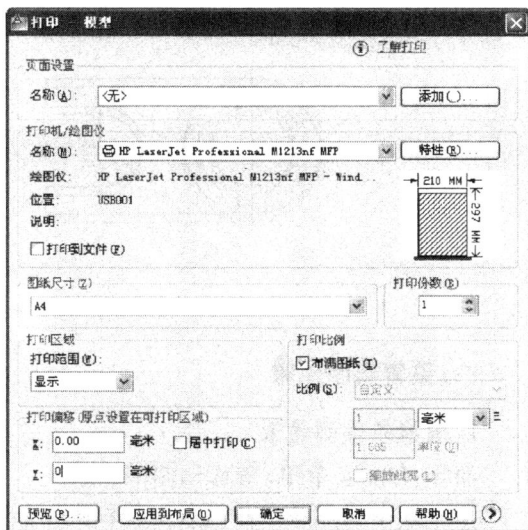

图 8-34　[打印]管理器

以上各项设置完成后,单击[确定]即可在输出设备上输出图形。

第十节 综合绘图实例

用 AutoCAD 绘制工程图样,不但要熟练运用 AutoCAD 各种绘图命令和编辑命令,还要熟练运用尺寸标注命令以及辅助绘图工具(如目标捕捉 F9、正交方式 F8 等)。用 AutoCAD 绘制如图 8-35a)所示剖面图的步骤如下。

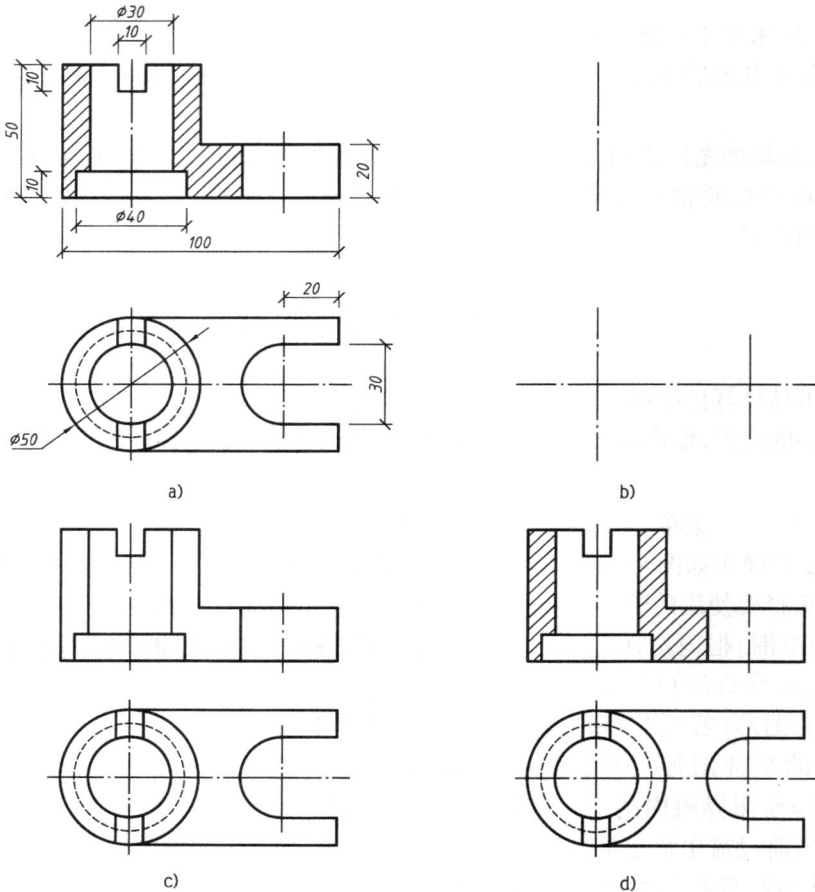

图 8-35　剖面图的绘图过程

一、设置绘图环境

1. 图形界限的设置

命令:Limits 菜单:格式→图形界限

指定左下角点或［开(ON)/关(OFF)］ ＜0.0000,0.0000＞:↙

指定右上角点 ＜12.0000,9.0000＞:420,297 ↙(设置为 A3 幅面的图纸)

单击利用标准工具栏中全部显示 图标,将所设图纸幅面全部显示在屏幕区。

2. 设置捕捉和栅格的大小

所绘图形的尺寸基本是 10 的倍数,可将捕捉和栅格的 X 和 Y 方向距离都设为 10mm,以方便绘图。

3. 设置图层及线型

根据图 8-35a)所示的内容,将图层分为 6 个层,如图 8-36 所示。

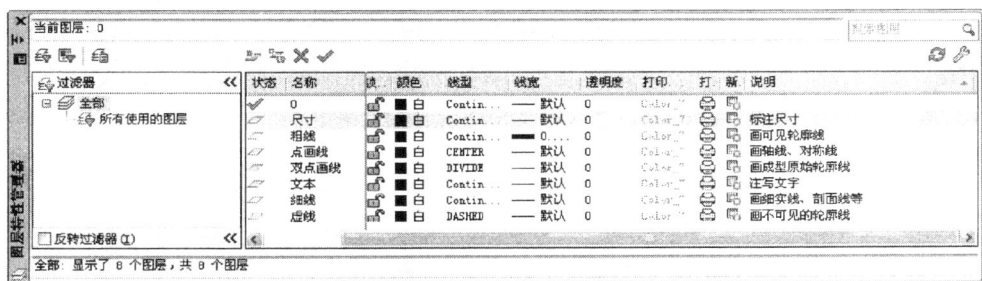

图 8-36　图层的设置

4. 设置字体类型

如图 8-35a)所示,将字体设为两种类型。一种是汉字,字体选为仿宋 GB 2312;另一种是 GB,其字体为 gbeitc. shx,[宽度]为 1。汉字是用来书写图中汉字的,GB 是用来书写拉丁字母、数字以及标注尺寸的。

5. 设置尺寸标注样式

根据所绘图样的内容,将尺寸标注样式设置为两种。一种是斜线,将[线]项的[起点偏移量]设为 2,将[符号和箭头]项的两个箭头都设为[建筑标记];另一种是箭头,将[符号和箭头]项的箭头都设为[实心闭合],其他使用默认缺省状态。

二、绘制剖面图

(1)将当前层设为点画线。用直线 命令画轴线和对称线,如图 8-35b)所示。

(2)将当前层设为粗线。用直线 命令和圆弧 命令(或用多段线 命令)按照图的尺寸画所有的粗线。在画图样的过程中,注意穿插使用镜像 、修剪 等编辑命令,充分利用捕捉点(F3)功能、捕捉网格(F9)功能和正交(F8)功能,以便提高绘图速度。

图中虚线圆可在粗线层画出,然后送到虚线层去即可,如图 8-35c)所示。

(3)将当前层设为细线。用域内填充 命令,填充图中的剖面线。注意用拾取点方式比较方便,拾取点应选在剖面线闭合区内,如图 8-35d)所示。

(4)将当前层设为尺寸,当前的尺寸样式设为箭头。利用直径 标注 $\phi50$。再将当前的尺寸样式设为斜线,利用线性标注 标注 10、20、30、100 等尺寸,尺寸用系统测量值即可;但用线性标注 $\phi30$ 和 $\phi40$ 时,应修改尺寸数字为%%c30 和%%c40,然后再进行标注;利用基线标注 标注 50 的尺寸,结果如图 8-35a)所示。

第九章 房屋建筑施工图

建筑施工图是用来表达建筑内外形状、平面布局、结构特点、建筑构造、装饰做法以及设备安置等情况的图纸,也是指导建筑施工的依据。

第一节 概　述

建筑是提供人们生活、生产、工作、学习和娱乐的活动场所。按照建筑的使用功能不同,一般可将建筑分为民用建筑和工业建筑两大类。建筑尽管功能、外观各不相同,但其设计、施工的建筑施工图以及组成建筑的内涵基本是一致的。

一、房屋的组成及分类

一幢房屋建筑,自下而上第一层称为底层或首层,最上一层称为顶层。底层和顶层之间的若干层可依次称为二层、三层……或统称为标准层(还可称为中间层)。其组成通常包括基础、墙柱、楼面及地面、楼梯、门窗和屋顶等六大主要部分,它们分别处在同一建筑中不同的部位,发挥着各自应有的作用。为便于识读房屋建筑图,现以图 9-1 房屋轴测图为例,说明房屋的组成及分类。

1. 基础

基础是房屋埋在地面以下、地基之上的承重构件。其作用是承受房屋的全部荷载,并将这些荷载传递到地基上。

2. 墙柱

基础之上是砌墙或立柱,其作用主要如下:

(1)承重作用。承受屋顶和楼面等构件传来的荷载,并传给基础。

(2)围护作用。抵御风、雨等自然界及外界对建筑室内的侵害。

(3)分隔作用。根据建筑的用途,将建筑分隔成各种不同的空间。

3. 楼面及地面

楼面及地面是建筑中水平方向的承重构件,并对墙体或柱起着水平支撑作用,增强建筑的刚性和整体性;同时也是房屋分隔水平空间的构件,即将房屋分成若干层。

4. 楼梯

楼梯是房屋垂直方向的交通设施。通常由楼梯梯段、楼梯平台及栏杆或扶手组成。

5. 门窗

门是供人们出入交通和内外联系的。窗是供室内采光、通风和向外瞭望的。门窗也是围护构件,对建筑同时起分隔、保温、隔声、防风以及防水、防火等作用。

6.屋顶

屋顶既是房屋最上部的承重构件,又是房屋上部的围护构件,主要起覆盖、排除雨水和积雪以及保温、隔热的作用。屋顶通常由支承构件、屋面层和附加层组成。

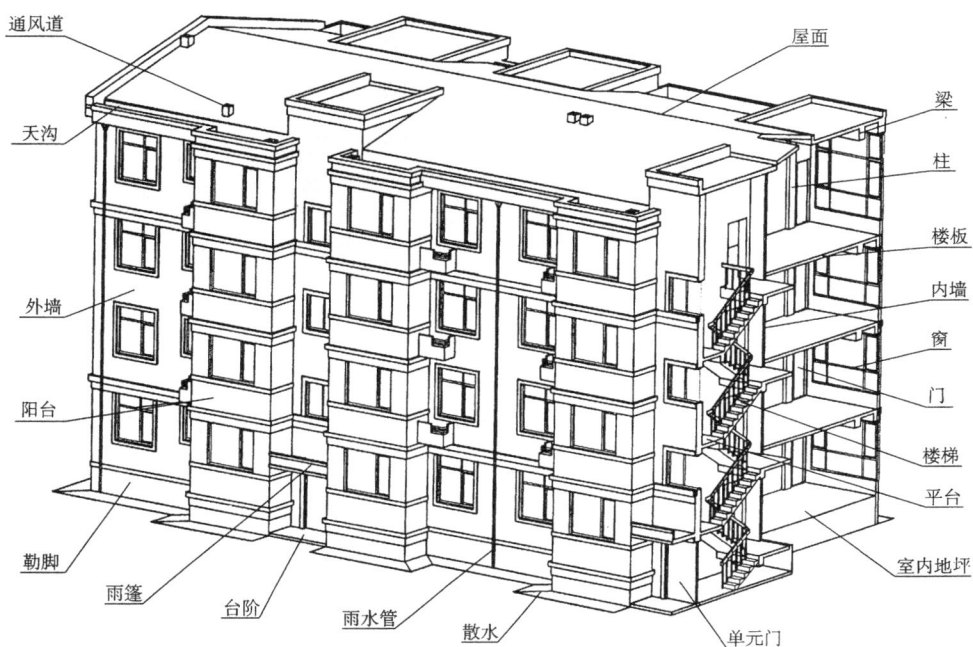

图 9-1　房屋的组成

房屋组成除上述主要部分外,还包括台阶、阳台、雨篷、勒脚、散水、雨水管、天沟等建筑细部结构和建筑构配件,在房屋的顶部还有烟道、通风道以及上楼顶的通道等。

二、房屋建筑的设计阶段及其图纸

建造房屋必须经过一个设计过程,设计工作一般分为初步设计和施工图设计阶段。

初步设计阶段:一般需经过收集资料、调查研究等一系列设计前的准备工作,然后提出一个或多个设计方案,经比较后确定设计方案,绘制初步设计图纸。初步设计的图纸主要有:建筑总平面图,房屋主要的平面图和立面图、剖面图。根据需要,也可以辅以形象直观的建筑效果图,如图 9-2 所示。初步设计图纸较为简略,主要反映建筑物的内外形状、结构造型、立面艺术处理、地理环境等。初步设计要送交有关部门审批。

施工图设计阶段:它是在已经批准的初步设计的基础上,各专业工种进行深入细致的设计,完成建筑设计、结构设计、水、暖、电等设备设计,绘制出各专业工种的施工图。施工图是建造房屋的技术依据,应做到整套图纸完整统一,细致齐全,明确无误。本书主要介绍这一阶段的工程图。

三、施工图的分类

一套完整的房屋建筑施工图依其内容和作用的不同,通常可分为以下几种。

图 9-2 拟建住宅效果图

1. 图纸目录和设计总说明

将各工种图纸按顺序编号列出,说明图纸名称、张数和图号顺序的称为图纸目录。一般按专业分别单独编制目录,如建筑施工图有建筑施工图的图纸目录,结构施工图有结构施工图的图纸目录。以便于查阅。

设计总说明一般包含:施工图的设计依据;工程项目的设计规模及建筑面积、建筑等级、人防工程等级、主要结构类型等;工程项目的相对标高与总图绝对标高的关系;室内室外做法及用料说明,对采取新技术、新材料或有特殊做法要求的说明。

2. 建筑施工图(简称建施)

建筑施工图主要表示建筑物的内部平面布置情况、外部形状以及构造、装修做法,所用材料和施工要求等内容。其基本图纸包括总平面图、建筑设计说明、平面图、立面图、剖面图和构造详图。本章主要介绍这部分图纸的形成以及识读和画法。

3. 结构施工图(简称结施)

结构施工图主要表示承重构件的布置、类型、规格,以及构造做法、所用材料、配筋形式和施工要求等内容。其基本图纸包括结构设计说明、基础图、结构平面布置图和各构件的结构详图等。这部分内容将在第十章中介绍。

4. 设备施工图(简称设施)

设备施工图主要表示室内给水排水(简称水施)、采暖通风(简称暖施)、电气照明(简称电施)和信息传送等设备的布置、安装要求和线路敷设等内容。其中给水排水施工图包括管道平面布置图、管道系统轴测图、详图等;采暖通风施工图包括平面图、系统图、安装详图等;电气照明施工图包括平面图、系统图、接线原理图以及详图等。设备施工图内容将在第十一章中介绍。

四、建筑施工图的特点

1. 采用正投影法绘制

施工图是用正投影法绘制的,一般在 H 面的投影称为平面图,在 V 面的投影称为正立面图(或背立面图),在 W 面的投影称为左侧立面图(或简称为侧立面图)。根据图幅的大小,尽可能地将平、立、剖面三个图样画在同一张纸上,以便识读;如果限于图幅,平、立、剖也可分别单独画出,这时,对所画出的图纸应依次连续编号。

2. 用缩小比例绘制

建筑庞大而复杂,相比而言图纸的尺寸很小,所以施工图一般采用较小的比例。根据建筑内部的构造的复杂程度,采用的比例也不同。其选用标准要根据建筑物的大小,参照表9-1选取。

比 例   表9-1

图 名	比 例
总平面图	1∶500、1∶1000、1∶2000
建筑物、构筑物的平面图、立面图、剖面图	1∶50、1∶100、1∶150、1∶200、1∶300
建筑物、构筑物的局部放大图	1∶10、1∶20、1∶25、1∶30、1∶50
配件及构造详图	1∶1、1∶2、1∶5、1∶10、1∶15、1∶20、1∶25、1∶30、1∶50

3. 用图例符号绘制

为了保证制图质量,提高效率,表达统一和便于识读,我国制定了国家标准《建筑制图标准》(GB/T 50104—2010)。规定了一系列的图形符号来代表建筑构配件、卫生设备、建筑材料等,这些图形符号称为"图例",为读图方便,"国标"还规定了许多标注符号。

4. 用标准图集绘制

施工图中,有许多构配件已有标准定型设计,并有标准设计图可供使用。凡采用标准定型设计之处,只要标出标准图集的编号、图号即可。

第二节 建筑总平面图

建筑总平面图是将拟建工程附近一定范围内的建筑物、构筑物及其自然状况,用水平投影图来表示的图样。它主要反映原有与新建建筑的平面形状、所在位置、朝向、标高、占地面积以及周边情况等内容。建筑总平面图是新建建筑定位、施工放线、土石方施工及施工总平面设计和其他工程管线设置的依据。

一、建筑总平面图的形成

用水平投影图和相应的图例,在画有等高线或加上坐标方格网的地形图上,画出新建、拟建、原有和拆除的建筑物、构筑物的图样称为总平面图。

如图9-3所示为某住宅小区的总平面图。现结合此图介绍有关总平面图的一些基本知识和阅读方法。

二、建筑总平面图的图示方法和有关规定

1. 图线

新建建筑物的可见轮廓线用粗实线,原有建筑物、构筑物、道路、围墙等可见轮廓线用细实线,计划扩建建筑物、构筑物、预留地、道路、围墙、运输设施、管线的轮廓线用中虚线,中心线、对称线、定位轴线用点画线,与周边分界用折断线。

2. 比例及计量单位

建筑总平面图的常用比例如表9-1所示，尺寸单位为米(m)，并至少取至小数点后两位，不足时以"0"补齐。图9-3采用1:1 000的比例。

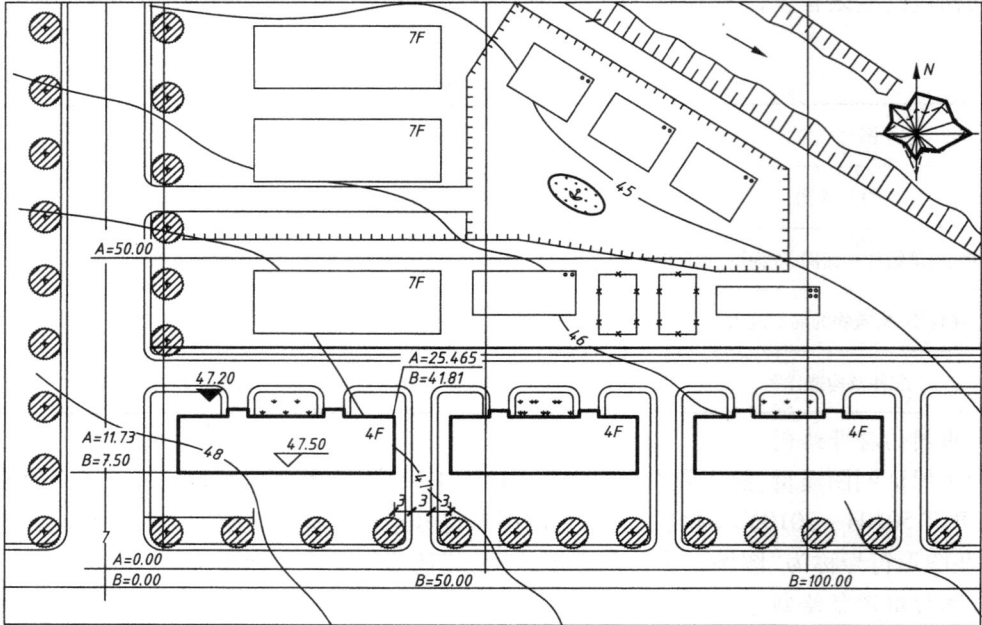

总平面图 1:1000

图9-3 某住宅小区总平面图

3. 建筑定位

在总平面图中确定每栋建筑物的位置采用坐标网格，按上北下南方向绘制。根据场地形

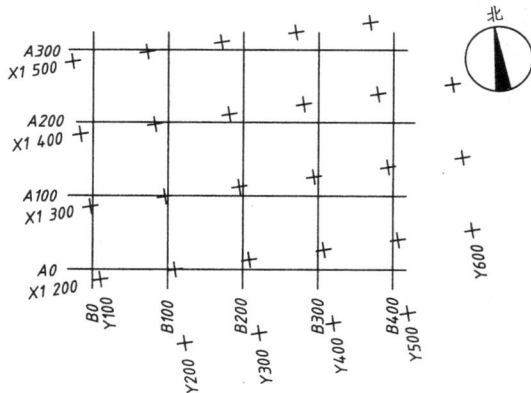

图9-4 坐标网格

状或布局，可向左或向右偏转，但不宜超过45°，坐标网格应以细实线表示。

在地形图上以南北为 X 轴，东西为 Y 轴，以 100m×100m 或 50m×50m 画成交叉十字线的网格称为测量坐标网，如图9-4所示。当建筑的两个主向平行坐标网时，只要注出建筑两个相对墙角的坐标就可确定其位置；当建筑的两个主向与测量坐标网不平行时，用一个与建筑两个主向平行的坐标网表示，此坐标网称为建筑坐标网。方法是在图中选定适当位置为坐标原点，以 A、B 为坐标轴，用细实线画成网格通线。同样只要标出建筑两个相对墙角的

A、B 坐标值，即可确定其位置。如图9-3所示的一栋新建住宅，住宅两个相对墙角的坐标为 $\dfrac{A=11.73}{B=7.50}$、$\dfrac{A=25.465}{B=41.81}$。坐标网除可确定建筑物的位置外，还可算出建筑的总长和总宽（总长为 41.81 − 7.50 = 34.31m，宽为 25.465 − 11.73 = 13.735m）。

当总平面图上有测量和建筑两种坐标系统时,应在附注中注明两种坐标系统的换算公式,如无建筑坐标系统时,应标出主要建筑群的轴线与测量坐标网轴线的交角。

在场地不大、建筑物较少的总平面图中,一般不画坐标网,只要注出新建建筑与邻近现有建筑物的定位尺寸即可确定其位置。坐标最好直接标注在图纸上,如图面无足够位置,也可列表标注。在一张图上,如坐标数字的位数太多时,可将前面相同的位数省略,其省略位数应在附注中加以说明。

4. 等高线和绝对标高

在总平面图上通常画有多条类似徒手画的波浪线,称其为等高线。等高线上的数字代表该区域地势变化的高度。等高线上所注的高度是绝对标高。我国把青岛附近的黄海平均海平面定为绝对标高的零点。其他各地的标高均以此为基准。如图9-3所示,标有46的等高线,就表示该等高线高出海平面46m。

在总平面图中为了表示每个建筑物与地形之间的高度关系,要在建筑平面图中注出底层地面的绝对标高。根据等高线和底层地面的标高,可以看出施工时是填方还是挖方。在平面图中标注标高的方法如图9-5a)所示,等腰直角三角形符号用细实线画。标高数字应以米为单位,注写到小数点以后第三位。在总平面图中,可注写到小数点后第二位。符号的尖端应指到被注高度的位置,尖端可向下,也可向上,标高数字应注写在标高符号的左侧或右侧,如图9-5b)所示。当位置不够,不能将数字直接写在横线的附近时,可引出标注,如图9-5c)所示。室外地坪标高符号,宜用涂黑的三角形表示,如图9-5d)所示。

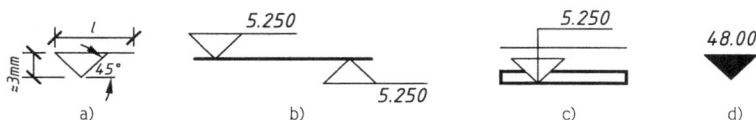

图9-5 标高符号

a)画法;b)标高的指向;c)位置不够时;d)室外地坪标高

在总平面图中,除了建筑物要注明标高外,在构筑物、道路中心的交叉点等也需标注标高。

若需在图样的同一位置表示几个不同的标高,标高数字可按图9-6所示的形式标注。

5. 指北针及风向频率玫瑰图

指北针是用来确定新建建筑的朝向的。其符号应按国标规定绘制,如图9-7a)所示,细实线圆的直径一般以24mm为宜,箭尾宽度应为圆直径的1/8,即3mm。圆内指针应涂黑并指向正北,在指北针的尖端部写上“北”字,或“N”字。

风向频率玫瑰图是根据某一地区多年统计,各个方向平均吹风次数的百分数值,按一定比例绘制的,是新建建筑所在地区风向情况的示意图,如图9-7b)所示。一般多用8个或16个罗盘方位表示,玫瑰图上表示风的吹向是从外面吹向地区中心,图中粗实线为全年风向玫瑰图,细虚线为夏季风向玫瑰图。由于风向玫瑰图也能表明建筑和地物的朝向情况,所以在已经绘制了风向玫瑰图的图样上则不必再绘制指北针。

在建筑总平面图上,通常应绘制当地的风向玫瑰图。没有风向玫瑰图的城市和地区,则在建筑总平面图上画上指北针。风向频率图最大的方位为该地区的主导风向。从图9-3的玫瑰图可以看出该地区常年主导风向是东北风,夏季主导风向是东南风。

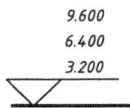

图 9-6　同一位置注写
多个标高数字

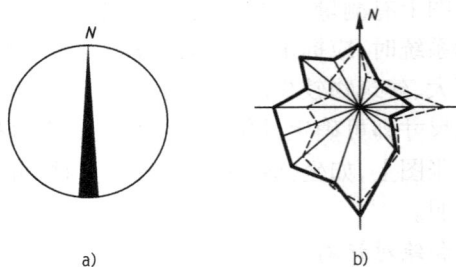

图 9-7　指北针和风向频率玫瑰图
a)指北针;b)风向频率玫瑰图

6. 图例及代号

建筑物和构筑物是按比例缩小绘制在图纸上的,对于有些建筑细部、构件形状以及建筑材料等,往往不能如实画出,也难以用文字注释来表达清楚,所以都按统一规定的图例和代号来表示,以得到简单明了的效果。因此制图标准中规定了各式各样的图例。表 9-2 列出了一些常用的总平面图图例。

总 平 面 图 图 例(GB/T 50103—2010)　　　　　　　　　　表 9-2

名　　称	图　　例	画法说明
新建的建筑物	X= Y= ①12F/2D H=59.00m	新建建筑物以粗实线表示与室外地坪相接处 ±0.00 外墙定位轮廓线。建筑物一般以 ±0.00 高度处的外墙定位轴线交叉点坐标定位。轴线用细实线表示,并标明轴线号。根据不同设计阶段标注建筑编号,地上、地下层数,建筑高度,建筑出入口位置。地下建筑物用粗实线表示其轮廓。建筑上部外挑建筑用细实线表示。建筑物上部连廊用细实线表示并标注位置
原有的建筑物		用细实线表示
计划扩建的预留地或建筑物		用中粗虚线表示
拆除的建筑物		用细实线表示
围墙及大门		
挡土墙	5.00 1.50	挡土墙根据不同设计的需要标注 墙底标高 墙顶标高
挡土墙上设围墙		
坐标	1. X=105.00 Y=425.00 2. A=105.00 B=425.00	1. 表示地形测量坐标系 2. 表示自设坐标系 坐标数字平行于建筑标注

212

名　称	图　例	画法说明
方格网交叉点标高	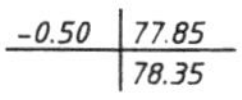 −0.50 ｜ 77.85 / 78.35	"78.35"为原地面标高 "77.85"为设计标高 "−0.50"为施工高度 "+"表示填方 "−"表示挖方
室内地坪标高	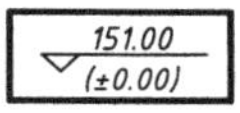 ▽ 151.00 / (±0.00)	数字平行于建筑物书写
室外地坪标高	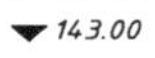 ▼ 143.00	室外标高也可采用等高线表示
新建的道路	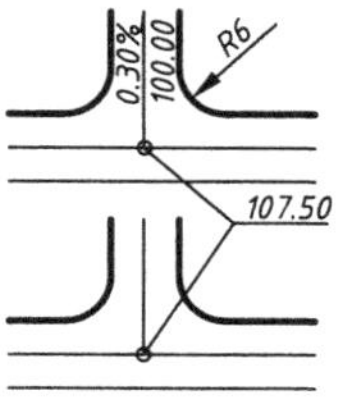 0.30% 100.00 R6 107.50	"0.30%"表示道路坡度,→表示坡向。"100.00"为变坡点之间距离,"R6"表示道路转弯半径。"107.50"为道路中心线交叉点设计标高,两种表示方式均可,同一张图纸采用一种方式表示
原有的道路	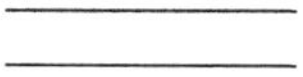	
计划扩建的道路		
拆除的道路	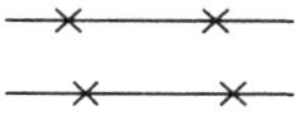	
填挖边坡		
草坪	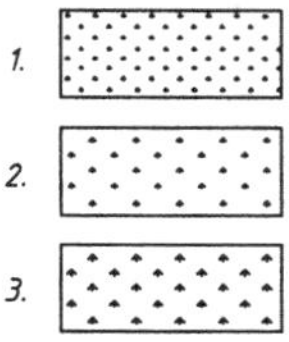 1. 2. 3.	1.草坪 2.表示自然草坪 3.表示人工草坪
花卉		
常绿阔叶乔木		
常绿阔叶灌木		
喷泉		

213

三、总平面图的阅读

如图 9-3 所示,某住宅小区总平面图。在图的下方用粗实线表示的是拟建的三栋 4 层住宅楼,原有建筑是用细实线表示的,其中打叉的是应拆除的建筑。总平面图中的小黑点或数字是表示该建筑物的层数。带有圆角的平行细实线表示原有的道路。拟建建筑平面图的凸出部分是建筑的入口。每个入口均有道路相连。道路或建筑物之间的空地设有绿化带,道路两侧均匀地植树常绿阔叶灌木。

从 9-3 图的等高线可以看出,西南地势较高,坡向东北,在东北部有一条河从西北流向东南,河的两侧砌有护坡。河的西南侧有三座二层别墅小楼,楼前有一花坛。

第三节　建筑平面图

建筑平面图反映出建筑的形状、大小及房间的布置,墙、柱的位置和厚度,门窗的类型和位置等。因此建筑平面图是施工过程中施工放线、砌墙、安装门窗、预留孔洞、室内装修及编制预算、施工备料等工作的重要依据,是施工图中最基本、最重要的图样之一。

一、建筑平面图的形成与分类

1. 建筑平面图的形成

按照制图标准可知,除了屋顶平面图以外,建筑平面图应是一个水平的全剖面图,其形成方法是:假想用一个水平的剖切平面沿着窗台以上的门窗洞口处将建筑剖切开,移走剖切平面以上部分,而得的水平剖面图,称为建筑平面图,简称为平面图,如图 9-8 所示。

2. 建筑平面图的分类

根据剖切平面位置的不同,建筑平面图可分为以下几类:

(1)底层平面图

底层平面图又称一层平面图或首层平面图。它是沿底层门窗洞口剖开后所得的平面图,剖切平面的位置处于底层地面与从一楼通向二楼休息平台之间,且要尽量通过该层上所有的门窗洞口。它是所有建筑平面图中首先绘制的一张图。

(2)标准层平面图

用上面同样的办法可得建筑各中间层平面图。由于建筑内部平面布置的差异,所以对于多层建筑而言,应该有一层就画一个平面图。其名称就用本身的层数来命名,例如"二层平面图"或"四层平面图"等。但在实际的建筑设计过程中,多层建筑往往存在许多相同或相近平面布置形式的楼层,因此在实际画图时,可将这些相同或相近的楼层合用同一张平面图来表示。这张合用的图,就叫做"标准层平面图",有时也可用其对应的楼层命名,例如"二、三层平面图"。

(3)顶层平面图

顶层平面图也可用相应楼层数命名。

(4)屋顶平面图和局部平面图

除了上面所讲的平面图外,建筑平面图还应包括屋顶平面图和局部平面图。其中,屋顶平面图是指将建筑的顶部单独向下所作的俯视图,主要用来描述屋顶的平面布置。而对于平面布置基本相同的中间楼层,其局部的差异,无法用标准层平面图来描述时可用局部平面图表示。

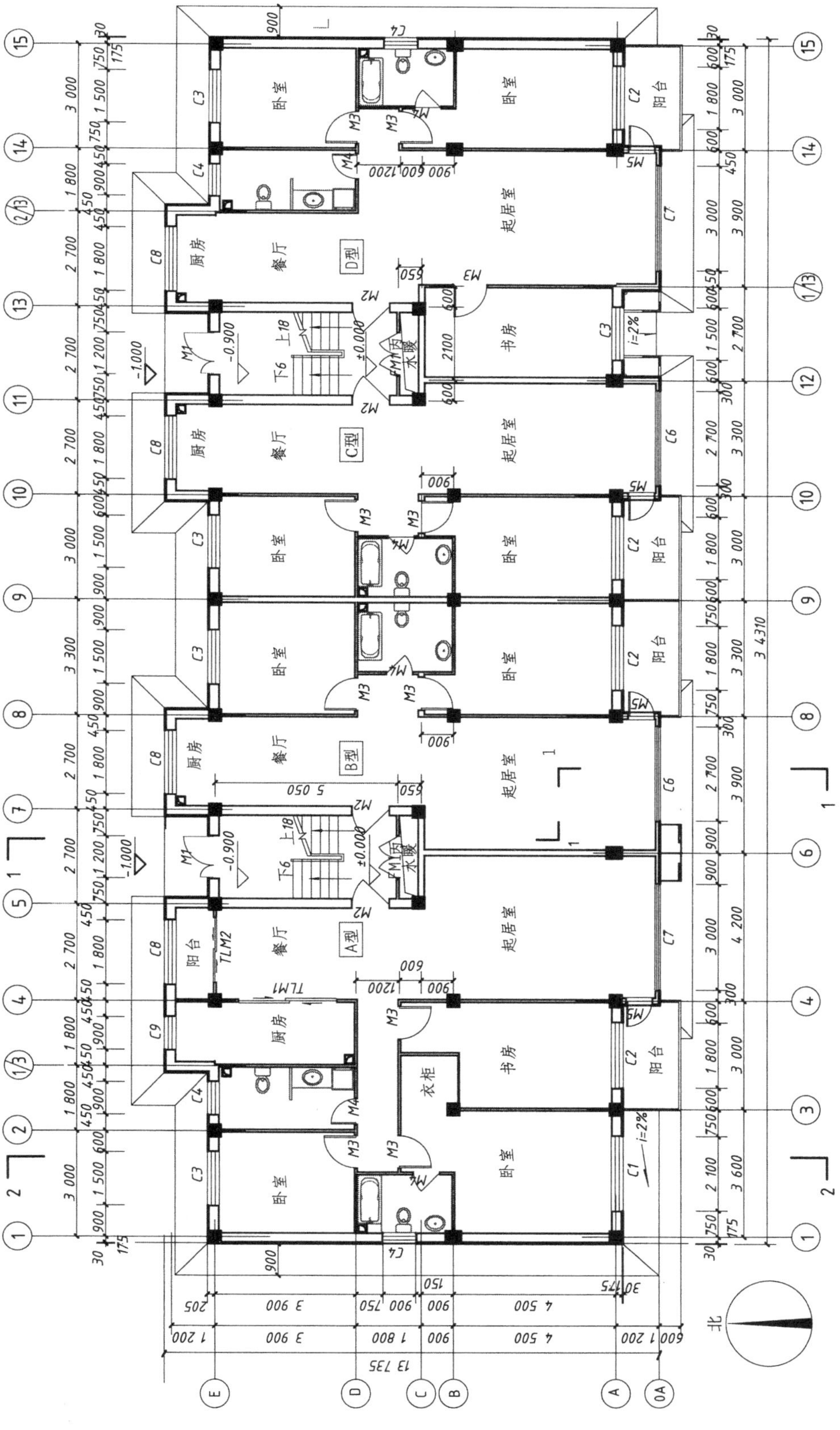

底层平面图 1:100

图 9-8　底层平面图

215

二、建筑平面图的图示方法和有关规定

1. 比例

建筑的形体一般都比较大,因此画图时都采用缩小的比例。建筑平面图常用的比例如表 9-1 所示。

2. 朝向

为了更加精确地确定建筑的朝向,在底层平面图上应画出指北针。一般在总平面图上画风向频率玫瑰图,在底层平面图上画指北针,两者是不能互换的,但所指的方向必须一致。其他层平面图上不用再画指北针了。

3. 图线

平面图上所表示的内容较多,为了表明主次和增加图面效果,常选用不同的线宽和线型来表示不同的内容。

"国标"中规定:凡是被剖切的主要建筑构造,如承重墙、柱的断面轮廓线用粗实线(b),墙、柱断面轮廓线不包括抹灰层的厚度,一般在1:100的平面图中不画抹灰层;被剖到的次要建筑构造和未剖到的构配件轮廓线,如窗台、阳台、台阶、楼梯、门的开启方向和散水等均用中粗线($0.7b$);尺寸线、尺寸界线、索引符号、标高符号、粉刷线、保温层线等用中线($0.5b$);图例线、家具线、纹样线等用细实线($0.25b$);中心线、对称线、定位轴线用点画线。

4. 定位轴线

在建筑施工中,用来确定建筑基础、墙、柱和梁等承重构件的相对位置,并带有编号的轴线称为定位轴线。定位轴线是施工定位、放线和测量定位的依据。

（1）画法

定位轴线采用细点画线表示,线伸入墙内 10 ~ 15mm。轴线端部画直径为 8 ~ 10mm 的细实线圆,在圆内对轴线进行编号。

（2）编号

在平面图中,定位轴线的编号宜注写在图样的下面和左侧。下面在水平方向的编号采用阿拉伯数字,从左到右依次编号,一般称为横向轴线;左侧垂直方向的编号用大写拉丁字母自下而上按顺序编写,通常称为纵向轴线。但拉丁字母中的 I、O、Z 三个字母不得用做轴线编号,以免与数字 1、0、2 混淆,如图 9-9 所示。若建筑物不对称或比较复杂时,定位轴线也可以在平面图的右侧和上面标注,还可以分区标注,如图 9-10 所示。

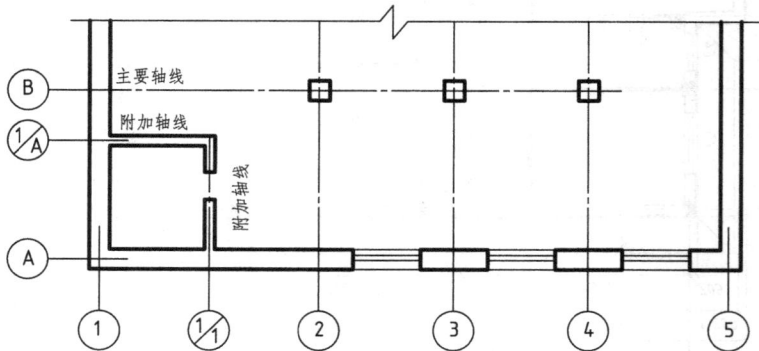

图 9-9 定位轴线及编号

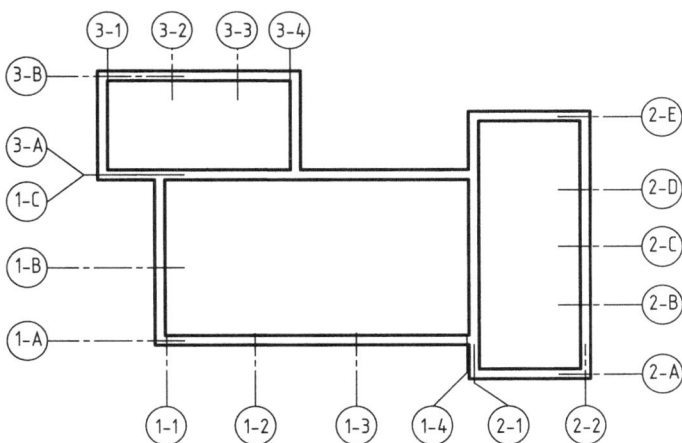

图 9-10　定位轴线的分区编号

（3）附加轴线

对于非承重构件的定位轴线一般做附加轴线标注,其编号用分数形式表示。分母表示前一个定位轴线的编号,分子表示附加轴线的编号。编号宜用阿拉伯数字顺序编号,如图 9-9 所示的 1/1、1/A。如果 1 号轴线和 A 号轴线之前要加附加轴线,那么轴线应以 01、0A 分别表示位于 1 号轴线或 A 号轴线前的轴线。

（4）位置

对于框架结构的建筑,定位轴线一般在墙、柱的中间。在砖墙承重的民用建筑中,定位轴线位置与墙厚及位于其上部的梁板搭接深度有关,楼板在墙上搭接深度一般为 120mm,所以,外墙的定位轴线距离内墙皮为 120mm 的位置上。

如图 9-11 所示,当墙厚为一砖半时(砖的尺寸为 240mm × 115mm × 53mm),墙厚为 240 + 10 + 115 = 365(mm),标注为 370mm(俗称三七墙),其轴线与内墙皮的尺寸关系为内 120mm、外 250mm。当墙厚为二砖时墙厚为 240 + 10 + 240 = 490(mm)(俗称四九墙),其轴线与墙皮的尺寸关系为内 120mm、外 370mm。由于内承重墙一般为一砖厚(厚为 240mm,俗称二四墙),所以定位轴线居中。

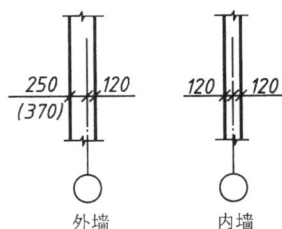

图 9-11　定位轴线位置

5. 图例

由于建筑图的画图比例较小,所以在平面图中对如门窗、楼梯、烟道、通风道等建筑中的建筑配件以及洗脸盆、炉灶、大便器等卫生设施都不能按真实投影去画,而是要用“国标”中规定的图例表示。常见的建筑图例如表 9-3 所示。

6. 尺寸标注

建筑平面图中的尺寸主要分为以下几个部分。

（1）外部尺寸

标注在建筑平面图轮廓以外的尺寸叫外部尺寸。通常外部尺寸按照所标注的对象不同,又分为三道,它们分别是(按由外往内的顺序):

第一道尺寸表示建筑的总长和总宽。如图 9-8 中的总长为 34.31m,总宽为 13.735m。

第二道尺寸用以确定各定位轴线间的距离。横向轴线尺寸叫开间尺寸,如图 9-8 中 A 户

217

型主卧室的开间尺寸为3.6m,起居室的开间尺寸为4.2m,楼梯间的开间尺寸为2.7m;纵向轴线间的尺寸叫进深尺寸,如图9-8所示,主卧室的进深尺寸为4.5m,楼梯间的进深尺寸为5.05m。

常用建筑构造及配件图例(GB/T 50104—2010)　　　　　　　表9-3

名　　称	图　　例	名　　称	图　　例
墙体	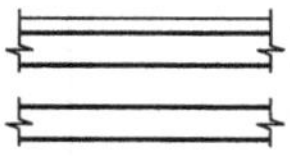 有保温层 无保温层	单面开启单扇门 (包括平开或单面弹簧)	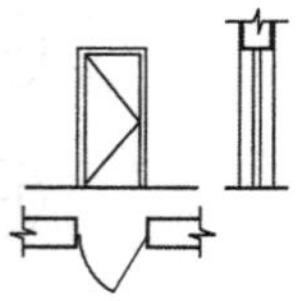
隔断			
栏杆			
楼梯间平面图	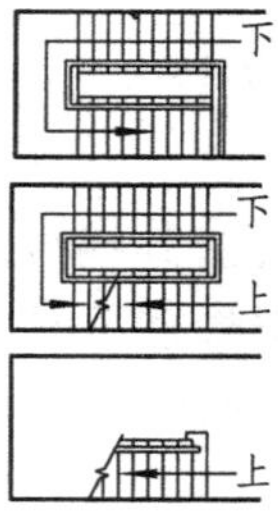 顶层 中间层 底层	单面开启双扇门 (包括平开或单面弹簧)	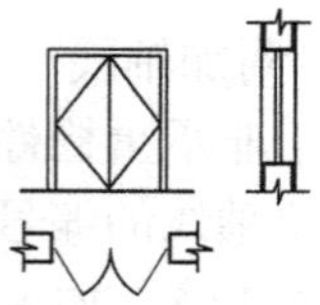
电梯井		墙洞外双扇推拉门	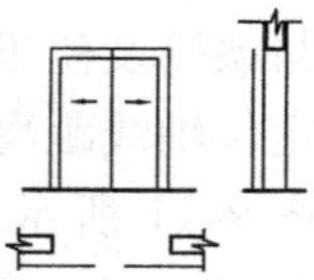
检查口			
孔洞			
墙预留槽洞	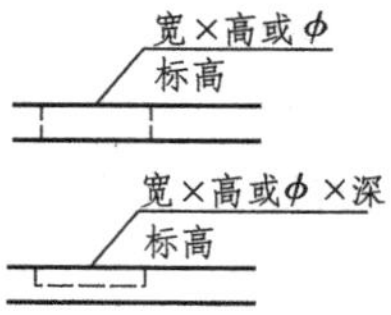 宽×高或φ 标高 宽×高或φ×深 标高	双面开启单扇门 (包括双面平开或 双面弹簧)	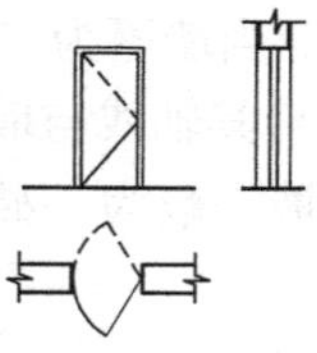
烟道	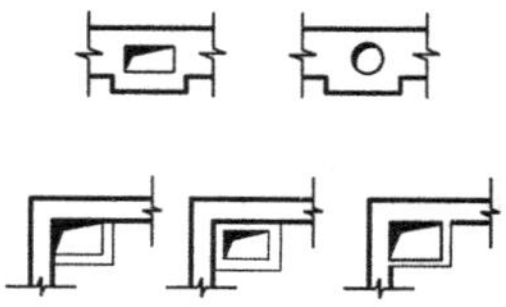	双面开启双扇门 (包括双面平开或 双面弹簧)	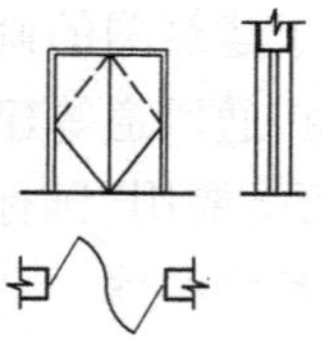
通风道	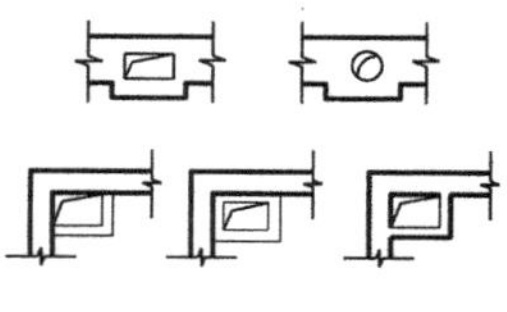	双层单扇平开门	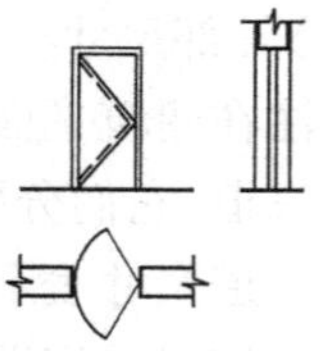

218

名　称	图　例	名　称	图　例
双层双扇平开门	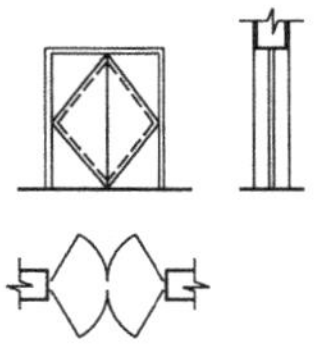	单层外开平开窗	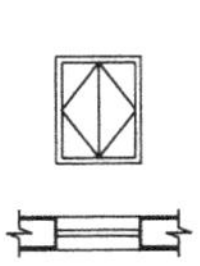
固定窗	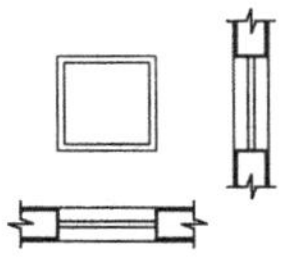	单层内开平开窗	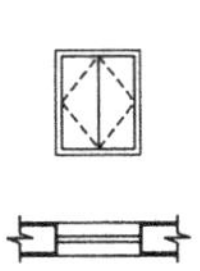
双层内外开平开窗	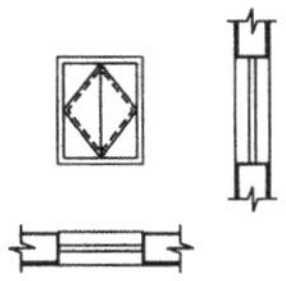	单层推拉窗	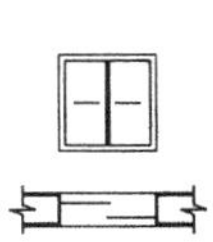
自动扶梯	上	上	

第三道尺寸是以轴线为基准,表达门、窗以及墙垛等水平方向或垂直方向的定形尺寸和定位尺寸。

三道尺寸线间的距离应为 7～10mm,平面图中的外轮廓线与第三道尺寸线间的距离不宜小于 10mm。

当建筑的前后、左右外墙尺寸一样时,可只标注一侧;部分一样时,可只标注不同部分。否则,平面图的上下、左右都需要标注尺寸。

外墙以外的台阶、平台、散水等细部尺寸,应另行标注。

(2)内部尺寸

内部尺寸应注写在建筑平面图的轮廓线以内,它主要用来表示建筑内部构造,如内墙上的门窗洞口的大小和位置尺寸、内墙厚度等。室内某些固定设备,如厕所、厨房等的大小和位置也应标注,如图 9-12 所示。标注各部位的定位尺寸时,应注写与其最邻近的轴线间的尺寸。

(3)标高尺寸

建筑平面图上的标高尺寸,主要是指某层楼面(或地面)上各部分的标高。按建筑制图标准规定,该标高尺寸应以建筑物底层地面的标高 ±0.000 为基准。高于它的为正,但不标注符号" + ";低于它的为负,需标注符号" – "。在底层平面图中,还需标出室外地坪的标高值(同样应以底层地面标高为参照点)。标高以米(m)为单位,标注到小数点后三位。

(4)坡度尺寸

在屋顶平面图上,应标注描述屋顶面的坡度尺寸,该尺寸通常由坡比和坡向两部分组成。

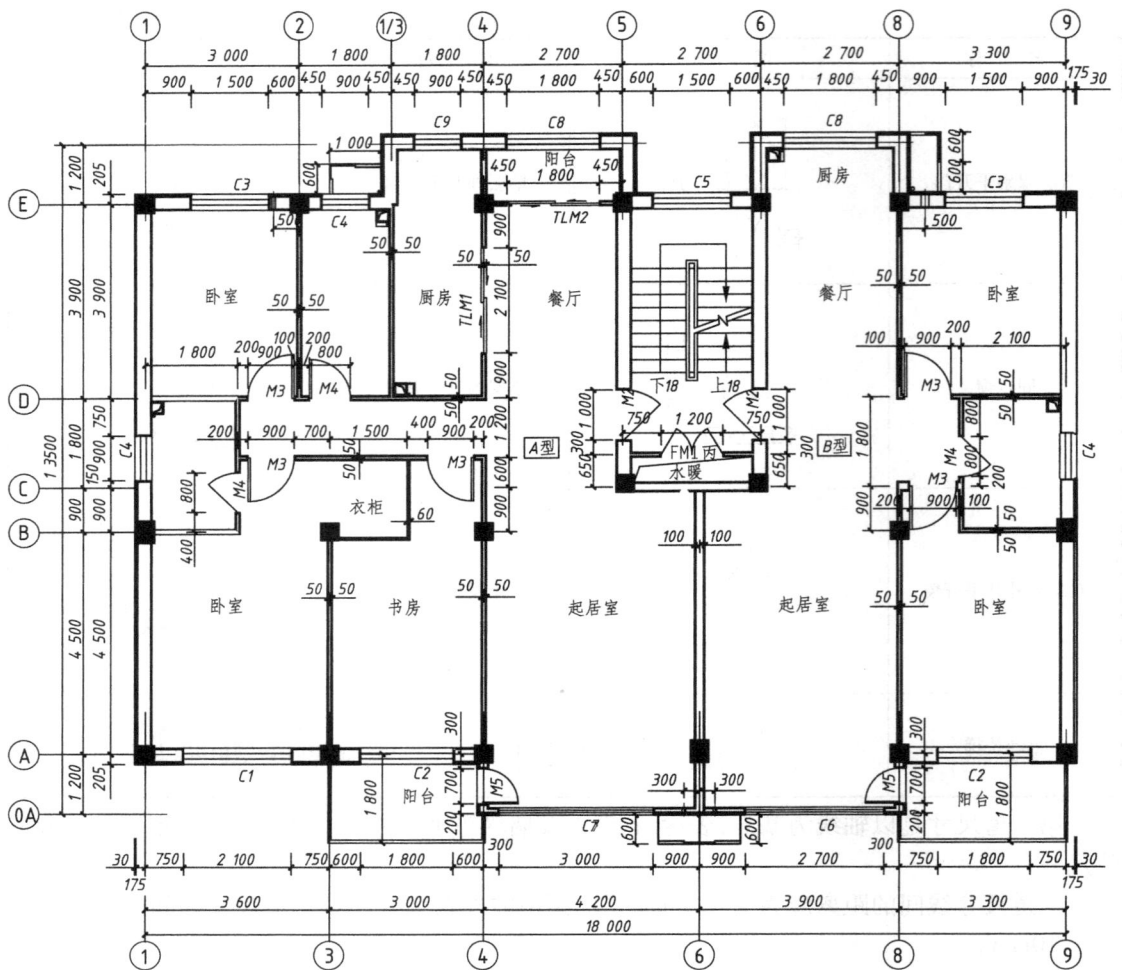

单元平面图 1:100

图9-12 单元平面图

7. 门窗编号及门窗表

在平面图中,门窗是用图例画出的。如图9-12所示,窗是用四条平行的细实线表示的,单面开启单扇门,如图中的 M2 进户门是由一条向内或向外的与门洞口长度相同的90°(或45°)中实线连接一段圆弧线来表示门的开启方向的。建筑制图标准中规定了各种门窗的图例,表9-3列出了几种常用门窗的图例。为了区别门窗类型和便于统计,门窗洞口附近应标注门窗编号,M 表示门的代号,C 表示窗的代号,TLM 表示推拉门的代号(均为汉语拼音的第一个字母)。1、2、3……是不同类型门窗的编号。为了便于施工,建筑施工图还包括门窗表,表9-4列出了门窗的编号、名称、尺寸、数量及说明等内容。

8. 抹灰层、材料图例

平面图中,在被剖切到的构配件的断面上,其抹灰层和材料图例,应根据不同的比例采用不同的画法:比例大于1:50,应画出抹灰层和保温隔热层,并宜画出材料图例;比例等于1:50,宜画出保温隔热层,抹灰层的面层线应根据需要而定;比例小于1:50,可不画出抹灰层;比例为1:100～1:200,可画简化材料图例。如:砌体墙涂红、钢筋混凝土涂黑等;比例小于1:200,可不画材料图例。

220

名称	门窗编号	洞口尺寸(宽×高)(mm)	数量	备 注
窗	C1	2100×1650	4	单框双玻隔热断桥包塑铝合金平开窗
	C2	1800×1650	16	单框双玻隔热断桥包塑铝合金平开窗
窗	C3	1500×1650	16	单框双玻隔热断桥包塑铝合金平开窗
	C4	900×1200	16	单框双玻隔热断桥包塑铝合金平开窗
	C5	1500×1200	6	单框双玻隔热断桥包塑铝合金平开窗
	C6	2700×2100	6	单框双玻隔热断桥包塑铝合金平开窗
	C6′	2700×3000	2	单框双玻隔热断桥包塑铝合金平开窗
	C7	3000×2100	6	单框双玻隔热断桥包塑铝合金平开窗
	C7′	3000×3000	2	单框双玻隔热断桥包塑铝合金平开窗
	C8	1800×1500	16	单框双玻隔热断桥包塑铝合金平开窗
	C9	900×1500	4	单框双玻隔热断桥包塑铝合金平开窗
门	M1	1500×2100	2	单元入口电子对讲门 保温 防盗
	M2	900×2100	16	三防门(保温 防盗 乙级防火)
	M3	900×2100	40	成品实木门(用户自理)
	M4	800×2100	24	成品实木门(卫生间,用户自理)
	M5	700×2100	16	三防门(保温 防盗 乙级防火)
	TLM1	2100×2100	4	推拉门 用户自理
	TLM2	1800×2100	4	推拉门 用户自理
	FM1 丙	1200×1500	8	丙级防火门,距地 150mm

三、读图示例

1. 底层(一层或首层)平面图的阅读

以如图 9-8 所示为例,说明建筑底层平面图的读图步骤。

(1)了解图名和比例

由图 9-8 可知,该平面图是某住宅楼的底层平面图,画图比例为 1:100。

(2)了解定位轴线,户型,墙、柱的位置和平面位置

该平面图中,横向定位轴线有①~⑮;纵向定位轴线有Ⓐ~Ⓔ。

该楼共有两个单元,每个单元底层都是一梯两户,单元入口在北侧。共有 A、B、C、D 四种户型,其中 A、D 户型为三室两厅一厨二卫,B、C 户型为两室两厅一厨一卫。每一户型南侧都各有一阳台。A 户型的起居室开间为 4.2m,隔壁书房开间为 3m,进深为 4.5m;南卧室开间为3.6m,进深为 4.5m;朝北的卧室开间为 3m,进深为 3.9m。楼梯开间为 2.7mm。图中涂黑的是钢筋混凝土柱。

（3）了解门窗的位置、编号和数量

该建筑底层有 8 种门,11 种不同规格的窗户,图中表明了各个门窗的具体位置。

（4）了解建筑的平面尺寸和各地面的标高

该平面图中共有三道主要外部尺寸,最外一道表示总长和总宽的尺寸,它们分别为34.31m 和 13.735m;第二道尺寸是定位轴线的间距;第三道尺寸是门窗洞的大小及它们到定位轴线的距离。图中还对外部突出的露台等结构尺寸作了标注。

该平面图中的内部尺寸主要标注了内部部分隔墙到定位轴线的距离及墙体长度等。

该楼底层室内地面相对标高为 ±0.000,楼梯间地面标高为 −0.900,室外标高为 −1.000。

（5）了解其他建筑构配件

该楼北面入口处设有一个踏步进到楼内,经 6 级踏步到达底层地面;楼梯向上 18 级踏步可到达二层楼面。每户朝南的封闭阳台有门可通向露台,A 户型朝北的餐厅有推拉门可通向阳台。建筑四周做有散水,宽 900mm。

（6）了解剖面图的剖切位置、投射方向等

底层平面图上标有 1-1、2-2 两个剖面图的剖切符号。由图 9-8 可知,1-1 剖面图是一个阶梯全剖面图,它的剖切平面平行于纵向定位轴线,经过楼梯间和水暖间后转折,再通过 B 户型起居室的封闭阳台,其投射方向向左。

2. 中间层平面图和顶层平面图

前面主要介绍的是底层平面图。与底层平面图相比,其他层平面图要简单一些,其主要区别如下:

（1）一些已在底层平面图中表示清楚的构配件,就不再在其他图中重复绘制。例如:按照建筑制图标准,在二层以上的平面图中不再绘制明沟、散水、台阶、花坛等室外设施及构配件;在三层以上也不再绘制已由二层平面图表示的雨篷;除底层平面图外,其他各层一般也不绘制指北针和剖切符号。

（2）楼梯间的建筑构造图例不同。楼梯图例的具体画法如表 9-3 所示,画图时,楼梯的形式和步数应照实际情况绘制。

该建筑的二、三层平面图相同,因此用标准层平面图来命名该两层平面图图名。图 9-13即为标准层平面图,读者可以对照底层平面图进行阅读。与底层不同的是不再画出散水和单元入口处台阶,另一主要差别在楼梯间表达有所不同,楼梯间有一窗户。单元入口上方外侧还设有雨棚。图 9-14 是四层(顶层)平面图。

3. 屋顶平面图

屋顶平面图是将屋面上的构配件直接向水平投影面所作的正投影图。在屋顶平面图中,一般表示屋顶的外形、屋脊、屋檐或内、外檐沟的位置,并注明泛水坡度(即用带坡度的箭头表示屋面排水方向),图中还需画出女儿墙、通风道、烟道口、排水管和屋面出入口的位置等。如图 9-15 所示,图中注明了出屋面入孔和出屋面风帽的位置,从两处引出的索引符号可见,其构造均采用标准图集。

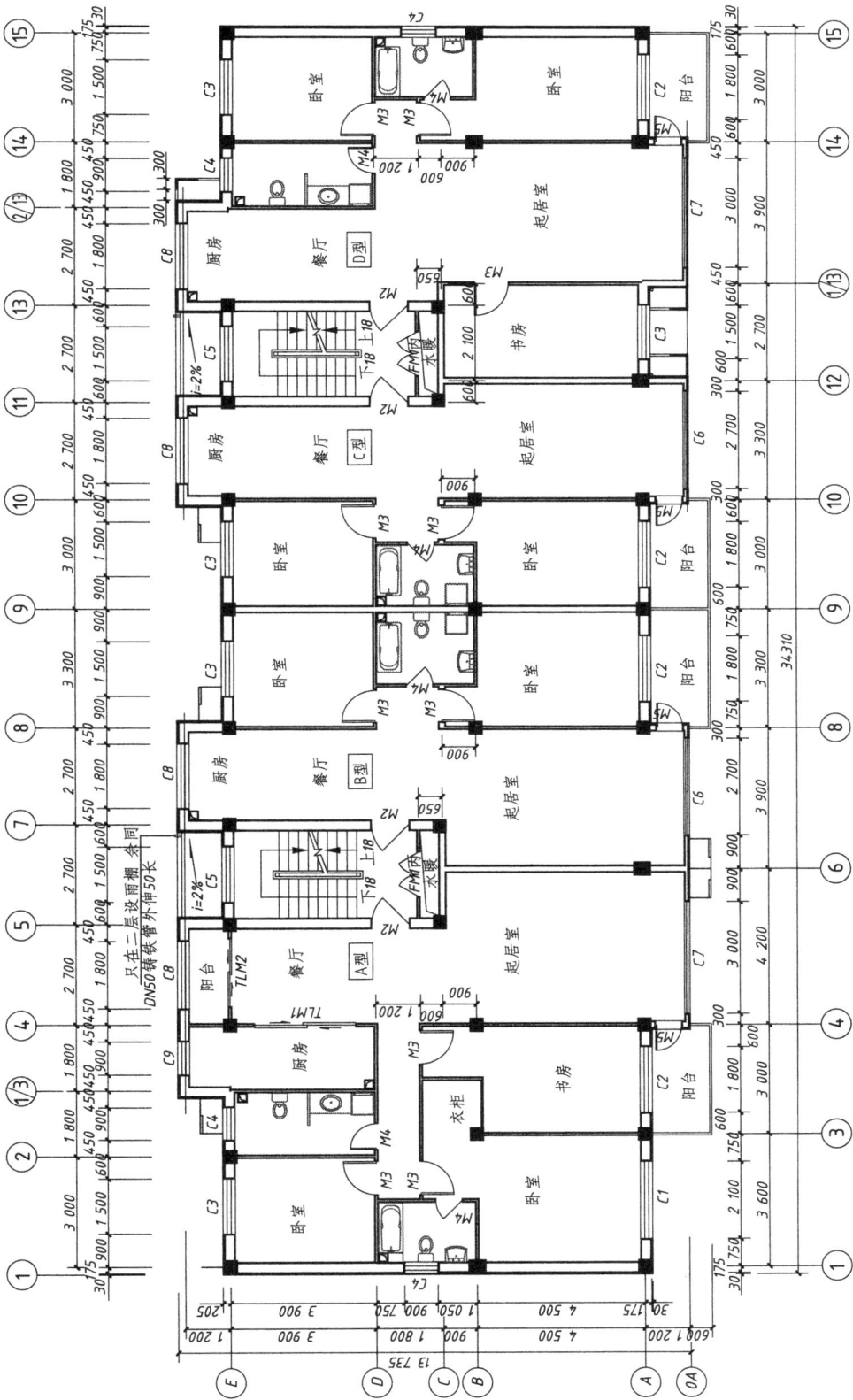

标准层平面图　1:100

图9-13　标准层平面图

223

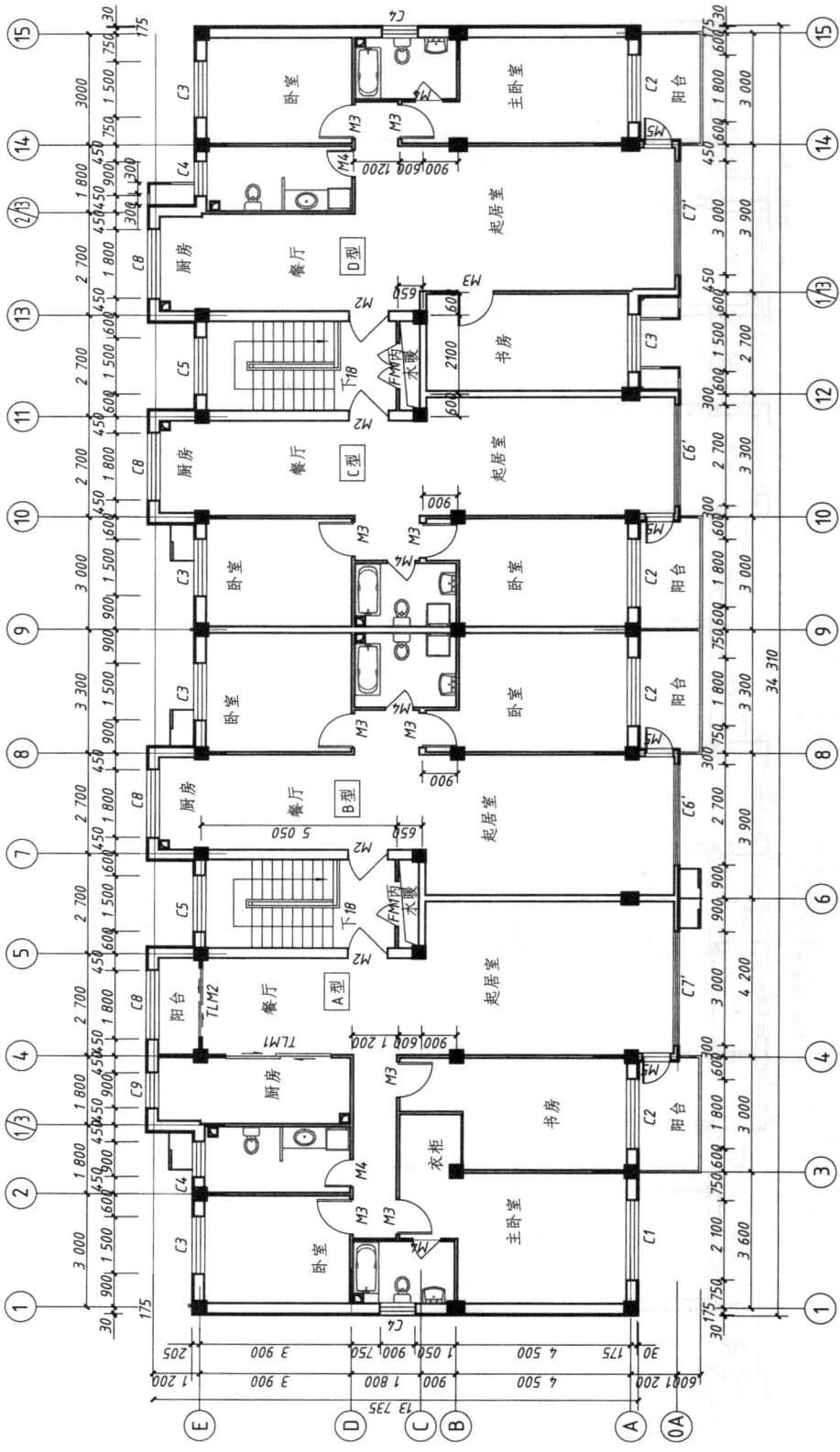

顶层平面图 1:100

图9-14 顶层平面图

224

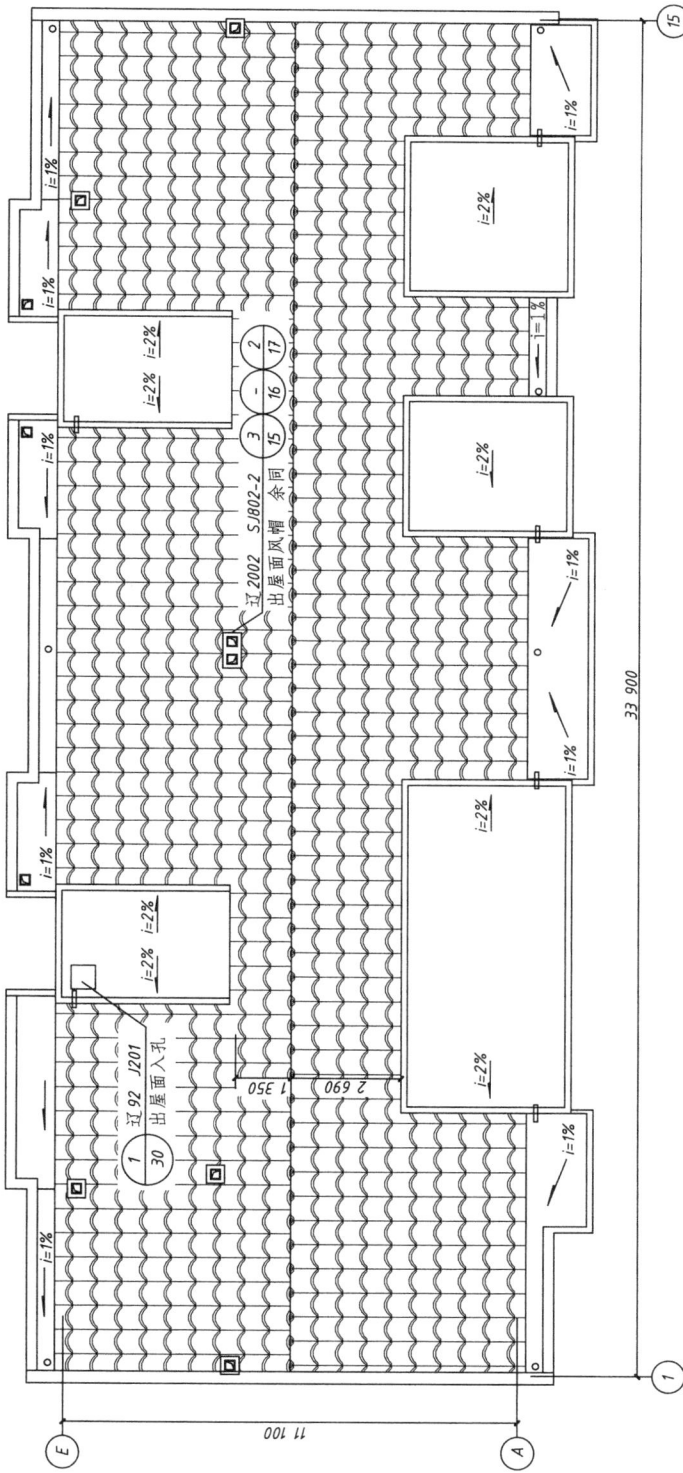

屋顶平面图 1 : 100

图9-15 屋顶平面图

225

四、画图步骤

（1）选定画图比例

按照所绘建筑的大小，在表9-1中选择合适的画图比例。图9-8、图9-12～图9-15均采用的比例是1∶100。

（2）画定位轴线

定位轴线是建筑物的控制线，故在平面图中，凡主要的墙、柱、大梁、屋架等都要画轴线，并按规定的顺序进行编号，如图9-16a）所示。

（3）画出柱、墙的轮廓线

特别注意构件的中心是否与定位轴线重合。画墙身轮廓线时，应从轴线处分别向两边量取，如图9-16b）所示。

（4）画门窗

由定位轴线定出门窗的位置，然后按表9-3的规定画出门窗图例，如图9-16c）所示。若所表示的是门窗、通气孔、槽等不可见的部分，则应以虚线绘制。

（5）画其他构配件的轮廓

所谓其他构配件，是指台阶、楼梯、阳台、雨篷、散水和雨水管等，如图9-16c）所示。

（6）标注尺寸，注写定位轴线编号、标高、剖切符号、门窗代号及图名和比例等内容，如图9-13①～⑨所示，内部尺寸参照图9-12。

（7）检查后按线型要求描深相关图线

以上只是绘制建筑平面图的大致步骤，在实际画图时，可按建筑的具体情况和画图者的习惯加以改变。图9-16是以标准层平面图为例，列出了画图步骤示意图，供画图时参考。

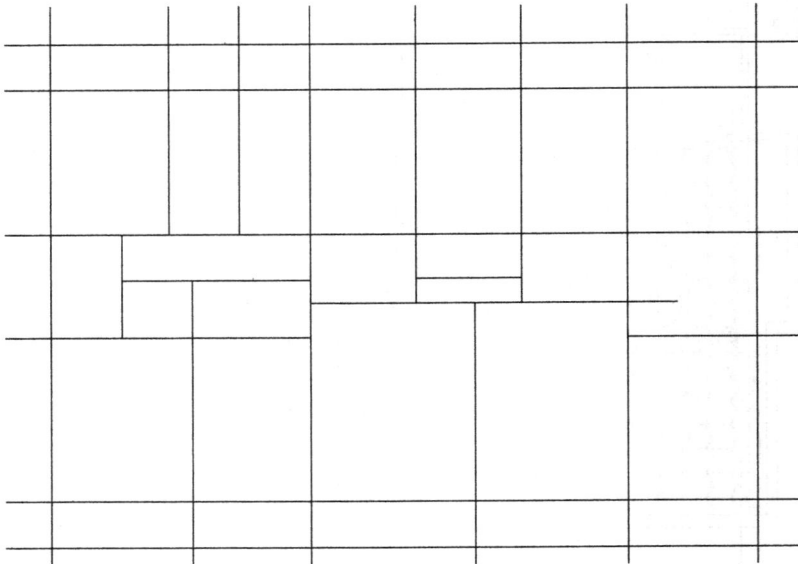

a)

图 9-16

a）选取比例后，画定位轴线

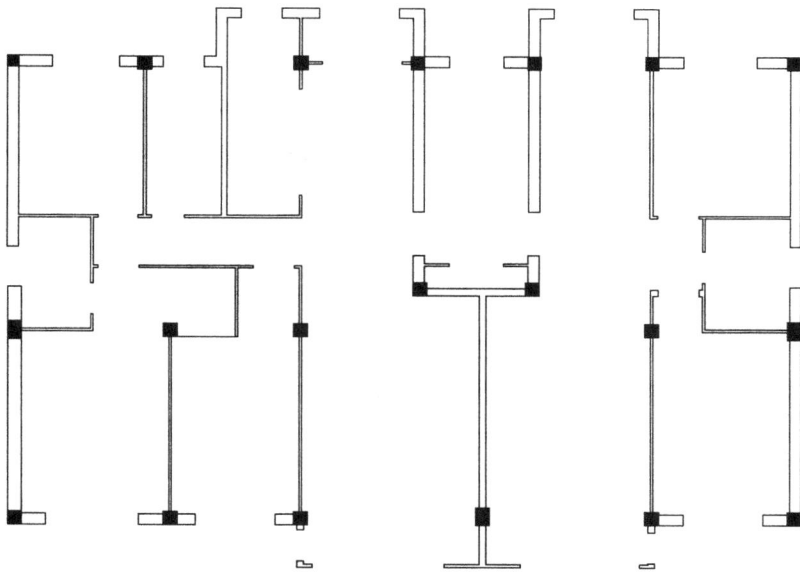

b)

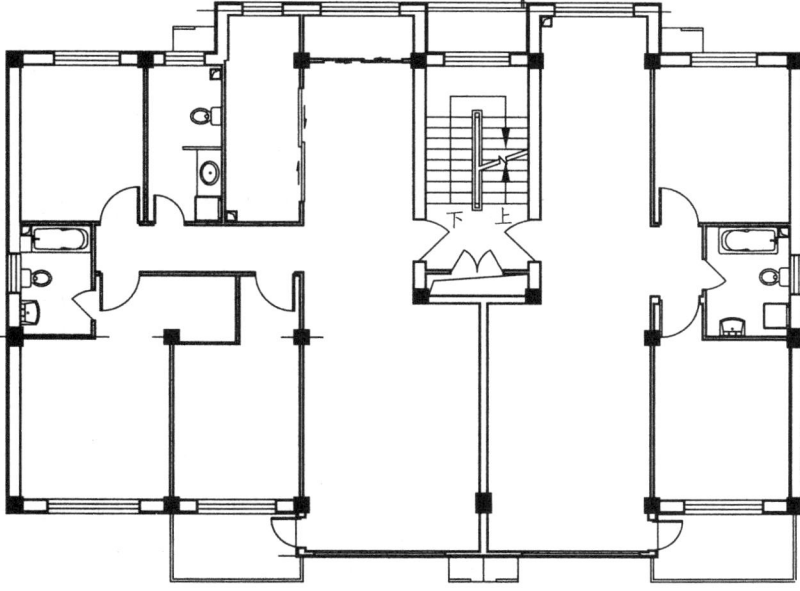

c)

图 9-16 平面图的画图步骤

b)画出墙、柱,并确定门、窗洞的位置;c)画出房屋的细部

第四节 建筑立面图

建筑立面图主要表示建筑的外貌特征和立面上的艺术处理,所以建筑立面图主要为室外装修所用。

一、建筑立面图的形成与命名

1. 建筑立面图的形成

将建筑的各个立面按正投影法投射到与之平行的投影面上,得到的投影图称为建筑立面图,简称立面图。

2. 建筑立面图的命名

在建筑施工图中,立面图的命名方式较多。一般有如下三种。

(1)以建筑的主要入口命名

通常规定,建筑主要入口所在的面为正面,当观察者面向建筑的主要入口站立时,从前向后所得的是正立面图,从后向前的则是背立面图,从左向右的称为左侧立面图,而从右向左的则称为右侧立面图。

(2)以建筑的朝向命名

如果建筑是正南正北向,可用建筑的朝向来命名立面图。规定为建筑中朝南面的立面图被称为南立面图,同理还有北立面图、西立面图和东立面图。

(3)以定位轴线的编号命名

对于不便于用朝向命名的建筑可用定位轴线来命名。即用该面的首尾两个定位轴线的编号,组合在一起来表示立面图的名称。

以上三种命名方式各有其优、缺点,在画图时,应根据实际情况灵活选用。在图 9-17 中,就采用了以定位轴线命名的方式,如⑨－①立面图。由图 9-8(简化为一个单元画的立面图)可知,若改以主要入口命名,图 9-17 中⑨－①立面图也可称为正立面图,或北立面图。

⑨－① 建筑立面图　　1 : 100

a)

图　9-17

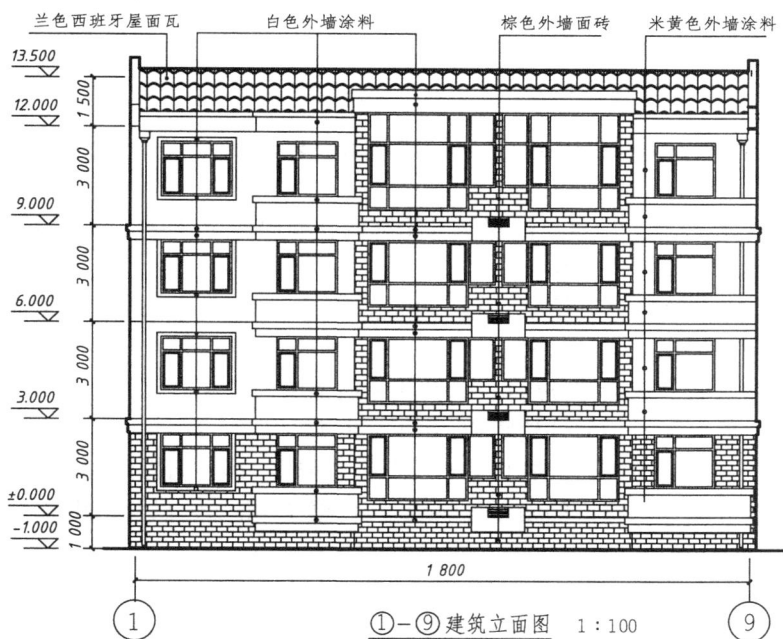

兰色西班牙屋面瓦　　白色外墙涂料　　棕色外墙面砖　　米黄色外墙涂料

13.500

12.000

1 500

9.000

3 000

6.000

3 000

3.000

3 000

±0.000

3 000

-1.000

1 000

1 800

① ⑨ 建筑立面图　1:100

b)

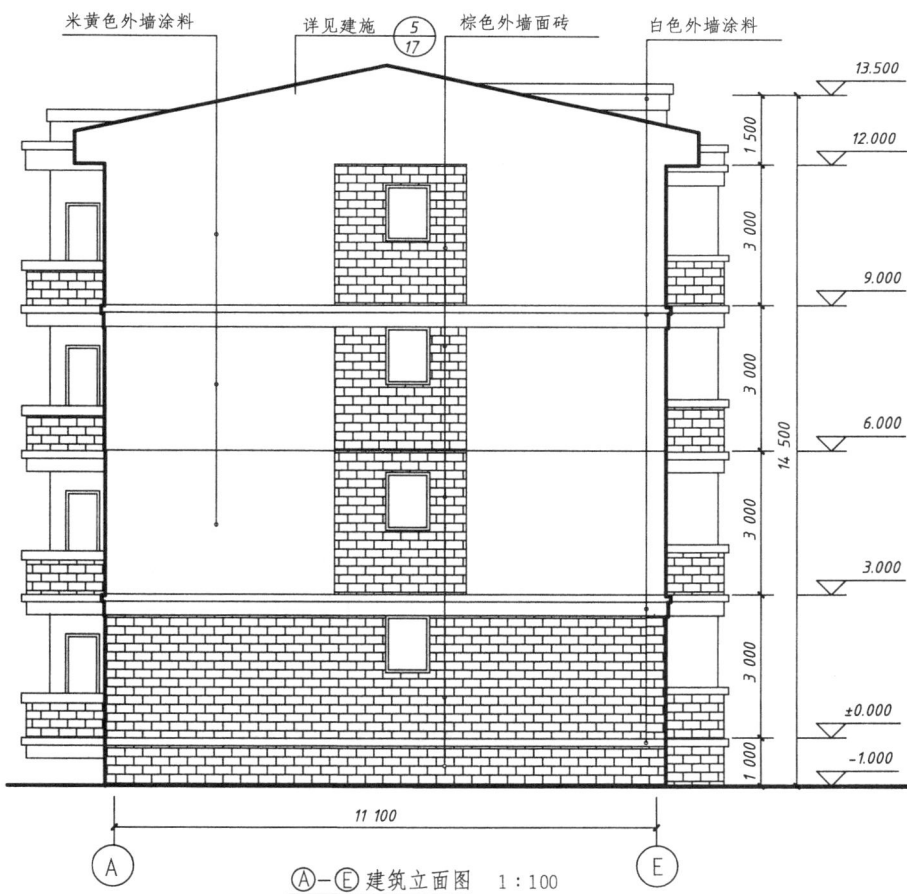

米黄色外墙涂料　　详见建施 $\frac{5}{17}$　棕色外墙面砖　　白色外墙涂料

13.500

12.000

1 500

9.000

3 000

6.000

3 000

14 500

3.000

3 000

±0.000

3 000

-1.000

1 000

11 100

Ⓐ—Ⓔ 建筑立面图　1:100

c)

图 9-17　某住宅楼立面图

229

二、建筑立面图的图示方法和有关规定

1. 比例

建筑立面图的比例和平面图相同。常用的比例如表 9-1 所示。

2. 图线

建筑立面图应包括投影方向可见的建筑外轮廓线和墙面线脚、构配件投影等，还应画出外墙表面分格线。

为了增加建筑立面图的图面层次，画图时常采用不同的线型。按照《建筑制图标准》（GB/T 50104—2010）的规定，主要线型有：

（1）加粗线用以表示建筑物室外地坪线，其线宽通常取为 $1.4b$。

（2）粗实线用以表示建筑物的外轮廓线，其线宽定为 b。

（3）中实线用以表示门窗洞口、檐口、阳台、雨篷、台阶等，其线宽为 $0.5b$。

（4）细实线用以表示建筑物上的墙面分隔线、门窗格子、雨水管以及引出线等细部构造的轮廓线，其线宽约为 $0.25b$。

3. 定位轴线

立面图上的定位轴线一般只画两端的定位轴线和编号，如图 9-17 中只画出了轴线①和⑨、Ⓐ和Ⓔ，且编号应与平面图中的相对应，故也可以说，定位轴线是平面图与立面图间联系的桥梁。

4. 图例及墙面做法

因为立面图比例较小，不可能按投影原理，将立面上所有的线全都表示出来，所以和平面图相同，在立面图上，门、窗、阳台也应该按照表 9-3 中的建筑构配件图例来表示。还可以对这些细部另画出一两个为代表，其他可以简化，绘出轮廓线即可。

一般情况下，外墙的装饰做法可利用文字进行较详细的说明，也可以用材料图例表示在立面图中，如图 9-17 所示。但有时也可写在施工图总说明中。

5. 尺寸标注及标高

在立面图上通常只表示高度方向的尺寸，且该类尺寸主要用标高尺寸表示。一般情况下，一张立面图上应标出室外地坪、勒脚、窗台、窗沿、雨篷底、阳台底、檐口顶面等各部位的标高。

通常，立面图中的标高尺寸，应注写在立面图的轮廓线以外，分两侧就近注写。注写时要上下对齐，并尽量使它们位于同一条铅垂线上。但对于一些位于建筑物中部的结构，为了表达更为清楚，在不影响图面清晰的前提下，也可就近标注在轮廓线以内。

立面图中所标注的标高尺寸有两种：建筑标高和结构标高。在一般情况下，用建筑标高表示构件的上表面，如阳台的上表面、檐口顶面等；而用结构标高来表示构件的下表面，如雨篷、阳台的底面等。但门窗洞的上下两面则必须全都标注结构标高。

三、读图示例

现以实例的住宅楼⑨ – ①立面图为例，如图 9-17a）所示，说明立面图表达的主要内容及阅读方法。

1. 了解图名比例

从图名或轴线编号可知该图表示的是建筑北立面图，其比例为 1∶100。

2. 了解建筑的形状

从图中可看出该建筑的外部造型，也可了解该建筑的屋顶形式、门窗、阳台、檐口等细部形

式及位置。

3. 了解门窗的类型、位置及数量

该楼北面墙上安装有 5 种不同规格的平开窗,对照平面图查看,其中 C3 窗 8 个,C5 窗 3 个,C8 窗 8 个, C9 窗 4 个。

4. 了解各部分的标高

该建筑包括底层在内共 4 层,层高都为 3m。建筑室外地坪处标高为 -1.0m,该建筑总高度(结构)为 14.50m。

5. 了解外墙面的装饰等

由图可知,该楼一层及封闭阳台的外墙面为棕色外墙面砖,C3 窗口等装饰用白色外墙涂料,其他主要墙面、露台外墙面为米黄色外墙涂料,屋面为兰色西班牙屋面瓦。

四、画图步骤

(1)选取和平面图相同的画图比例。

(2)画两端的定位轴线、室外地坪线、外墙轮廓线及屋顶线,定出门窗位置线如图 9-18a)所示。

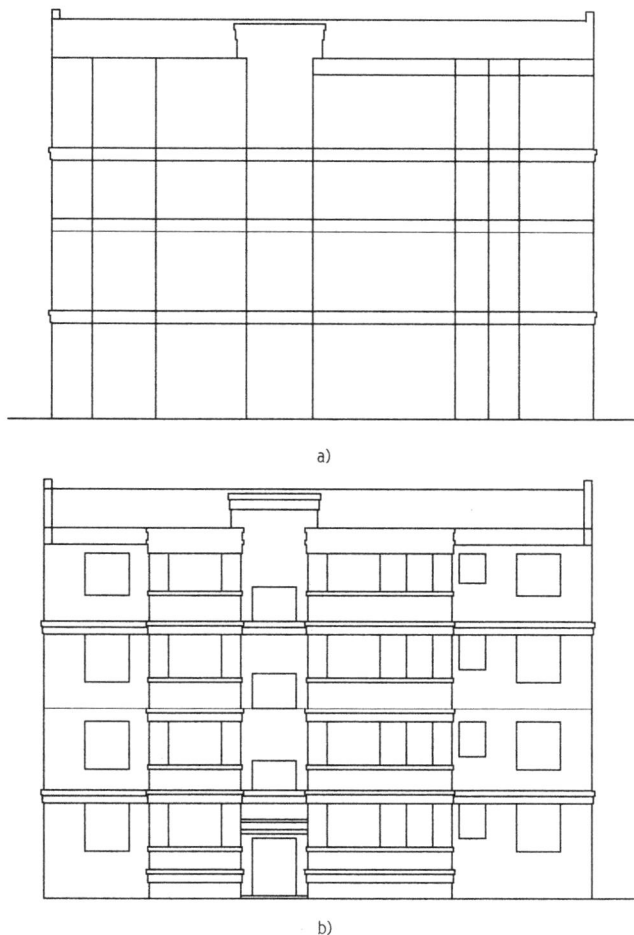

a)

b)

图 9-18

a)画定位轴线和外轮廓线;b)画窗、阳台和门的外轮廓线

231

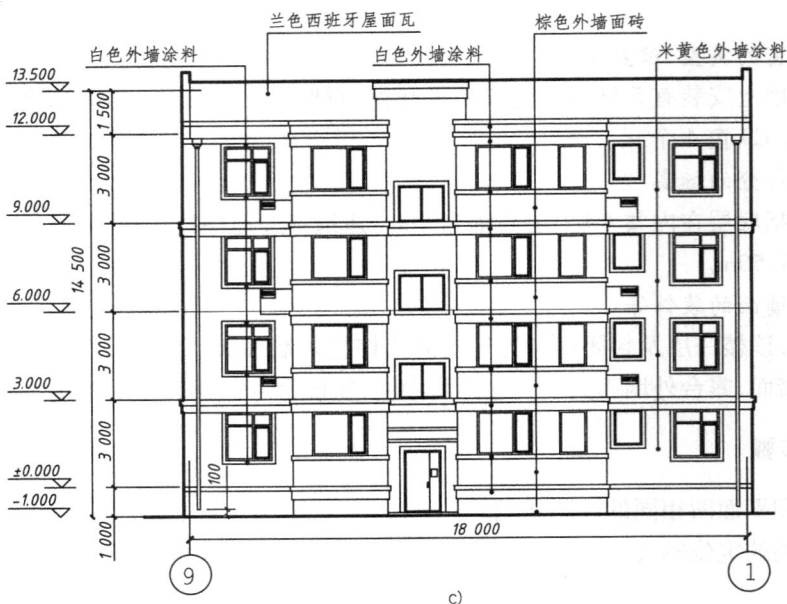

图9-18　立面图的画图步骤
c)画细部轮廓,标注尺寸及说明等

（3）画出门窗、阳台、檐口、雨水管、勒脚等细部结构。对于相同的构件,只需画出其中的一到两个,其余的只画外形轮廓,如图9-18b)所示的门窗等。

（4）标注尺寸及标高,填写图名、比例和外墙装饰材料的做法等。

（5）检查后描深图线。为了立面效果明显,图形清晰,重点突出,层次分明,立面图上的线型和线宽一定要区分清楚,如图9-18c)所示。

第五节　建筑剖面图

建筑剖面图用以表示建筑物内部的结构形式、构造方式、分层情况和各部位的材料、高度等,它同时反映了建筑物在垂直方向各部分之间的组合关系。

在建筑施工图中,建筑平面图表示的是建筑的平面布置,立面图反映的是建筑的外貌和装饰,而剖面图则是用来表示建筑内部构造、分层情况、各层之间的联系以及高度等。这三者之间相互配合,是建筑施工图中不可缺少的基本图样,简称为"平、立、剖"。

一、建筑剖面图的形成与特点

1. 建筑剖面图的形成

假想用一个或多个剖切平面在建筑平面图的横向或纵向沿建筑的主要入口、窗洞口、楼梯等需要剖切的位置将建筑垂直地剖开,移去靠近观察者的那部分所得的正投影图,称为建筑剖面图,简称剖面图。

2. 特点

要想使剖面图达到较好的图示效果,必须合理选择剖切位置和剖切后的投射方向。剖切位置应根据图样的用途和设计深度,在平面图上选择能反映全貌、构造特征以及有代表性的部位剖切。在设计过程中,如可通过门、窗洞、楼梯间剖切。剖切数量视建筑物的复杂程度和实际情况而定,并用阿拉伯数字或拉丁字母命名。剖面图习惯不画基础,如图9-8所示,1-1剖切位置是通过建筑的左侧单元大门和楼梯,也是建筑内部结构、构造比较复杂,变化较多的部位。如果用一个剖切平面不能满足要求时,则允许将剖切平面转折后来绘制剖面图。

二、建筑剖面图的图示方法和有关规定

1. 比例

绘制建筑剖面图时,可以采用与建筑平面图相同的比例。但有时为了将建筑的构造,表达得更加清楚,也允许采用比平面图更大的比例。常用的建筑剖面图比例如表9-1所示。

2. 图线

(1)加粗线用以表示建筑物被剖到的室外地面线,其线宽通常取为1.4b。

(2)粗实线用以表示剖面图中被剖到的主要建筑构造(包括构配件)的轮廓线,其线宽定为b,如散水坡、墙身、地面、楼梯、梁、楼板、雨篷、阳台、顶棚等。由于建筑物地面以下的基础部分是属于结构施工图的内容,因此,在画建筑剖面图时,室内地面只画一条粗实线。

(3)中粗实线用以表示剖面图中被剖到的次要建筑构造(包括构配件)的轮廓线以及未剖到但能看到的主要建筑构造的轮廓线,其线宽为0.7b。

(4)中实线用以表示小于0.7b的图形线、尺寸线、尺寸界线、索引符号、标高符号、引出线等。

(5)细实线用以表示建筑物上的墙面分隔线、门窗格子、雨水管、图例填充线、家具线等,其线宽约为0.25b。

3. 定位轴线

在剖面图中,凡是被剖到的承重墙、柱都要画出定位轴线,并注写与平面图相同的编号。同样,剖面图与平面图、立面图间的联系也是通过定位轴线来实现的。

4. 图例

与平面图、立面图一样,建筑剖面图也采用图例来表示有关的构配件,具体详细画法如表9-3所示。

5. 标高与尺寸标注

(1)标注出各部位完成面的标高。如室外地面标高、室内底层地面及各层楼面标高、楼梯平台,各层的窗台、窗顶、屋面以及屋面以上的通风道等的标高。

(2)标注高度方向的尺寸。外部尺寸为三道尺寸,最外一道尺寸为建筑的总高尺寸;中间一道尺寸为楼层高度尺寸;最里一道尺寸为室内门、窗、墙裙等沿高度方向的定形和定位尺寸。

三、读图示例

1. 了解剖切位置、投射方向和画图比例

如图9-8所示,建筑底层平面图上的1-1剖面图的剖切位置和投射方向。

2. 了解墙体剖切情况

如图9-19所示,1-1剖面图共剖到⑩A、Ⓐ、Ⓒ、Ⓔ墙。Ⓔ轴线所在墙为楼梯间的外墙,为单元进户门所在处;标高为-0.900m处为门洞;门洞和窗洞顶部均有钢筋混凝土过梁;雨篷与门洞顶梁连成为整体。图9-19还表达出了⑩A轴线所在墙上南向封闭阳台窗户和内侧栏杆位置及高度。

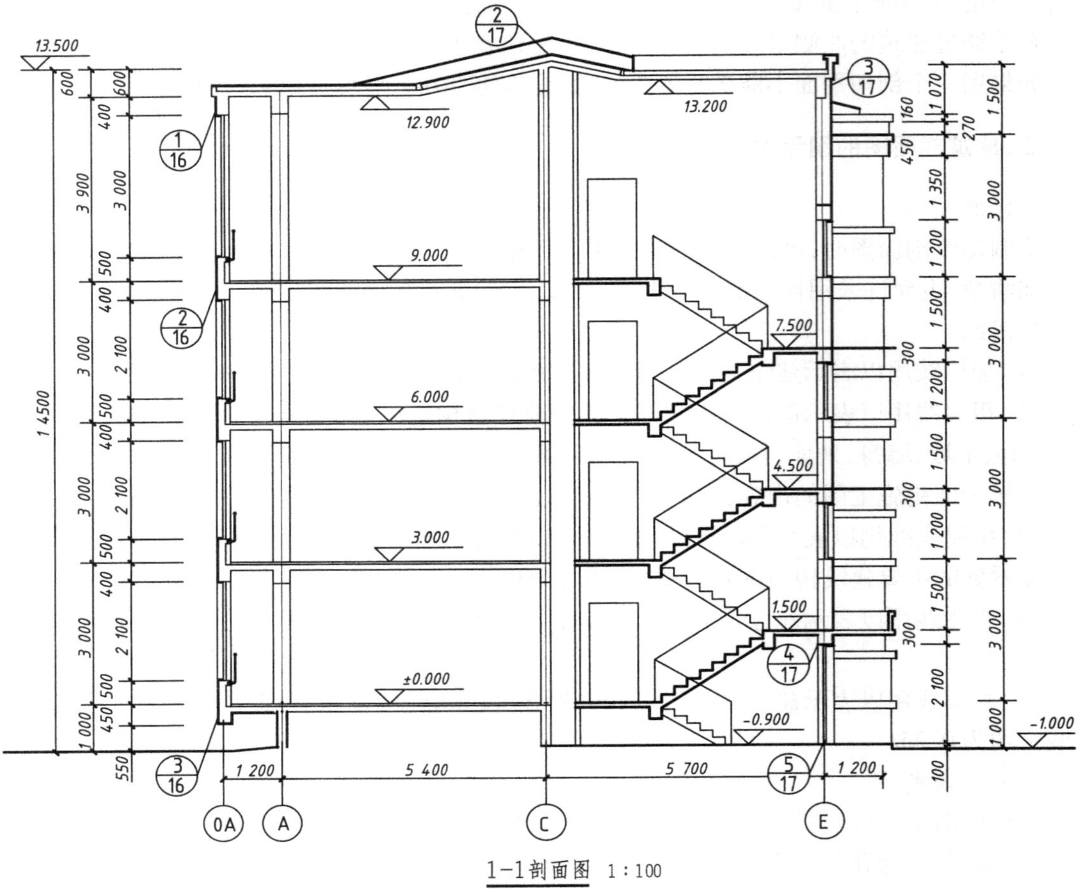

1-1剖面图 1:100

图9-19 建筑剖面图

3. 了解地面、楼面、屋面的构造

由于另有详图表示,所以在1-1剖面图中,只示意地用线条表示了地面、楼面和屋面的位置及屋面架空层。

4. 了解楼梯的形式和构造

从1-1剖面图中可以大致了解到楼梯的形式和构造。该楼梯为平行双跑式,每层有两个梯段。各为9个踏步。楼梯梯段为板式楼梯,其休息平台和楼梯均为现浇钢筋混凝土结构。

5. 了解其他未剖切到的可见部分

图中表达了每层Ⓐ轴和⑥相交处的柱子,以及A户型北侧阳台墙体的位置及高度,均用中实线绘制。

6. 了解各部分尺寸和标高等

剖面图中的外部尺寸也分为三道:

(1)最里一道尺寸表示门窗洞的高度和定位尺寸。

如图9-19所示,在图的左侧注明了0A轴线所在外墙上封闭阳台窗洞的高度为2100mm,窗台高为500mm,窗上过梁的高度为400mm。

(2)中间一道尺寸表示楼房的层高。

234

所谓层高是指地（楼）面至上一层楼面的距离,在本图中,各层的层高均为3m。

（3）最外一道尺寸是建筑的总高。

该楼总高为14.50m。

另外,在图的右侧还注明了楼梯间外墙上门窗洞的高度,它们至休息平台的定位尺寸及门窗过梁的高度。在图内还标注了地面、各层楼面、休息平台和顶层屋顶的标高尺寸。图中还注有7个索引符号。

四、画图步骤

（1）选取合适的画图比例。

（2）确定定位轴线,室内外地坪线、楼面线、屋面线、休息平台线等。

（3）画出内、外墙身厚度、楼板、屋顶构造厚度,再画出门窗洞高度、过梁、防潮层、楼梯段及踏步、休息平台、台阶等的轮廓。

（4）画未剖切到的可见轮廓,如墙垛、柱、阳台、雨篷、门窗、楼梯栏杆等。

（5）画出各部分的标注高度和标高。

（6）写出图名、比例及从地面到屋顶各部分的构造说明等,并标出需要表达的细部详图的索引符号和编号。

（7）检查后按线型标准的规定描深各类图线。

如图9-20为建筑剖面图的画图实例。

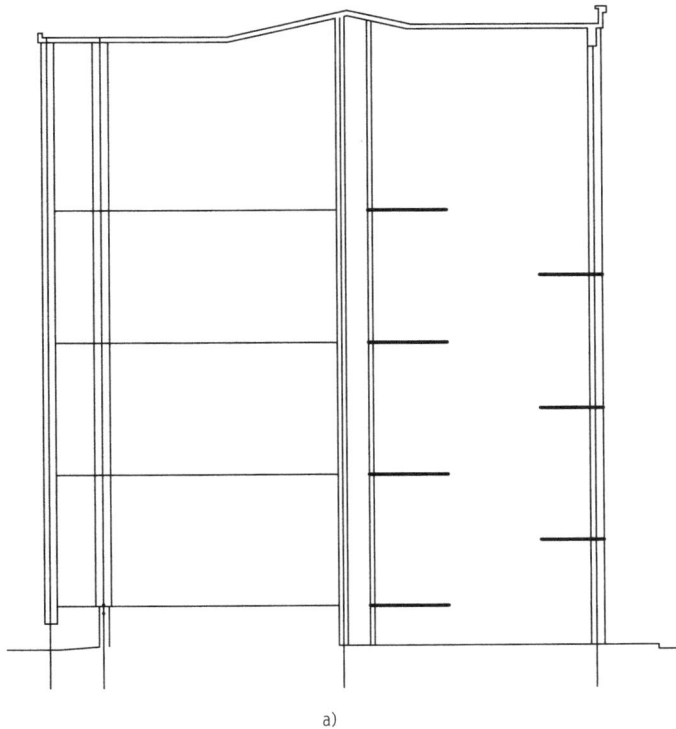

a)

图 9-20

a)画轴线、定墙柱,并确定各层标高的控制线

235

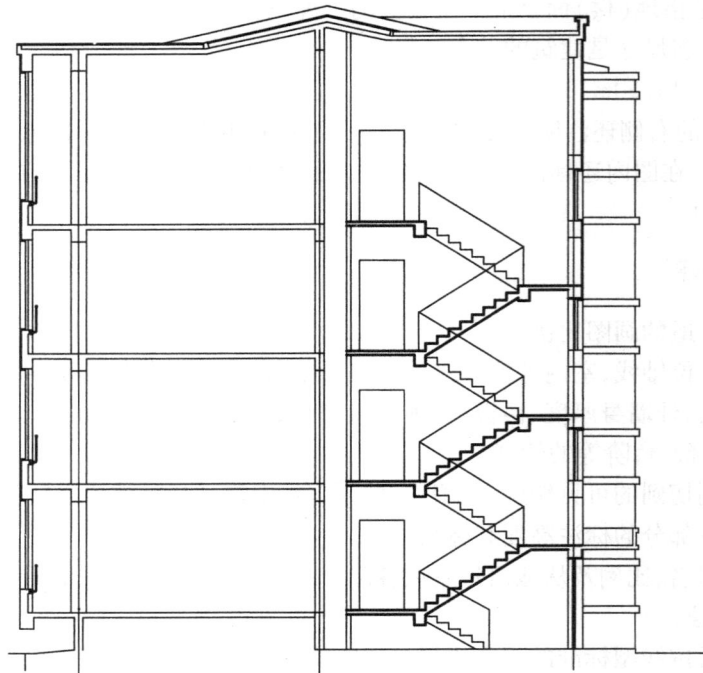

b)

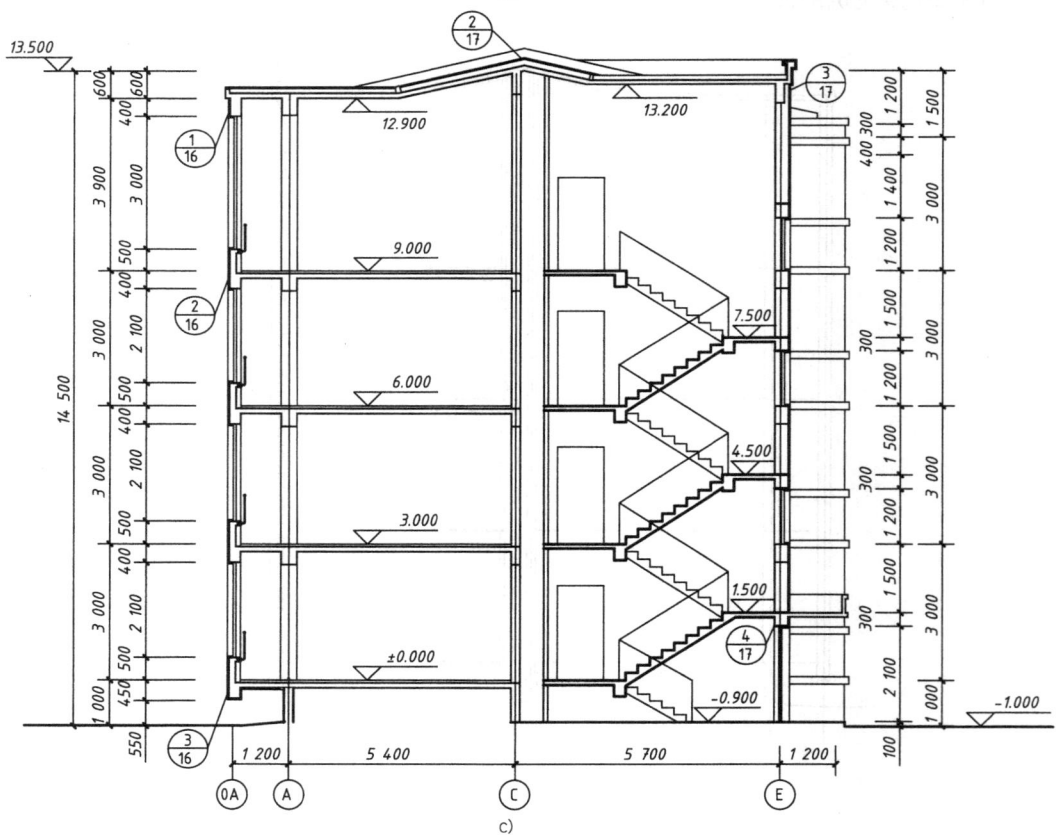

c)

图 9-20　建筑剖面图画图步骤

b)画剖面的细部;c)标注尺寸、标高等,并描深

236

第六节 建 筑 详 图

建筑详图是建筑细部的施工图。由于建筑平、立、剖面图,一般采用较小的比例绘制,因此对某些建筑构配件及节点的详细构造(包括式样、做法、用料和详细尺寸等)都无法表达清楚。根据施工需要而采用较大比例绘制的建筑细部的图样,通称建筑详图。建筑详图简称详图,也可称为大样图或节点图。它们通常作为建筑平、立、剖面图的补充。如果所要作补充的建筑构配件(如门窗作法)或节点系套用标准图或通用详图时,一般只要注明所套用图集的名称、编号或页次即可,而不必画出详图。

建筑详图表示方法依据需要而定,例如对于墙身、屋面、地面和楼面等节点,则通常需要用若干个节点剖面详图表示其细部尺寸和构造做法,而对于细部构造较复杂的楼梯详图则需要画出楼梯平面详图及剖面详图。详图是施工放样的重要依据,建筑图通常需要绘制如单元平面详图、楼梯间详图、阳台详图、厨厕详图、门窗和壁柜详图和节点详图等。下面只介绍楼梯详图、门窗详图和墙身节点详图。

一、建筑详图的图示方法和有关规定

1. 比例
详图所采用的比例要比平、立、剖面图大,常用比例如表 9-1 所示。

2. 图线
建筑详图的图线基本上与建筑平、立、剖面图相同,但被剖切到的抹灰层和楼地面的面层线用中实线画。对比较简单的详图,可只采用线宽为 b 和 $0.25b$ 粗细两种图线。

3. 索引符号与详图符号
由于平、立、剖面图比例较小,因而某些局部或构配件需用较大比例画出详图。为了方便施工时查阅图纸,应以规定的符号注明所画详图与被索引图样之间的关联,即注明详图的编号和所在图纸的图号,以及被索引图样所在图纸的图号。

(1)索引符号
在图样中的某一局部或某个构件,如需另画详图,应以索引符号索引,如图 9-21a)所示。索引符号是由直径为 10mm 的圆和水平直线组成,圆及水平直线均应以细实线绘制。索引符号应按下列规定编写:

①索引出的详图,如与被索引的图样同在一张图纸内,应在索引符号的上半圆中用阿拉伯数字注明该详图的编号,并在下半圆中间画一段水平细实线,如图 9-21b)所示。

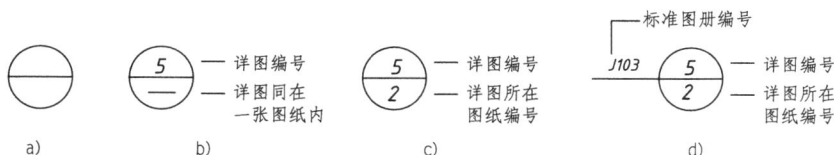

图 9-21 索引符号

②索引出的详图,如与被索引的图样不在同一张图纸内,应在索引符号的上半圆中用阿拉伯数字注明该详图的编号,在索引符号的下半圆中用阿拉伯数字注明该索引的详图所在图纸的编号,如图 9-21c)所示。数字较多时,可加文字标注。

③索引出的详图,如采用标准图,应在索引符号水平直线的延长线上加注该标准图册的编号,如图9-21d)所示。

(2)索引局部剖面详图的索引符号

索引符号如用于索引剖面详图,应在被剖切的部位绘制剖切位置线,并以引出线引出索引符号,引出线所在的一侧应为投射方向。索引符号的编写符合上述(1)的规定,如图9-22所示。

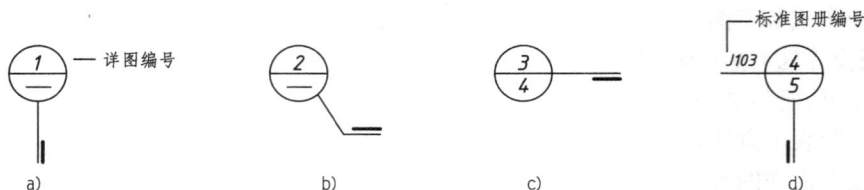

图9-22 局部剖面详图的索引符号

a)剖切后向左投影,画在同一张图纸内;b)剖切后向下投影,画在同一张图纸内;c)剖切后向上投影,画在4号图纸上;d)剖切后向右投影,画在5号图纸上

(3)详图符号

详图的位置和编号,应用详图符号表示。详图符号圆的直径为14mm,并用粗实线绘制。详图应按下列规定编号。

①图与被索引的图样同在一张图纸内时,应在详图符号内用阿拉伯数字注明详图的编号,如图9-23a)所示。

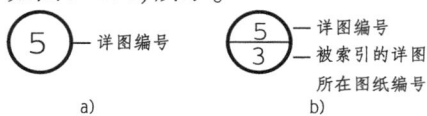

图9-23 详图符号

a)在同一图纸内;b)不在同一图纸内

②详图与被索引的图样不在同一张图纸内,应用细实线在详图符号内画一条水平直线,在上半圆注明详图编号,在下半圆中注明被索引的图纸编号,如图9-23b)所示。

4.多层构造引出说明

建筑的地面、楼面、屋面、散水、檐口等构造是由多种材料分层构成的,在详图中除画出材料图例外还要用文字加以说明。其方法是用引出线指向被说明的位置,引出线一端应通过被引出的各构造层,另一端应画若干条与其垂直的横线。文字说明宜注写在水平线的上方,或注写在水平线的端部,说明的顺序应由上至下,并应与被说明的层次一致;如层次为横向排序,则由上至下的说明顺序应与左至右的层次一致,如图9-24所示。

5.建筑标高与结构标高

建筑标高是指建筑构造(包括构配件)装饰完成面的标高,它已将构造的粉饰层的层厚包括在内。而结构标高是指构件(如梁、板等)上皮(或下皮)的标高,它是剔除外装修的厚度,所以它也称为构件的毛面标高,如图9-25所示。

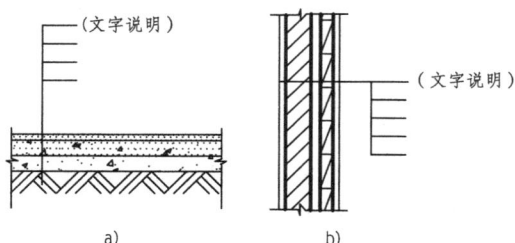

图9-24 多层构造引出线

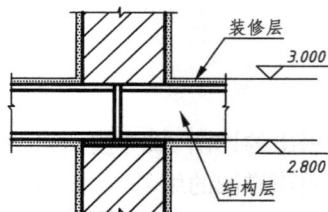

图9-25 建筑标高与结构标高

楼地面、地下层地面、阳台、平台、檐口、屋脊、女儿墙、台阶等处的高度尺寸及标高,应按下列规定标注:

①平面图及其详图注写完成面的标高。

②立面图、剖面图及详图注写完成面标高及高度方向的尺寸。

③其余部分注写毛面尺寸及标高,如图9-25所示。

④标注建筑平面图各部位的定位尺寸时,注写与其最邻近的轴线间的尺寸;标注建筑剖面各部位的定位尺寸时,注写其所在层次内的尺寸。

⑤室内设计图中连续重复的构配件等,当不易标明定位尺寸时,可在总尺寸的控制下,定位尺寸不用数值而用"均分"或"EQ"字样表示,如图9-26所示。

图9-26　连续重复尺寸标注方法

二、楼梯详图

楼梯是建筑中上下交通的设施,楼梯一般由梯段、休息平台和栏杆(或栏板)组成。楼梯详图主要表示楼梯的结构形成、构造、各部分的详细尺寸、材料和做法。楼梯详图是楼梯施工放样的主要依据。

楼梯详图包括楼梯平面图、楼梯剖面图和踏步、栏杆、扶手等详图。

(一)楼梯平面图

1. 形成

假想沿着建筑各层第一梯段的任一位置,将楼梯水平剖切后向下投影所得的图形,被称为楼梯平面图。

2. 分类及规定画法

(1)分类

与建筑平面图中的道理相同,楼梯平面图一般也有三种:楼梯底层平面图、楼梯中间层平面图和楼梯顶层平面图。但如果中间各层中某层的平面布置与其他层相差较多,则应专门绘制。

(2)规定画法

为了避免与踏步线混淆,按制图标准规定,剖切线应用倾斜的折断线表示(折断线的倾斜角度常为45°),并用箭头表示梯段的走向(向上或向下),同时标出各层楼梯的踏步总数。

楼梯平面图的图名应分别注写在相应图的下方或一侧,且其后应注上比例。

常用的楼梯平面图的比例为1:50。

3. 内容及阅读举例

如图9-27所示,为住宅楼的楼梯平面图,下面通过对它的阅读,分别介绍三种常用楼梯平面图的主要内容和阅读方法。

(1)楼梯底层平面图

如图9-27a)所示是楼梯底层平面图。由图可知,其定位轴线应与相应的建筑平面图相符。

在底层平面图中,剖切后倾斜的折断线,应从休息平台的外边缘画起(平台部分不表示),

从而使得第一梯段的踏步数全部表示出来。由此可知,该楼底层至二层的第一梯段为 9 级踏步,其水平投影应为 8 格(水平投影的格数 = 踏步数 − 1)。由休息平台的外边缘起取 8 × 260mm(踏步宽)的长度后可确定楼梯的起步线,将楼梯起步线到休息平台外边缘的距离分为 8 等分,画出 8 条踏步线。楼梯宽度和扶手等均应按实际尺寸绘制。图中箭头指明了楼梯上、下的走向,旁边的数字表示踏步数,"上 18"是指由此向上 18 个踏步可以到达二层楼面;"下 6"则表示将由底层地面到出口处,需向下走 6 个踏步。

在楼梯底层平面图上,楼梯起步线至休息平台外边缘的距离,被标注成 260 × 8 = 2080mm 的形式,其目的就是将梯段的踏步尺寸一并标出。

另外在楼梯的底层平面图上,还应标注出各地面的标高和楼梯剖面图的剖切符号等内容,例如图中的 2 − 2 剖面。

(2)楼梯中间层平面图

沿二 ~ 三层(或三 ~ 四层)间的休息平台以下将梯段剖开,可得到如图 9-27b)所示的楼梯中间层平面图,从图中可以看出,楼梯中间层平面图中的倾斜折断线,应画在梯段的中部。在画有折断线的一边,折断线的一侧表示的是从该层楼面至上一层第一梯段,另一侧(靠近休息平台的一侧)则表示的是下一层的第一梯段上的可见踏步及休息平台;而在扶手的另一边,表示的是休息平台以下的第二梯段踏步。在图中该段(指第二段)画有 8 个等分格,由此说明,该段有 9 个踏步(水平投影格数 + 1 = 踏步数)。

楼梯中间层平面图的尺寸标注与底层平面图基本相同,此处不再叙述。

(3)楼梯顶层平面图

如图 9-27c)如示,由于此时的剖切平面位于楼梯栏杆(栏板)以上,梯段未被切断,故在楼梯顶层平面图上不画折断线。图中表示的是下一层的两个梯段和休息平台。且箭头只指向下楼的方向。

在绘制楼梯顶层平面图时,应特别注意扶手的画法,扶手应与顶层安全栏杆的扶手相连。

(二)楼梯剖面图

1. 形成及主要内容

按照楼梯底层平面图上标注的剖切位置,用一个铅垂的剖切平面,沿各层的一个梯段和楼梯间的门窗洞剖开,向另一个未剖切的梯段方向投射,此时所得的剖面图就称为楼梯剖面图。如图 9-28 所示。由图可知,楼梯剖面图亦可看成是前面所讲住宅楼建筑剖面图 1 − 1 剖面图的局部放大图。

楼梯剖面图主要用来表示各楼层及休息平台的标高、梯段踏步、构件连接方式、栏杆形式、楼梯间门窗洞的位置和尺寸等内容。通常楼梯剖面图应选取和楼梯平面图相同的画图比例。

2. 画图方法

梯段的绘制是楼梯剖面图绘制过程中较为复杂的部分。现将梯段踏步的画法举例说明如下:

(1)定各层地(楼)面线和休息平台顶面线,如图 9-29a)所示。

(2)量取休息平台宽度和在各层地(楼)面定梯段的起步点[休息平台边缘至起步点的水平距离 = 踏步宽 ×(踏步数 − 1)]。

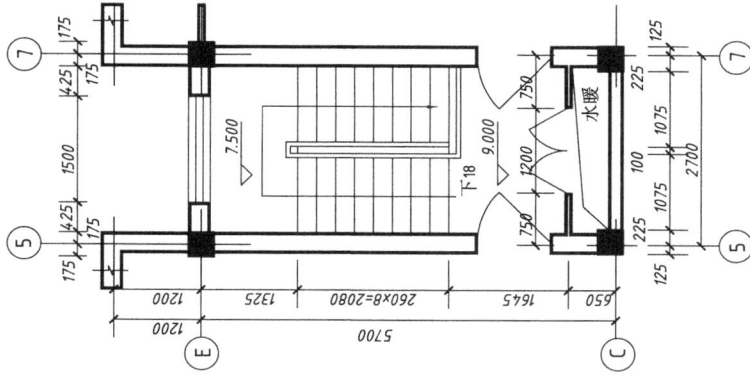

楼梯顶层平面图 1:50

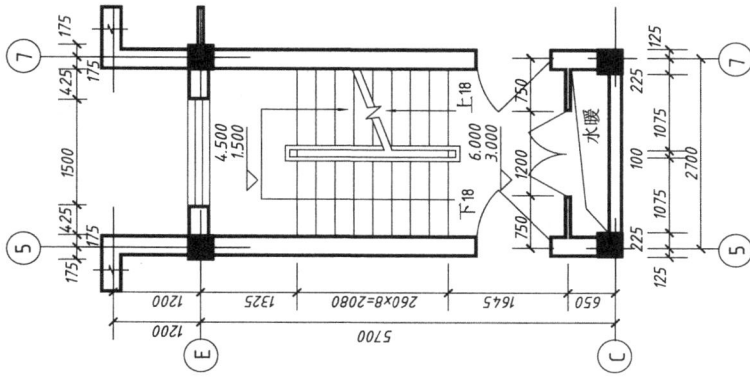

楼梯中间层平面图 1:50

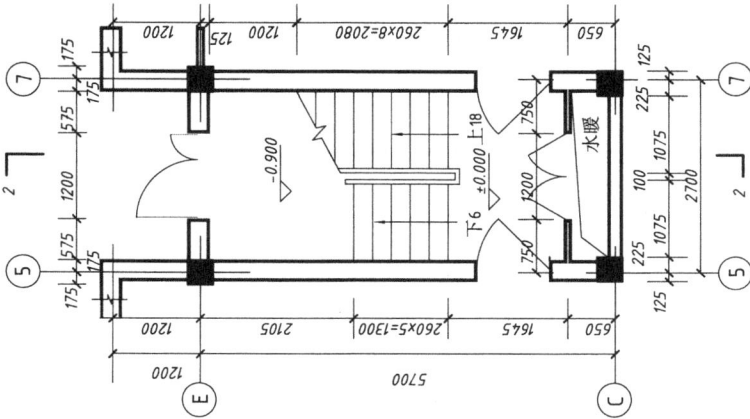

楼梯底层平面图 1:50

图9-27 楼梯平面图

241

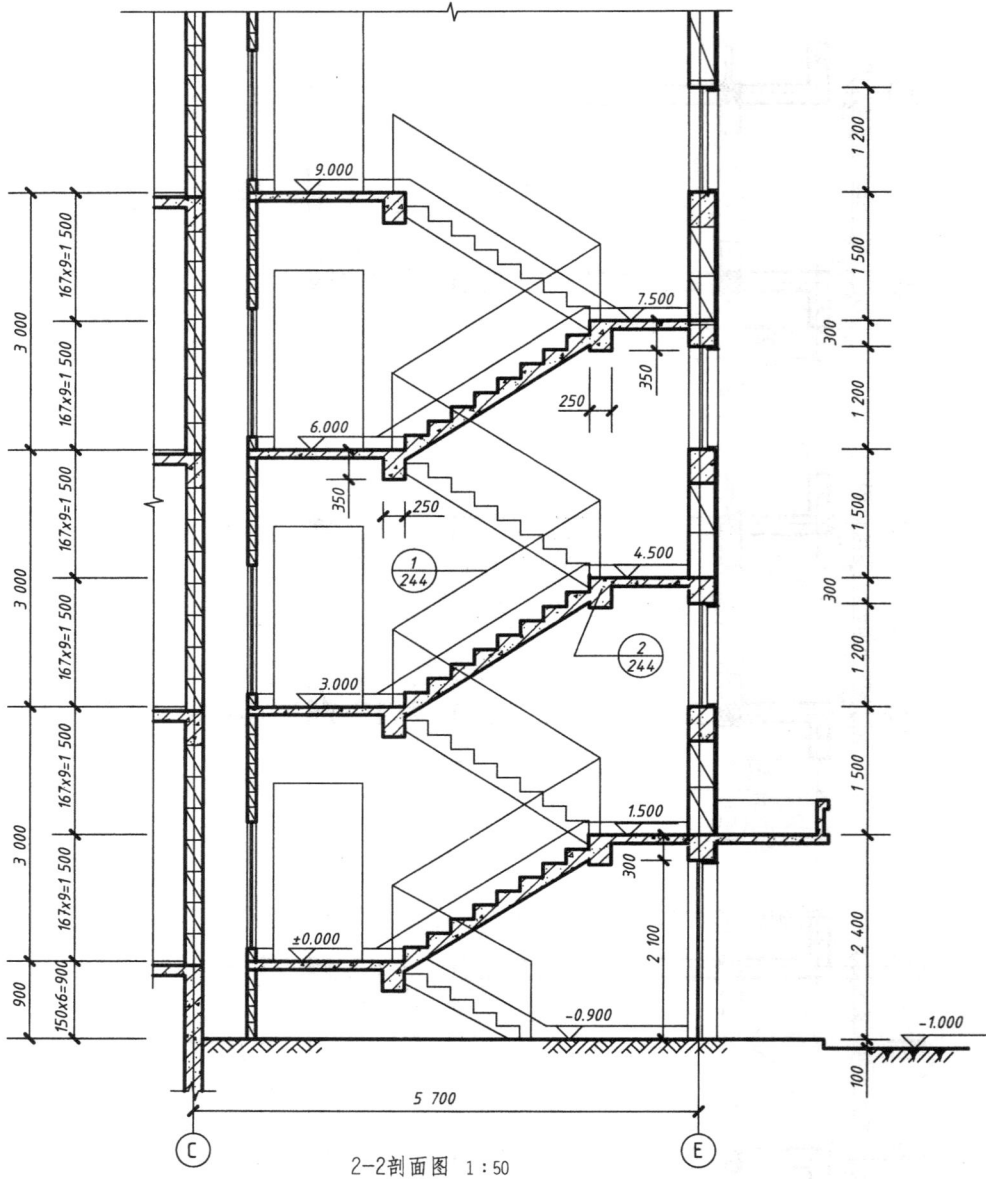

图 9-28　楼梯剖面图

（3）用等分平行线间距的方法画踏步（高度方向为踏步数的等分，水平方向为踏步数减一的等分），如图 9-29b）所示。

（4）画楼梯板厚度、楼梯梁、栏杆扶手等轮廓，如图 9-29c）所示。

（5）描深图线，标注标高和各部分尺寸，如图 9-29d）所示。

（6）写图名、比例、索引符号和相关部分说明等。

（三）踏步、栏杆、扶手详图

在用 1：50 的画图比例绘制的楼梯平面图和剖面图中，仍然难以表达清楚如踏步、栏杆、扶手等的细部构造以及它们的尺寸和做法。为此，在实际画图过程中，往往还需要使用更大的画

242

图比例,去表达更加详细的构造。如图 9-30a)所示,详图"①"主要表示栏杆和扶手的材料、形状和尺寸。如图 9-30b)表达了栏杆柱与楼梯板的固定形式,楼梯构造材料和做法,也是楼梯梯段终端的节点详图。通常这样的详图还包括:墙身节点详图、室外台阶节点详图、阳台详图、壁橱详图等。

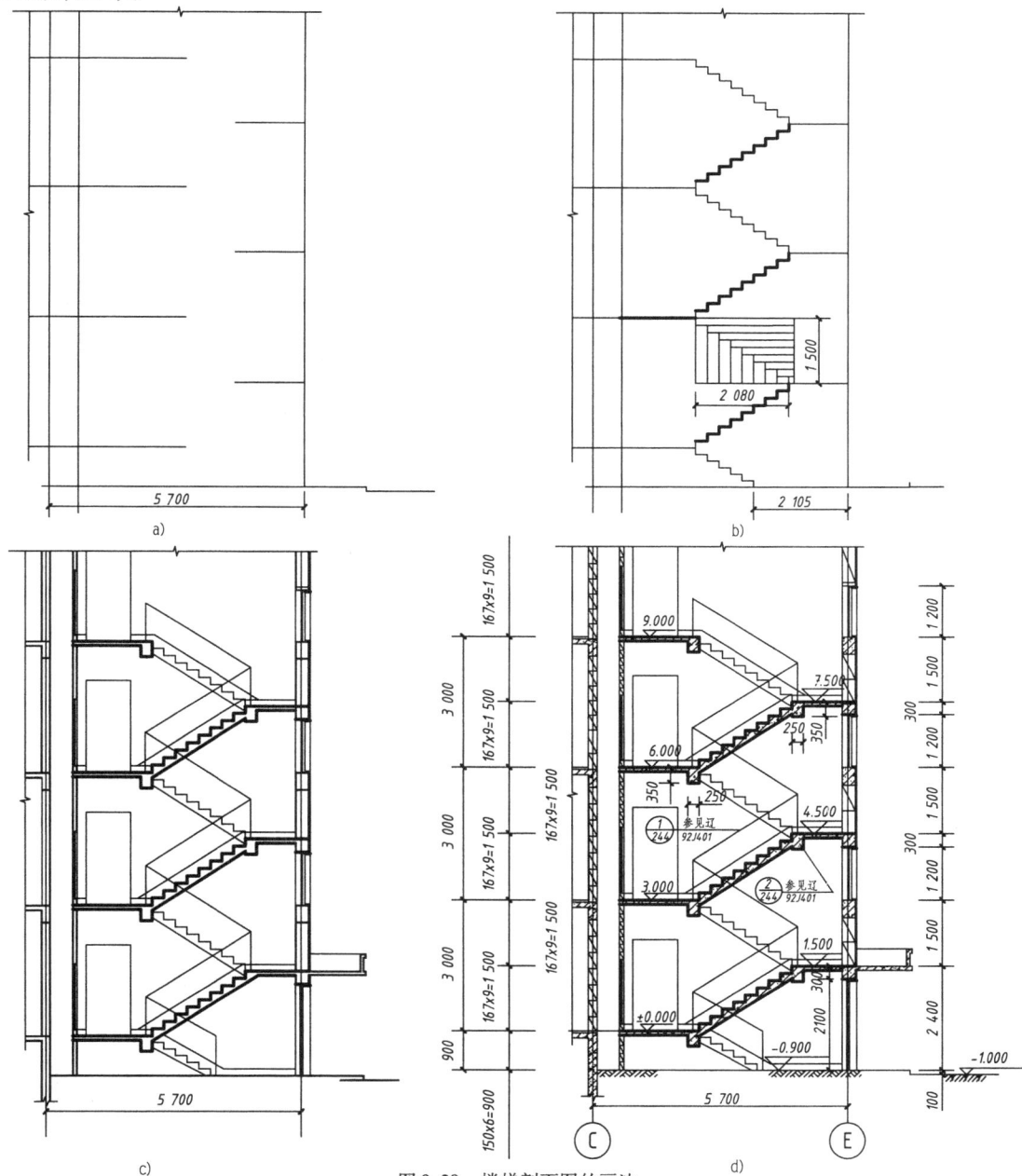

图 9-29 楼梯剖面图的画法

a)画出轴线、定出楼地面、平台、梯段、墙的位置;b)定出踏步位置线;c)画出墙、楼面、平台、梯段板的厚度,接着画门窗、栏杆、梁等细部;d)标注尺寸,并描深图线

由于这类详图的尺寸相对较小,所以可以采用更大的画图比例。一般此类详图的画图比例有:1:20、1:10,甚至为 1:5 和 1:2。

详图中"$\left(\frac{1}{242}\right)$、$\left(\frac{2}{242}\right)$"与前面所介绍楼梯剖面图中的详图索引符号相对应,但画图比例变为

1:20 了。

详图"$\frac{2}{242}$"所表示的楼梯梯段为现浇钢筋混凝土板式楼梯,梯段中踏步的踏面宽260mm,踢面高167mm。除此以外,该图中还表明了栏杆与楼梯板的连接是通过钢筋混凝土中预埋件连接的。

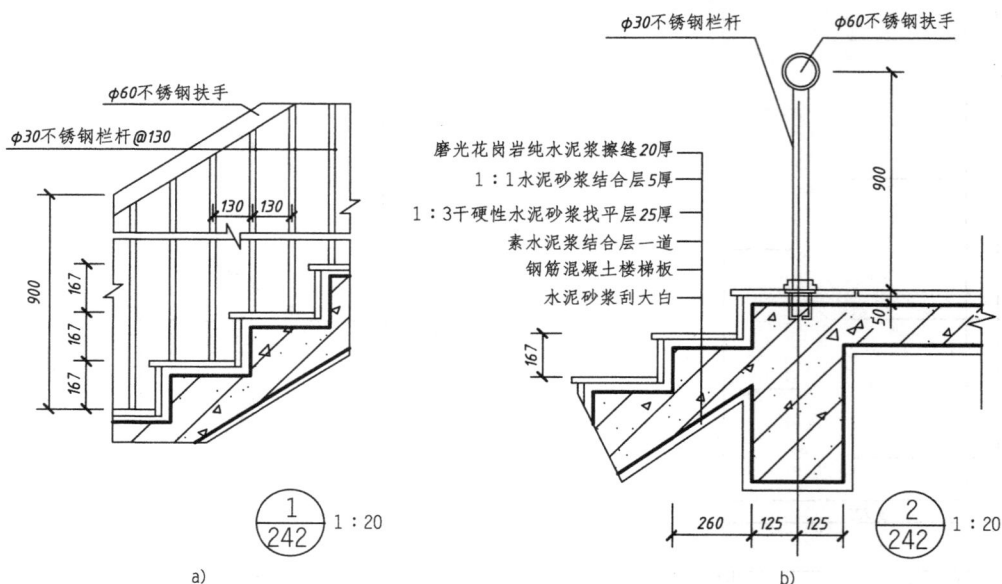

图 9-30 楼梯节点大样图
a)栏杆扶手节点详图;b)楼梯梯段节点详图

三、门窗详图

门窗详图主要用来表达门窗的制作要求,如尺寸、形式、开启方式、注意事项等,同时也供施工和安装使用。当有标准图集时,可套用标准图集,不必再画出详图。当与标准图集差别较大,无法应用标准图集时,应另行绘制出门窗详图。一般门窗详图以立面图为主,主要包括立面图、门窗详图说明、节点大样等。以下简单介绍门窗立面图及详图说明。

1.门窗立面图

门窗详图的立面图表明了门窗形式、开启方式和方向,主要尺寸及节点索引号。如图 9-31 所示,图中用实线表示外开,虚线表示内开,开启线交点处表示旋转轴的位置。推拉窗在推拉扇上用箭头表示开启方向,固定窗则无开启线。窗樘用双细实线画出,也可用粗实线代替,窗扇和开启线均用细实线画出。弧形窗和转折窗应绘展开立面图。

如图 9-31 所示,门窗立面图上注有两道尺寸:外面一道尺寸为门窗洞尺寸,也就是建筑平面图和剖面图上所注的尺寸;里面一道尺寸为门窗扇的尺寸。弧形窗或转折窗的洞口尺寸应标注展开尺寸。

2.详图说明

详图说明可注写在门窗表附注内或相关的门窗详图内,也可写在首页的设计说明中。内容主要包括:框料的断面尺寸、玻璃的厚度和构造节点,详见的标准图册或由厂家确定;门窗的立樘位置;玻璃和框料的选材与颜色;对特殊构造节点的要求,如防火、隔声等;其他制作及安装要求和注意事项,如表9-4所示。

244

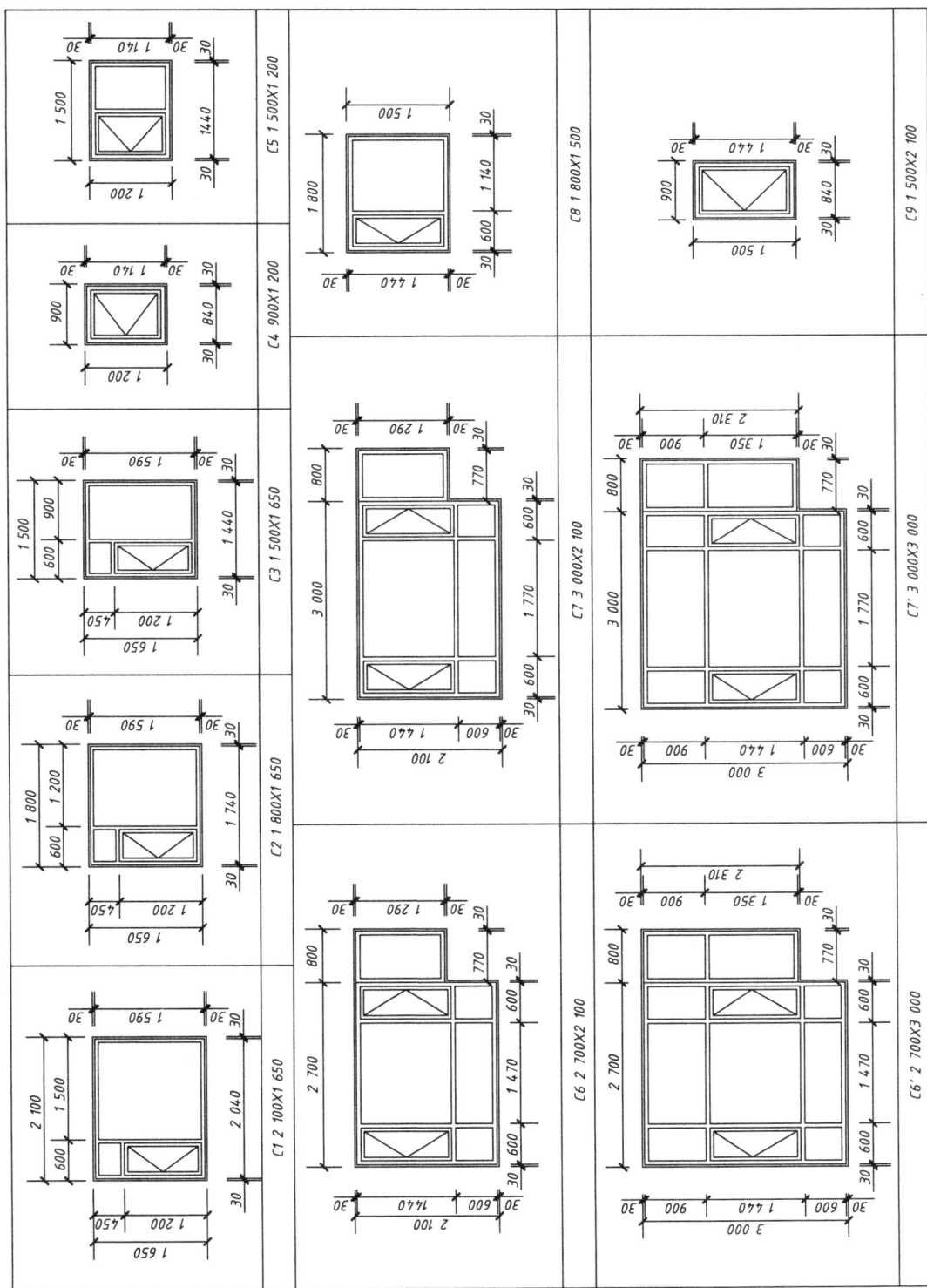

图9-31 门窗立面图

245

四、墙身节点详图

外墙身由地面至屋顶各部位的构造、材料、施工要求及墙身有关部位的连接关系,需要用几个墙身节点剖面详图来表达,它是砌墙、立门窗口、室内外装修等施工和编制工程预算的重要依据。

1. 形成

外墙节点详图是建筑剖面图中某处墙的局部放大图,通常从室外地坪到屋顶檐口分成几个节点。对一般的多层建筑而言,其节点图应包括底层、中间层、顶层三个部分。图9-32 所示为图9-2 拟建住宅楼外墙的节点详图。

2. 内容及规定画法

(1)比例

外墙详图常用 1:20 比例画出,必要时可以用 1:10。在外墙详图上,画图比例通常标注在相应详图名称的后面。

(2)图线

外墙详图中一般用两种图线。被剖切到的构配件轮廓用粗实线,其余未剖到的可见轮廓线及尺寸线、图例线等均用细实线。

(3)定位轴线和详图符号

外墙节点详图上所标注的定位轴线编号应与其他图中所表示的部位一致,其详图符号也要和相应的索引符号对应。如图9-8 所示,外墙所在的定位轴线编号为 Ⓔ,由此,本图中外墙的定位轴线编号也应该是 Ⓔ。

由于外墙详图是由几个节点图组合而成的,为了表示各节点图间的联系,通常将它们画在一起,在窗洞口处用折断符号断开(画折断线)。

有时也可采用同一个外墙详图来表示几面外墙,此时应将各墙身所对应的定位轴线编号全部标出。或者采用其他方式说明,但这时只画轴线但不再标编号。

(4)按节点分别表示外墙及其他部分的构造与联系

根据各节点在外墙上的位置不同,其所表示的内容也略有差别。

① 底层节点大样图 底层节点大样图有时还可分成勒脚、明沟节点大样图和窗台节点大样图。它们分别表示室外散水(或明沟)、勒脚、室内地面、踢脚板及墙脚防潮层、窗台的形状、构造和做法,以及防潮层的位置。

② 中间层节点大样图 中间层节点大样图包括窗台节点详图和窗顶节点详图两部分。它主要表示门、窗过梁、遮阳板、窗台楼板的形状和构造,另外还有楼板与墙身连接的情况等。

③ 顶层节点大样图 顶层节点大样图又称檐口节点详图。它是用来表示门、窗过梁、檐口处屋面、顶棚的形状和构造。

(5)标高和尺寸

详图中应详细标出室内外地面、楼地面板、屋面、各层窗台、窗顶、女儿墙、檐口顶高、吊顶底面等部位的标高。另应注出高度方向和墙身细部的尺寸,如层高、门窗高度、窗台高度、台阶或坡道高度、线脚高度、墙身厚度、雨篷挑出长度等。由尺寸可知墙身的厚度与定位轴线的关系。标注时,可用带有括号的标高来表示上一层的尺寸和标高。

在外墙详图中,可用图例或文字说明来表示有关楼(地)面及屋顶所用建筑材料,包括材料间的混合比、施工厚度和做法、内外墙面的做法等。

3. 读图示例

如图9-32所示,它是由Ⓔ轴所在的外墙的底层、中间层和顶层三个节点大样图组合而成的。

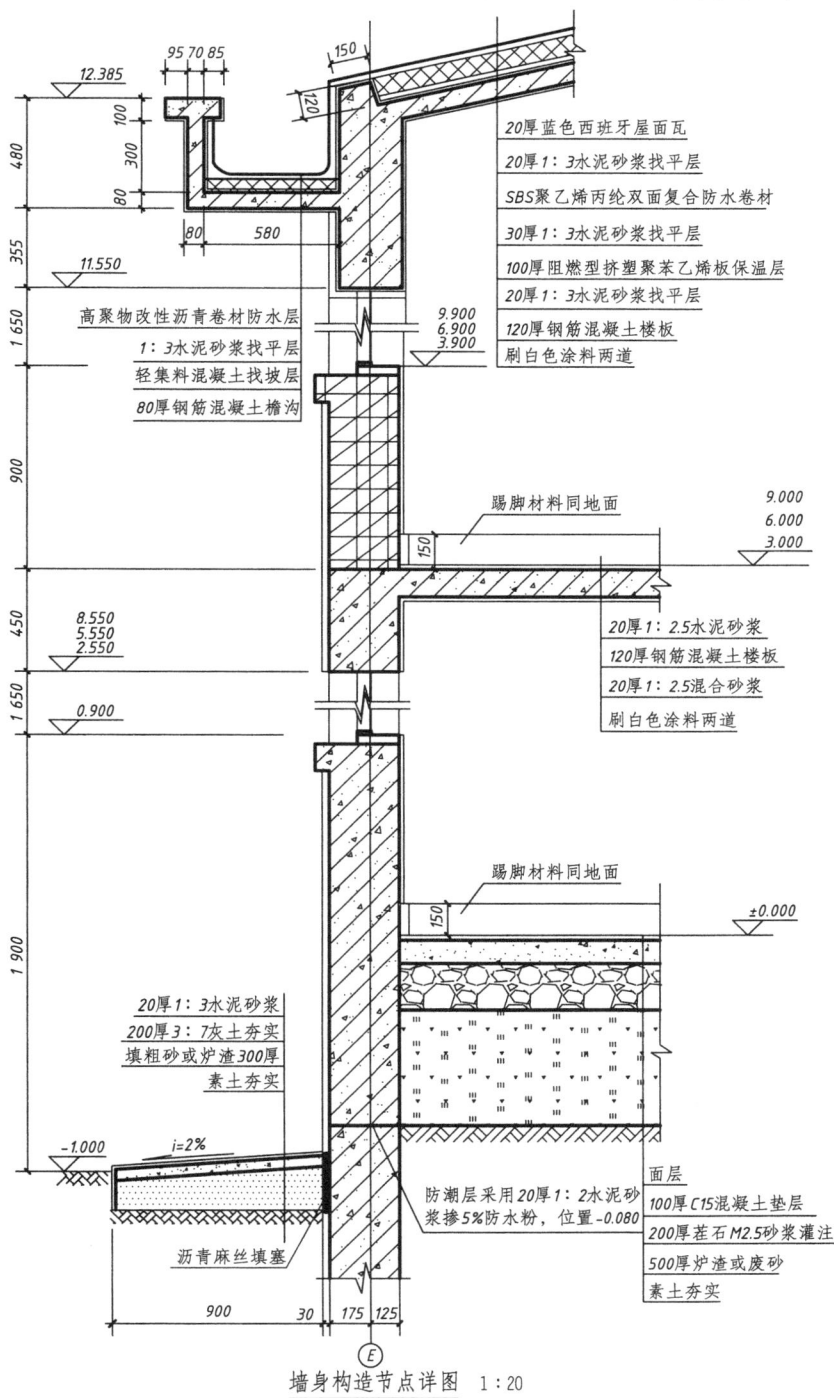

20厚蓝色西班牙屋面瓦
20厚1∶3水泥砂浆找平层
SBS聚乙烯丙纶双面复合防水卷材
30厚1∶3水泥砂浆找平层
100厚阻燃型挤塑聚苯乙烯板保温层
20厚1∶3水泥砂浆找平层
120厚钢筋混凝土楼板
刷白色涂料两道

高聚物改性沥青卷材防水层
1∶3水泥砂浆找平层
轻集料混凝土找坡层
80厚钢筋混凝土檐沟

踢脚材料同地面

20厚1∶2.5水泥砂浆
120厚钢筋混凝土楼板
20厚1∶2.5混合砂浆
刷白色涂料两道

踢脚材料同地面

20厚1∶3水泥砂浆
200厚3∶7灰土夯实
填粗砂或炉渣300厚
素土夯实

防潮层采用20厚1∶2水泥砂浆掺5%防水粉,位置-0.080

面层
100厚C15混凝土垫层
200厚茸石M2.5砂浆灌注
500厚炉渣或废砂
素土夯实

沥青麻丝填塞

Ⓔ
墙身构造节点详图 1∶20

图9-32 外墙节点详图

247

底层节点详图表明了室内地面和室外散水的构造做法,用 20mm 厚 1∶2 水泥砂浆掺 5% 防水粉做墙身防潮层,做在底层地面以下 80mm 处。水泥砂浆踢脚高 150 mm。中间层节点详图主要表明楼面的做法,在窗上洞口位置的现浇钢筋混凝土梁和楼板浇筑在一起,梁高为450mm。顶层节点详图表明了天沟和坡屋面的尺寸、形式及材料做法。坡屋面主要由钢筋混凝土板、保温层、防水层和屋面瓦构成。

第十章　结构施工图

第一节　概　　述

建筑结构是指在建筑物中用来承受各种荷载的作用,起到骨架作用的空间受力体系。建筑结构因所用的材料不同,可分为钢筋混凝土结构、砌体结构、钢结构、轻型钢结构、木结构和组合结构等,图 10-1 为一施工中的框架结构建筑。

建筑结构一般由基础、墙、柱、梁板、屋架等若干结构构件组成,结构设计中为表达结构构件的材料、形状、大小、位置及其相互关系,将其绘制成图样,用来指导施工,这种图样称为结构施工图,简称"结施"。

结构施工图是做施工放线、挖基坑、做基础、支模板、绑扎钢筋、设置预埋件、预留孔洞、浇筑混凝土(或安装预制的梁、板、柱)等构件,以及编制预算和进行施工组织设计等各项工作的依据。

结构施工图主要包括基础施工图、楼层结构平面图、屋顶结构平面布置图和各种构件的结构详图、节点详图等。

绘制结构施工图,除应遵守《房屋建筑制图统一标准》(GB/T 50001—2010)中的基本规定外,还应遵守《建筑结构制图标准》(GB/T 50105—2010)的相关规定。

图 10-1　框架结构房屋

1. 比例

绘图时根据图样的用途,被绘物体的复杂程度,应选用如表 10-1 所示常用比例,特殊情况下也可选用可用比例。当构件的纵、横向断面尺寸相差悬殊时,可在同一详图中的纵横向选用不同的比例绘制。轴线尺寸与构件尺寸也可选用不同的比例绘制。

结构施工图的比例　　　　　　　　　　　　　　　　　　　　　　　　表 10-1

图　　名	常 用 比 例	可 用 比 例
结构平面图、基础平面图	1:50、1:100、1:150	1:60、1:200
圈梁平面图、总图中管沟、地下设施等	1:200、1:500	1:300
详图	1:10、1:20、1:50	1:5、1:30、1:25

249

2. 图线

建筑结构施工图中的图线应按表 10-2 的规定选用。

结构施工图中图线的选用   表 10-2

名 称		线 型	线 宽	一般用途
实线	粗		b	螺栓、钢筋线、结构平面布置图中的单线结构构件线、钢木支撑及杆件线、图名下横线、剖切线
	中粗		$0.7b$	结构平面图及详图中剖到或可见的墙身轮廓线、基础轮廓线、钢、木结构轮廓线、钢筋线
	中		$0.5b$	结构平面图及详图中剖到或可见的墙身轮廓线、基础轮廓线、可见的钢筋混凝土结构轮廓线、钢筋线
	细		$0.25b$	标注引出线、标高符号线、索引符号线、尺寸线
虚线	粗		b	不可见的钢筋线、螺栓线,结构平面图中不可见的单线结构构件线及钢、木支撑线
	中粗		$0.7b$	结构平面图中的不可见构件、墙身轮廓线及不可见钢、木结构构件线,不可见的钢筋线
	中		$0.5b$	结构平面图中的不可见构件、墙身轮廓线及不可见钢、木结构构件线,不可见的钢筋线
	细		$0.25b$	基础平面中管沟轮廓线、不可见钢筋混凝土构件轮廓线
单点长画线	粗		b	柱间支撑、垂直支撑、设备基础轴线图中的中心线
	细		$0.25b$	定位轴线、对称线、中心线、重心线
双点长画线	粗		b	预应力钢筋线
	细		$0.25b$	原有结构轮廓线
折断线			$0.25b$	断开界线
波浪线			$0.25b$	断开界线

3. 定位轴线

结构施工图上的轴线位置及编号应与建筑施工图一致。

4. 尺寸标注

结构施工图上的尺寸一般应与建筑施工图相符合,但结构施工图中所注尺寸是结构构件的设计尺寸,一般不包括结构表面粉刷或建筑构造面层的厚度。

桁架式结构的几何尺寸可用单线图表示,尺寸可直接注写在杆件的一侧,不需画尺寸线和尺寸界限。

5. 构件代号

结构施工图中,为了简单地表明结构、构件的种类,《建筑结构制图标准》(GB/T 50105—2010)规定,对于梁、板、柱等钢筋混凝土构件可用代号表示,代号后面应用阿拉伯数字标注该构件的型号或编号,也可为构件的顺序号。构件代号采用汉语拼音音头,如:KB 代表空心板,GL 代表过梁等;构件的顺序号采用不带角标的阿拉伯数字连续编排,如表 10-3 所示。

常用构件代号

表 10-3

序号	名　称	代号	序号	名　称	代号	序号	名　　称	代号
1	板	B	19	圈梁	QL	37	承台	CT
2	屋面板	WB	20	过梁	GL	38	设备基础	SJ
3	空心板	KB	21	连系梁	LL	39	桩	ZH
4	槽形板	CB	22	基础梁	JL	40	挡土墙	DQ
5	折板	ZB	23	楼梯梁	TL	41	地沟	DG
6	密肋板	MB	24	框架梁	KL	42	柱间支撑	ZC
7	楼梯板	TB	25	框支梁	KZL	43	垂直支撑	CC
8	盖板或沟盖板	GB	26	屋面框架梁	WKL	44	水平支撑	SC
9	挡雨板或檐口板	YB	27	檩条	LT	45	梯	T
10	吊车安全走道板	DB	28	屋架	WJ	46	雨篷	YP
11	墙板	QB	29	托架	TJ	47	阳台	YT
12	天沟板	TGB	30	天窗架	CJ	48	梁垫	LD
13	梁	L	31	框架	KJ	49	预埋件	M-
14	屋面梁	WL	32	刚架	GJ	50	天窗端壁	TD
15	吊车梁	DL	33	支架	ZJ	51	钢筋网	W
16	单轨吊车梁	DDL	34	柱	Z	52	钢筋骨架	G
17	轨道连接	DGL	35	框架柱	KZ	53	基础	J
18	车挡	CD	36	构造柱	GZ	54	暗柱	AZ

注:1.预制混凝土构件、现浇混凝土构件、钢构件和木构件,一般可直接采用本表中的构件代号。在绘图中,除混凝土构件可不注明材料代号外,其他材料的构件可在构件代号前加注材料代号,并在图纸中加以说明。

2.预应力混凝土构件的代号,应在构件代号前加注"Y-",如 Y-DL 表示预应力混凝土吊车梁。

6.构件标准图集

为了使钢筋混凝土构件系列化、标准化,便于工业生产,国家及各省、市都编制了定型构件标准图集。绘制施工图时,凡选用定型标准构件,可直接引用标准图集,而不必绘制构件施工图。在生产构件时,可根据构件的编号查出标准图直接制作。

构件标准图集分为全国通用和各省、市通用两类。使用标准图集时,应熟悉标准图集的编号以及标准图中构件号和标记的含义。

下面介绍几个构件的编号、代号和标记的应用示例。

【例 10-1】 XGL1.18 - 2(辽 2 004 G307)。

编号意义:辽 2 004 G307——辽宁省建筑标准设计结构标准图集《钢筋混凝土过梁》

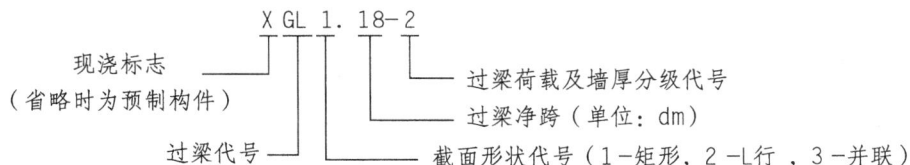

【例 10-2】 YKB1.33 - 1(辽 2 004 G401 - 1)。

编号意义:辽2004 G401-1——辽宁省结构标准图集《预应力混凝土空心板》

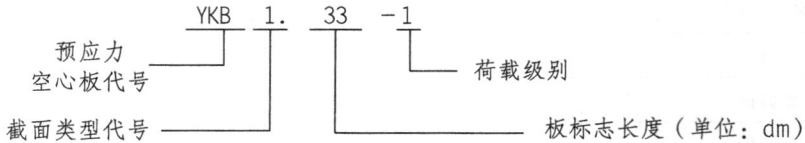

```
YKB   1.   33  -1
```

预应力
空心板代号

截面类型代号

荷载级别

板标志长度（单位：dm）

第二节　钢筋混凝土构件图

一、钢筋混凝土结构的基本知识

1. 钢筋混凝土的材料性能

混凝土是由水泥、砂、石子和水按一定比例混合搅拌后,浇筑到定型模板或铺筑在固定的基面上,经过振捣密实和凝固养护后而形成坚硬如石的建筑材料。混凝土的抗压强度较高,分为 C15、C20、C25、C30、…、C80 等共 14 个等级。但抗拉强度较低,仅有抗压的 1/10～1/20。所以混凝土很容易因受拉、受弯而开裂。

为了提高混凝土的抗拉、抗弯能力,在混凝土的受拉、受弯区域或有关部位内配置一定数量的钢筋,使两种材料黏结成一个整体,共同承受外力,使混凝土主要承受压力,而钢筋主要承受拉力以满足结构的使用要求,这种配有钢筋的混凝土称为钢筋混凝土。

2. 钢筋混凝土构件及预应力钢筋混凝土构件

用钢筋混凝土浇制而成的梁、板、柱、基础等构件,称为钢筋混凝土构件。其中,在工地现场浇制的称为现浇钢筋混凝土构件;预先制作,然后运到现场安装的则称为预制钢筋混凝土构件。

此外,为了提高同等条件下构件的抗拉和抗裂性能,在浇制钢筋混凝土时,预先给钢筋施加一定的拉力,在这种情况下,混凝土凝固后由于受张拉钢筋的反作用而预先承受了一定的压应力,这种构件称为预应力钢筋混凝土构件。

3. 钢筋的保护层和等级代号

为了保护钢筋,防止腐蚀、防火以及加强钢筋与混凝土的黏结力,钢筋的外边缘应留有保护层,保护层的最小厚度如表 10-4 所示。钢筋按其强度和品种分成不同的等级,分别用不同的直径符号表示,见表 10-5。

受力钢筋混凝土保护层最小厚度（单位:mm）　　　　　　　　　　　　表 10-4

环境类别 ＼ 构件类别	板、墙、壳	梁、柱、杆
一	15	20
二 a	20	25
二 b	25	35
三 a	30	40
三 b	40	50

注:混凝土强度等级不大于 C25 时,表中数值增加 5mm;钢筋混凝土基础宜设置混凝土垫层,基础中钢筋的保护层厚度应从垫层顶面算起,且不应小于 40mm。

牌号种类	代号	直径(mm)	抗拉强度设计值(N/mm²)	抗压强度设计值(N/mm²)	备注
HPB300	φ	6~22	270	270	I 级(光圆钢筋)
HRB335	φ	6~50	300	300	II 级(带肋钢筋)
HRBF335	φ^F	6~50	300	300	II 级(带肋钢筋)
HRB400	φ	6~50	360	360	III 级(带肋钢筋)
HRBF400	φ^F	6~50	360	360	III 级(带肋钢筋)
RRB400	φ^R	6~50	360	360	III 级(带肋钢筋)
HRB500	φ	6~50	435	410	IV 级(带肋钢筋)
HRBF500	φ^F	6~50	435	410	IV 级(带肋钢筋)

4. 钢筋在构件中的作用和名称

配置在钢筋混凝土构件中的钢筋,如图 10-2 所示,按其受力和作用可分为以下几种:

(1)受力筋。在构件中主要承受拉、压应力的钢筋。

(2)箍筋。在构件中用来固定受力筋位置的钢筋。多用于梁和柱内;同时也承受一定的剪力和扭力。

(3)架立筋。固定梁内箍筋位置的钢筋。它与受力筋、箍筋一起构成梁内的钢筋骨架。

(4)分布筋。固定板内受力筋的钢筋,其方向通常与受力筋垂直,与受力筋一起构成板内的钢筋骨架。

(5)构造筋。因构造上的要求或施工安装的需要而配置的钢筋。如预埋锚固筋、吊环等。架立筋和分布筋也属于构造筋。

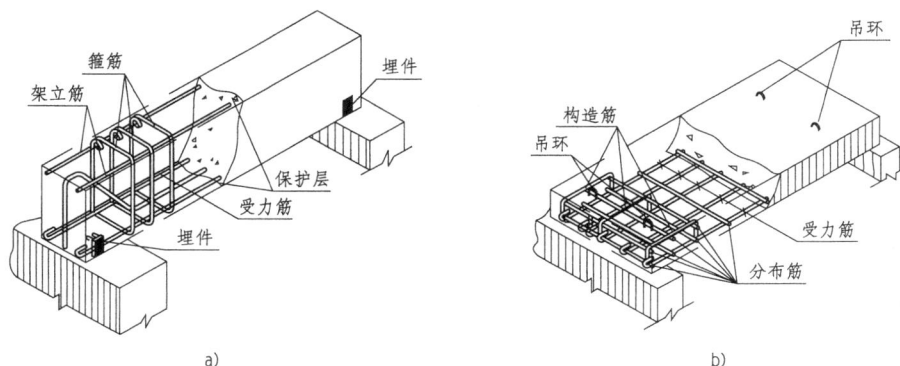

图 10-2　钢筋在构件中的作用和名称
a)钢筋混凝土梁;b)钢筋混凝土板

5. 钢筋弯钩

为了增加钢筋与混凝土的黏结力,把钢筋的端部做成弯钩,形式有半圆、直角弯钩和斜弯钩 3 种,常见钢筋弯钩及搭接简化表示方法如图 10-3 所示。带弯钩钢筋实际长度要比端点间长出一部分。但 II 级以上的钢筋不需做半圆弯钩。

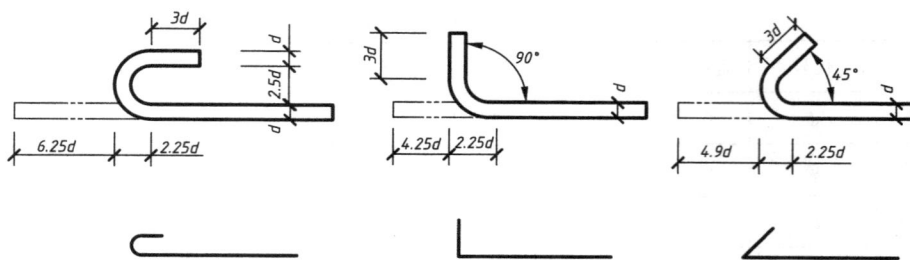

图10-3 常见的几种钢筋弯钩形式及钢筋简化画法图例

6. 钢筋的标注

在混凝土施工图中,钢筋的标注内容应有钢筋的编号、数量、代号、直径、间距及所在位置。钢筋编号用阿拉伯数字注写在直径为 6mm 的细实线圆内,用引出线指向相应的钢筋。钢筋标注内容均注写在引出线的水平线上。如注出数量,可不注间距,如注出间距就可不注数量。具体标注方式如图 10-4 所示。

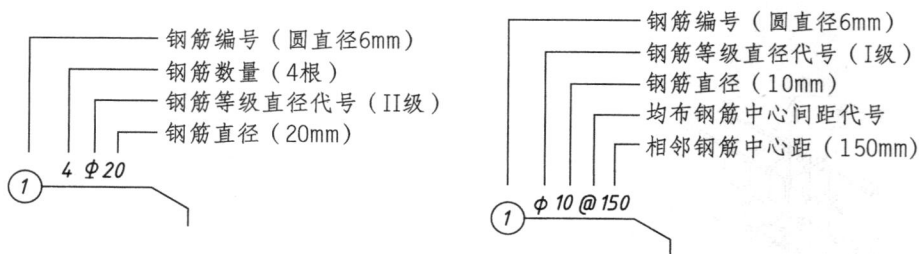

图10-4 钢筋的标注形式

二、钢筋混凝土构件施工图内容

钢筋混凝土构件施工图由模板图、配筋图、预埋件详图和钢筋明细表等组成。它是制作构件时安装模板、钢筋加工、绑扎或焊接的依据。

1. 模板图

模板图主要表达构件的外形尺寸,同时需标明预埋件的位置,预留孔洞的形状、尺寸及位置,是构件模板制作、安装的依据。简单构件可不单独绘模板图,可把模板图与配筋图合并表示,只画其配筋图。

模板图是按构件的外形投影绘制的视图,外形轮廓采用中粗实线绘制。图 10-5 所示为一钢筋混凝土板的模板图,图中板上设置 5 个不同直径的圆孔,板的四角有 4 个预埋件。

254

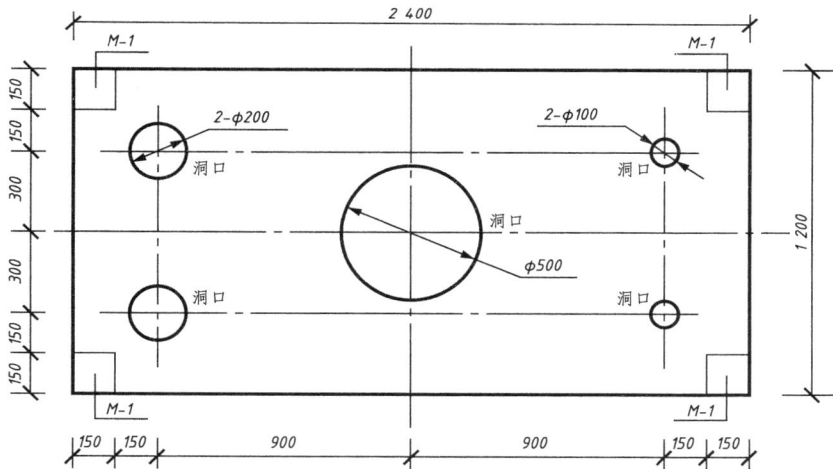

图 10-5　钢筋混凝土板模板图

2. 配筋图

配筋图是表示构件内各种钢筋的形状、位置、数量、级别和配置情况的图样。配筋图主要包括配筋平面图、配筋立面图、配筋断面图和钢筋详图。

（1）配筋平面图

钢筋混凝土板一般只用一个平面图表示钢筋情况，假定构件为一透明体而画出的一个水平正投影图，主要表示构件内钢筋的形状及其排列位置。构件轮廓线用中实线画出，钢筋用粗实线表示。当钢筋的类型、直径、间距均相同时，可只画出其中一部分，其余可省略不画。图 10-6 为钢筋混凝土楼板配筋图。

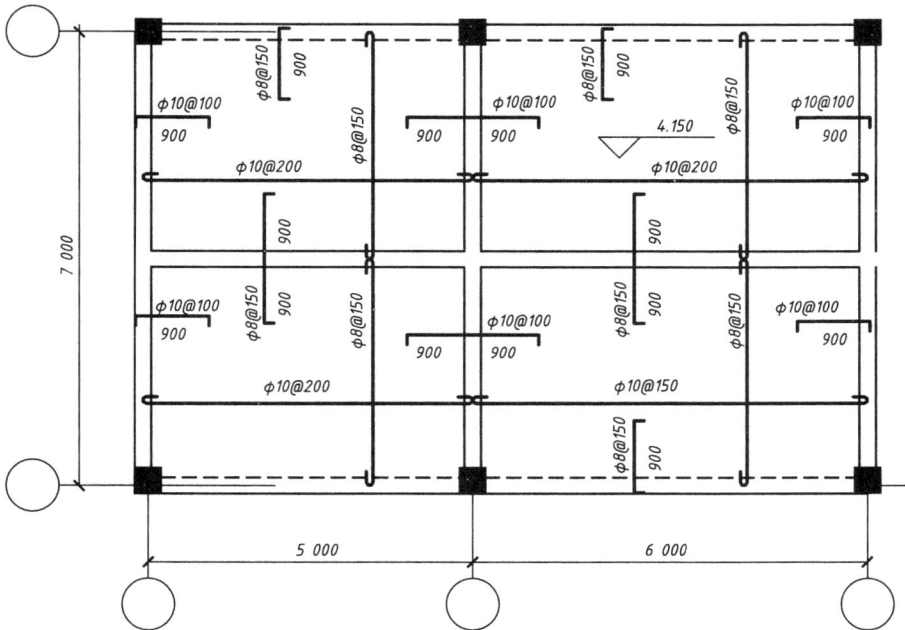

图 10-6　钢筋混凝土板配筋图

当板中配置双层钢筋时，底层钢筋的弯钩应向上或向左，顶层钢筋的弯钩应向下或向右，如图 10-7 中 a)所示。类似情况是钢筋混凝土墙体配双层钢筋时，在配筋立面图中，远面钢筋的弯钩应向上或向左,而近面钢筋的弯钩应向下或向右,如图 10-7 中 b)所示。

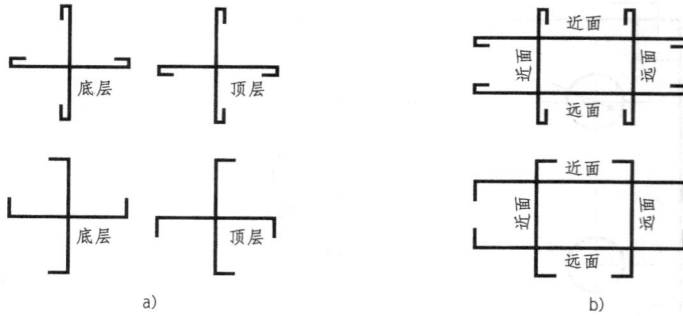

图 10-7 混凝土板、墙中钢筋位置表示规定
a)板中钢筋;b)墙中钢筋

（2）配筋立面图

比较长细的构件(梁和柱)用立面图和断面图表达,配筋立面图是假定构件为一透明体而画出的一个正向正投影图。它主要表示构件内钢筋的立面形状及其上下排列位置。构件轮廓线用中实线画出,钢筋用粗实线表示。当钢筋的类型、直径、间距均相同时,可只画出其中一部分,其余可省略不画。图 10-8 为钢筋混凝土梁立面配筋图和断面配筋图。

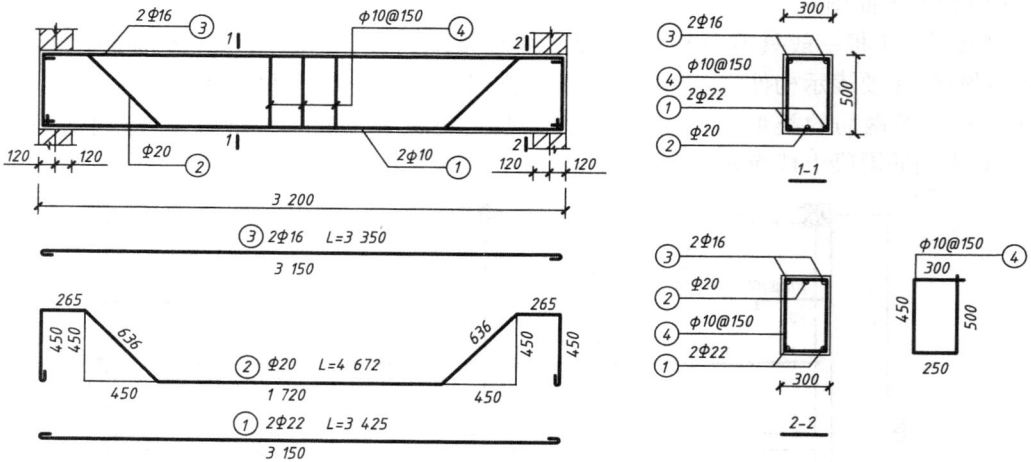

图 10-8 钢筋混凝土梁立面、断面配筋图

（3）配筋断面图

配筋断面图是构件的横向剖切投影图。它主要表示构件内钢筋的上下和前后配置情况以及钢箍的形状等内容。一般在构件断面形状或钢筋数量、位置有变化之处,均应画出断面图。构件断面轮廓线用中实线画出,钢筋横断面用黑圆点表示。

（4）钢筋编号

在配筋图中,为了区别构件中不同直径、不同级别、不同形状和不同长度的钢筋,采用编号法。每一种钢筋编一个号,编号用阿拉伯数字写在直径为 6mm 的细实线圆内,并用指引线指向相应的钢筋。同时在指引线的水平线段上,按规定的形式注出钢筋的级别、直径和根数。如图 10-8 中的①号钢筋是受力筋,直径是 22mm、根数为 2,钢筋等级为 Ⅱ 级,标记为 2 Φ 22。

（5）钢筋详图

在配筋的立面图和断面图中,虽然对钢筋进行了编号并注写了直径和根数,但很多钢筋的

256

投影仍重叠在一起,每一根钢筋的形状不易表达清楚,所以对钢筋分布比较复杂的构件还要画钢筋详图。钢筋详图又称为钢筋成型图,是从配筋图中把每一编号的钢筋单独画出来的钢筋图。在钢筋详图中要把钢筋的每一段长度都注出来。注每段长度尺寸时,可不画尺寸线和尺寸界线,仅把尺寸数字直接注在钢筋的旁边。

另外,在钢筋详图中注写的钢筋长度不包括弯钩长度。如图 10-8 中的钢筋详图,①号钢筋的长度等于梁长减去两个保护层厚度,即 $3\,200 - 2 \times 25 = 3\,150$mm。弯起钢筋的斜度可用直角三角形式注写。弯起钢筋的弯起高度,一般按钢筋的外皮尺寸计算,钢箍尺寸按钢筋的内皮尺寸计算,否则应加以注明。如图 10-8 所示,②号钢筋的斜长度 $= 450/\sin 45° = 636$mm,其中 450mm 为弯起高度。

在钢筋详图上除注长度尺寸外,还要注写编号、钢筋级别、直径、根数以及包括弯钩在内的总长。例如①号钢筋的总长 $L = 3\,150 + 2 \times 6.25 \times 22 = 3\,425$mm。

3. 钢筋明细表

在钢筋混凝土构件施工图中,除模板图与配筋图外,还要附加一个钢筋明细表,供施工备料和编制预算时使用。表 10-6 为图 10-8 中梁的钢筋表。

钢筋表中要注写的内容包括:构件编号、钢筋编号、钢筋简图、钢筋规格、长度、根数、总长、总重等。

在钢筋简图一栏中,要画出每一编号钢筋的近似形状,并详细注出每段长度尺寸。但若在配筋图中已画出钢筋详图的,在简图中可不注尺寸。

钢 筋 表 表 10-6

构件编号	钢筋编号	钢筋规格	钢 筋 简 图	长度(mm)	根数(根)	总长(mm)	总质量(kg)
L-1	①	22	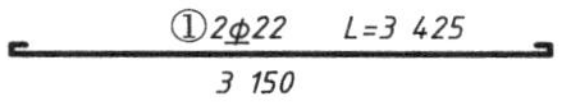 ①2φ22 L=3 425 3 150	3 425	2	6 850	20.41
	②	20	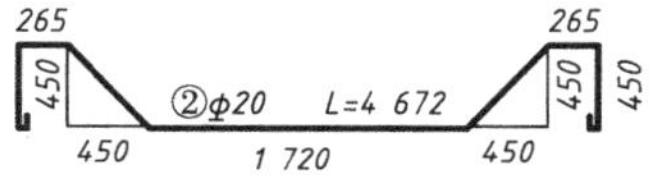 265 265 450 450 ②φ20 L=4 672 450 1 720 450	4 672	1	4 672	11.54
	③	16	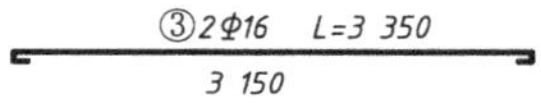 ③2φ16 L=3 350 3 150	3 350	2	6 700	10.59
	④	10	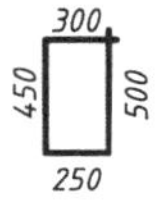 300 450 500 250	1 500	22	33 000	20.36

4. 预埋件详图

在预制钢筋混凝土构件中,一般除钢筋外还配有各种预埋件,如吊环、安装用钢板等,因此还需画出预埋件详图。如图 10-9 所示的预埋件 M-1、M-2、M-3 详图。

三、钢筋混凝土构件图示实例

1. 钢筋混凝土简支梁

(1)模板图。如图 10-8 所示的钢筋混凝土简支梁比较简单,所以可不单独绘模板图,而是将模板图与配筋图合并表示,只画其配筋图。

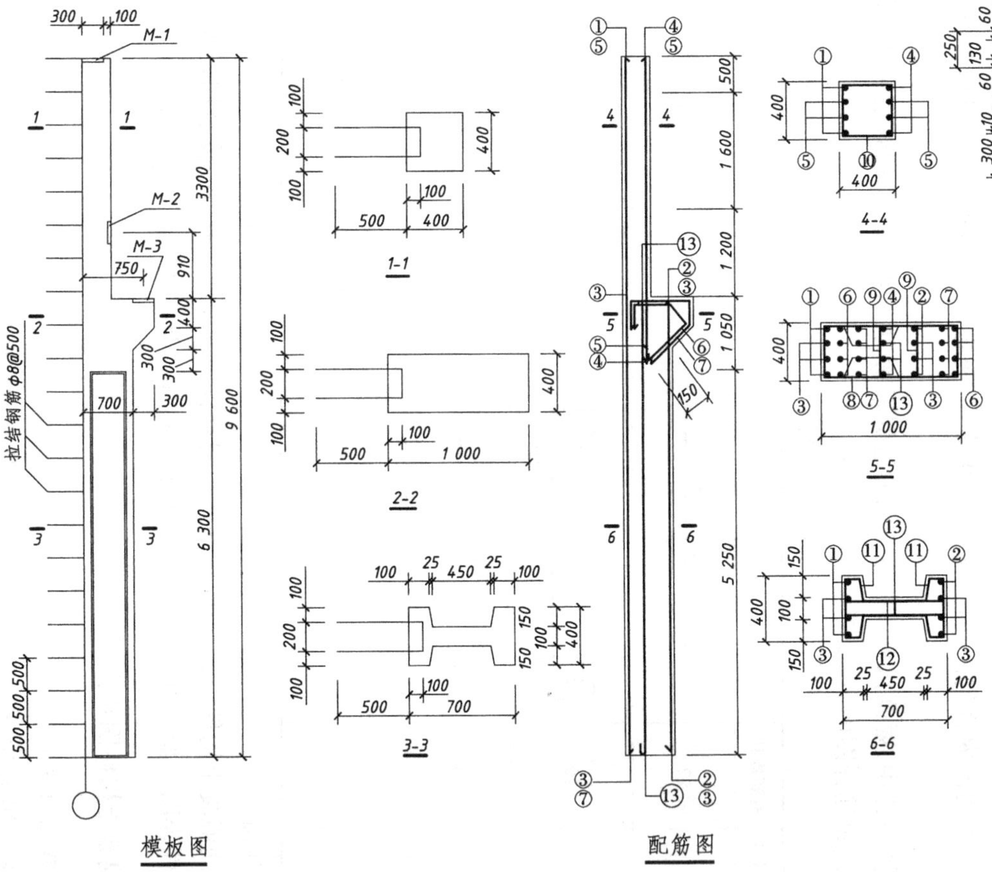

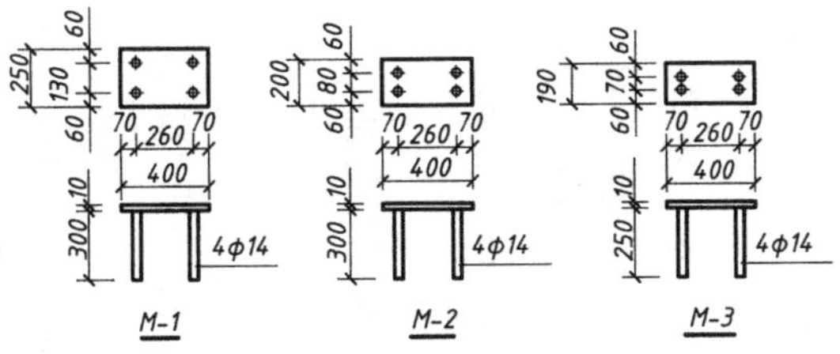

图10-9 钢筋混凝土厂房柱施工图

钢筋表

钢筋编号	钢筋规格	钢筋简图	长度 (mm)	根数	总长 (m)	质量 (Kg)
①	Φ16	9550	9550	2	19.10	30.14
②	Φ16	6250	6250	2	12.50	19.73
③	Φ14	6250	6250	4	25.00	30.20
④	Φ16	4300	4300	2	8.60	13.57
⑤	Φ16	3900	3900	4	15.60	18.84
⑤	Φ20	4050	4050	4	16.20	25.56
⑤	Φ25	4250	4250	4	17.00	26.83
⑥	Φ14	880	2010	4	8.04	9.71
⑦	Φ14	330	1580	4	6.32	7.63
⑧	Φ8	750-1050 / 650-950	2200-2800	11	27.50	10.86
⑨	Φ8	350	450	18	8.10	3.20
⑩	Φ6	450 / 350	1600	29	46.40	10.30
⑪	Φ6	350	750	88	66.00	14.652
⑫	Φ6	680	680	88	59.84	13.28
⑬	Φ10	6250	6380	2	12.76	7.87

M-1 M-2 M-3 4Φ14

配筋图

1-1 2-2 3-3 4-4 5-5 6-6

模板图

共丝箍筋Φ8@500

（2）配筋图。如图 10-8 所示为钢筋混凝土简支梁结构图。梁的立面图和断面图分别表明了梁长、宽、高为 3 200mm、300mm、500mm。两端支承在墙上，各伸入墙内 240mm。梁的下部跨中配置了 3 根受力筋，其中②号钢筋在支座附近从梁底弯起到梁的顶面，称为弯起钢筋，是直径为 20mm 的 Ⅱ 级钢筋；①号钢筋位于梁的下部，是两根直径为 22mm 的 Ⅱ 级钢筋；③号筋为两根架立筋，配置在梁的上部，是直径为 16mm 的 Ⅱ 级钢筋；④号筋是箍筋，直径为 10mm，间距为 150mm。

（3）钢筋详图。如图 10-8 所示的下部给出了钢筋混凝土简支梁所用的钢筋形状，在图上标明了钢筋的编号、根数、等级、直径、各段长度和总长度等。例如，①号钢筋两端带弯钩，其上标注的 3 150 是指梁的长度减去两端保护层的厚度，钢筋的下料长度为 $L = 3\,425$mm；②号钢筋总长 4 672mm。箍筋尺寸按钢筋的内皮尺寸计算。

2. 钢筋混凝土板

（1）模板图。因板在施工现场浇筑，所以需要现场支模板、绑钢筋后才能浇混凝土。但一般板的结构比较简单，所以多数不再单独绘制模板图。如需绘制时，要求如前所述，图 10-5 是一开洞复杂板的模板图。

（2）配筋图。在板的配筋图中，用中粗实线画出板的平面形状，用中粗虚线画出板下边的墙、梁、柱的边缘位置线。而对于板厚或梁的断面形状，用重合断面的方法表示。板中配筋与梁不同，板内钢筋一般等距排列，而且有单向配筋（单向板）、双向配筋（双向板）。钢筋在板中的位置，按结构受力情况确定。配筋绘在板的平面图上，并需画出板内受力筋的形状和配置情况，注明其编号、规格、直径、间距（或数量）等。每种规格的钢筋只画一根表示即可，按其平面形状画在安放位置上。在平面上与受力筋垂直配置的分布筋可不必画出，但需在附注或钢筋表中说明其级别、直径、间距（或数量）及长度等。

3. 钢筋混凝土柱

柱与梁的受力情况不同，但图示方法基本相同。图 10-9 所示为单层工业厂房钢筋混凝土柱的结构详图。由于这种钢筋混凝土柱的外形、配筋、预埋件均比较复杂，所以要用模板图、配筋图、预埋件详图等来表示。

（1）模板图。图 10-9 所示为模板图。由图可知，该柱总高为 9 600mm，分为上柱和下柱两部分。上柱高为 3 300mm，下柱高为 6 300mm。由断面图可知，上柱断面为正方形，尺寸为 400mm × 400mm；下柱断面为工字形，外围尺寸为 700mm × 400mm。下柱的上端设有凸出的牛腿，用以支承吊车梁。牛腿断面为矩形，尺寸为 1 000mm × 400mm。柱上设置了 3 个预埋件，用于柱子与其他构件连接，预埋件采用钢板焊接钢筋的方法，钢筋浇筑于柱混凝土中。柱子的外侧设有间距 500mm 的拉结钢筋，便于与外墙拉结，提高建筑的整体性。

（2）配筋图。配筋图以立面图为主，再配合断面图，便可表示出配筋情况。厂房柱主要是单向受弯，所以柱的受力钢筋主要布置在受力方向的柱截面边缘附近。从图中可以看到，上柱受力筋为①号钢筋，下柱的受力筋为②号钢筋，由 1-1 断面图可知，上柱的箍筋为⑩号钢筋，数量为 $\phi6@200$。由 2-2 断面图可知，柱牛腿中的⑥号钢筋为受力钢筋，⑦号钢筋为弯起钢筋，⑧号钢筋为箍筋，其尺寸随断面变化而改变。

第三节 结构平面图

结构平面图是表示建筑物楼层中各承重构件平面布置的图样。承重构件多为梁、板、柱、墙等,它是建筑施工中承重构件布置与安装的主要依据,也是计算构件数量、作施工预算的依据。结构平面图包括楼层结构平面图和屋顶结构平面图,两者的图示内容和方法基本相同。

一、结构平面图的形成

楼层结构平面图是假想用一个剖切平面沿着楼板上皮水平剖开后,移走上部建筑物后作水平投影所得到的图样。主要表示该层楼面中的梁、板的布置,构件代号及构造做法等,如图 10-10 所示。

二、图示方法

1. 轴线

结构平面图上的轴线应和建筑平面图上的轴线编号和尺寸完全一致。

2. 墙、柱身线

在结构平面图中,剖到的墙身、柱可见轮廓线用中粗、中实线表示,楼板下的不可见墙身、柱轮廓线用中粗、中虚线表示。

3. 结构构件

(1)预制混凝土楼板的图示法

预制楼板须按房间支承尺寸及楼面荷载进行选用,一般其型号按标准图集确定。平面图中按板实际排列布置情况用中实线绘制板的边缘线,房间布置方案不同时要分别绘制,相同时用同一名称表示,不需重布。如图 10-10 中有Ⓜ板格布置方式,与其相同的板格只需注明相同编号即可。

(2)混凝土梁的图示法

在结构平面图中,钢筋混凝土梁分为预制梁、现浇梁、圈梁等,梁一般在板下配置,圈梁和过梁在图中用粗虚线(单线)表示其位置,并在梁侧标注梁的构件代号和编号,如图 10-10 中的代号 QL1 为圈梁。其他梁可用中粗、中虚线表示边缘线(区分是否可见),也可用粗线(单线)表示,在梁侧均需注明代号、编号信息,现浇梁需另画梁的配筋图,预制梁需注明选自图集代号。

(3)现浇混凝土板的图示法

楼板有全预制、全现浇、部分预制部分现浇 3 种情况。在结构平面图中,现浇板可在板上直接画出配筋图,注明钢筋编号、直径、等级、数量等,如图 10-10 中的轴线间的 XB1,一般相同的板只需画出一块,其余用相同编号注明。也可以在现浇板上画一对角线,注明板的代号和编号,如图 10-10 中的 XB2,板的配筋可另外画配筋图表示。

(4)详图

为了清楚地表达楼板与墙体(或梁)的构造关系,通常还要画出节点剖面放大详图,以便于施工。在节点放大图中,应说明楼板或梁的底面标高和墙或梁的宽度尺寸。楼层结构平面上的现浇构件可绘制详图,如图 10-11 所示为 QL1 配筋图。有时用详图表明构件之间的构造组合关系,如图 10-12 所示为板与圈梁的装配关系详图。

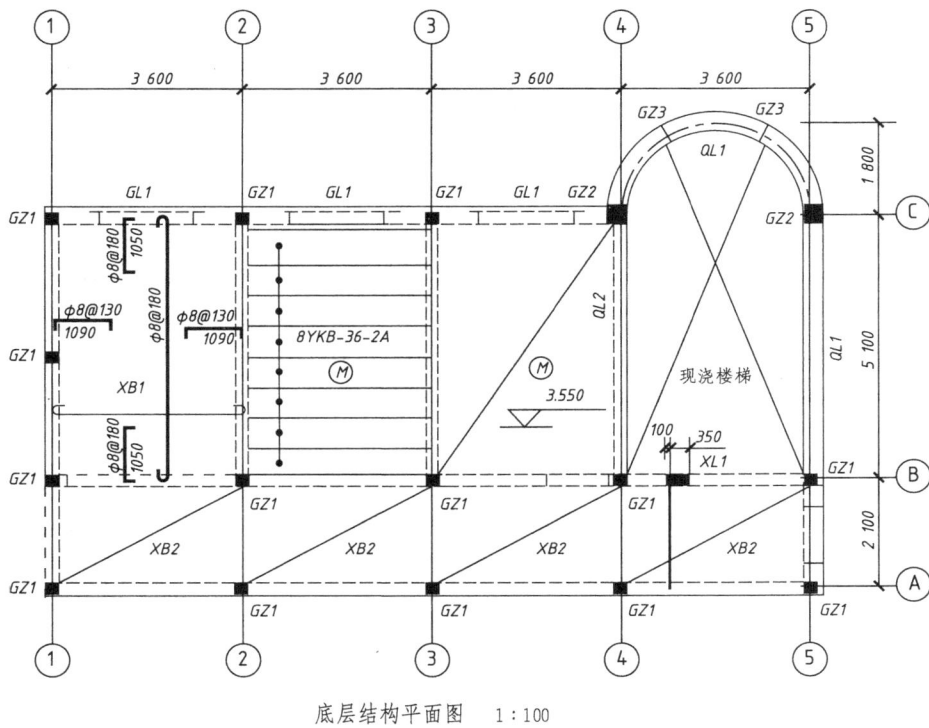

底层结构平面图　1：100

图 10-10　楼层结构平面图

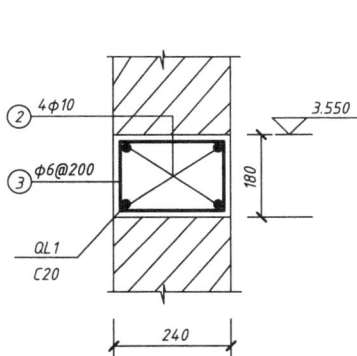

图 10-11　QL1 配筋图

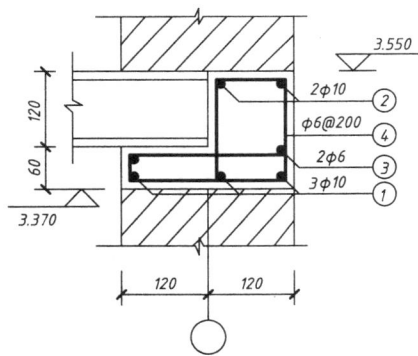

图 10-12　预制板与圈梁搭接

4. 其他要求

楼板布置为梁板结构时,用重合断面表示梁与板的构造组合关系,如图 10-10 中④ - ⑤轴间的 XL1 与 XB2 的关系。

为了明确表示出各楼层所采用和各种构件的种类、块数以及所采用的标准图集代号等,一般要列出构件统计表以供查阅和做施工预算用。结构平面图的其他构件,如楼梯、阳台、雨篷、檐板等也需表达清楚,其图示方法与梁、板基本相同。选用时,可查阅相关的详图或标准图集。

第四节　楼梯结构详图

楼梯是建筑的重要结构部件,一般需在结构平面图中标注清楚代号,并另画结构详图详细表达楼梯构造与配筋。其结构详图一般包括结构平面图、楼梯结构剖面图和配筋图。

一、楼梯结构平面图

楼梯平面图用于表示楼梯结构构件的平面布置、构件代号、尺寸、结构标高等信息,通常应包括底层结构平面图、标准层结构平面图、顶层结构平面图,用 1:50 的比例绘制。结构平面图采取水平正投影法绘制,一般把水平剖切面设在楼梯楼层平台的平台梁顶面位置,便于表达楼梯的梯板(TB)、楼层平台板(PTB)、休息平台板(PTB)、梯梁(TL)的位置。通常将楼梯平台板的配筋直接绘制在楼梯平面图中,其制图要求与钢筋混凝土板相同。

图 10-13 是一楼梯的结构平面图,图中除注明了楼梯间的尺寸外,标注了楼梯的各结构构件位置及编号,由图可知,该楼梯有两种梯段板(TB1、TB2),楼层平台配置双层双向 φ8@200 钢筋,休息平台配置双层双向 φ8@200 钢筋,设置两种梯梁(TL1、TL2)。梯板和梯梁的配筋由详图表示。

楼梯结构平面图中构件、墙身、梁、板、柱等的轮廓线可用中线、中粗线表示,钢筋可用粗线、中粗线、中线表示,可见线用实线表示,不可见线用虚线表示,尺寸线、标注线、踏步分隔线用细线表示。

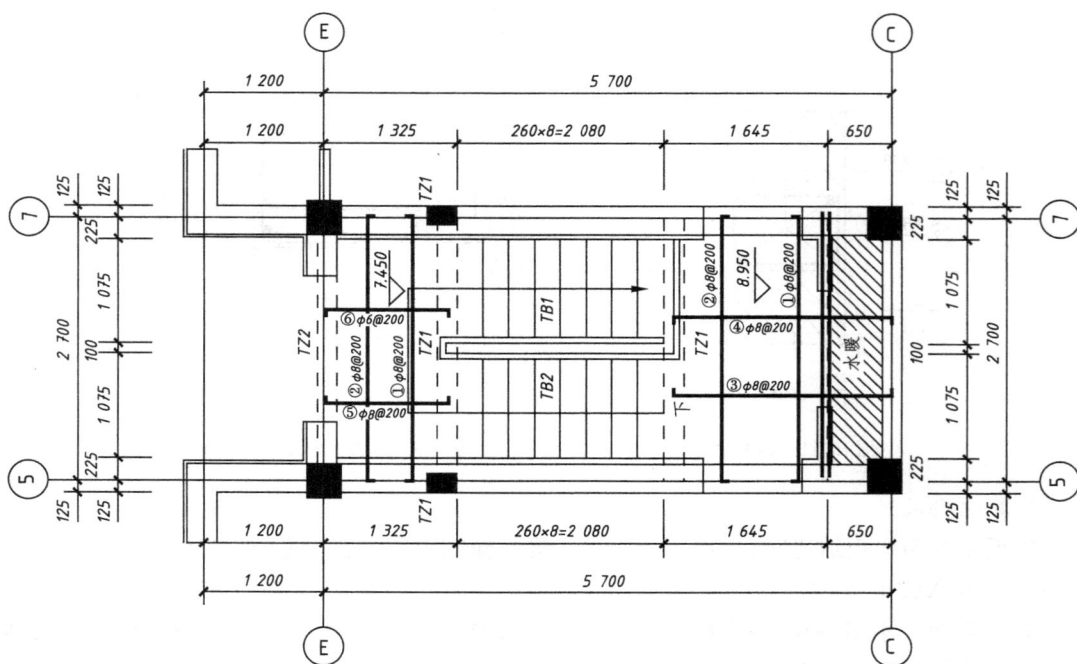

顶层结构平面图　1:50

图　10-13

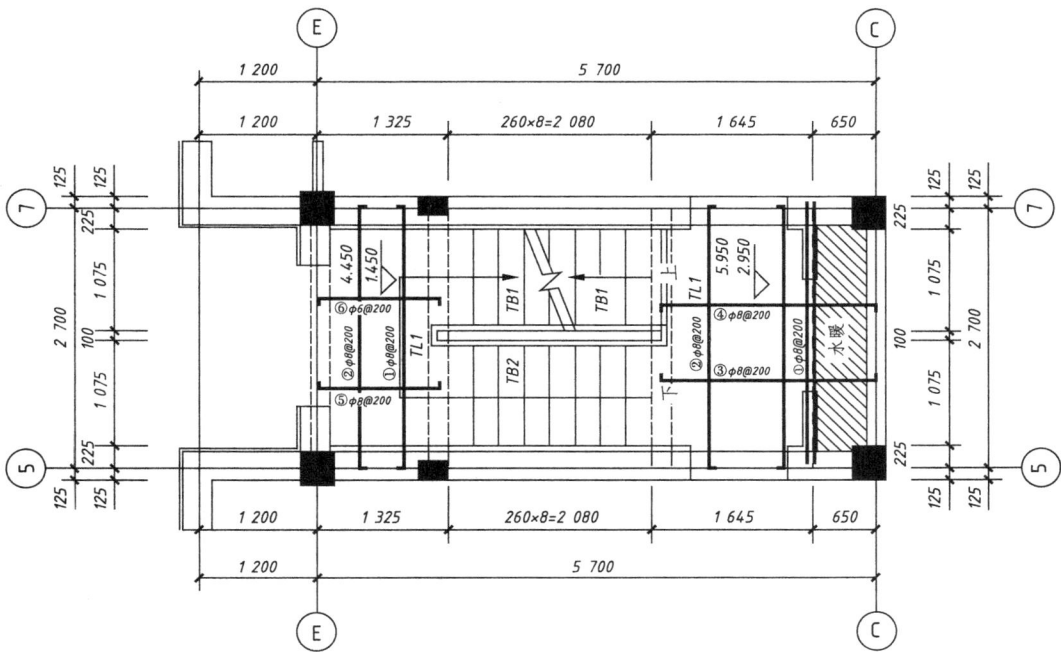

标准层结构平面图 1:50

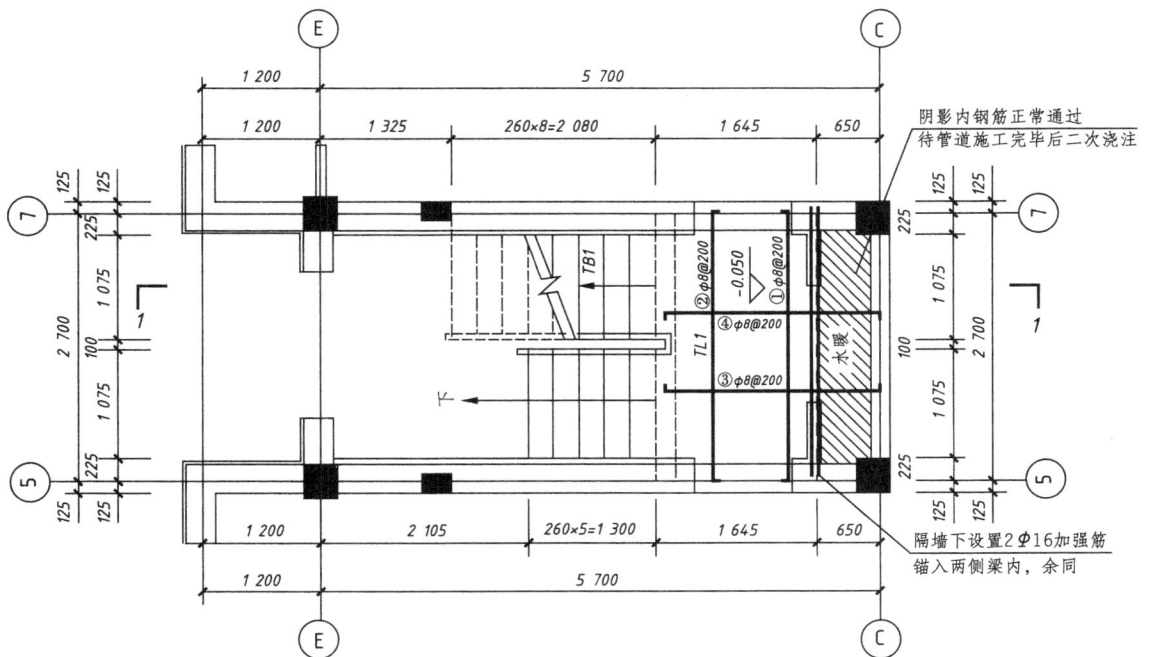

阴影内钢筋正常通过
待管道施工完毕后二次浇注

隔墙下设置2Φ16加强筋
锚入两侧梁内，余同

底层结构平面图 1:50

图 10-13 楼梯的结构平面图

二、楼梯结构剖面图

楼梯结构剖面图主要表达楼梯的结构构件的竖向布置、构造及连接关系。一般用 1∶50 的比例绘制。剖面图的剖视方向和剖切位置标注在底层平面图中。

结构剖面图中应表示出梯段的外形尺寸,楼层及休息平台的结构标高,梯梁、梯板、梯段之间的构造关系。一般剖面图中剖到的结构构件可用中粗、中实线表示,未剖到的可见构件轮廓线可用中实线表示。

图 10-14 是图 10-13 楼梯的结构剖面图,由图可以看出楼梯的竖向尺寸及构件的布置关系。

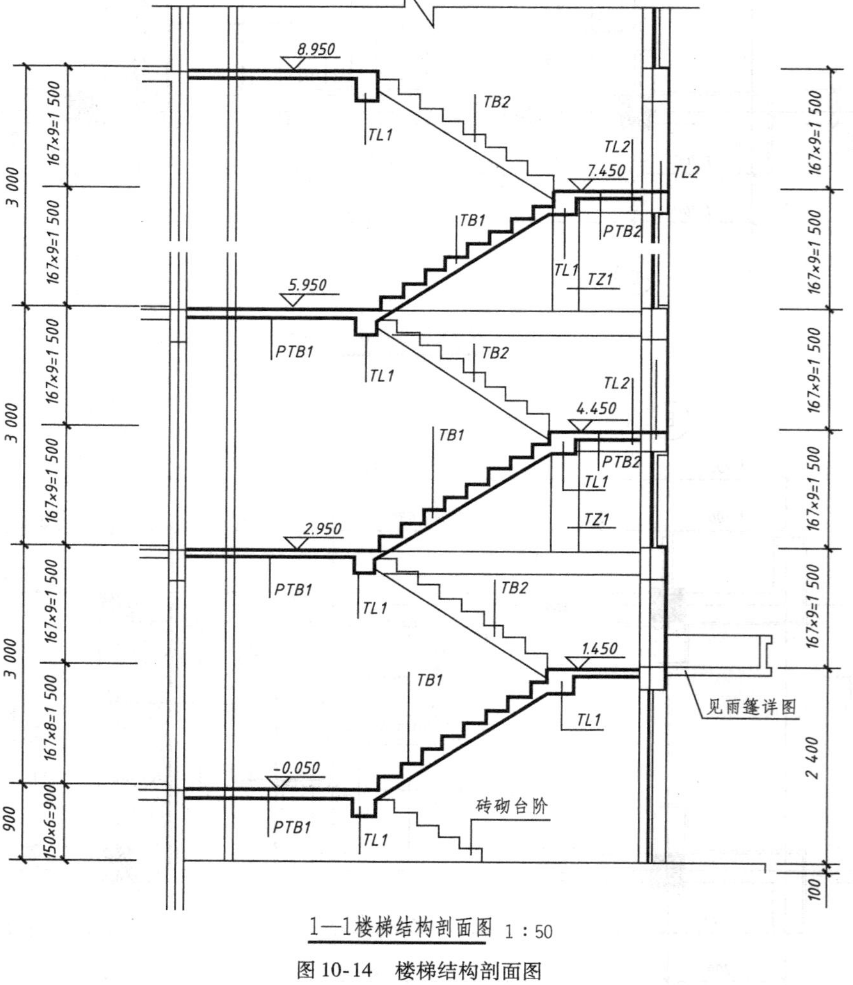

1—1楼梯结构剖面图 1∶50

图 10-14 楼梯结构剖面图

三、楼梯配筋图

楼梯的配筋图主要包括平台板、平台梁、梯段板、楼梯柱等构件的配筋图,其中平台板的配筋通常绘制在楼梯结构平面图中,其余构件需要单独绘制混凝土构件详图。平台梁、梯段板、楼梯柱等构件的绘制规则同前钢筋混凝土构件图,其比例一般为 1∶20、1∶30、1∶25 。图 10-15 为本节楼梯结构配筋图。

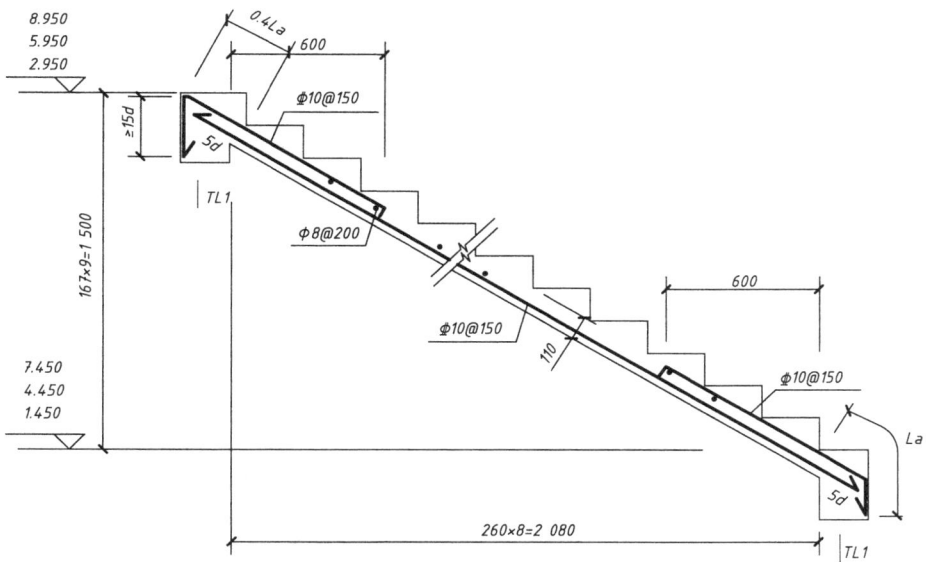

TB-2

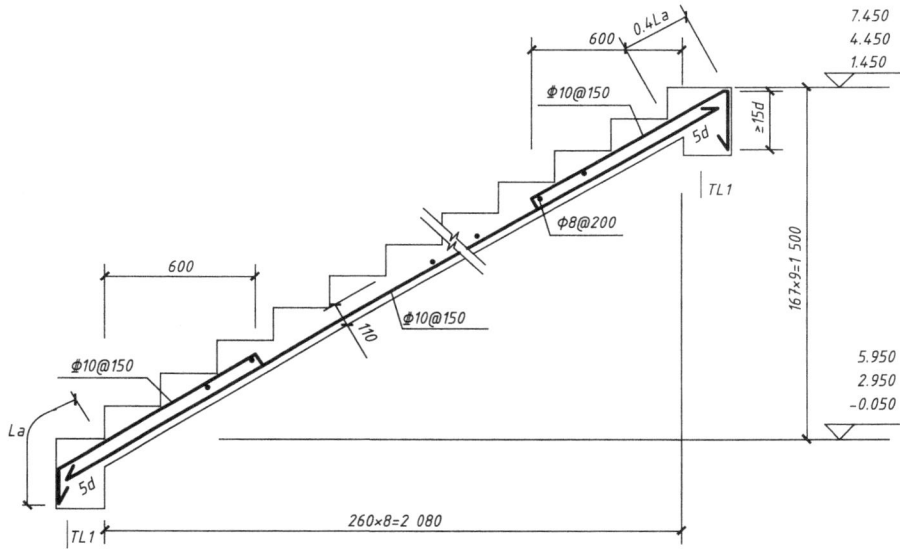

TB-1

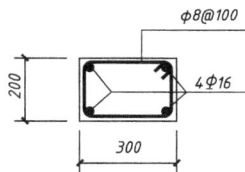

TZ-1

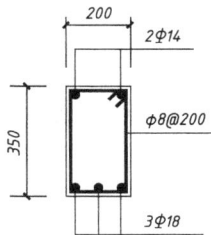

TL1

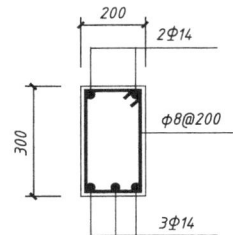

TL2

图 10-15　楼梯结构配筋图

第五节　基础施工图

　　基础是位于建筑物底部地下的承重结构,它承受上部墙、柱等传来的全部荷载,并将荷载传给基础下面的地基。基础施工图包括基础平面图和基础详图,是进行基础施工放线、基槽开挖和砌筑等的主要依据,也是做施工组织设计和预算的主要依据。基础的形式很多,而且所用材料和构件也不同,比较常用的是条形基础和单独基础,图 10-16 所示为条形基础和独立基础,本节主要介绍这两种基础。

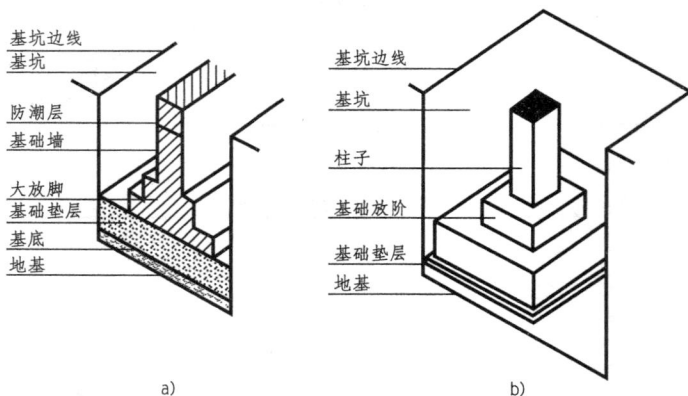

图 10-16　基础的组成
a)条形基础;b)独立基础

一、基础平面图及详图

　　1. 基础平面图的形成

　　假想用一个水平剖切平面,沿建筑物室内地面与防潮层之间将建筑剖开,移去上部建筑物和地基土层,向水平面做正投影得到的投影图称为基础平面图,它表示了基础构件平面布置情况。

　　2. 基础平面图的图示方法

　　(1)定位轴线

　　基础平面图应绘制轴线,轴线应与建筑平面图轴线位置及尺寸对应,基础平面图的比例一般与结构布置图相一致。

　　(2)墙、柱剖面线

　　墙、柱以及其他被剖到部分断面轮廓线用粗实线绘制,但一般不画材料图例。

　　(3)基础外轮廓线

　　基础下部尺寸放大,一般设计有大放脚、阶梯形放阶、锥形放阶等。基础平面图用中实线或中粗实线表示基础最宽的外轮廓线。对于条形基础,基础平面图只画 4 条线,即两条粗实线表示墙宽,两条中实线或中粗实线表示基础底部宽,如图 10-17 所示;对于独立基础,用粗实线表示柱截面,用中实线或中粗实线表示独立基础底部边缘,如图 10-19 所示。

　　(4)其他构造部分图示方法

　　一般基础上设有基础梁,可见的梁用粗实线(单线)表示,不可见的梁用粗虚线表示(单线)。如果剖到钢筋混凝土柱,则用涂黑表示。穿过基础的管道洞口可用细虚线表示。地沟也用细虚线表示。

（5）断面及详图符号

由于基础各部分的受力情况、构造方法、埋深等断面形状不同,要分别绘制基础详图。条形基础要在基础平面图上不同断面处绘断面位置符号,并且用不同的编号表示,相同的用同一断面编号表示,且注意投影方向,如图 10-17 所示。独立基础要对基础进行编号,相同的基础用同一编号表示,如图 10-19 所示。

3．基础平面图的尺寸标注

（1）轴线尺寸。在基础平面图上需标注定位轴线间尺寸（开间、进深尺寸）和两端轴线间的尺寸。

（2）墙体尺寸。基础平面图上要以轴线为基准标注出各墙厚度尺寸。

（3）基础尺寸。基础平面图上要以轴线为基准标注出各基础最外边宽度的尺寸。

（4）其他尺寸。有地沟、管道出入口等,在基础平面图上需标明出入位置及尺寸。

4．基础详图

基础平面表示了基础的平面尺寸及布置情况,但基础的详细形状、尺寸、构造、材料、埋置标高等尚不清楚,在基础施工图中还需画出基础详图,基础详图要与基础平面图中的基础编号或剖切位置一一对应,基础详图多用 1∶20、1∶30、1∶25 的比例绘制,如图 10-18、图 10-20 所示。

二、条形基础施工图实例

图 10-17 为条形基础平面图,图 10-18 为条形基础详图。基础平面图对不同的基础类型进行断面标注,并注明基础底面的宽度尺寸及基础与轴线间的尺寸关系。条形基础的详图是与平面图中的断面编号对应的,详图表达了基础埋深,基础竖向、水平方向的尺寸,基础的构造做法,基础材料等。

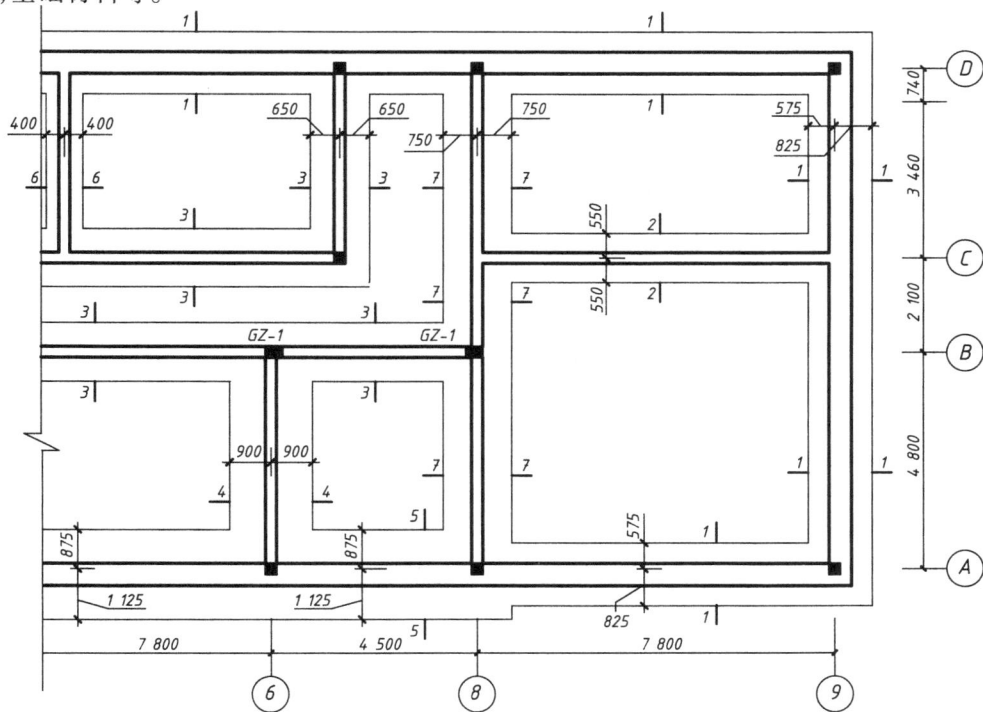

图 10-17　条形基础平面图

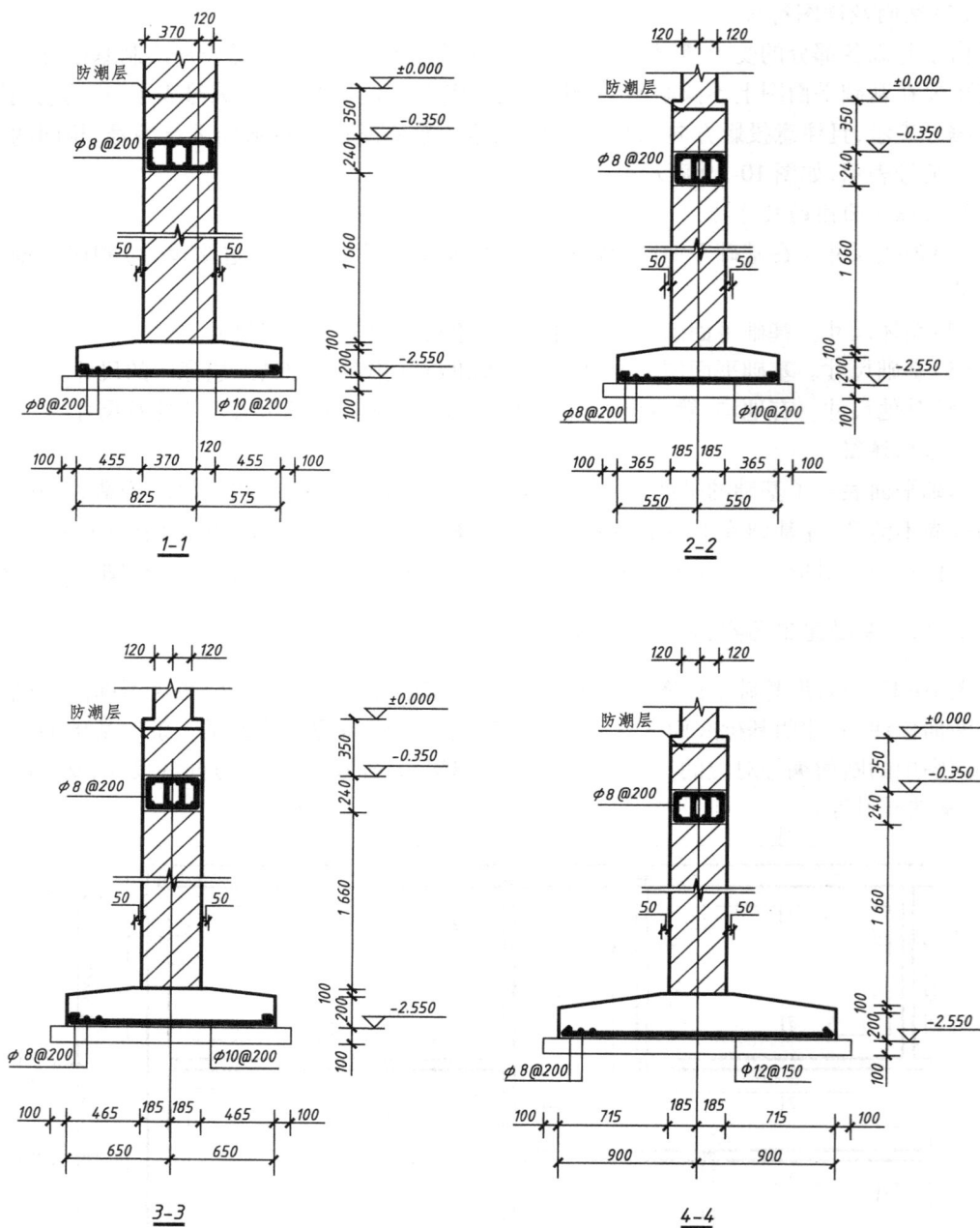

图 10-18　条形基础详图

三、独立基础施工图实例

独立基础是指基础独立,基础与基础之间用基础梁连接。独立基础上部常与柱连接,有整体浇筑式和装配式两种。

在基础平面图中,对于不同尺寸、构造的基础用不同编号表示区别,如 DJ-1、DJ-2、DJ-3 等,如图 10-19 所示。

为了表达清楚基础的具体情况,需要画出基础详图,图 10-20 所示为 DJ-2 的详图。

由平面详图可知,基础底面尺寸为 2 400mm × 3 000mm,基础每方向放两阶台阶,台阶宽分别为 500mm、650mm,基础底板配置双向钢筋,分别为 Φ16@150、Φ14@150,柱截面尺寸为 400mm × 400mm。对基础平面详图剖切,画出 A-A 断面详图,按对应位置画出竖直的定位轴线和剖开后的剖面形状、垫层厚度和宽度,由图可知基础底面标高为 −2.650m,基础高度为 900mm,每阶高度为 450mm,基础底面下设厚度为 100mm 的 C15 细石混凝土垫层。

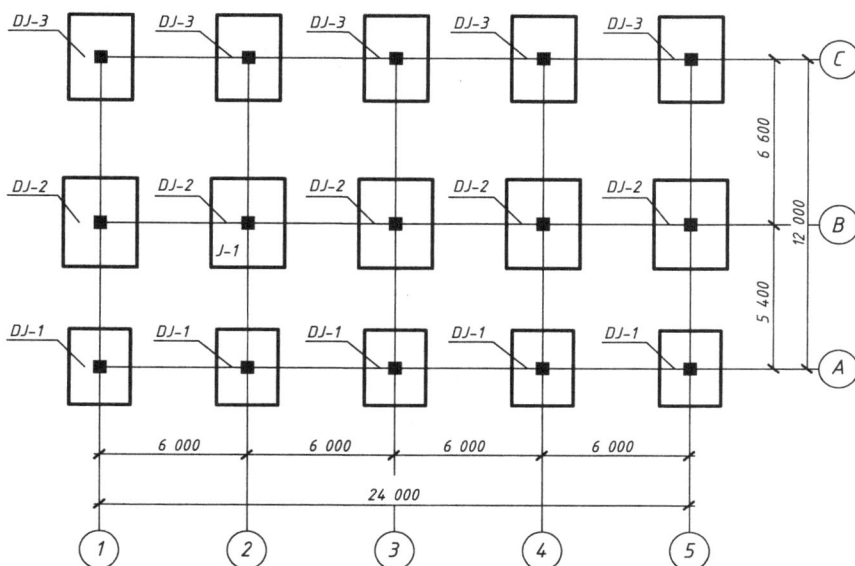

基础平面图

图 10-19　单独基础平面图

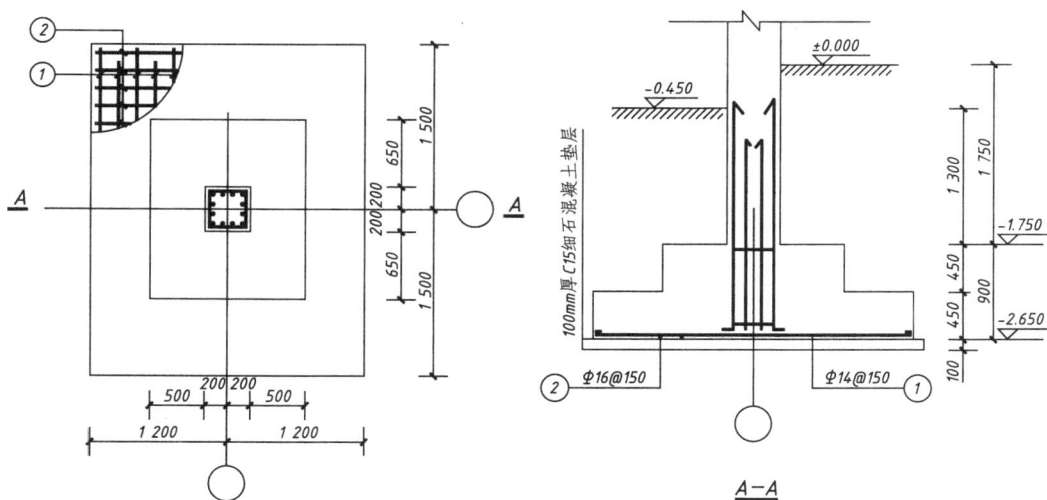

图 10-20　单独基础详图

第六节 钢筋混凝土施工图平面整体表示方法

一、平面整体表示方法概述

通过前面的学习掌握了钢筋混凝土结构施工图的绘制与表达方法,这些方法的总体思路是绘制结构平面图(楼层结构平面图、基础平面图、楼梯结构平面图),在平面图上对构件进行标注代号、编码,再另外画出各构件的配筋图,利用结构平面图与配筋详图共同表达结构构件的设计信息,具有简明直观的优点,但绘图工作量较大,工作烦琐,图纸数量多。

混凝土结构施工图平面整体表示方法(简称平法)是有别于前述方法的一种新的施工图表达方式,它是在楼层结构平面图、基础结构平面图、楼梯结构平面图等图纸上,按照一定的统一规则把结构构件的形状、尺寸、配筋表达在各类结构平面图上的方法。平法改变了以往在结构平面图上把结构构件索引出来再逐个绘制配筋图的方法,作图简单,表达清晰。

目前,平法已应用在钢筋混凝土框架、剪力墙、梁、板、楼梯、基础的结构施工图绘制中。国家已制定了相应的标准设计图集,主要包括《混凝土结构施工图 平面整体表示方法制图规则和构造详图(现浇混凝土框架、剪力墙、梁、板) 11 G101-1》、《混凝土结构施工图 平面整体表示方法制图规则和构造详图(现浇混凝土板式楼梯) 11 G101-2》、《混凝土结构施工图 平面整体表示方法制图规则和构造详图(独立基础、条形基础、筏形基础及桩基承台) 11 G101 – 3》。由于篇幅所限,本教材不能讲述平法的全部规则,读者需要时可参阅以上三部国家标准图集。本书主要介绍梁、柱的平法标注规则。

二、混凝土梁平法施工图的表示方法

混凝土梁平法施工图是指在梁的结构平面图上采用平面注写方式或截面注写方式表达钢筋配置的图示方法。

1. 平面注写方式

平面注写方法是在梁平面布置图上从不同编号的梁中各选取一根,在梁侧直接注写梁的跨数、截面及配筋的具体数据,注写信息包括集中注写和原位注写两部分,集中注写表示梁的通用数值,原位注写表示梁不同截面的特殊数值。绘图时当集中注写的某项数值不适合梁的某部位时,则将该项数据原位标注,施工时原位标注取值优先。

(1)集中注写数值

图 10-21 所示为一跨梁端悬挑框架梁的平面注写配筋图,集中注写信息由 5 项必注值和一项选注值组成,图中集中注写信息说明如下:

KL5(1 B)200×500——(必注值)梁编号(梁跨数、悬挑情况 < A 表示一端悬挑,B 表示两端悬挑 >)截面宽×高。

ϕ8@100/200(2)——(必注值)箍筋直径、加密区间距/非加密间距(箍筋肢数)

2 Φ25——(必注值)梁上部通长筋根数、直径。当梁上部既有通长钢筋又有架立筋时,用" +"号相联标注,并将通长筋写在" +"号前面,架立筋写在" +"号后面并加括号。例如,当梁配置4 肢箍时, 用 2 Φ25 + (2 Φ14)表示,其中 2 Φ25 为通长筋,(2 Φ14)为架立钢筋。若梁上部仅有架立筋无通长钢筋,则全部写入括号内。当梁的上部纵向钢筋和下部纵向钢筋均

为通长筋,且多数跨配筋相同,此时可将标准写在梁的下侧,并用分号";"。

G2 Φ14——(必注值)梁侧构造钢筋总根数、直径。梁侧钢筋分为构造配筋和受扭纵筋。构造钢筋用大写字母 G 打头,例如 G2 Φ14,表示在梁的每侧各配一根 Φ14 的构造钢筋。梁侧受扭纵筋用 N 打头,如 N6 Φ18,表示梁的每侧配置 3 根 Φ18 的纵向受扭钢筋。

(-0.05)——(选注值)梁顶标高与结构层标高的差值,负号表示低于结构层标高,正值相反。当梁顶与相应的结构层标高一致时,则不标此项。

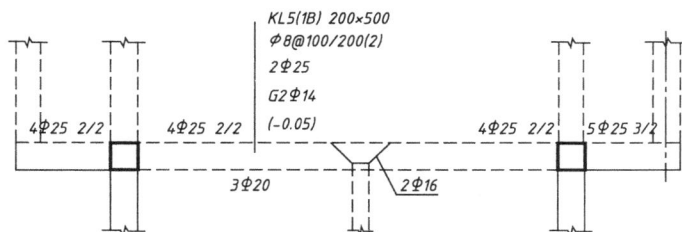

图 10-21　框架梁的平面注写配筋图

(2)原位注写数值

需要原位注写的数值主要有梁支座上部纵筋、梁下部纵筋、与集中注写的内容不符的数值、附加箍筋和吊筋。图 10-21 所示的原位注写信息从左往右依次说明如下:

4 Φ25 2/2——表示梁左支座左侧上部纵筋共 4 Φ25,包括通常纵筋 2 Φ25,分两层设置,每层两根。

4 Φ25 2/2——表示梁左支座右侧上部纵筋共 4 Φ25,包括通常纵筋 2 Φ25,分两层设置,每层两根。

4 Φ25 2/2——表示梁右支座左侧上部纵筋共 4 Φ25,包括通常纵筋 2 Φ25,分两层设置,每层两根。

5 Φ25 3/2——表示梁右支座右侧上部纵筋共 5 Φ25,包括通常纵筋 2 Φ25,分两层设置,上层 3 根,下层两根。

3 Φ20——梁下部钢筋。当梁下部纵向钢筋多于一排时,用"/"号将各排纵向钢筋自下而上分开。例如梁下部注写为 6 Φ25(2/4),表示梁下部纵向钢筋为两排,上排为 2 Φ25,下排为 4 Φ25,全部钢筋伸入支座。

当同排纵筋有两种直径时,用加号"+"将两种规格的纵筋相联表示,并将角部钢筋写在"+"号前面。例如 2 Φ25 +2 Φ20 表示 2 Φ25 放在角部,2 Φ20 放在顶梁的中部。

当梁上部支座两边的纵向筋规格不同时,须在支座两边分别标注;当梁上部支座两边纵筋相同时,可仅在支座一边标注,另一边可省略标注。

当梁上部和下部均为通长钢筋,而在集中标注时已经注明,则不需在梁下部重复做原位标注。

2 Φ16——表示梁中部有集中力作用而设置的附加吊筋。梁上有集中荷载时一般需设置附加箍筋和吊筋,当多数附加箍筋和吊筋相同时,可在梁平法施工图上统一注明,否则直接画在平面图的主梁上,用引出线标注总配筋数(附加箍筋的肢数注在括号内)。

图 10-21 所示的框架梁的平面注写配筋图如用传统画法,其配筋图如图 10-22 所示,可见

平法标注简洁方便,但平法标注对钢筋的长度和细部尺寸不够详细,须与相应的标准图集配合使用。

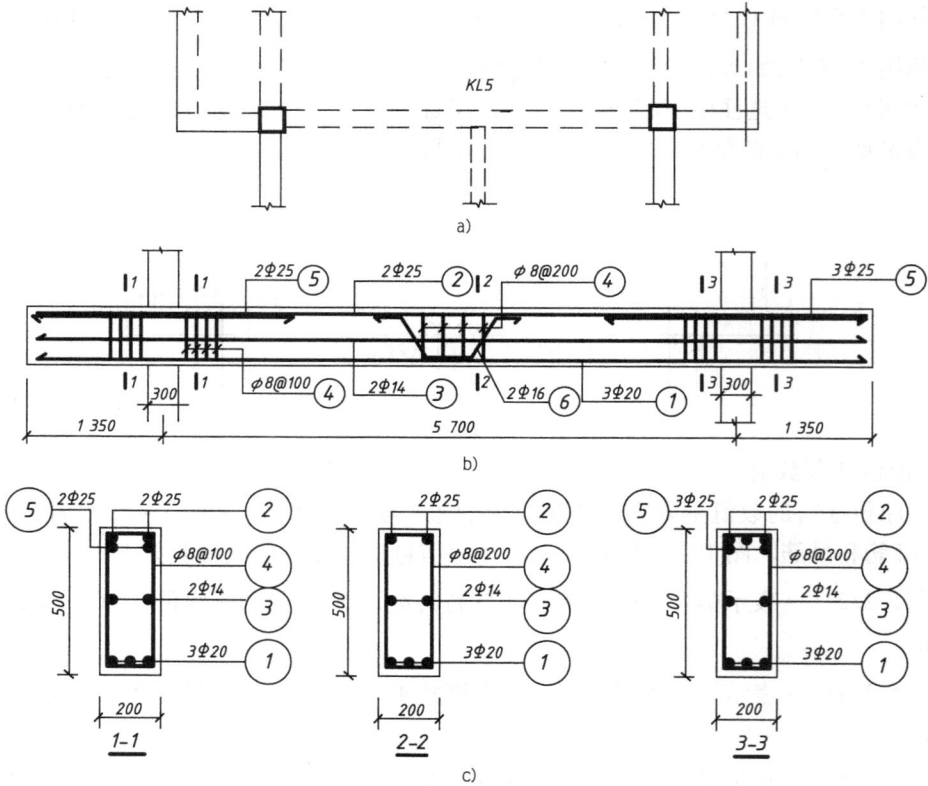

图 10-22　框架梁配筋图

a)结构平面布置图;b) KL5 立面配筋图;c)配筋断面图

2. 截面注写方式

截面注写方式是在平面布置图上,分别从不同编号的梁中选一根梁,用剖切断面引出梁的配筋断面图,并在其上注写截面尺寸及配筋的具体数值。图 10-23 为截面注写方式的梁配筋图。

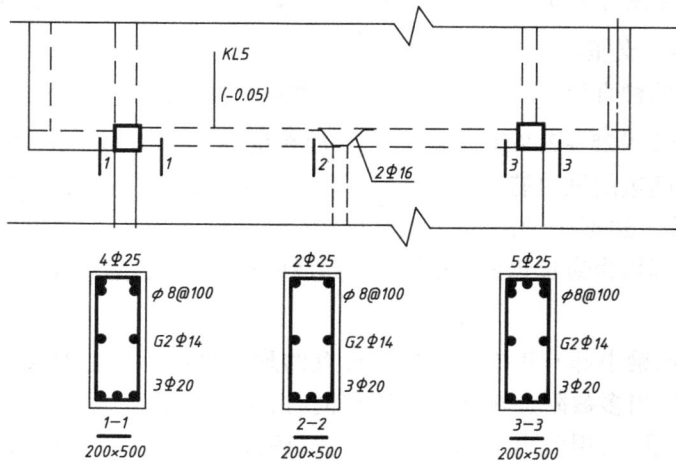

图 10-23　截面注写方式梁平法施工图

三、混凝土柱平法施工图的表示方法

柱平法施工图是指在柱平面布置图上采用列表注写方式或截面注写方式表达柱的截面尺寸及配筋信息。柱平面布置图可以采用适当比例单独绘制,也可以与剪力墙平面布置图合并绘制。

1.列表注写方式

列表注写方式是在柱平面布置图上,分别在相同编号的柱中选择一个柱在图中标注几何参数代号,然后列柱表,在柱表中注写柱编号、柱段起止标高、几何尺寸与配筋的具体数值,并配以各柱截面形状及其箍筋类型,如图 10-24 所示。

柱表注写内容规定如下:

(1)注写柱编号

在平面布置图中注写柱编号,柱编号由类型代号和顺序号组成。柱代号注写为框架柱(KZ)、框支柱(KZZ)、芯柱(XZ)、梁上柱(LZ)、剪力墙上柱(QZ),图 10-24 的柱为框架柱,序号按柱的类型种类依序编号,如图 10-24 中的柱编号为 KZ1 ~ KZ9。

(2)注写各段柱的起止标高

起止标高自柱子根部向上以变截面位置或截面未变但配筋改变为界分段注写。框架柱和框支柱的根部标高指基础顶面标高;芯柱的根部标高指根据结构实际需要而定的起始位置标高;梁上柱的根部标高指梁顶面标高;剪力墙上柱的根部标高为墙顶面标高。图 10-24 中的柱标高分为两段,分别为 $-3.600 \sim 0.050$、$0.050 \sim 10.150$。

(3)列柱尺寸及位置数据表

对矩形截面柱在布置图中注写截面尺寸 $b \times h$ 及与轴线关系的几何参数代号 $b1$、$b2$ 和 $h1$、$h2$ 的具体数值,需对应于各段柱分别注写。当截面的某一边收缩变化至与轴线重合或偏到轴线的另一侧时,$b1$、$b2$ 和 $h1$、$h2$ 中的某项为零或为负值。

对于圆柱,表中 $b \times h$ 一栏改用在圆柱直径数字前加 d 表示。为表达简单,圆柱截面与轴线的关系也用 $b1$、$b2$ 和 $h1$、$h2$ 表示,并使 $d = b1 + b2 = h1 + h2$。

图 10-24 中的柱表中对应 $b \times h$、$b1$、$b2$、$h1$、$h2$ 数据。

(4)纵筋列表

当柱纵筋直径相同,各边根数也相同时(包括矩形柱、圆柱和芯柱),将纵筋注写在"全部纵筋"一栏中,如图 10-24 中的 KZ1 在 $-3.600 \sim 0.050$ 段内全部纵筋为 16 Φ25。除此以外,柱纵筋分角筋、截面 b 边中部筋和 h 边中部筋 3 项分别注写,如图 10-24 中的 KZ1 在 $0.050 \sim 10.150$ 段内:角筋 4 Φ25、b 边一侧中部 3 Φ25、h 边一侧中部 3 Φ25。对称配筋时可只注写一侧。

(5)箍筋列表

在柱表中箍筋类型栏内注写箍筋类型号与肢数。在箍筋栏内注写箍筋数量,包括箍筋级别、直径与间距,如图 10-24 柱表中的箍筋数据。

当为抗震设计时,用斜线"/"区分柱端箍筋加密区与柱身非加密区长度范围内箍筋的不同间距。施工人员需根据标准构造详图的规定,在规定的几种长度值中取其最大者作为加密区长度。当框架节点核心区内箍筋与柱端箍筋设置不同时,应在括号中注明核心区箍筋直径及间距。

2.截面注写方式

柱截面注写方式是在柱平面布置图上,分别在同一编号的柱中选择一个截面,以直接注写

截面尺寸和配筋数值的方式绘制柱平法施工图,如图10-25所示。

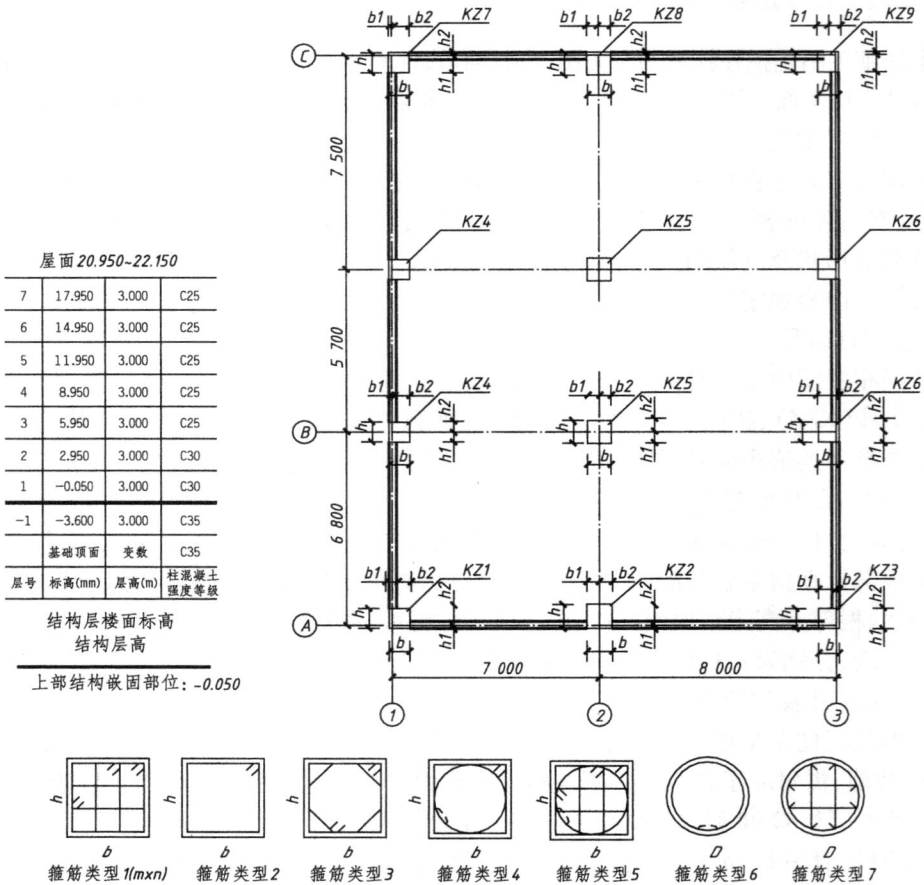

箍筋类型1(mxn)　箍筋类型2　箍筋类型3　箍筋类型4　箍筋类型5　箍筋类型6　箍筋类型7

<table>
<tr><th rowspan="2">柱号</th><th rowspan="2">标高</th><th rowspan="2">b×h
(圆柱直径D)</th><th rowspan="2">b1</th><th rowspan="2">b2</th><th rowspan="2">h1</th><th rowspan="2">h2</th><th rowspan="2">全部
纵筋</th><th rowspan="2">角筋</th><th rowspan="2">b边一侧
中部筋</th><th rowspan="2">h边一侧
中部筋</th><th rowspan="2">箍筋
类型号</th><th rowspan="2">箍筋</th><th rowspan="2">备注</th></tr>
<tr></tr>
<tr><td rowspan="2">KZ1</td><td>-3.600~-0.050</td><td>700×700</td><td>100</td><td>600</td><td>100</td><td>600</td><td>16Φ25</td><td></td><td></td><td></td><td>1(6×6)</td><td>φ12@100</td><td></td></tr>
<tr><td>0.050~10.150</td><td>700×700</td><td>100</td><td>600</td><td>100</td><td>600</td><td></td><td>4Φ25</td><td>3Φ25</td><td>3Φ25</td><td>1(6×6)</td><td>φ12@100</td><td></td></tr>
<tr><td rowspan="2">KZ2</td><td>-3.600~-0.050</td><td>800×800</td><td>400</td><td>400</td><td>100</td><td>700</td><td>16Φ25</td><td></td><td></td><td></td><td>1(6×6)</td><td>φ12@100</td><td></td></tr>
<tr><td>0.050~10.150</td><td>800×800</td><td>400</td><td>400</td><td>100</td><td>700</td><td>16Φ25</td><td></td><td></td><td></td><td>1(6×6)</td><td>φ12@100</td><td></td></tr>
<tr><td rowspan="2">KZ3</td><td>-3.600~-0.050</td><td>700×700</td><td>600</td><td>100</td><td>100</td><td>600</td><td>16Φ25</td><td></td><td></td><td></td><td>1(6×6)</td><td>φ12@100</td><td></td></tr>
<tr><td>0.050~10.150</td><td>700×700</td><td>600</td><td>100</td><td>100</td><td>600</td><td></td><td>4Φ25</td><td>3Φ25</td><td>3Φ25</td><td>1(6×6)</td><td>φ12@100</td><td></td></tr>
<tr><td rowspan="2">KZ4</td><td>-3.600~-0.050</td><td>700×700</td><td>100</td><td>600</td><td>350</td><td>350</td><td>16Φ25</td><td></td><td></td><td></td><td>1(6×6)</td><td>φ12@100</td><td></td></tr>
<tr><td>0.050~10.150</td><td>700×700</td><td>100</td><td>600</td><td>350</td><td>350</td><td></td><td>4Φ25</td><td>3Φ25</td><td>3Φ25</td><td>1(6×6)</td><td>φ12@100</td><td></td></tr>
<tr><td rowspan="2">KZ5</td><td>-3.600~-0.050</td><td>800×800</td><td>400</td><td>400</td><td>400</td><td>400</td><td>16Φ25</td><td></td><td></td><td></td><td>1(6×6)</td><td>φ12@100</td><td></td></tr>
<tr><td>0.050~10.150</td><td>800×800</td><td>400</td><td>400</td><td>400</td><td>400</td><td>16Φ25</td><td></td><td></td><td></td><td>1(6×6)</td><td>φ12@100</td><td></td></tr>
<tr><td rowspan="2">KZ6</td><td>-3.600~-0.050</td><td>700×700</td><td>600</td><td>100</td><td>350</td><td>350</td><td>16Φ25</td><td></td><td></td><td></td><td>1(6×6)</td><td>φ12@100</td><td></td></tr>
<tr><td>0.050~10.150</td><td>700×700</td><td>600</td><td>100</td><td>350</td><td>350</td><td></td><td>4Φ25</td><td>3Φ25</td><td>3Φ25</td><td>1(6×6)</td><td>φ12@100</td><td></td></tr>
<tr><td rowspan="2">KZ7</td><td>-3.600~-0.050</td><td>700×700</td><td>100</td><td>600</td><td>600</td><td>100</td><td>16Φ25</td><td></td><td></td><td></td><td>1(6×6)</td><td>φ12@100</td><td></td></tr>
<tr><td>0.050~10.150</td><td>700×700</td><td>100</td><td>600</td><td>600</td><td>100</td><td></td><td>4Φ25</td><td>3Φ25</td><td>3Φ25</td><td>1(6×6)</td><td>φ12@100</td><td></td></tr>
<tr><td rowspan="2">KZ8</td><td>-3.600~-0.050</td><td>800×800</td><td>400</td><td>400</td><td>700</td><td>100</td><td>16Φ25</td><td></td><td></td><td></td><td>1(6×6)</td><td>φ12@100</td><td></td></tr>
<tr><td>0.050~10.150</td><td>800×800</td><td>400</td><td>400</td><td>700</td><td>100</td><td>16Φ25</td><td></td><td></td><td></td><td>1(6×6)</td><td>φ12@100</td><td></td></tr>
<tr><td rowspan="2">KZ9</td><td>-3.600~-0.050</td><td>700×700</td><td>600</td><td>100</td><td>600</td><td>100</td><td>16Φ25</td><td></td><td></td><td></td><td>1(6×6)</td><td>φ12@100</td><td></td></tr>
<tr><td>0.050~10.150</td><td>700×700</td><td>600</td><td>100</td><td>600</td><td>100</td><td></td><td>4Φ25</td><td>3Φ25</td><td>3Φ25</td><td>1(6×6)</td><td>φ12@100</td><td></td></tr>
</table>

图10-24　柱平法施工图(列表法)

　　绘图时对除芯柱之外的所有柱截面进行编号,从相同编号的柱中选择一个截面,按另一种比例原位放大绘制柱截面配筋图,并在各配筋图上继其编号后再注写截面尺寸 $b \times h$、

274

角筋或全部纵筋(当纵筋采用一种直径且能够图示清楚时)、箍筋的具体数值,以及在柱截面配筋图上标注柱截面与轴线关系 b1、b2、h1、h2 的具体数值,如图 10-25 中 KZ4 的截面注写数值。

当纵筋采用两种直径时,需再注写截面各边中部筋的具体数值(对于采用对称配筋的矩形截面柱,可仅在一侧注写中部筋,对称边省略不注)。

当在某些框架柱的一定高度范围内,在其内部的中心位设置芯柱时,首先进行编号,继其编号之后注写芯柱的起止标高、全部纵筋及箍筋的具体数值,芯柱截面尺寸按构造确定,并按标准构造详图施工,设计不标注,但当设计者采用特殊做法时,应另行注明。芯柱定位随框架柱,不需要注写其与轴线的几何关系。

如柱的分段尺寸与配筋均相同,仅截面与轴线的关系不同,可将柱编为同一编号,但应在未画配筋的柱截面上注写该柱截面与轴线关系的具体尺寸。

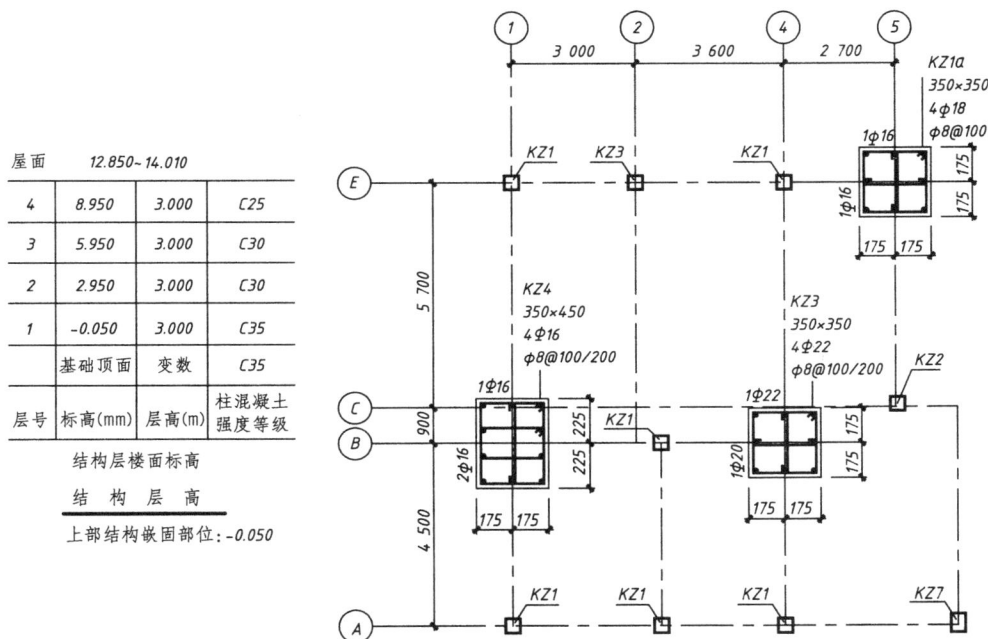

图 10-25　柱平法施工图(截面法)

第七节　钢结构施工图

钢结构是用钢板、圆钢、钢管、钢索、型钢等钢材,经加工、连接、安装而组成的工程结构。钢结构主要用于大跨度结构、重型厂房结构、高耸结构、高层建筑结构、大型容器结构等。

钢结构施工图一般包括结构布置图(平面布置图、立面布置图)、构件详图和节点详图。

一、钢结构施工图常用代号和符号

1. 型钢代号与规格
常用型钢的标注方法见表 10-7。

序 号	名 称	截 面	标 注	说 明
1	等边角钢	L	L $b \times t$	b 为肢宽 t 为肢厚
2	不等边角钢	L	L $B \times b \times t$	B 为长肢宽 b 为短肢宽 t 为肢厚
3	工字钢	I	I N Q I N	轻型工字钢加注 Q
4	槽钢	[	[N Q [N	轻型槽钢加注 Q
5	方钢	b	□ b	
6	扁钢	b	— $b \times h$	
7	钢板	—	$\dfrac{-b \times h}{L}$	宽×厚 板长
8	圆钢	⊘	ϕd	d 为外径
9	钢管	O	$\phi d \times t$	d 为外径 t 为壁厚
10	T 型钢	T	TW × × TM × × TN × ×	TW 为宽翼缘 T 型钢 TM 为中翼缘 T 型钢 TN 为窄翼缘 T 型钢
11	H 型钢	H	HW × × HM × × HN × ×	HW 为宽翼缘 H 型钢 HM 为中翼缘 H 型钢 HN 为窄翼缘 H 型钢
12	起重机钢轨	⊥	⊥ $QU \times \times$	
13	轻轨及钢轨	⊥	⊥ ××kg/m 钢轨	
14	薄壁方钢	□	B □ $b \times t$	薄壁型钢加注 B t 为壁厚
15	薄壁等肢角钢	L	B L $b \times t$	
16	薄壁等肢卷边角钢		B $b \times a \times t$	
17	薄壁槽钢	[	B [$h \times b \times t$	
18	薄壁卷边槽钢		B $h \times b \times a \times t$	
19	薄壁卷边 Z 型钢		B $h \times b \times a \times t$	

2. 螺栓、孔、电焊铆钉的表示方法

螺栓、孔、电焊铆钉的表示方法见表10-8。

螺栓、孔、电焊铆钉的表示方法　　　　　　　　　　　　　表 10-8

序　号	名　称	图　例	说　明
1	永久螺栓		
2	高强螺栓		
3	安装螺栓		1. 细"＋"线表示定位线； 2. M 表示螺栓型号； 3. φ 表示螺栓孔直径；
4	膨胀螺栓		4. d 表示膨胀螺栓、电焊铆钉直径；
5	圆形螺栓孔		5. 采用引出线标注螺栓时，横线上标注螺栓规格，横线下标注螺栓孔直径
6	长形螺栓孔		
7	电焊铆钉		

3. 钢结构常用焊缝符号及表示方法

单面焊缝标注如图 10-26 所示，当箭头指向焊缝所在的一面时，应将图形符号和尺寸标注在横线的上方，如图 10-26a)所示；当箭头指向焊缝所在另一面(相对应的那面)时，应将图形符号和尺寸标注在横线的下方，如图 10-26b)所示；表示环绕工作件周围的焊缝时，其围焊缝符号为圆圈，绘在引出线的转折处，并标注焊角尺寸 K，如图 10-26c)所示。

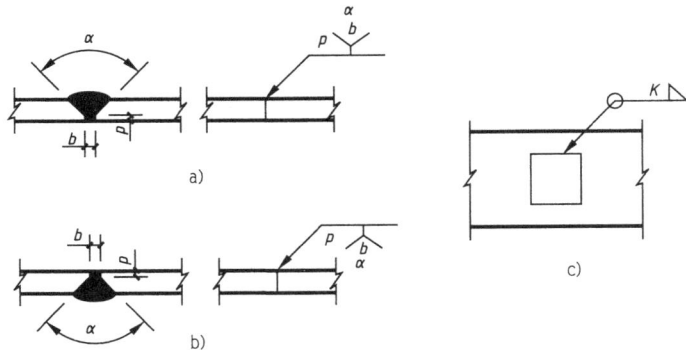

图 10-26　单面焊缝的标注方法

双面焊缝的标注如图 10-27 所示，应在横线的上、下都标注符号和尺寸。上方表示箭头一面的符号和尺寸，下方表示另一面的符号和尺寸[图 10-27a)]；当两面的焊缝尺寸相同时，只需在横线上方标注焊缝的符号和尺寸[图 10-27b)、c)、d)]。

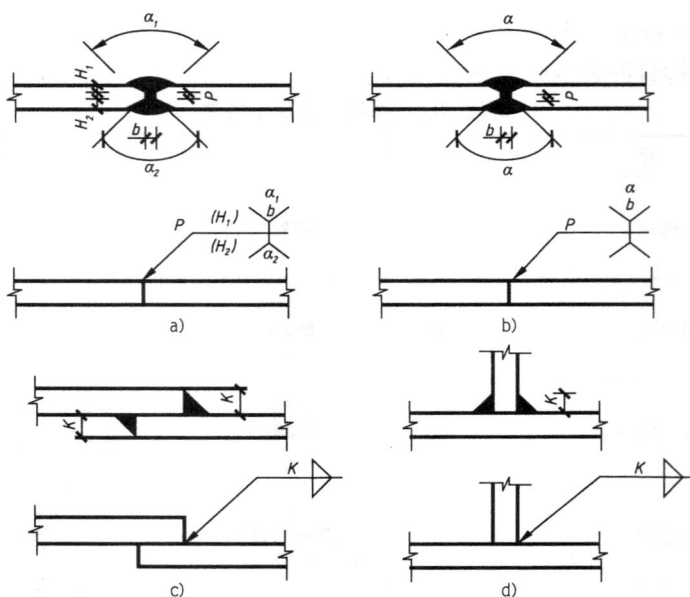

图 10-27 双面焊缝的标注方法

3 个及 3 个以上的焊件相互焊接的焊缝,不得作为双面焊缝标注。其焊缝符号和尺寸应分别标注,如图 10-28 所示。

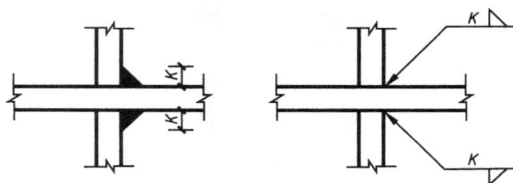

图 10-28　3 个及 3 个以上的焊件焊缝标注

相互焊接的两个焊件中,当只有一个焊件带坡口时(如单面 V 形),引出线箭头必须指向带坡口的焊件,如图 10-29 所示。

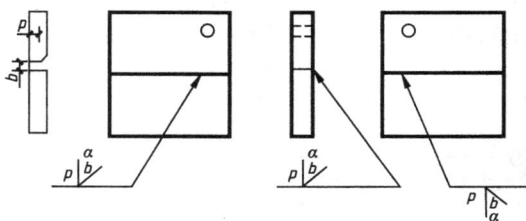

图 10-29　一个焊件带坡口的焊缝标注方法

相互焊接的两个焊件,当为单面带双边不对称坡口焊缝时,引出线箭头必须指向较大坡口的焊件,如图 10-30 所示。

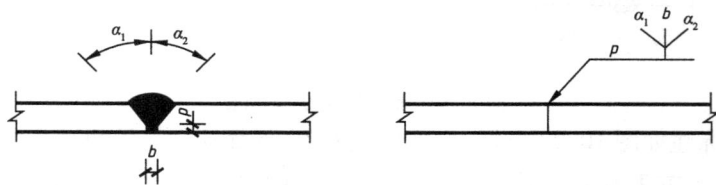

图 10-30　不对称坡口焊缝标注方法

当焊缝分布不规则时,在标注焊缝符号的同时,宜在焊缝处加中实线(表示可见焊缝),或加细栅线(表示不可见焊缝),如图 10-31 所示。

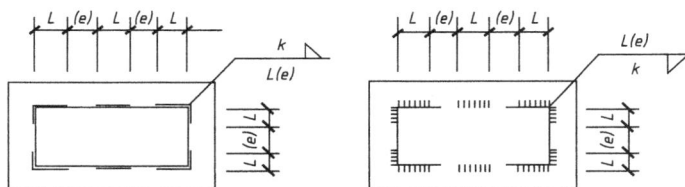

图 10-31 不规则焊缝标注方法

在同一图形上,当焊缝形式、断面尺寸和辅助要求均相同时,可只选择一处标注焊缝的符号和尺寸,并加注"相同焊缝符号",相同焊缝符号为 3/4 圆弧,绘在引出线的转折处,如图 10-32a)所示。在同一图形上,当有数种相同的焊缝时,可将焊缝分类编号标注。在同一类焊缝中可选择一处标注焊缝符号和尺寸。分类编号采用大写的拉丁字母 A、B、C、…,如图 10-32b)所示。

需要在施工现场进行焊接的焊件焊缝,应标注"现场焊缝"符号。现场焊缝符号为涂黑的三角形旗号,绘在引出线的转折处,如图 10-33 所示。

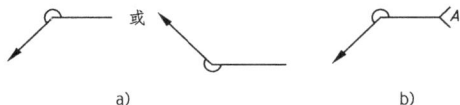

图 10-32 相同焊缝表示方法

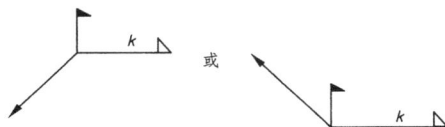

图 10-33 现场焊焊缝表示方法

几种常用的焊缝符号及补充符号如表 10-9 所示。

常用焊缝符号及补充符号   表 10-9

焊缝名称	示意图	图形符号	符号名称	示意图	补充符号	标注方法
V 形焊缝		V	周围焊缝符号		○	
单边 V 形焊缝		V	三面焊缝符号		⊏	
角焊缝		◺	带热板符号		▭	
I 形焊缝		‖	现场焊接符号		▶	
点焊缝		○	相同焊接符号		⌒	
			尾部符号		<	

279

二、钢结构平面布置图

钢结构平面布置图主要表示钢构件在平面中的布置及相互位置关系。

1. 平面布置图的表示规则

平面布置图应按不同的结构层,采用适当比例绘制。图中应有一个基准标高,该标高为大多数钢梁的梁顶标高,如有个别升板或降板的情况,应在相关的钢梁处注明与基准标高的差值,未做定位标注的钢梁、钢柱,均为轴线居中布置,如图 10-34 所示。

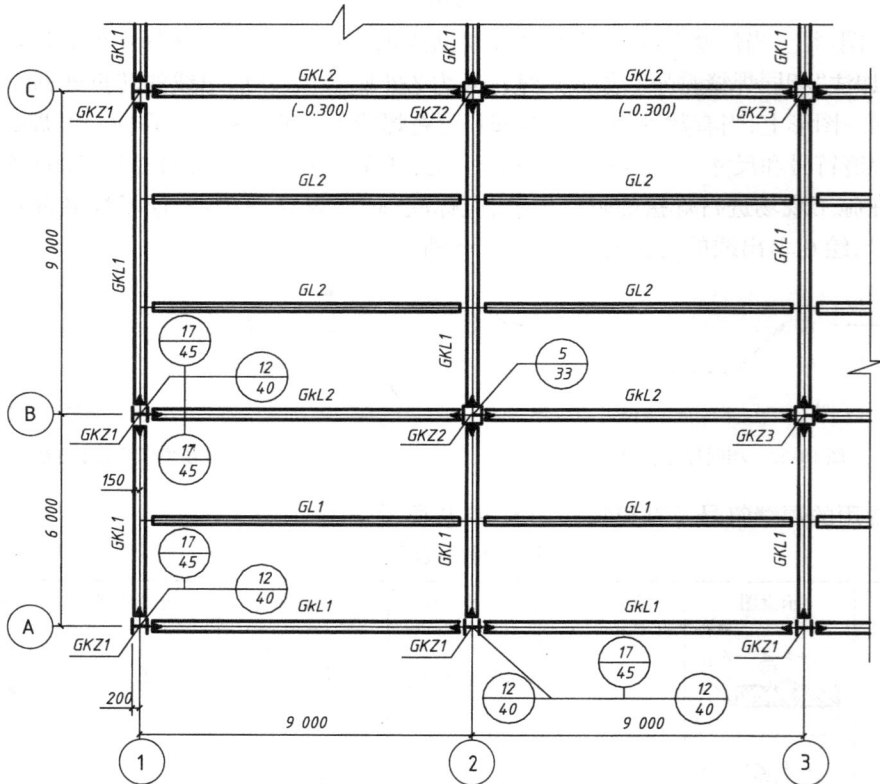

构造截面表

构件编号	截面尺寸(mm) (高×宽×腹板厚×翼缘厚)	说　明
GKL1	H700×300×14×18	焊接H形梁 Q345B
GKL2	H600×1800×10×12	
GL1	H500×2200×8×14	
GL2	H500×2200×8×12	
GKZ1	H400×400×12×18	焊接箱形柱 Q345B
GKZ2	H500×500×16×16	
GKZ3	H500×500×18×18	

图 10-34　钢结构平面布置图

梁可以采用单线表示,也可以采用钢梁的俯视图表示;节点注写要能充分反映钢柱与各方向钢梁连接的情况;构件编号宜按从左到右,从下到上的顺序编写序号。

图中应注写梁、柱编号,梁、柱与轴线的关系,节点和节点索引,当结构布置支撑时应在平面图中注明支撑编号等。

2. 钢梁的注写方法

钢梁编号包括种类型号、序号,另外以列表形式表示出截面尺寸、材质等项内容。

钢梁标高一般为基准标高,可以不加注写,如果与基准标高不一致需加注写说明。

钢梁宜轴线居中布置,如有偏轴应注明偏轴尺寸。在钢梁以俯视图表示的平面图中,也可以标注梁边到轴线的尺寸。钢梁中心线宜与钢柱的中心线重合。

钢梁与钢柱连接方式有刚接、铰接两种形式,表达方式如表10-10所示。

钢构件连接示意 表10-10

连 接 方 式	单线表示法	双线表示法
构件铰接		
构件刚接		

3. 钢柱的注写方法

(1)钢柱的注写内容一般包括编号、与轴线的关系,即定位等。

(2)钢柱的编号包括钢柱的类型代号、序号,另外以列表形式表示出截面尺寸、材质等项内容。

(3)柱的变截面处宜位于框架梁上方1.3m附近,同时考虑现场接长的施工方便与否。如平面布置图中的基准标高6.500m,层高3.600m,则变截面位置可设在标高7.800m处。

(4)钢柱与轴线的关系,钢柱轴线宜居中布置,如有偏轴应注明偏轴尺寸。

(5)钢柱宜采用柱立面图或柱表的方式,表示出柱变截面处或接长处的标高。

(6)当结构布置中设有支撑时,应在平面图中注明支撑编号,并用虚线表示。

4. 节点索引与注写方法

如图10-35a)的节点注写表示的是3个方向上钢梁与钢柱的连接。如果每个方向钢梁截面以及与钢柱的连接形式均相同,可用一个索引号表示,如图10-35b)所示。

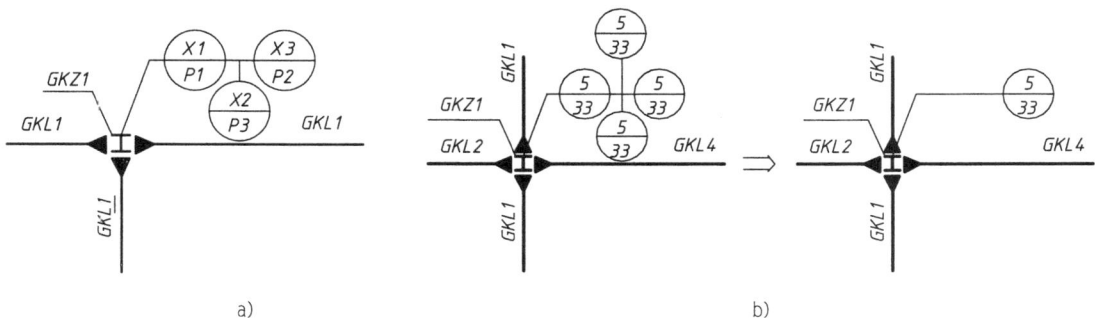

图10-35 节点注写示意图

三、钢结构立面布置图

1. 立面布置图制图规则

(1)当结构中布置有支撑或平面布置不足以清楚表达特殊构件布置时,应在平面布置图的基础上,增加立面布置图。立面图应包含柱、梁、支撑和节点等内容,如图10-36所示。

(2)可挑选布置有支撑或有特殊结构布置的轴网进行投影,并采用适当比例绘制。

(3)图中应标明各梁的梁顶标高,可以标注柱变截面处或拼接处的标高。

（4）未作定位标注的梁、柱和支撑均轴线居中布置，其中未作说明的支撑墙轴在框架平面内。

（5）图中各构件可以采用单线条表示，单线条表示不清时可以采用双线条表示。

（6）当布置立面图主要是为了表示支撑位置时，应给此立面图编号如"GKC3"等，并在平面图中注写出来。

（7）钢柱宜采用柱图或柱表的方式，清楚表达柱子变截面或接长处的位置。

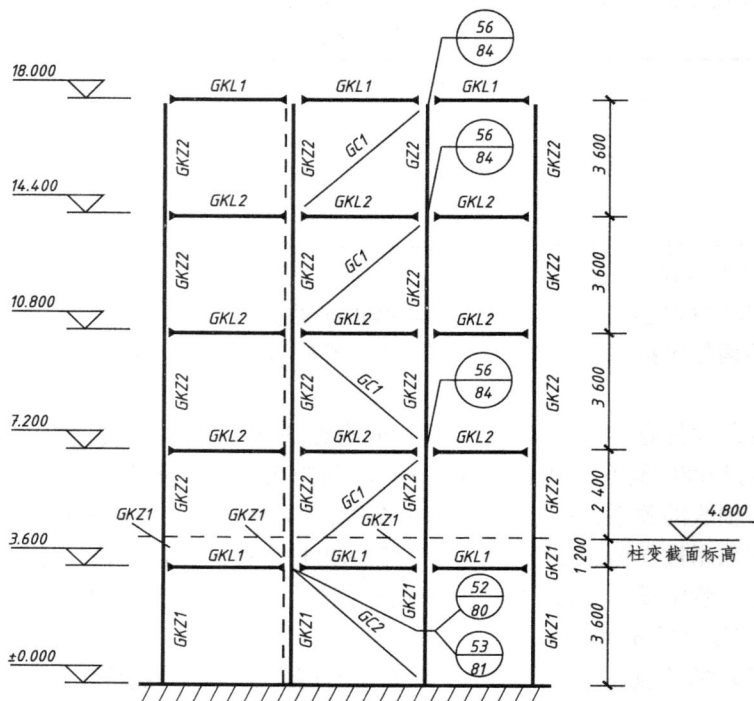

构造截面表

编号	截面尺寸(mm) (高×宽×腹板厚×翼缘厚)	材质
GKL1	H400×300×8×12	
GKL2	H400×300×10×16	
GKZ1	H500×300×12×16	Q235-B
GKZ2	H400×300×12×16	
GC1	H300×300×10×16	
GC2	H400×300×16×16(转)	

图 10-36　钢结构立面布置图

2. 立面布置图的注写方法

（1）注写的基本原则

必须注写的内容：立面图轴线号和平面图的对应关系；层高及标高、柱网等主要几何尺寸；支撑的几何参数、构件编号及连接方式（刚接、铰接）；特殊注写内容，如错层、降板、特殊立面构件等平面图无法表达或表达不清楚的内容。

选择性注写的内容：梁、柱编号；梁、柱构件的连接方式（刚接、铰接）；通过其他方式已经表达的内容,如平面图、柱立面图等有专门表示的内容等。

（2）柱的注写方法

注写立面图轴线号和与平面图的对应关系,层高及标高、柱网等主要几何尺寸;柱段起始端和终止端标高应在图中注明或在说明中写明;可选择性注写柱的编号。

（3）梁的注写方法

注写立面图轴线号和与平面图的对应关系;层高及标高、柱网等主要几何尺寸;与统一层标高不一致的梁应单独标明;可选择性注写梁的编号与连接方式。

（4）支撑的注写方法

注写内容包含编号、支撑两端的定位。编号包括钢支撑的类型代号、序号、截面尺寸、材料等内容,如果钢支撑的强轴在框架平面外,则还应在截面尺寸后加注（转）。

钢支撑轴线如交汇于梁、柱轴线的交点,则无需定位,如偏离交点,则需要注明与交点偏离的距离。如图 10-37 中支撑与梁、柱交点的偏离距离 $e1$ 为 500mm。

当该立面的柱在其他方向还有其他支撑与之相连时,其他方向支撑用虚线表示。

钢支撑轴线的水平投影与梁轴线水平投影重合。

（5）节点的注写方法

节点主要表现支撑与梁、柱之间的关系,以及它们连接的情况。节点的注写以索引的方式表达,每个索引表示的是该方向上的钢支撑与梁、柱的连接。

节点的每一个索引应与索引简图的节点形式相对应。如图 10-38 中的下部节点注写表示的是两个方向上支撑与梁、柱的连接。如果每个支撑与梁、柱的连接均相同,且支撑的截面也一样,则可用一个索引号表示（如图 10-38 中的顶部节点）。

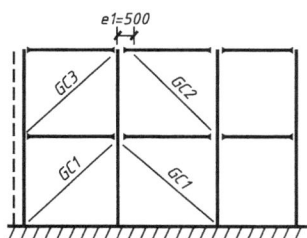

图 10-37　支撑的注写方法

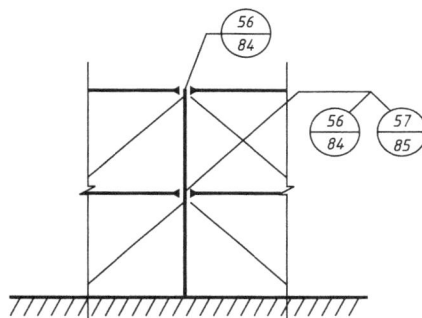

图 10-38　节点的注写方法

四、钢构件及节点详图

钢构件及节点详图是指钢结构构件及其连接节点的设计图样,如钢梁、钢柱、钢支撑、钢屋架、钢网架等构件的设计详图,梁柱节点、屋架节点、基础节点、焊接节点、螺栓节点等节点详图。

构件详图一般用 1:50 的比例,节点详图一般用 1:10、1:15（也可用 1:20、1:25）的比例绘制,一般情况下一幅图应用同一比例,但对于格构式构件、屋架等同一幅图可以用两种比例,几何中心线用较小的比例,截面用较大的比例。

下面给出典型钢结构构件及节点图。图 10-39 为钢结构梁节点详图,图 10-40 为钢结构屋架节点详图,图 10-41 所示为钢结构梁柱节点详图。

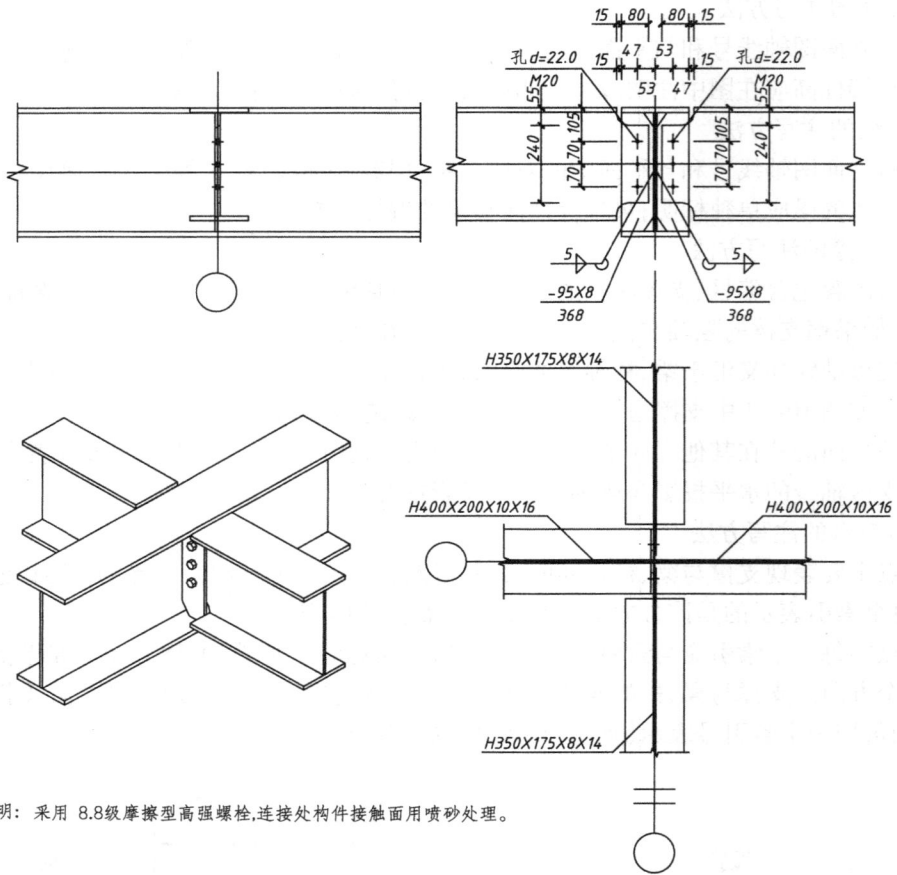

说明：采用 8.8级摩擦型高强螺栓,连接处构件接触面用喷砂处理。

图 10-39　钢结构梁节点详图

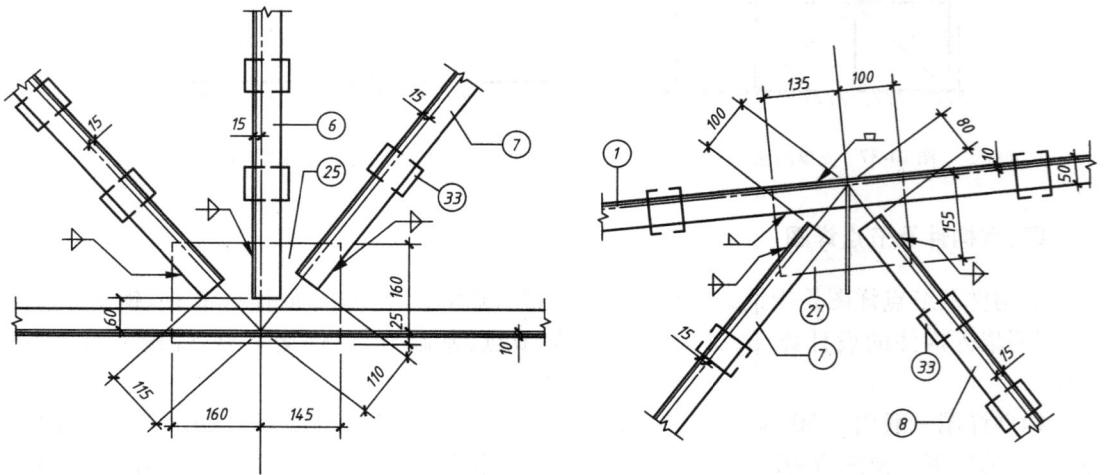

图 10-40　钢结构屋架节点详图

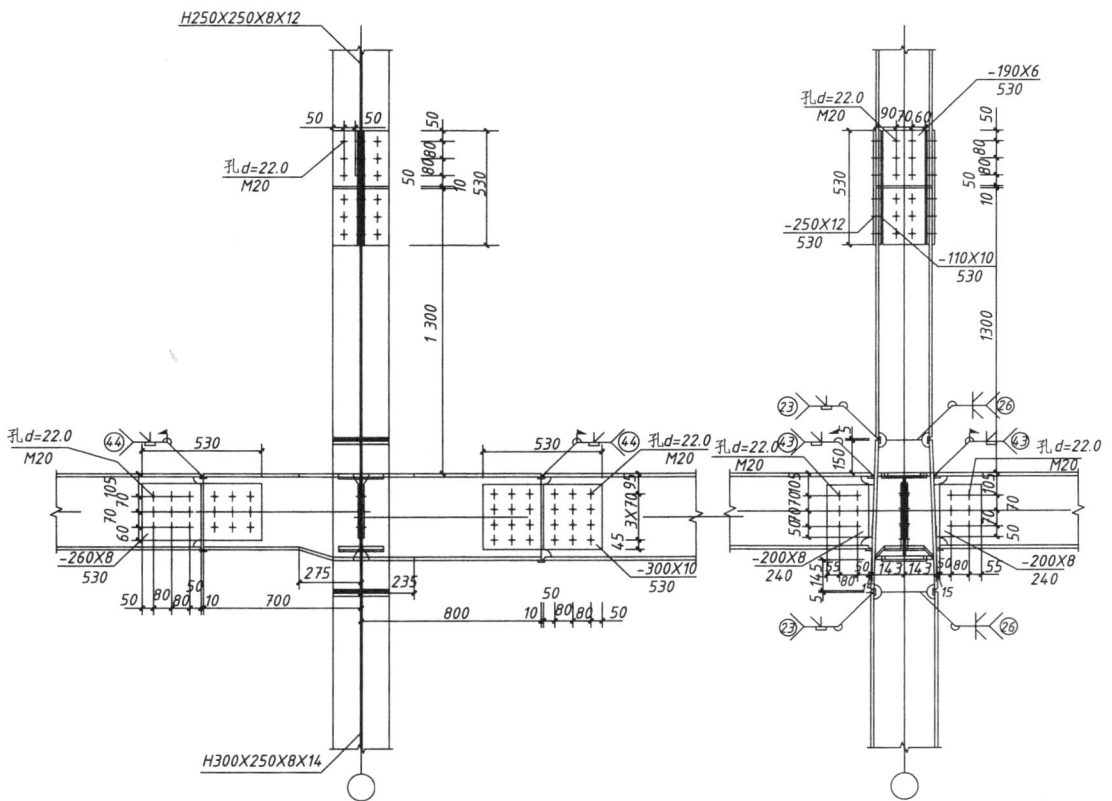

说明:
1.采用 8.8级摩擦型高强螺栓,连接处构件接触面用喷砂处理。
2.在H型钢的节点区域皆采用补强板补强,补强板的尺寸见具体
   节点大样。

图 10-41　钢结构梁柱节点详图

285

第十一章 建筑设备施工图

房屋建筑是为了满足人们生产、生活需求,提供舒适生活和工作环境的,所以要求建筑内应设置给水、排水、供暖、通风、空调、电气照明、电话通信、有线电视等建筑设备系统,建筑设备施工图就是表达这些设备系统的组成、安装等内容的图纸。

建筑设备施工图包括:室内给水排水施工图、暖通空调施工图、电气工程施工图。简称水、暖、电施工图。本章主要介绍设备施工图的内容和特点,以及给水、暖通空调、电气、综合布线等设备施工图的识读和绘制。

第一节 室内给水排水施工图

室内给排水系统由室内给水系统和室内排水系统两部分组成,如图 11-1 所示。室内给水系统是从给水引入管开始,经给水干管、立管、支管,到用水设备。室内排水系统是从各用水设备排出管开始经排水横管、立管、排出管,排至室外检查井或化粪池。用水设备连接的这两部分,形成一个完整的室内给排水系统。

室内给水排水施工图通常由给水排水平面图、管道系统图、安装详图,施工说明等组成,图中一些结构、设施、管线等通常用图例表示,如表 11-1 所示。

给排水常用图例   表 11-1

名 称	图 例	名 称	图 例
生活给水管	—— J ——	水表井	
污水管	—— W ——	水表	
通气管	—— T ——	闸阀	
交叉管	低 / 高	截止阀	$DN \geqslant 50$ $DN < 50$
三通连接		止回阀	
四通连接		碟阀	
管道立管	XL-1 平面 XL-1 系统 X:管道类别 L:立管 1:编号	旋塞阀	平面 系统
		球阀	
存水管		浮球阀	平面 系统

名　称	图　例	名　称	图　例
立管检查口		水嘴	平面　系统
阀门井检查井		厨房洗涤盆	
清扫口	平面　系统	台式洗脸盆	
通气帽	成品　蘑菇形	立式洗脸盆	平面　系统
雨水斗	YD-1 平面　YD-1 系统	浴盆	平面　系统
排水漏斗	平面　系统	污水池	
圆形地漏		蹲式大便器	
自动冲洗水箱		坐式大便器	平面　系统
管道交叉	在下方和后面的管道就断开	小便槽	
淋浴喷头		立式小便器	

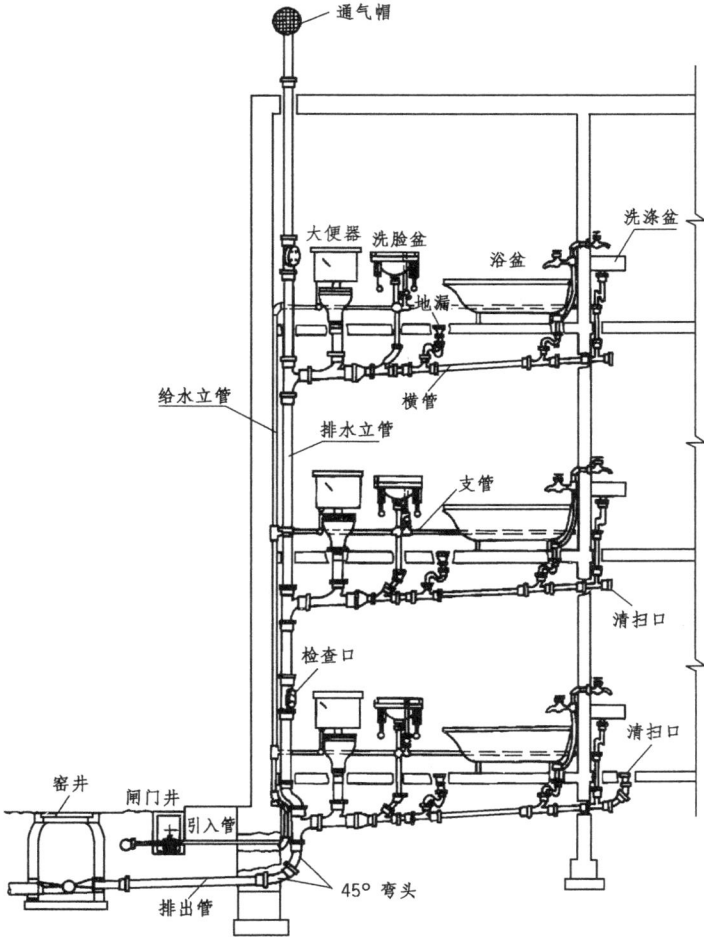

图 11-1　室内给排水系统的组成

287

一、室内给水系统

1.室内给水系统的组成

室内给水系统主要由以下几部分组成:

(1)引入管。引入管是指室外给水管网与室内管网之间的连接管段,也称为进户管。引入管应做成0.003的坡度,坡向室外给水管网。

(2)水表节点。水表节点是在引入管上安装的水表及其前后设置的闸门、泄水装置等的总称。水表用来记录用水量;闸门可以关闭管网,以便修理和拆换水表;泄水装置是为检修管网时泄水用的。

(3)给水管网。包括水平干管、立管、支管等组成的管道系统。

①水平干管:将水从引入管沿水平方向输送到建筑内有关房间的干管。

②立管:将水从水平干管沿垂直方向输送到各楼层的管道。

③支管:将水从立管输送到各用水房间的管道,即向配水支管供水的管道。

④水嘴:将水由支管输送到各用水点的供水管道。

(4)给水附件及设备。包括截止阀、逆止阀等各式阀门、各式水嘴、分户水表等。

(5)升压及储水设备。在室外给水管网压力不足或室内对安全供水、水压稳定有要求时,需设置各种附属设备,如水箱、水泵、气压装置、水池等升压和储水设备。

(6)室内消防设备。按照建筑物的防火等级要求,需要设置消防给水时,一般应设消火栓消防设备。有特殊要求时,还应安装自动喷水或水幕等消防设备。

一般情况下,建筑物的给水是从室外给水管网经一条引入管进入,在引入管上安装进户总闸门和计算用水量水表,再与室内给水管网连接。为了确保建筑用水的水量和足够的压力,在室内给水管网上往往需要安装局部加压水泵,在建筑物底层设储水池,或在建筑物顶层安装水箱。按建筑物的防火要求,还要设置消防给水系统。

2.室内给水系统分类

给水系统按水平干管设在系统中的位置,可分下行上给式、上行下给式。

(1)下行上给式。当城市给水管网水压、水量能满足使用要求,或者在底层设有增压设备时,可将给水干管敷设在首层地面以下或地下室,水自下而上经立管、支管,送至各用水设备。这种管网布置形式简单,造价低,施工维护方便。如图11-2a)所示。

(2)上行下给式。当城市给水管网的水压及水量在高峰时间不能满足使用要求时,可以在房屋的顶部设置水箱,将给水干管敷设在屋面上或顶层天棚下,在城市管网直接供水压力不足时由水箱供水,水自上而下送至各用水设备。这种管网布置形式能够较好地保证上层用户的用水,但系统复杂,造价高,水质易被二次污染,如图11-2b)、c)所示。

二、室内排水系统

1.室内排水系统的组成

室内排水系统是指把建筑内部各用水点使用过的污(废)水汇集起来,排到建筑外部的排水管道系统。一般生活污水室内排水系统由以下几部分组成。

1)污水收集设备

室内排水系统的起点,接纳各种污水后排入管网系统。如卫生器具、生产设备等,除坐便器外均设有存水弯。

288

2）排水管道及附件

（1）存水管（水封段）。存水管的水封隔绝有害、易燃气体及虫类通过卫生器具泄水口进入室内。常用的管式存水管有 S 形和 P 形。

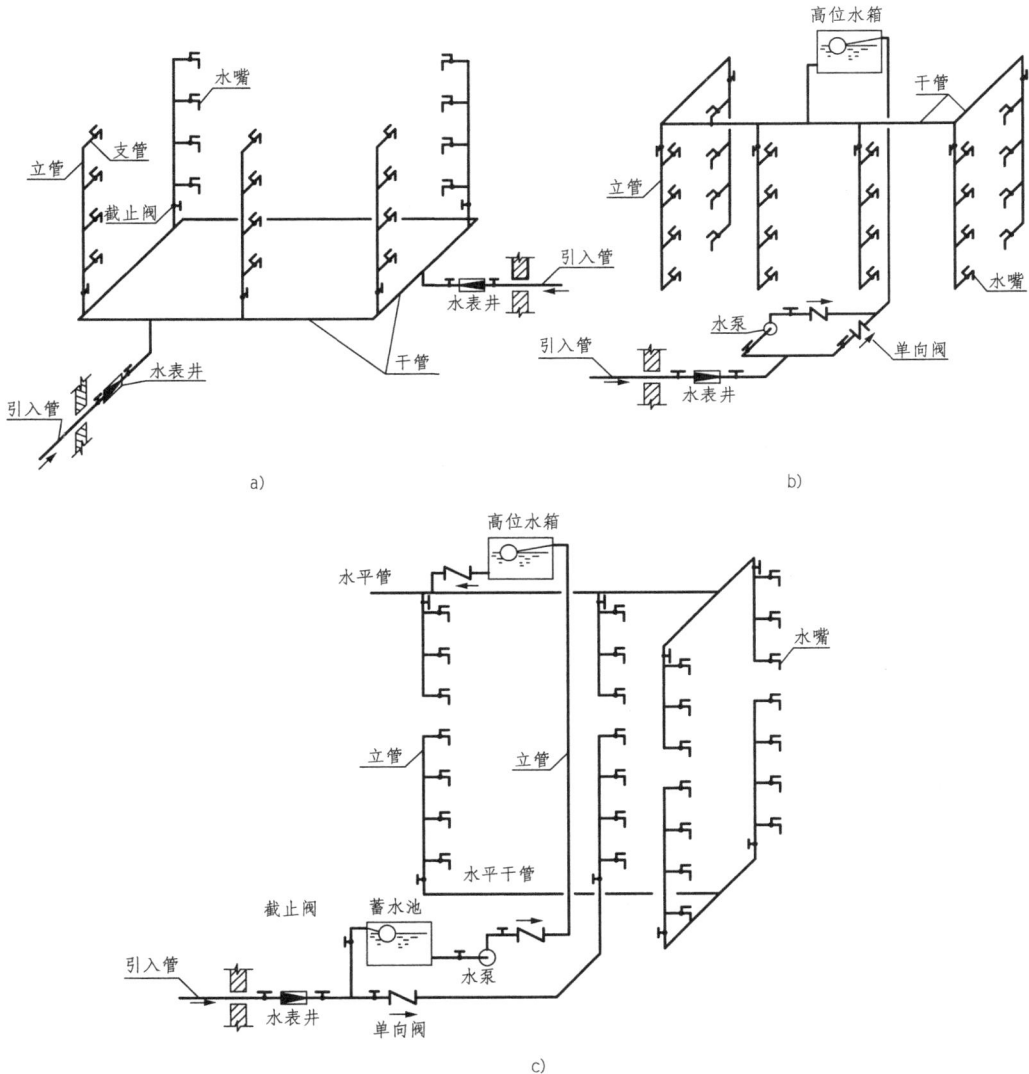

图 11-2　建筑给水系统

a）直接供水的下行上给式系统（环状）；b）设水泵、水箱供水的上行下给式系统（树枝状）；c）分区供水的系统（树枝状）

（2）接管。接管是连接卫生器具和排水横支管之间的短管（除坐式大便器、钟罩式地漏外，都包括存水管）。

（3）排水横支管。排水横支管是连接卫生器具和排水立管之间的水平管段，将由各连接管流来的污水排至排水立管。若为与大便器连接管相接的排水横支管，其管径不小于 100mm，且流向排水立管的横支管应有一定坡度。

（4）排水立管。立管接纳各排水横支管流来的污水，再排至建筑底层的排出管。其管径不得小于 $DN50$ 或所连接的横管管径。立管在底层和顶层应设检查口，中间各层检查口间距不大于10m,检查口中心距地面高度为1m。

(5)排出管。排出管是将立管流来的污水排至室外的检查井或化粪池的水平管段。排出管管径应等于或大于排水立管的管径,一般是埋地敷设,并设1%～3%坡向室外的坡度。

3)清通设备

用于排水管道的清理疏通,如检查口、清扫口、检查井等。清扫口为单向清通,常用于排水横管上;检查口是双向清通,常用于排水立管上。

4)通气管

在顶层检查口以上的一般立管称为通气管。通气管主要是为了排除系统中的有害气体,并向排水系统补充新鲜空气,有利于污水顺畅的排出,保护存水管水封。通气管一般高出平屋面0.3mm、坡屋面0.7mm,并大于最大积雪厚度,以防积雪盖住通气口。为防止雨雪或污物落入排水立管,通气管道顶端应装网罩或伞形通气帽。通气管道管径一般与排水立管管径相同或稍小一些,在寒冷地区应比立管管径大50mm。

室内排水管网中的污水是靠重力流动的,因此管径都比较大且有流向坡度。目前生活排水管道采用较多的是PVC芯层发泡带内螺旋滑道塑料管,管与管间黏结,在每层都设伸缩节。要求室内排水系统,应确保室内生活污水及时排至室外排水管网中。

2.室内排水系统的分类

室内排水系统根据所排出的污水性质可分为生活污水管道、生产污水管道和雨水管道3类。根据排水制度可以分为分流制和合流制两类。所谓分流制,是指生活污水、生产污水和雨水分别通过不同的管道排放,合流制就是指以上3种污水全部或者部分合流由同一管道排出。

三、给排水施工图的特点

绘制和识读给排水施工图时,应注意以下特点:

(1)给排水施工图中所表示的设备装置和管道一般采用统一的图例,在绘制和识读给排水施工图时,应参阅相关给排水国家标准图集和给排水设计手册,掌握有关的图例及其所代表的内容。

(2)给排水管道的布置往往是纵横交叉,在平面上较难表明它们的空间走向,所以,给排水施工图中,需要绘制管道系统轴测投影图,用以表明各层管道系统的空间关系及走向,这种图称为管道系统轴测图。绘图时,根据各层平面布置图来绘制系统轴测图,读图时可把系统轴测图和平面布置图对照识读,以便能较快地掌握给排水施工图的内容。

(3)在识读给排水施工图时,无论是给水系统还是排水系统,都应按水的流向进行识读。例如识读一幢建筑的室内给水系统图,首先找出进水的来源及引入管,然后按一定的流向通过干管、立管、支管,最后找出用水设备;而识读室内排水系统图时,则可从用水设备开始,沿污水流向,经支管、干管到排出管的顺序识读。

(4)给排水施工图中的管道设备安装应与建筑施工图相互配合,尤其在预留洞口、预埋件、管沟等方面对土建的要求,需在建筑施工图上有明确的注释。

四、给排水施工图的有关制图规定

给排水施工图除了要遵循《房屋建筑制图统一标准》(GB/T 50001—2010)中的规定外,还应遵循《给水排水制图标准》(GB/T 50106—2010)中的规定。

1. 图线

给排水系统主要是由各种不同直径、不同材料的管道组成的管网及各种不同的附属设备、管配件组成。就管道而言,即便是较粗的管径,与其敷设长度相比也是很小的。因此,在给排水施工图中,一般用粗实线表示给水管道,用粗虚线表示排水管道。其图线的应用如表11-2所示。

给水排水施工图中常用的线型 表11-2

名　称	线　型	用　途
粗实线	———————————	新设计的各种排水和其他重力流管线
中粗实线	———————————	新设计的各种排水和其他压力流管线;原有的各种排水和其他重力流管线
中实线	———————————	给水排水设备、零(附)件的可见轮廓线;总图中新建的建筑物和构筑物的可见轮廓线;原有的各种给水和其他压力流管线
细实线	———————————	建筑的可见轮廓线,总图中原有的建筑物和构筑物的可见轮廓线;制图中的各种标注线
粗虚线	– – – – – – –	新设计的各种排水和其他重力流管线的不可见轮廓线
中粗虚线	– – – – – – –	新设计的各种给水和其他压力流管线及原有的各种排水和其他重力流管线的不可见轮廓线
中虚线	– – – – – – –	给水排水设备、零(附)件的不可见轮廓线;总图中新建的建筑物和构筑物的不可见轮廓线;原有的各种给水和其他压力流管线的不可见轮廓线
细虚线	– – – – – – –	建筑的不可见轮廓线,总图中原有的建筑物和构筑物的不可见轮廓线
单点长画线	—— · —— · ——	中心线、定位轴线
折断线	——／\———	断开界线
波浪线	∿∿∿∿∿	平面图中水面线;局部构造层次范围线;保温范围示意线

2. 比例

给排水施工图中各种不同的图通常选用不同的比例,如表11-3所示。

给水排水专业制图常用比例 表11-3

名　称	比　例	备　注
区域规划图 区域位置图	1:50 000、1:25 000、1:10 000 1:5 000、1:2 000	宜与总图专业一致
总平面图	1:1 000、1:500、1:300	宜与总图专业一致
管道纵断面图	纵向:1:200、1:100、1:50 横向:1:1 000、1:500、1:300	
水处理厂(站)平面图	1:500、1:200、1:100	
水处理构筑物、设备间、卫生间、泵房的平、剖面图	1:100、1:50、1:40、1:30	
建筑给水排水平面图	1:200、1:150、1:100	宜与建筑专业一致
建筑给水排水轴测图	1:150、1:100、1:50	宜与相应图纸一致
详图	1:50、1:30、1:20、1:10、1:5、1:2、1:1、2:1	

在管道纵断面图中,竖向与纵向可采用不同的组合比例。而在建筑给水排水轴测系统图中,如局部表达有困难时,该处可不按比例绘制。水处理工艺流程断面图和建筑给水排水管道

展开系统图可不按比例绘制。

3．标高

（1）单位。标高以米（m）为单位，一般注写至小数点后第三位，在总图中可注写到小数点后两位。

（2）标注位置。管道应标注起讫点、转角点、变坡点、变尺寸（标高）点及交叉点的标高；压力管道应标注管中心标高；室内外重力管道和沟渠宜注管（沟）内底标高；必要时，室内架空重力管道可注中心标高，但图中应加以说明。

（3）标注种类。室内工程应标注相对标高，室外工程宜标注绝对标高，当无绝对标高资料时，可标注相对标高，但应与总图专业一致。

（4）标注方法。在平面图中，管道标高的标注方法如图 11-3 所示；沟渠标高的标注方法如图 11-4 所示。在剖面图中，管道及水位标高的标注方法如图 11-5 所示。在轴测图中，管道标高的标注方法如图 11-6 所示。

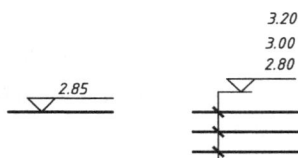

图 11-3　平面图中管道标高标注法

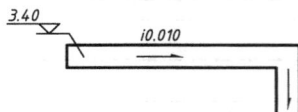

图 11-4　平面图中沟渠标高标注法

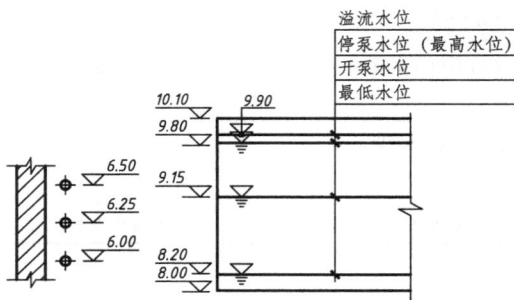

图 11-5　剖面图中管道及水位标高标注法

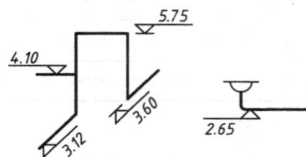

图 11-6　轴测图中管道标高标注法

4．管径

（1）单位。管径以毫米（mm）为单位。

（2）管道的表示方法。水煤气输送管道用钢管（镀锌或非镀锌）、铸铁管等管材，管径宜以公称直径 DN 表示，如 $DN15$、$DN50$ 等；无缝钢管、直缝焊接钢管、螺旋缝焊接钢管等管材，管径宜以外径 $D×壁厚$ 表示，如 $D108×4$、$D159×4.5$ 等；钢管、薄壁不锈钢管管材，管径宜以公称外径 Dw 表示；钢筋混凝土管、混凝土管等管材，管径宜用内径 d 表示，如 $d230$、$d380$ 等；复合管、结构壁塑料管等管材，管径宜按产品标准的方法表示，如 $De32$，$De50$。当设计均用公称直径 DN 表示管径时，应有公称直径 DN 与相应产品规格对照表。

（3）标注方法。单根管道时，管径的标注方法如图 11-7 所示；多根管道时，管径的标注方法如图 11-8 所示。

5．编号

当建筑物的给水引入管或排水排出管的数量超过一根时，应用阿拉伯数字进行编号，编号方法如图 11-9 所示。建筑物内穿越楼层的立管，其数量超过一根时应进行编号，编号方法如

292

图 11-10 所示。

在总平面图中,当给排水附属构筑物(如阀门井、检查井、水表井、化粪池等)的数量超过一个时也应编号。编号方法采用构筑物代号加编号表示;给水构筑物的编号顺序是从水源到干管,再从干管到支管,最后到用户;排水构筑物的编号顺序是先干管后支管。

图 11-7 单管管径标注法

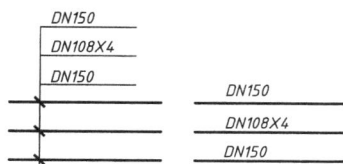

图 11-8 多管管径标注法

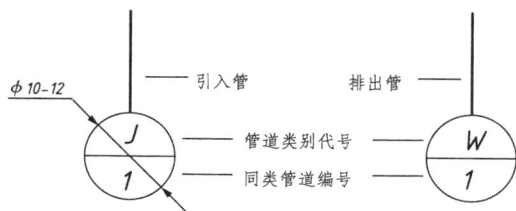

图 11-9 给水引入(排水排出)管编号表示法

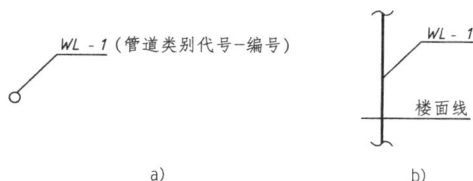

图 11-10 立管编号表示法
a)平面图;b)剖面图、系统原理图、轴测图等

6. 单线图和双线图

在某些较小比例的施工图中,用一条粗实线表示管道位置和走向,其壁厚和空心的管道均省略,这种表示管道系统的图称为单线图;而在某些较大比例的施工图中,采用两条线表示管道的外形,其壁厚因相对尺寸较小而省略,这种表示管道外轮廓线的投影图称为双线图。在各种管道工程施工图中,平面图和系统图的管道多采用单线图;剖面图和详图的管道多采用双线图。

五、室内给水工程图的画法

室内给水工程图由室内给水系统平面布置图、给水系统轴测图和详图等组成。

1. 给水平面图

室内给水系统平面布置图(简称室内给水平面图),主要表示建筑内部给水设备的配置和管道的布置情况。现结合四层住宅的给水平面图的内容介绍有关画法和要求。

(1)室内给水平面图是在建筑平面图上,根据用水房间设备的情况进行布置和绘出。所以一般采用与建筑平面图相同的比例1:100抄绘建筑平面图。如果用水设备仅集中在某几个房间时,可仅画出这几个相关房间的建筑平面图,如图 11-11、图 11-12 所示。

由于给水平面图与建筑平面图的表达侧重点不同,因此抄绘建筑平面图时与用水设备无关的细部可简化或省略,如门、窗只画图例,窗台、门扇代号均可省略。平面图的轮廓线一律用细实线绘制。

(2)用水房间的各种卫生设备,如大便器、洗脸盆、浴盆、洗涤盆等,一律用中实线按比例画出它们的位置。

(3)给水管道用粗实线表示。在给水平面图中管道线仅表示其安装位置,并不表示具体平面位置的尺寸。

(4)多层建筑各层用水房间的卫生设备一般是相同的,因此除必须画出底层平面图外(因有引入管),还要画中间层代表相同各层的平面图,并注出各层的标高。如各层不同,则必须分别画出。

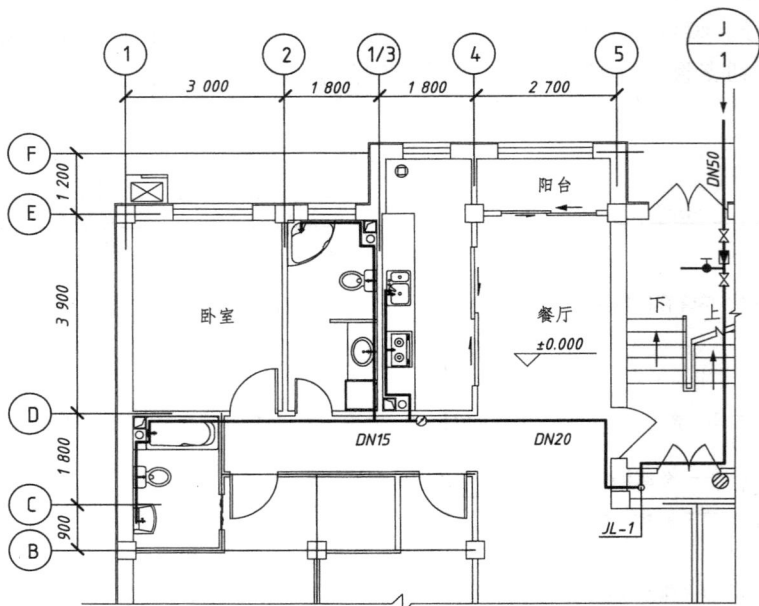

底层给水平面图 1:100

图 11-11　底层给水平面图

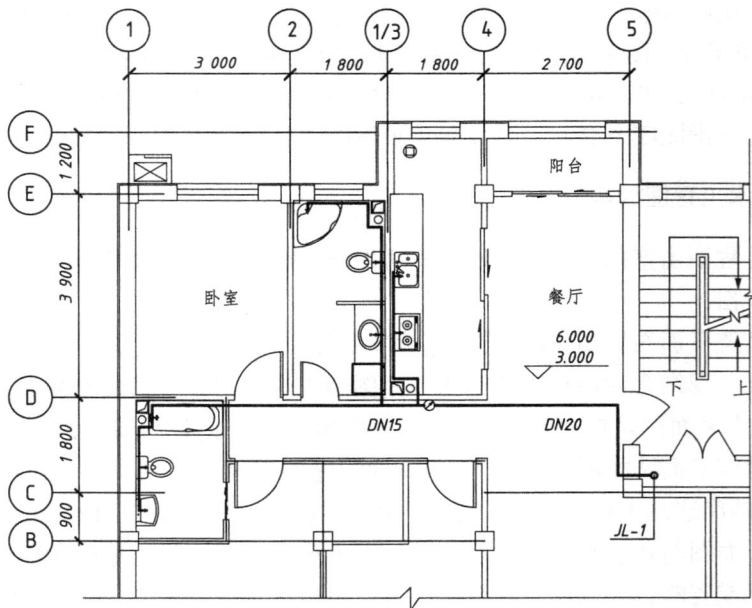

中间层给水平面图 1:100

图 11-12　中间层给水平面图

(5)在给水平面图中,建筑平面图部分要注出定位轴线的编号和间距。对给水管网中,立管的数量多于一个时,应在立管旁侧进行编号,方法是在引出线上写出给水立管代号 JL,并用阿拉伯数字编号,如图 11-11 中的"JL – 1"。

当给水引入管多于一个时,也要编号,方法是在引入管端部画一直径为 10 ~ 12mm 的细实线圆,过中心画一水平线,在上面注写给水管道代号 J,在下面用阿拉伯数字编号,如图 11-11 中的" $\frac{J}{1}$ "。

2.给水系统图及其形成

平面图只能表示给水系统的平面布置情况,对给水系统在室内空间的布置及相对关系则无法表示,因此要画出给水系统轴测图,简称给水系统图,如图 11-13 所示。

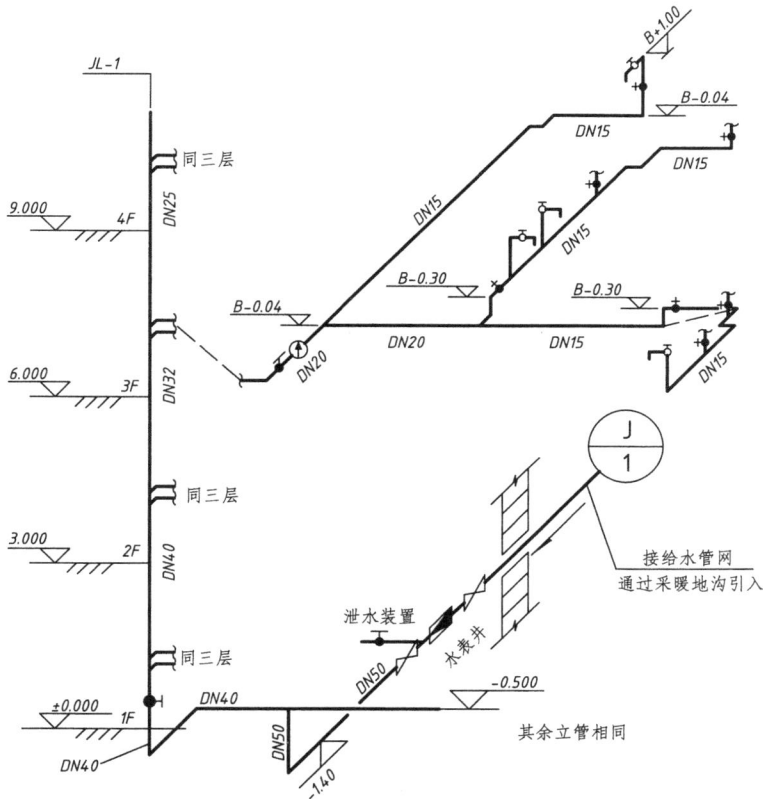

图 11-13　给水系统图

《给水排水制图标准》(GB/T 50106—2010)规定,系统图采用 45°正面斜等轴测绘制,一般将 OZ 轴竖向表示管道高度,OX 轴与建筑横向一致,OY 轴作为建筑的纵向画成 45°斜线方向。系统图主要表示给水系统的空间走向,管道直径、坡度、标高以及各种管件连接及相对位置情况。

3.给水系统图的规定画法

(1)给水系统图常采用与建筑平面图相同的比例绘制,当局部管道按比例不易表示清楚时,该处可不按比例绘制。

(2)给水系统图中 OX、OY 两个方向的尺寸,可由平面图中相应地量取管道的长度。OZ 轴方向的管道可根据楼层高度、卫生器具及附件的安装高度确定。

(3)在给水系统图中,管道用粗实线表示;各种设备与器具用中实线以图例的形式绘制。

(4)在系统图中出现交叉的管道线时,应将后面的管道线断开。如交叉线较多时,可将部分支管或某一立管系统用细虚线引出在旁边另画。

(5)当各层管道及其附件的布置相同时,可画底层和标准层管网,其他与标准层相同的不画,但立管须完整地画出,各层支管要折断并注明"同底层或某层(如中间层)",如图 11-13 所示。如建筑各单元的管系完全相同时,则可只画其中一根立管的系统图,并注明"其余立管相同"即可。

4. 给水系统图中的尺寸

在给水系统图中应标注下列尺寸:各段管道的管径、管径中心标高和阀件的标高;底层地面和各层楼面相对标高;引入管和立管的编号。

5. 给水系统图的画图步骤

(1)确定轴测轴的方向。

(2)先画立管,定出室内楼地面的标高线,再画包括阀门、水表的引入管。

(3)从立管上引出水平干管、支管、配水支管。在支管上画出截止阀、分户表,在配水支管上画出水嘴。

(4)画其他附属设备。

(5)标注尺寸。

具备上述知识,再来识读给水平面图就相对容易了。如图 11-11、图 11-12 所示分别为四层住宅的底层给水平面图和中间层给水平面图。因用水设备集中在各户厨房和卫生间,因篇幅所限只画出了①~⑤一户的部分建筑平面图,从图 11-11 和图 11-13 可以看出,本工程生活给水由市政给水管网供给,采用下行上给式系统,引入管(DN50、标高 - 1.400)通过采暖地沟从楼梯间墙Ⓔ进入室内。经水平干管 DN40 进入 DN40 的立管,图 11-13 只画出了左侧立管,编号为 JL - 1。从图 11-13 可以看出,在立管下端设有立管检查口,在进入每户的水平支管处均装有阀门和进户水表,阀门的作用是为了检修时关闭水源。在配水支管端部安装水嘴。各支管的安装相对各层标高图中均已标注,如"B - 0.04"是相对此用水层的标高为 - 0.04,即在建筑面层中。

对比中间层和底层平面图可知,中间层平面图中没有引入管,供水是通过立管输送到每一层的用水设备,其他部分基本与中间层相同。

6. 详图

在给水工程图中,平面图和系统图只能表示出管道和用水设备的布置情况,对各种卫生器具的安装和管道的连接,还要绘制具体施工的安装详图。

图 11-14a)为引入管水表及其前后附件的安装图,图 11-14b)为在建筑物只有一条引入管时,水表井中设旁通管的水表节点安装图。

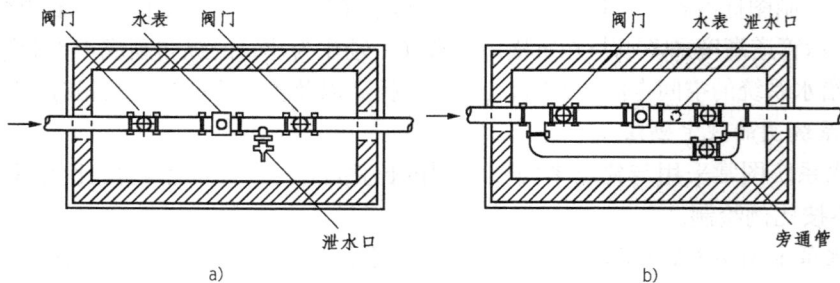

图 11-14 水表节点安装图

a)水表节点;b)有旁通管的水表节点

六、室内排水工程图的画法

室内排水工程图由室内排水系统平面布置图、排水系统轴测图和详图等组成。

室内排水系统平面布置图,简称室内排水平面图,主要表示室内排水设备的配置和管道的布置情况。室内排水系统轴测图简称室内排水系统图。

如图 11-15、图 11-16 所示分别为底层和中间层排水平面图,图 11-17 为排水系统图。现结合这 3 张图,并与图 11-11、图 11-12、图 11-13 对比,介绍有关画法和要求。

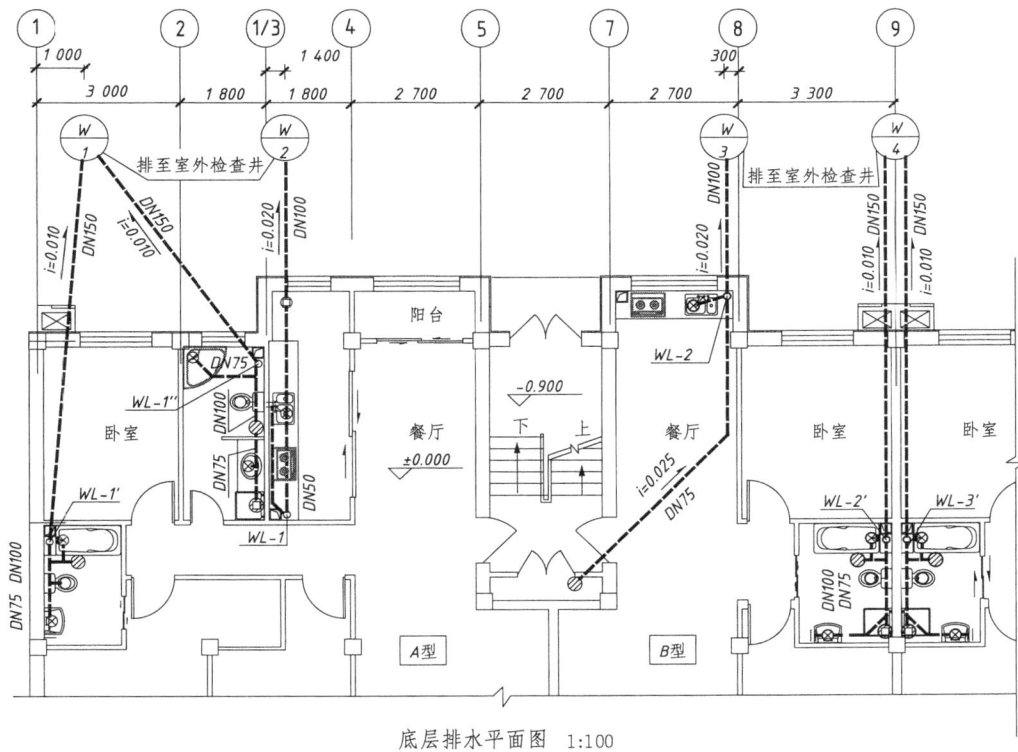

底层排水平面图 1:100

图 11-15 底层排水平面图

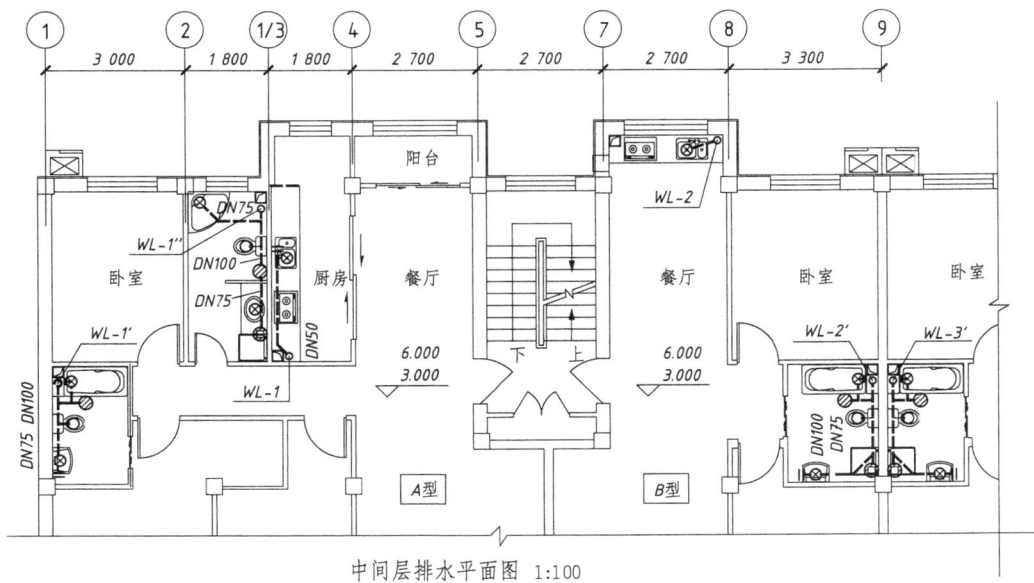

中间层排水平面图 1:100

图 11-16 中间层排水平面图

297

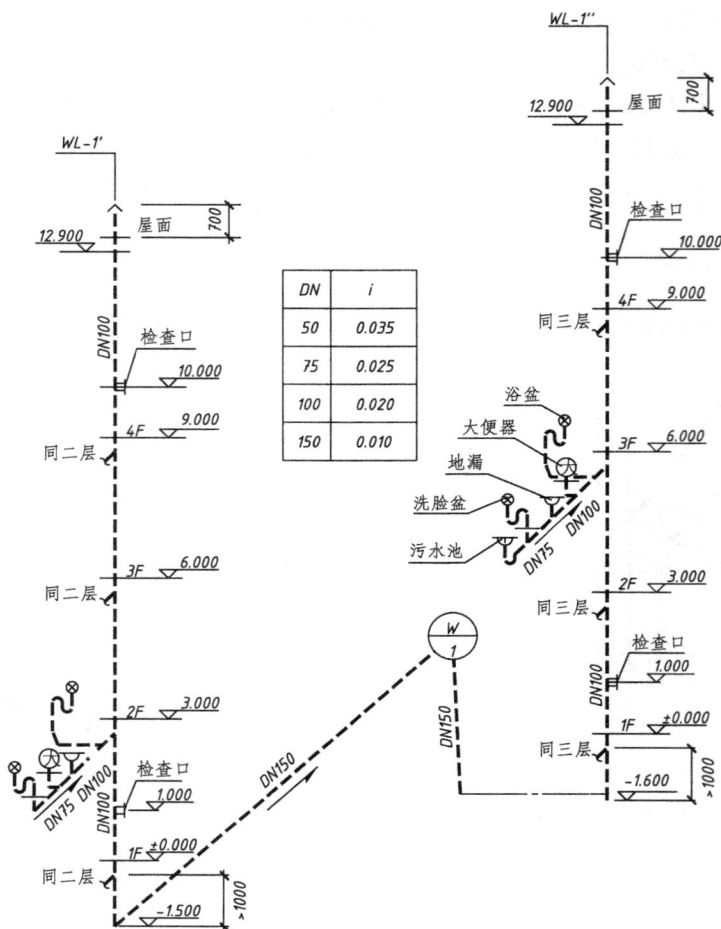

图 11-17　排水系统图

1. **排水平面图**

(1) 排水平面图对建筑平面图的要求与给水平面图对建筑平面图的要求相同。

(2) 排水管道一般用粗虚线表示。

(3) 室内排水平面图反映室内外排水管道、卫生器具等组成部分的平面布置。排水管道通常以一个检查井为一个系统,编号与给水系统类同,如"$\frac{W}{1}$",其中"W"为污水系统代号,"1"为排水管道编号;"WL-1、WL-2"为排水立管的编号。

2. **排水系统图**

(1) 排水系统图主要反映排水管道的空间连接关系。

(2) 排水系统图同样也采用正面斜等轴测图,排水管道用粗虚线绘制。

(3) 在排水系统图中,每段管道除要标注管径、管内底标高外,还要标注排水流向坡度。

3. **读图**

图 11-15 ~ 图 11-17 中,单元左侧设有两条排出管$\frac{W}{1}$、$\frac{W}{2}$,其中$\frac{W}{1}$通过立管 WL-1″和 WL-1′分别连接各层通向大小卫生间的横向支管,每条横向支管与卫生间的浴盆、坐式大便器、洗脸盆和地漏相连;$\frac{W}{2}$通过立管 WL-1 连接厨房横向支管,横向支管与厨房的洗涤盆和

298

地漏相连,主要用于排除各层厨房中洗涤的污水。在各立管上端设有通气帽,在底层地面、四层楼面高1m处设有检查口。因卫生间排水量大,所以管径比较大。立管的管径为DN100。卫生间的横向支管管径也为DN100,坡度为0.02;厨房的横向支管管径小些DN50,坡度为0.035。污水从横向支管流入立管,再经水平干管和排出管排至室外。单元各立管和各部管道的管径和横向支管标高标注在系统轴测图中。

4.详图

排水系统工程图除要画出表示整体布局的平面图和系统图外,同样还要画出具体施工的安装详图。图11-18为坐式大便器的安装详图。从图中可以看出安装坐式大便器所需的各种管件和安装的详细尺寸。

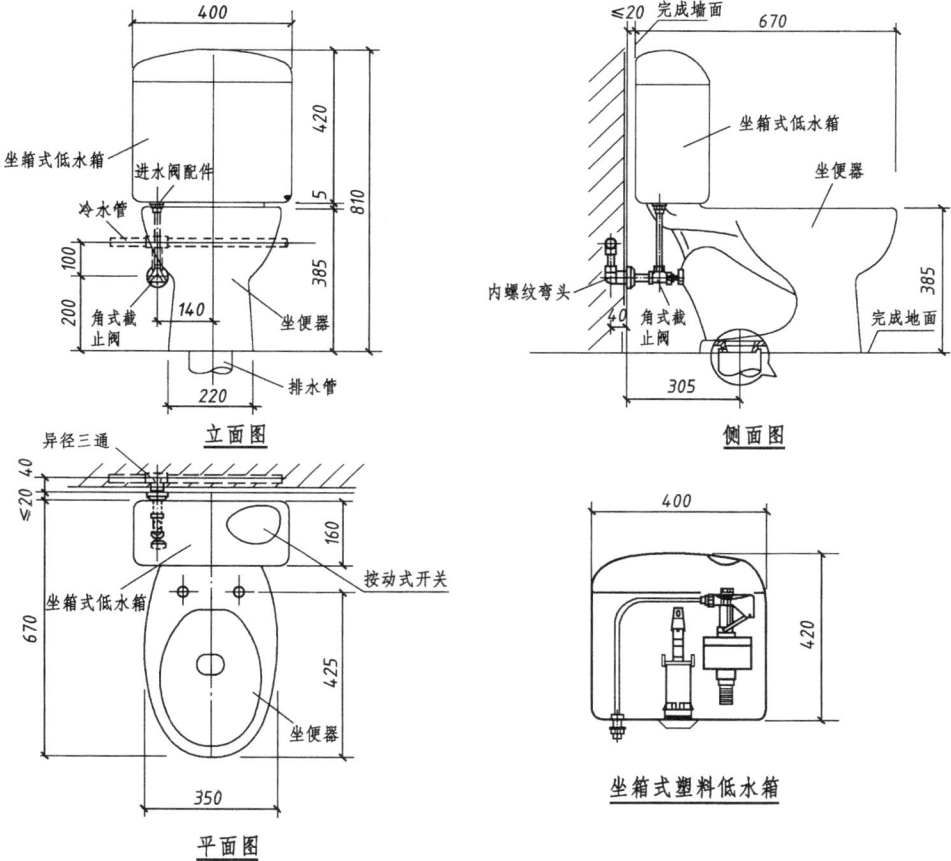

图11-18 坐式大便器安装详图

一般常用的卫生设备多已标准化、定型化,所以它们的安装详图可套用有关的标准图集,如此处所分析的给水排水工程安装图,采用的是《国家建筑标准技术给水排水标准图集 卫生设备安装》(99S304),不必另行绘制安装详图。如不能套用的必须自行绘制。

第二节 采暖施工图

采暖工程是为了改善建筑内人们的生活和工作条件,以及满足某些生产工艺、科学试验的环境要求而设置的采暖设施。采暖工程按采用的热媒不同,可分为热水采暖、蒸汽采暖和电采暖。其中热水采暖由于能实现低温供热,热损耗小,节省能源,所以被普遍采用;蒸汽采暖能耗比较大,现已很少使用;而电采暖是一种绿色能源,近年来发展很快,现有电热膜采暖、电缆地热采暖和辐射电热板采暖等。

本节主要介绍热水采暖系统工程图的组成、基本规定以及采暖系统平面图和系统图的绘制与识读。

一、采暖系统的组成与分类

采暖系统主要由以下三部分组成:

(1)热源 热源是能产生热能的部分,如锅炉房、热电厂、天然温泉热水。

(2)输热管网 输热管网通过输送某种热媒(指传递热能的媒介物,如热水、蒸汽等)从而将热能从热源输送到散热设备。

(3)散热器 散热器以对流或辐射方式,将输热管道输送来的热量传递到室内空气中,一般布置在各个房间的窗台下,有时也沿内墙布置,以明装为多。

根据热源与散热器的位置关系,采暖系统又可分为局部采暖系统和集中采暖系统两种形式。

(1)局部采暖系统是指热源和散热器在同一个房间内,为使室内局部区域或局部工作地点保持一定温度要求而设置的采暖系统,如一般的火炉采暖、煤气采暖、电热采暖等。它具有构造简单、造价低、采暖效率低的特点。

(2)集中采暖系统是指热源和散热设备分别设置,利用一个热源产生的热能通过管道向各个房间或各个建筑物供给热量的采暖方式。它具有系统复杂、一次性投入大、采暖效率高、方便洁净的特点。

二、采暖施工图的有关制图规定

采暖施工图除了要遵循《房屋建筑制图统一标准》(GB/T 50001—2010)中的规定外,还应遵循《暖通空调制图标准》(GB/T 50114—2010)中制图规定。

1. 图线

采暖施工图中对于各种图线的应用应符合表11-4中的规定。

采暖施工图中常用的线型 表11-4

名　称	线　型	用　途
粗实线	——————————	单线表示的供水管线
中粗实线	——————————	本专业设备轮廓、双线表示的管道轮廓
中实线	——————————	尺寸、标高、角度等标注线及引出线;建筑物轮廓
细实线	——————————	建筑布置的家具、绿化等;非本专业设备轮廓
粗虚线	— — — — — —	回水管线及单根表示的管道被遮挡的部分
中粗虚线	– – – – – – –	本专业设备轮廓双线表示的管道被遮挡轮廓
中虚线	– – – – – – – – –	地下管沟、改造前风管的轮廓线;示意性连线

300

名 称	线 型	用 途
细虚线	 — — — — — — — — — — —	非本专业虚线表示的设备轮廓等
点画线	 — — - — — - — — - — —	轴线、中心线
折断线	 ——————〜——————	断开界线
中波浪线	 〜〜〜〜〜〜〜	单线表示的软管
细波浪线	 〜〜〜〜〜〜〜〜	断开界线

注:图样中也可使用自定义图线及含义,但应明确说明,且其含义不应与本表发生矛盾

2. 比例

采暖施工图总平面图、平面图的比例,宜与工程项目设计的主导专业一致,其余各图通常按表 11-5 选用不同的比例。

采暖施工图中常用的比例   表 11-5

名 称	比 例	可用比例
剖面图	1:50、1:100	1:150、1:200
局部放大图、管沟断面图	1:20、1:50、1:100	1:25、1:30、1:150、1:200
索引图、详图	1:1、1:2、1:5、1:10、1:20	1:3、1:4、1:15

3. 标高

(1)采暖施工图中在无法标注垂直尺寸的图样中,应标注标高。标高应以米(m)为单位,并应精确到厘米(cm)或毫米(mm)。

(2)当标准层较多时,可只标注与本层楼(地)板面的相对标高,如图 11-19 所示。

(3)水、汽管道所注标高未说明时,应表示为管中心标高。

(4)水、汽管道标注管外底或顶标高时,应在数字前加"底"或"顶"字样。

(5)散热器宜标注底标高,同一层、同一标高的散热器只标右端的一组。

4. 坡度

采暖施工图中某些管道要按一定坡度安装,施工图上应注明管道的坡度和坡向。坡度坡向一般用单面箭头表示,箭头表示坡向方向,数字表示坡度值,如图 11-20 所示。

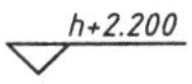

$h+2.200$ $i=0.003$ $i=0.003$

图 11-19 相对标高的画法 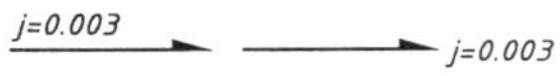   图 11-20 坡度坡向的表示方式

5. 管径

(1)低压流体输送用焊接管道规格应标注公称通径或压力。公称通径的标记由字母"DN"后跟一个以毫米表示的数值组成,如 $DN15$、$DN32$,分别表示管道直径为 15 mm、32 mm。公称压力的代号应为"PN"。

(2)当输送流体用无缝钢管、螺旋缝或直缝焊接钢管、铜管、不锈钢管,当需要注明外径和壁厚时,用"D(或 ϕ)外径×壁厚"表示,如 $D108 \times 4$、$\phi108 \times 4$。

(3)塑料管外径应用"De"表示。

(4)圆形风管的截面定型尺寸应以直径"ϕ"表示,单位为 mm。

（5）平面图中无坡度要求的管道标高可标注在管道截面尺寸后的括号内。必要时，应在标高数字前加"底"或"顶"字样。

（6）水平管道的规格宜标注在管道的上方，竖向管道的规格宜标注在管道的左侧。双线表示的管道，其规格可标注在管道轮廓线内，如图 11-21 所示。

（7）多条管线的规格标注方式如图 11-22 所示。管线密集时采用中间图画法，其中短斜线也可统一用圆点。

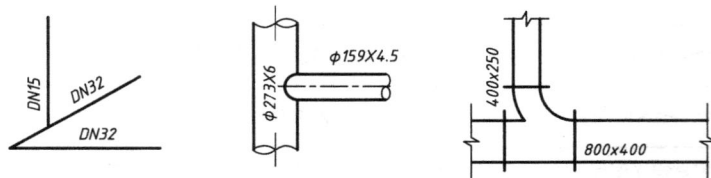

图 11-21　管道截面尺寸的画法

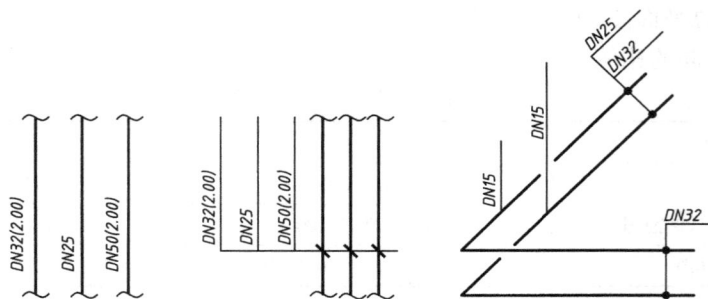

图 11-22　多条管线的规定画法

6. 系统编号

采暖施工图中对于多于一个的设备和管道要进行系统编号。采暖立管的系统编号用字母"N"加阿拉伯数字表示，采暖入口和系统编号用字母"R"加阿拉伯数字表示。

7. 图例

暖通常用图例如表 11-6 所示。

暖 通 常 用 图 例

表 11-6

序号	名　称	图　例	序号	名　称	图　例
1	采暖供水管道		8	止回阀	
2	采暖回水管道		9	过滤器	
3	截止阀		10	快开阀	
4	闸阀		11	蝶阀	
5	球阀、球心阀		12	三通阀	
6	旋塞阀		13	节流阀	
7	平衡阀		14	角阀	或

序号	名　　称	图　　例	序号	名　　称	图　　例
15	减压阀		25	上出三通 下出三通	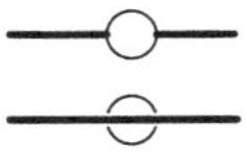
16	安全阀		26	法兰封头或管封 活接头或法兰连接	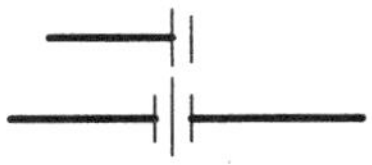
17	自动排气阀		27	变径管	
18	散热器及手动放气阀	 15　　　15	28	固定支架 导向支架 活动支架	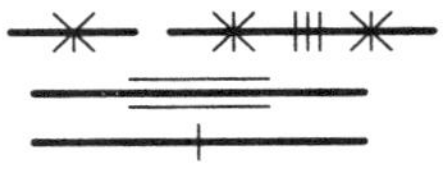
19	散热器及温控阀	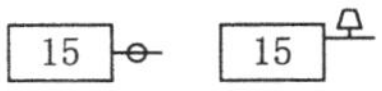 15　　　15	29	疏水器	
20	热表		30	套管补偿器	
21	集气罐		31	波纹管补偿器	
22	水泵		32	球形补偿器	
23	压力表		33	伴热管	
24	向上弯头 向下弯头	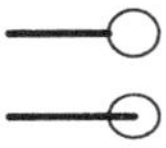	34	保护套管	

三、室内采暖平面图

室内采暖平面图主要表示管道、附件以及散热器在建筑平面上的位置和它们之间的相互关系,是采暖施工图的主要图纸。识读采暖平面图时,应注意查明建筑内散热器的平面位置、种类、片数以及安装方式(一般在设计说明中注明),了解水平干管的布置方式以及膨胀水箱、集气罐、疏水器、阀门等各附件的型号和安装位置。

采暖平面图一般采用1:100、1:50的比例绘制。为了突出管道系统,用中实线绘制建筑平面图中的墙身、门窗洞、楼梯等构件的主要轮廓;用中粗实线以图例形式画出散热器、阀门等附件的安装位置;用粗实线绘制采暖干管;用粗虚线绘制回水干管。在底层平面图中应画出供热引入管、回水管,并注明管径、立管编号、散热器片数等。

采暖平面图一般只画建筑底层、中间层及顶层。当各层的建筑结构和管道布置不相同时,应分层绘制。图11-23、图11-24、图11-25分别是建筑施工图一章所述某住宅楼一单元的底层采暖平面图、中间层采暖平面图和顶层采暖平面图。下面以此为例介绍采暖平面图的识读。

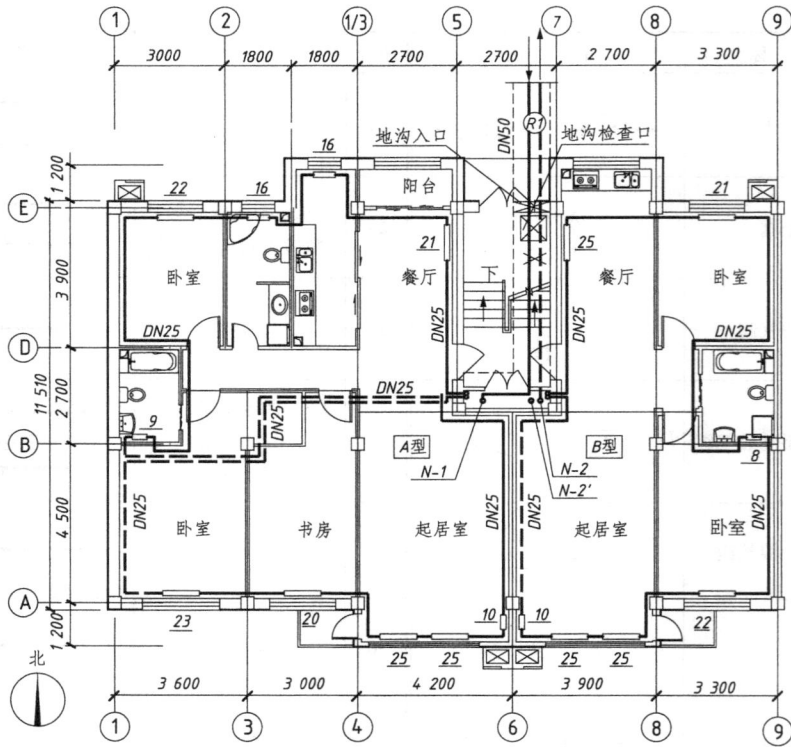

底层采暖平面图 1:100

图 11-23　底层采暖平面图

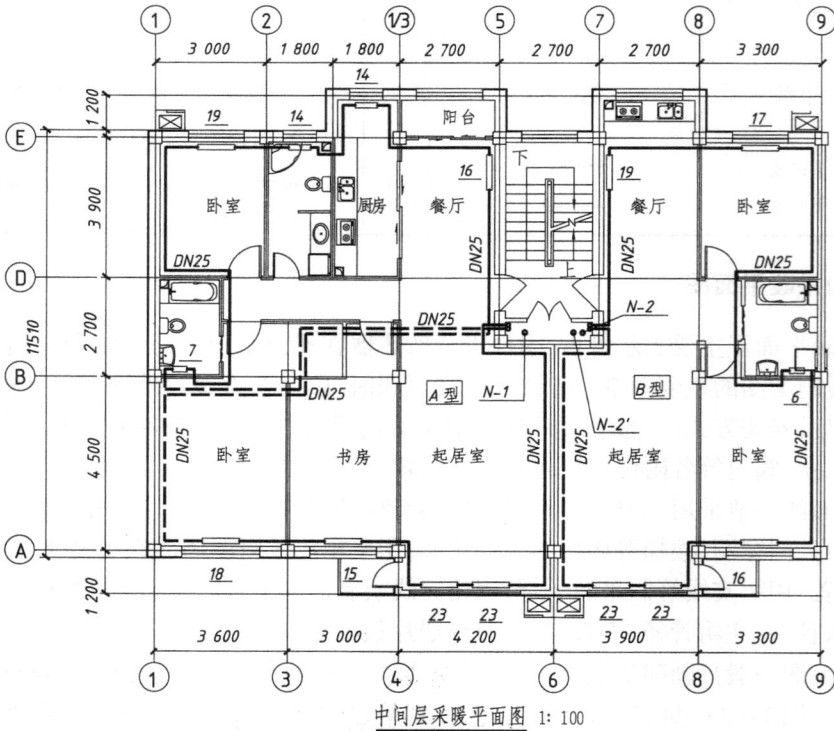

中间层采暖平面图 1:100

图 11-24　中间层采暖平面图

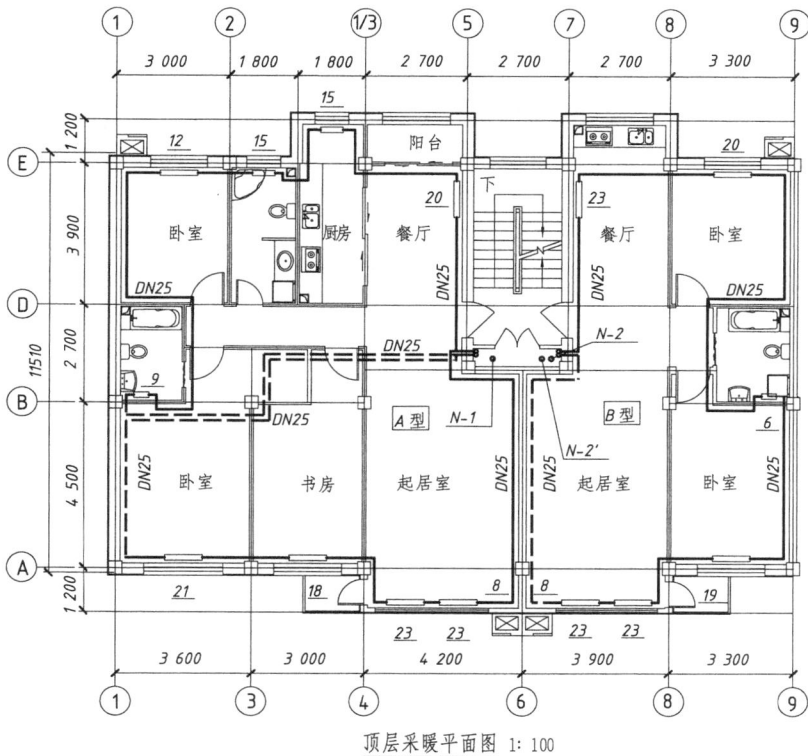

图 11-25 顶层采暖平面图

1. 底层采暖平面图

在底层采暖平面图中粗实线表示的是供水干管,粗虚线表示的是回水干管,与其连接的空心圆圈表示立管,系统的采暖入口引入管与回水总管均位于北面⑦号定位轴线外墙左侧,进入建筑室内后连接到总立管并向上至顶层与供给干管连接。

系统由供热总管,通过 4 根立管(N1 ~ N4),图中只画了立管 N1、N2,每一个立管都有相应系统编号,这个编号在平面图和系统图中是一致的。

多数散热器明装窗下或装饰在隐蔽处,使用片数根据房间大小和墙的散热程度不等。每户的供热体系都是独立的,以便于供热冷暖的控制。分户室内采用散热器水平跨越系统。每户采暖管道经由集中管井入户,户内采暖管道沟槽内敷设。沿采暖管道走向,在地面面层预留沟槽,宽 100mm,深同面层厚度,转弯处和多根管时应适当加宽。管道水平穿墙设钢套管。沟槽内采暖管道管卡固定,间距不大于 1.0m。采暖管道进卫生间时,在卫生间隔墙外侧墙内上拐,然后进入卫生间。采暖水平穿墙处预埋钢套管 DN50。回水干管各段应以 0.003 的坡度回流至总管。

2. 中间层采暖平面图和顶层采暖平面图

中间层和顶层采暖平面图上只画总管、立管和立管上接的散热器,对应底层各立管接散热器,散热器布置形式与底层基本相同,但各层的散热器片数与底层不同。

应该注意的是,干管在平面图中的位置以及与立管的连接都是示意性的,安装时应按标准图或习惯做法进行施工。

四、采暖系统图

根据《暖通空调制图标准》(GB/T 50114—2010)规定,系统图应按45°的正面斜等测绘制。通常将 OZ 轴竖放表示管道高度方向尺寸;OX 轴与建筑横向一致,OY 作为建筑纵向并画成45°斜线方向。系统图主要表明采暖系统中管道及其设备的空间布置与走向。常采用与采暖平面图相同的比例绘制,特殊情况下可以放大比例或不按比例绘制。当局部管道被遮挡、管线重叠,可采用断开画法、断开处宜用小写拉丁字母连接表示,也可用细虚线连接。

采暖系统图中供热干管用粗实线绘制,回水干管用粗虚线绘制,散热设备、管道阀门等以图例形式用中实线绘制,并在管道或设备附近标注管道直径、标高、坡度、散热器片数及立管编号。标注各楼层地面标高及有关附件的高度尺寸等。

采暖系统图表示从采暖入口至出口的采暖管道、散热器设备、主要附件的空间位置和相互关系。系统轴测图宜采用与相对应的采暖平面图相同的比例画出。识读采暖系统图时,应注意对采暖平面图查明管道系统的各段管径、坡度坡向、管道标高、立管编号,了解散热器的连接方式以及水箱、集气罐、疏水器、阀门等各种附件的安装位置和标高。如图11-26是住宅楼的采暖系统图,图11-27是采暖系统集中管井大样图。下面以此为例介绍采暖系统图的识读。

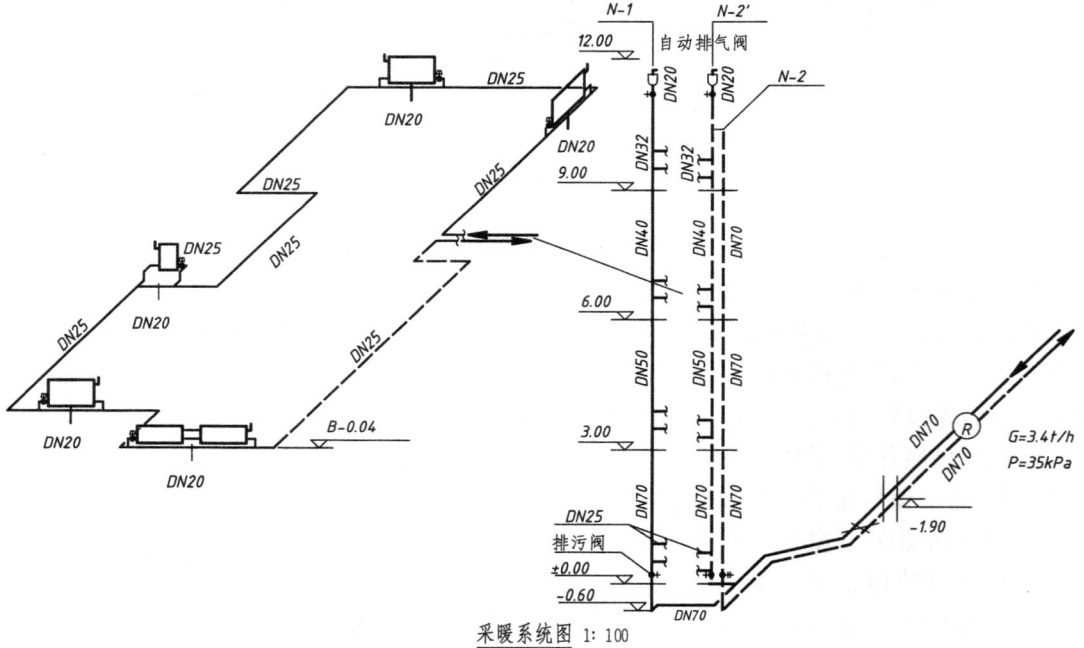

采暖系统图 1:100

图11-26 采暖系统图

从设计说明中得知("采暖设计说明"本书未给出),该采暖系统热源为热水(95~70℃),由室外地沟管网集中供热,室内采暖管道系统的布置采用下供下回同程三立管采暖系统。采暖立管设于集中管井内,并设有分户热计量装置。采暖供水从立管依次为锁闭阀、除污器、热计量表、球阀,采暖回水依次为调节阀、侧温点、除污器、锁闭阀到立管。分户室内采用散热器水平跨越系统。每户采暖管道经由集中管井入户,由住宅北面⑦和⑬号定位轴线左侧穿墙进入室内,通过立管 N1 和 N3 向上供各层取暖用水,各层的供暖回水系统是通过 N2 和 N4 排出的,管径分别为 DN70、DN50、DN40、DN32、DN20。户内采暖管道均是沟槽内敷设。采暖系统在各环路起落的最高点设自动排气阀,最低点设排污阀;自动排气阀的排气口用管道接至有水

306

房间的排水设施。采暖系统的水平管道有不小于 0.002 的坡度。

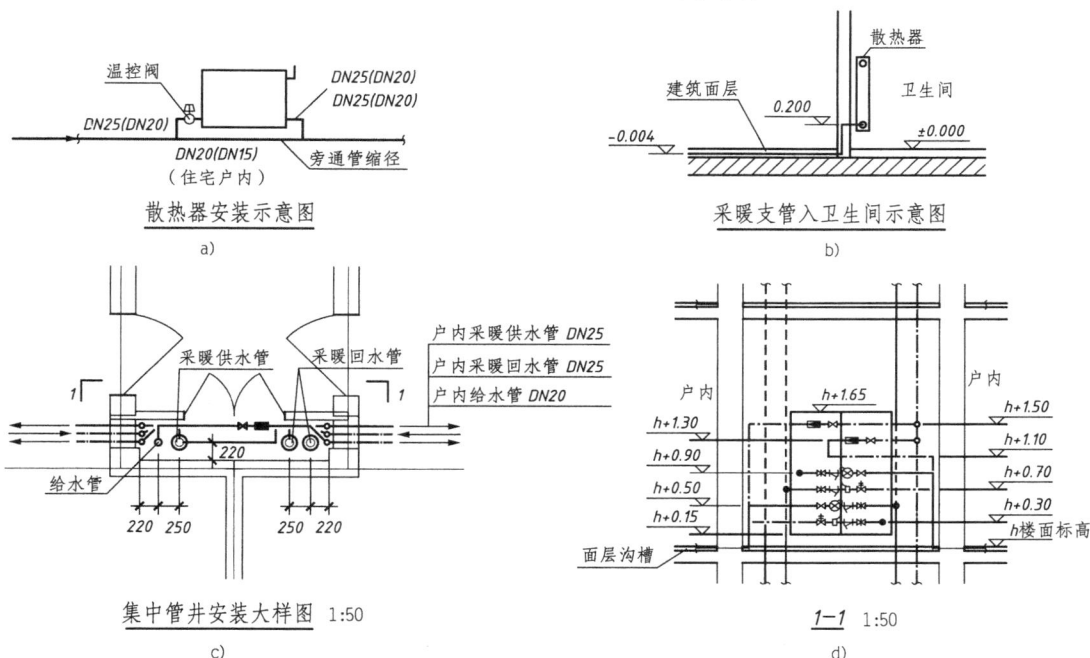

散热器安装示意图
a)

采暖支管入卫生间示意图
b)

集中管井安装大样图 1:50
c)

1—1 1:50
d)

图 11-27 采暖系统集中管井大样图

第三节 室内电气施工图

室内电气施工图分为室内电气照明施工图和室内弱电施工图两部分。室内电气照明施工图又分为设备用电和照明用电两个分支,设备用电主要指空调、冰箱、电热水器、电烤炉等高负荷用电设备,照明用电则指各种灯具的用电。室内弱电施工图指有线电视系统(简称为 CATV 系统)、电话系统和火灾自动报警控制系统(联动型)等弱电系统。

一、室内电气施工图的有关规定

1. 图线

电气照明施工图各种图线的使用应符合表 11-7 的规定。

电气施工图中常用的线型   表 11-7

名　称	线　型	用　途
粗实线	——————————	基本线、可见轮廓线、可见导线、一次线路、主要线路
细实线	——————————	二次线路、一般线路
虚线	— — — — — —	辅助线、不可见轮廓线、不可见导线、屏蔽线等
点画线	— · — · — · —	控制线、分界线、功能围框线、分组围框线等
双点画线	— · · — · · —	辅助围框线、36 V 以下线路等

2. 标高

在电气施工图中,线路和电气设备的安装高度必要时标注标高,一般采用与建筑施工图统一的相对标高,或者用相对于本层楼地面的相对标高。若某建筑电气施工图中标注的总电源进线高度为 4m,指的是对于该建筑的底层基准标高 ±0.000 的高度;若某插座的安装高度为 1.4m,指的是相对于本层楼地面而言的高度,一般表示为 $nF+1.4$m。

　　3. 引出线

　　在电气施工图中,为了标记和注释图样中的某些内容,需用指引线在旁边加上简短的方案说明。引出线一般用细实线表示,从被注释处引出,并且根据所注释内容的不同,在引出线起点上标记不同的符号。若引出线从轮廓线内引出,起点画一实心黑点,如图 11-28a)所示;若引出线从轮廓线上引出,起点画一箭头,如图 11-28b)所示;若引出线从电路线上引出,起点画一短斜线,如图 11-28c)所示。

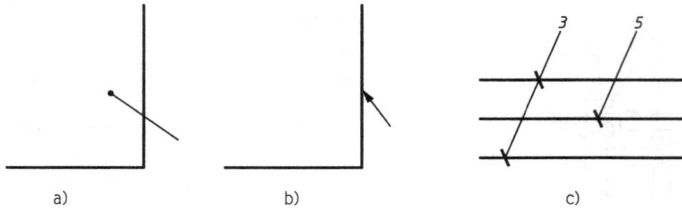

图 11-28　引出线的起点标记

　　4. 图形符号和文字符号

　　在建筑电气施工图中,各种电气设备、元件和线路都用统一的图形符号和文字符号表示。我国现已发布了《电气简图用图形符号》(GB/T 4728)、《电气技术中的文字符号制订通则》(GB 7159),一般不允许随意乱用,破坏图的通用性。对于标准中没有的符号可以在标准的基础上派生新的符号,但要在图中加以说明。图形符号的大小和图线的宽度一般不应影响符号的含义。根据图面布置的需要也可以将符号旋转或镜像放,但文字符号和方向是不能倒置的。表 11-8 为常用的电气图形符号。

常用的电气图形符号

表 11-8

符号	名称	符号	名称	符号	名称
⊢⊣	单管荧光灯 双管荧光灯	窗式空调插座符号	窗式空调插座	住宅电源箱符号	住宅电源箱
⊢B⊣	镜前灯	柜式空调插座符号	柜式空调插座	集中表箱符号	集中表箱
○	吸顶灯	R电热水器插座符号	电热水器插座	分户箱符号	分户箱
⬤	吸顶防水灯	C厨房插座符号	厨房插座	电话交接箱符号	电话交接箱
⊙	感应灯	Y排油烟机插座符号	排油烟机插座	宽带网进线柜符号	宽带网进线柜
◎	吸顶环型荧光灯	防水插座符号	防水插座	网络分线箱符号	网络分线箱
一二三四联跷板开关符号	一二三四联跷板开关	X洗衣机插座符号	洗衣机插座	弱电综合箱符号	弱电综合箱
排气扇符号	排气扇	单相安全型二三极插座符号	单相安全型二三极插座	住户弱电集成箱符号	住户弱电集成箱
EL	电控锁	⊢TV	电视插座	MEB	总等电位联结箱
对讲门主控箱符号	对讲门主控箱 (自带 UPS 电源)	⊢TP	电话插座	LEB	局部等电位联结箱
(可视)对讲户外机符号	(可视)对讲户外机	⊢TD	信息插座	DEC	访客对讲层间箱

符号	名称	符号	名称	符号	名称
→	断路器	→	负荷开头	▢VH	有线电视分支箱
⏚	接地线	↗↙	向上配线 向下配线		

除了了解常用的电气图形符号外,还应熟悉常用的配电线路的敷设方式及文字代号、配电线路上的标注格式。

配电线路敷设方式的文字代号如表 11-9 所示。

配电线路敷设方式的文字代号   表 11-9

代号	线路敷设方式	代号	线路敷设方式	代号	线路敷设方式
PVC	用阻然聚氯乙烯硬质管敷设	E	明敷设	CE	沿天棚或顶板面敷设
SC	用焊接钢管敷设	WC	暗敷设在墙内	BE	沿屋架敷设
TC	穿电线管敷设	K	瓷瓶瓷柱敷设	CLE	沿柱敷设
WL	铝皮长钉敷设	PL	瓷夹板敷设	FC	沿地板或埋地敷设
PRE	塑料线槽敷设	SR	沿钢索敷设	WE	沿墙面敷设
T	电线管配线	M	钢索配线	F	金属软管配线

灯具安装方式的代号如表 11-10 所示。

灯具安装方式的代号   表 11-10

代号	线路敷设方式	代号	线路敷设方式
Ch	链吊式	CP	线吊式
P	管吊式(吊杆式)	CL	柱上安装
W	壁式	S	吸灯式
R	嵌入式(也适用于暗装配电箱)		

5. 单线和多线的表示方法

电气施工图电路的表示方法分为单线表示法和多线表示法。单线表示法是将同方向同位置的多根电线用一条线表示,因其图形表达简单,所以电气施工图多数采用单线表示法。多线表示法是将每根电线都画出来,其连接方式一目了然,但线条过多,影响图形的表达。

在单线表示法绘制的电气施工平面图上,用一根线条表示多条走向相同的线路,而在线条上划上若干短斜线表示根数(一般用于 3 根电线),或者用一根短斜线旁标注数字表示导线根数(一般用于 3 根以上的电线)。

6. 标注方式

配电线路上的标注格式如下所示:

$$a - b(c \times d)e - f$$

其中,a 为回路编号;b 为导线型号;c 为导线根数;d 为导线截面积(mm^2);e 为敷设方式及穿管管径;f 为敷设部位。

如某配电线路上标注有:$BV(4 \times 25)$ $1 \times 16FPC32 - WC$,$BV(4 \times 25)$ 表示有 4 根截面为 $25mm^2$ 的铜芯塑料绝缘导线;$1 \times 16FPC32$ 表示有 1 根截面为 $16mm^2$,直径为 $32mm$ 的塑钢管敷设;WC 表示暗敷在墙内。

照明灯具的表达如下所示:

$$a - b\frac{c \times d \times 1}{e}f$$

其中，a 为灯具数；b 为灯具型号或编号（无则省略）；c 为每盏灯的灯泡数量或管数；d 为灯泡或灯管的功率（W）；l 为光源种类；e 为安装高度（m）（安装壁灯时，指灯具中心与地面距离；安装吊灯时指灯具底部与地面距离，"−"表示吸顶安装）；f 为安装方式。

一般灯具标注，常不写型号，如 $5\frac{1 \times 40W}{2.8}$Ch，表示 5 个灯具，容量为 40W，安装高度为 2.8m，链吊式。

有时为了减少图面的标注，提高图面的清晰度，在平面图上往往不详细标注各线路，而只标注线路编号，另外提供一个线路管线表，根据平面图上标注的线路编号即可找出该线路的导线型号、截面、管径、长度等。

二、电气照明施工图的识读

室内电气照明施工图主要有施工说明、照明系统图和照明平面图等内容。

1. 电气照明施工说明

（1）电源　电源是从规划区内的变电亭埋地引入。电压等级为 380V/220V 电源。进户线采用 YJV22 − 0.6/1.0 kV 交联聚乙烯绝缘聚乙烯护套铜带铠装铜芯电缆，进户穿钢管保护。从建筑物北侧引入，直接进入一层的电源进线柜箱，室外电缆埋深 −0.8m，三相四线制。

（2）住宅用电指标　设计容量 6kW/每户，户内开关箱箱下皮距地 1.5m 暗装。

（3）照明配电　室内配电干线选用 BX −450/750W 聚乙烯绝缘聚铜芯导线穿钢管埋地暗敷设至各集中表箱。照明、插座均由不同支路供电，分别距地 1.4 m、0.3 m（空调插座距地 2.2 m）暗装。卫生间插座选用防潮、防溅型面板，安装高度均在 1.5 m 以上。所有插座回路均设漏电断路器保护。

2. 电气照明系统图

对于平房或电气设备简单的建筑，一般根据照明平面图即可施工。而多层建筑或电气设备较复杂的建筑，则常要画出照明系统图。

电气照明系统图主要用来表达建筑室内的照明及其日用电器等配电基本情况，包括所用的配电系统和容量分配情况、配电装置、导线型号、导线截面、敷设方式及穿管管径，开关与容断器的规格、型号等。系统图是表明电系统特性的一种简图。因此，一般不按比例绘制，也不反映电气设备在建筑中的具体安装位置。系统图用单线表示配电线路所用导线，用图框表示电气设备；用文字符号表示设备的规格、型号等。

如图 11-29 是住宅楼每户住宅的户内配电箱系统图。从图中可看到，配电箱一端是每户的总进线，为 3 根 $10mm^2$ 的硬塑绝缘铜芯线，穿 32mmPVC 管暗敷设在墙内或埋地敷设（BV − 450/750V 3 X10 PVC32 WC FC）。配电箱的另一端是 7 条线路，分别为：①号是照明线路（E9 NC10/1P）；②号是房间插座线路（E9 PN16 + 30mA）；③号是卫生间插座线路；④号是厨房插座线路；⑤号、⑥号、⑦号分别是专为两个卧室和一个起居室设置的空调插座线路。

3. 电气照明平面图

电气照明平面图主要表达室内照明线路和敷设位置与方式、导线的规格和根数、穿管管径、各种设备的数量、型号和相对位置。电气照明平面图的建筑部分采用与建筑平面图相同的比例绘制。导线和设备间的距离和空间位置采用文字标注的方法。

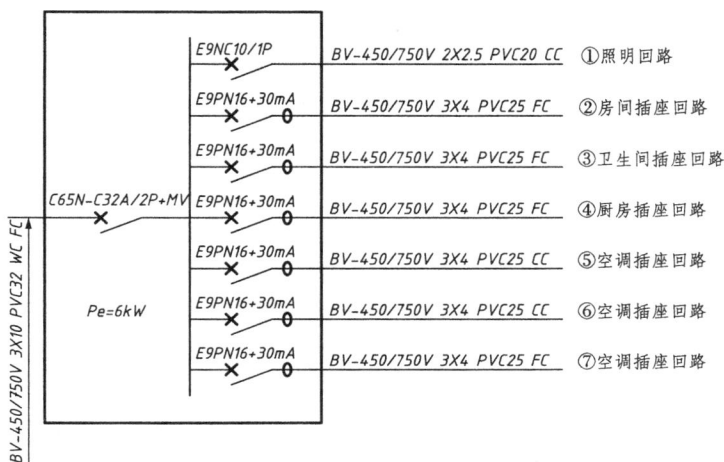

图 11-29　户内配电箱系统图

绘图时先用细实线画出建筑物的平面轮廓、墙柱的厚度、门窗位置;再用中实线以图形符号的形式绘制有关设备(如灯具、插座、配电箱、开关等);最后用粗实线画出进户线及连接导线,并加文字标注说明。

如图 11-30 为中间层室内电气照明平面图。该住宅楼单元每层有两户,电气照明设备在图上表达清晰。

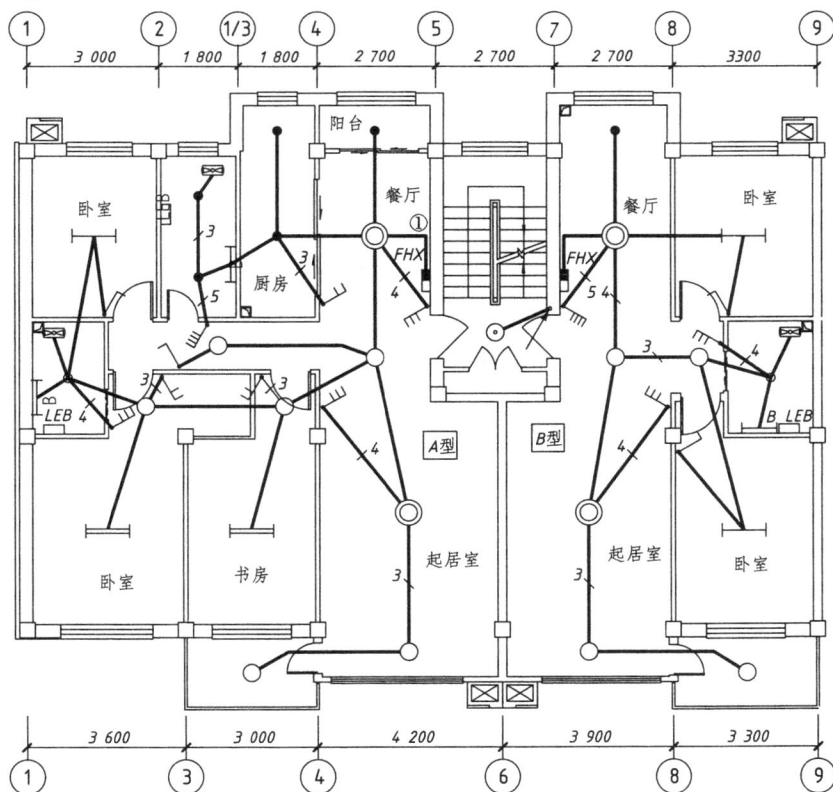

中间层照明平面图　1:100

图 11-30　中间层照明平面图

311

①号线路,从户内配电箱开始,向上配线,分别连接到各个房间的照明灯具和控制开关,以及卫生间的排风扇。每段线路的电线根数都表示在线路旁边,少于2根电线不表示,3根电线用3根短画线或用数字表示。左侧住户北向卧室装的单管荧光灯由暗装单级跷板开关控制,南向主卧室和书房装的是双管荧光灯和进门吸顶灯分别由一个两级跷板开关控制;主卧室卫生间装的吸顶防水灯和镜前灯、排气扇一起由一个三级跷板开关控制;厨房装的两个吸顶防水灯由一个二级跷板开关控制;餐厅装的吸顶环型荧光灯、阳台装的吸顶防水灯和过道装的吸顶灯共由一个三级跷板开关控制;起居室装的吸顶环型荧光灯、吸顶灯和阳面阳台装的吸顶灯共由一个三级跷板开关控制。公用大卫生间的两个吸顶防水灯和镜前灯、排气扇一起由一个四级跷板开关控制。参照左侧室内照明配制,很容易识读右侧室内的照明配制。

如图11-31是中间层插座平面图。② ~⑦号线路分别从FHX户内配电箱引出,②号线路提供各房间暗装单相安全型二三极插座回路用电;③号线路提供大小卫生间暗装电热水器和防水插座回路用电。④ 号线路提供厨房暗装插座回路用电;⑤ ~⑦号线路提供用空调房间暗装插座回路用电。

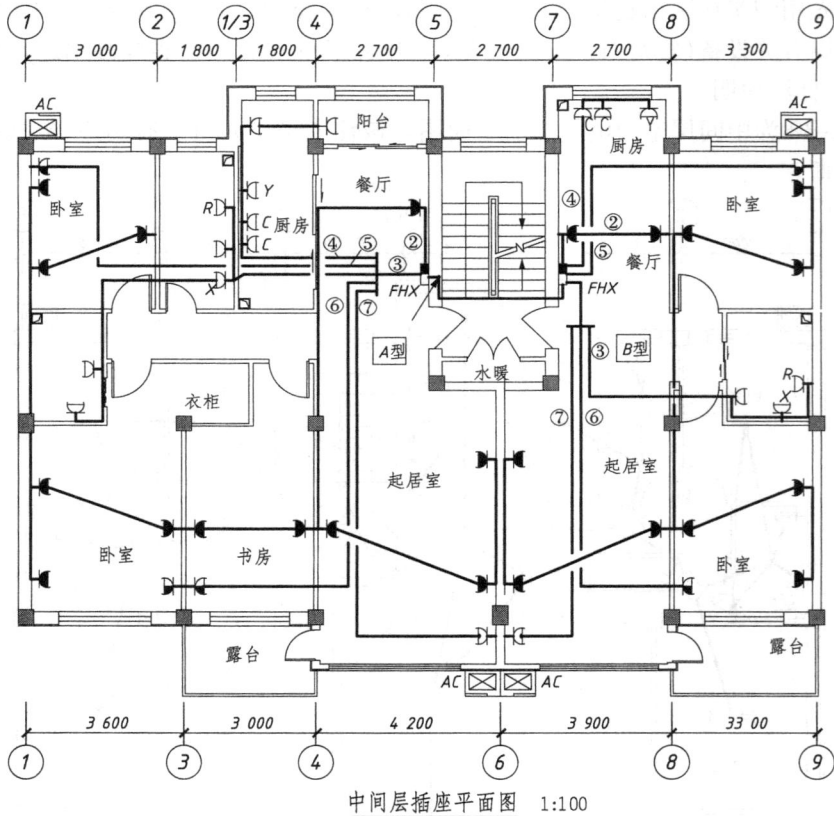

中间层插座平面图　1:100

图11-31　中间层插座平面图

第十二章　公路桥隧涵工程图

　　道路是一种带状结构物。根据它们不同的组成和功能特点,可分为公路和城市道路两种。道路由路线、路基、路面、立体交叉、桥梁、隧道、涵洞、防护工程和排水工程等部分组成。

　　道路路线通常用平面图、纵断面图和横断面图来表达。由于道路建筑在大地表面狭长地带上,道路的竖向起伏和平面的弯曲变化都与地形紧密相关,因此道路路线工程图的图示方法与一般工程图不同,它是以地形图作为平面图,以纵向展开断面图作为立面图,以横向断面图作为侧面图,并且各自画在单独的图纸上。道路其他组成部分的工程图都是在路线平面、纵断面、横断面的基础上,按照一定图式和规则来绘制的。

　　本章主要介绍公路路线工程图、城市道路路线工程图、道路交叉口工程图、桥梁工程图、隧道工程图和涵洞工程图。

第一节　公路路线工程图

　　公路路线是指沿公路前进方向的行车道中心线。公路路线的形状与其所经地带的地形、地物和地质条件有关,它通常是一条空间曲线。

　　公路路线工程图主要表示路线的空间位置、桥涵的位置以及沿线的构造物和地质情况等。这些内容分别示于路线平面图、路线纵断面图和路线横断面图中。

一、路线平面图

　　路线平面图就是公路路线在水平面上的投影图,它一般绘制在地形图上,用来表示道路的走向、线形(直线缓和曲线及组合圆曲线)以及公路沿线两侧一定范围内的地形、构造物(如房屋、桥梁、隧道、涵洞及其他构造物)的平面位置。在路线平面图上采用等高线表示地形,用图例来表示地物。

　　图 12-1 为某公路 K2 +935 ~ K4 +040 段的路线平面图,其内容包括地形部分和路线平面线形。

　　1. 地形部分

　　路线平面图上地形部分主要表达沿线两侧一定范围内的地形地物,并在设计路线时,借助它作为纸上定线移线之用。

　　(1)比例。为了反映路线全貌,并使图形清晰,根据地形起伏情况的不同,地形图采用不同的比例,一般在山岭重丘区采用1:2 000,平原微丘区采用1:5 000,本图比例采用1:2 000。

　　(2)指北针或坐标网。路线平面图上应画出指北针或坐标网,作为公路所在地区的方位

313

和走向,本图采用指北针。

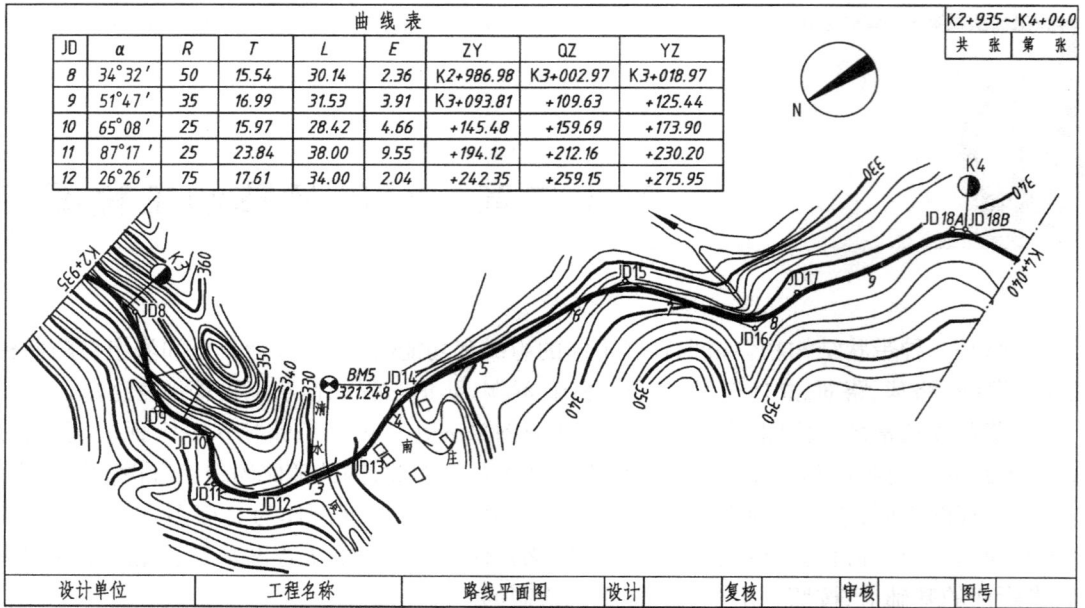

图 12-1　路线平面图

（3）地形地物。路线所在地带的地形图采用等高线的高程和图例表示,表示地物常用的平面图图例如表 12-1 所示。在地形图中,等高线的疏密不同,即可表示地势的陡缓变化程度。等高线每四条加粗一条（称为计曲线）,并注明高程（字头朝向地面上坡的方向）。如图 12-1 所示,计曲线高差为 10m,等高线的高差为 2m,图中左侧有一条小河,自西向东流。图中还标出了控制高程的水准点编号、位置和高程。水准点（BM）用符号"⊗"表示,如图 12-1 中的⊗ BM5/321.248,表示编号为 5 的水准点,它的高程为 321.248m。

平面图图例　　　　　　　　　　　　　　　　　　　　　　　　表 12-1

名　称	图　例	名　称	图　例
普通房屋		水准点	⊗
小路	— — — — — —	河流	
堤坝		桥梁	
旱田		涵洞	
树林		电讯线	•—•—•—•—

2.路线平面线形

路线平面线形一般用来表示公路中心线的平面尺寸和弯曲情况。

1）路线表示法

《道路工程制图标准》（GB 50162—92）规定,设计路线应采用加粗粗实线（宽度约为计曲线的 2 倍）,道路中线应采用点画线表示,路基边缘线采用粗实线表示。但若路线平面图所采用的绘图比例较小,无法将设计的公路路线宽度、路基边缘线按比例表示清楚时,可不必画出

314

路线宽度、路基边缘线,而是将设计路线沿公路中心线用加粗粗实线表示,如图 12-1 所示。

2)里程桩号

从路线起点到终点沿公路前进方向的公路中心线上,一般在左侧标里程桩(km)编号,用 ◖ 表示,如 K3,即离路线起点 3km;右侧标出百米桩,标记出阿拉伯数字 1、2、3···数字写在路线上加有"│"短细线的端部,字头朝上或向路的前进方向。里程桩和百米桩的引出线均与路线垂直。

3)平曲线要素

线路的平面线形有直线和曲线。对于公路转弯处的曲线形路线,在平面图中采用交角点(公路转弯点,简称交点)编号来表示。如图 12-2 所示。JD_n 表示第 n 号交点。α 为偏角,它是沿路线前进方向,向左或向右偏转的角度。弯道曲线按设计半径 R 设置,其相应的半径(R)、切线长(T)、曲线长(L)、外矢距(E)和偏角(α),统称平曲线要素。

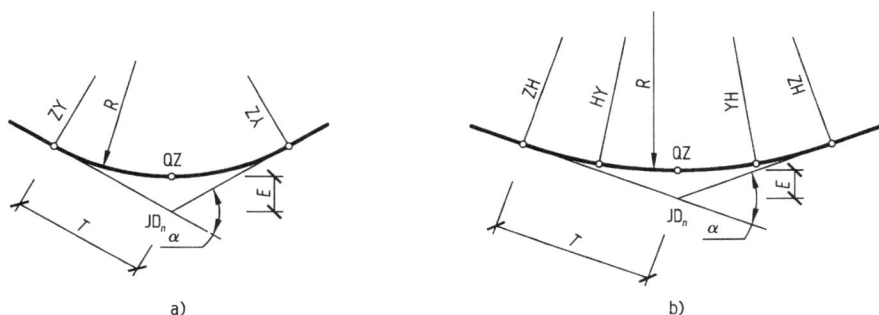

图 12-2 平曲线要素
a)不设缓和曲线的平曲线;b)有缓和曲线的平曲线

图 12-2 为平曲线设置的两种类型,图 12-2a)为不设缓和曲线的平曲线,路线平面图中标出曲线起点 ZY(直圆),中点 QZ(曲中)和曲线终点 YZ(圆直)三个特征。图 12-2b)所示为带有缓和曲线的平曲线,它从直线到圆曲线(R)之间有一段过渡曲线称缓和曲线,其带有缓和曲线的弯道各特征桩为 ZH(直缓)、HY(缓圆)、QZ(曲中)、YH(圆缓)、HZ(缓直)五个,其桩位位置如图 12-2b)所示。

4)其他

若地形图采用 1∶1 000 或较大比例,也可以画出路基宽度以及填方、坡脚线和开挖的边界线。在平面图上路线前进方向规定从左往右,以便和纵断面图对应。

3.路线平面图绘制要点

(1)先画地形图,然后再画路线中心线。

(2)等高线按先粗后细步骤徒手画出,要求线条圆滑过渡。计曲线标注时字头应朝向高处。

(3)路线平面图应从左向右绘制,桩号按左小右大顺序标注。

(4)路线中心线用宽度约为计曲线 2 倍的粗实线,按先曲线后直线的顺序画出。

(5)当一条路线的平面图分画有几张图纸上时,每张图纸中路线的起止处,都要画上与路线垂直的点画线作为接图线,并标注该处桩号,如图 12-3 所示为路线图幅拼接示意图。

(6)平面图的植物图例,应朝上或向北绘制。每张图纸的右上角应有角标(或用表格形式),注明该张图纸的序号及总张数。

（7）路线平面图一般绘制在 A3 图纸上，根据路线长度需要，也可进行加长，但应符合有关制图的加长规则。

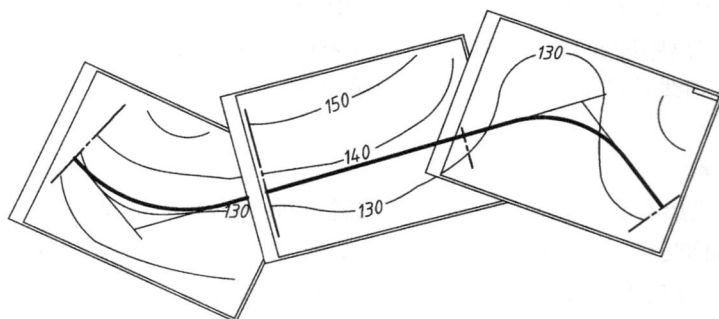

图 12-3　路线图幅拼接示意图

二、路线纵断面图

路线纵断面图是通过公路中心线用假想的铅垂面进行剖切展平后得到的。由于公路是由直线和曲线组成的，因此剖切平面是由平面和柱面组成。为了清晰地表达路线纵断面情况，采用展开的方法将断面展平成一平面，然后进行投射，形成了路线纵断面。

路线纵断面图一般用来表达路线中心线沿前进方向（纵向）的线形以及地面起伏、地质和沿线设置地形、地物的概况。因此纵断面图包括纵断面的地面线、设计线、竖曲线、地物、地质剖面、资料表等内容。如图 12-4 所示的路线纵断面图，其内容包括图样和资料表两大部分。

1. 图样部分

1）比例

纵断面图中的水平方向长度，表示路线长度，垂直方向高度表示地面及道路设计线的高程。由于设计线的纵向坡度较小，因此它的高差比路线的长度小得多，如果水平方向与垂直方向用同一种比例画，就很难把垂直方向高差清楚地表达出来，所以规定垂直方向的比例比水平方向的比例放大 10 倍画出。水平方向比例尺用 1:2 000、1:5 000、1:10 000，垂直方向相应地用 1:200、1:500、1:1 000。平原微丘区一般采用较小比例尺，山岭重丘区采用较大比例尺。本图水平方向采用 1:2 000，垂直方向采用 1:200，这样，图上所画的坡度较实际的大，看起来比较明显。在纵断面图中一般在左侧的路线起始处，常画一铅垂的表示高程位置的标尺，以利于读图和画图。

2）地面线

图样中不规则的细实线折线表示设计中心线处的纵向地面线，它是根据顺着路线中心原地面上一系列中心桩的地面高程连接而成的。具体画法是将水准测量得到的各桩高程，按水平方向 1:2 000 定出纵向桩位坐标位置，再按 1:200 在桩位的垂直方向上绘其桩号高程。然后顺次用细实线把各点连接起来，即为地面线。表示地面线上各点的高程称为地面高程。

3）设计线

图中粗实线为公路纵向设计线，它表示路基边缘的设计高程。它是根据地形、技术标准等设计出来的。比较设计线与地面线的相对位置，可决定填、挖地段和填、挖高度。

316

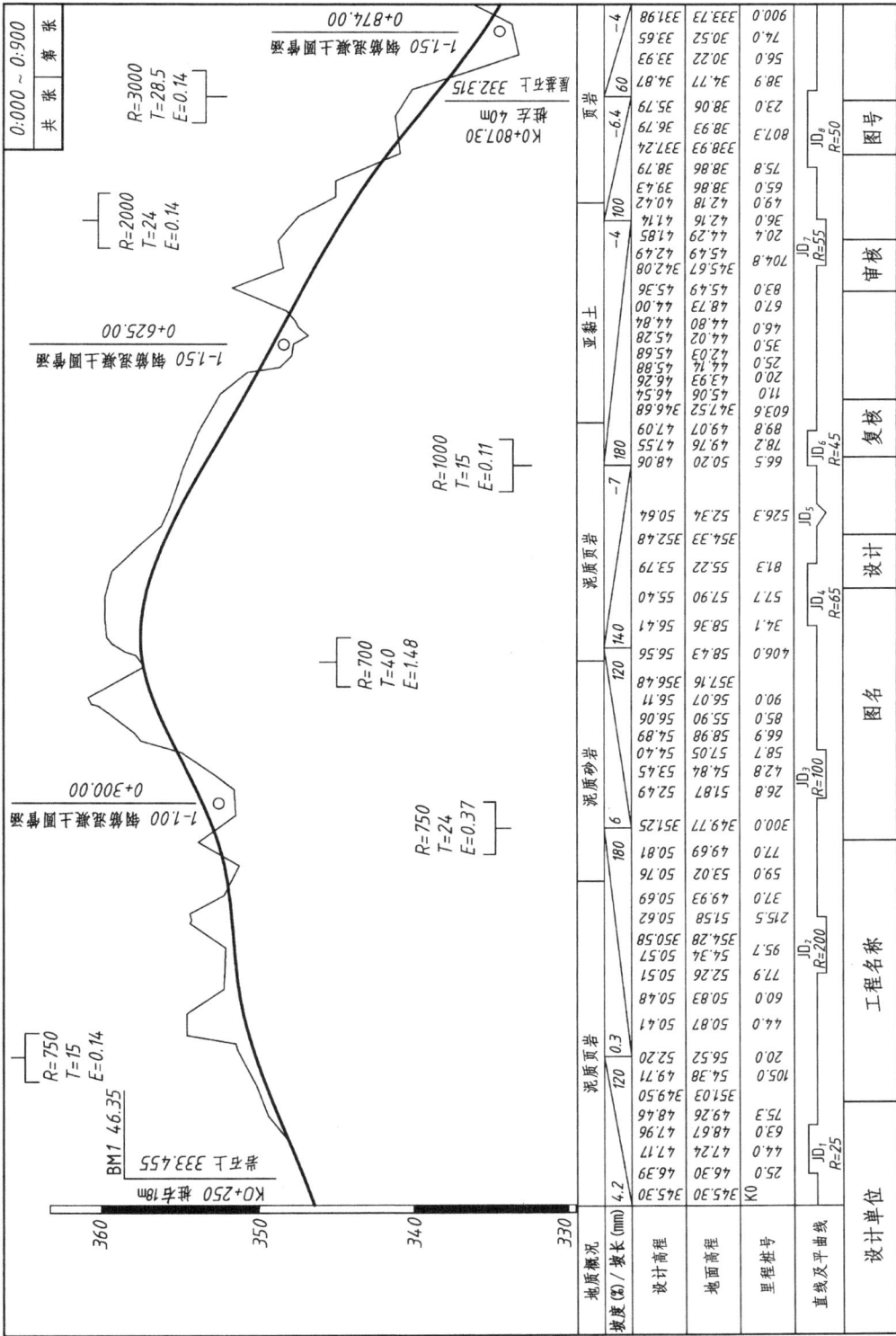

图 12-4　路线纵断面图

4）竖曲线

在设计线纵坡变更处，应按相关规范的规定设置圆弧的竖曲线，以利于汽车行驶。竖曲线分为凸形和凹形两种，分别用"⌐—⌐"和"⌐—⌐"符号表示，并在其上标注竖曲线的半径 R、切线长 T 和外矢距 E。图 12-4 中在 K0 +120 处设有一个凸形竖曲线，竖曲线半径为 $R = 750\text{m}$，切线长为 $T = 15\text{m}$，外矢距为 $E = 0.14\text{m}$。

5）构造物

图样中还应在所在里程处标出桥梁、隧道、涵洞、立体交叉和通道等人工构造物的名称、规格及中心里程。如图 12-4 所示，分别标出了这段路线上设置的三个钢筋混凝土圆管涵的位置和规格，如 $\dfrac{1-1.00\ 钢筋混凝土圆管涵}{0+300.00}$，表示在 K0 +300 处设置了一个孔径为 1m 的钢筋混凝土圆管涵。另应有"涵洞一览表"可查，在此省略。

6）水准点

沿线设置的水准点，都应按所在里程的位置标出，并标出其编号、高程和路线的相对位置，图 12-4 采用坐标控制点高程，纵断面上未标出。

2. 资料表部分

资料表包括地质概况、坡度/坡长、设计高程、地面高程、里程桩号以及平曲线等。路线纵断面图的资料表是与图样上下对应布置的。

（1）地质概况。标出沿线的地质情况，为设计、施工提供资料。

（2）坡度/坡长。坡度/坡长是指设计线的纵向坡度和其水平投影长度，可在坡度/坡长栏目内表示，也可在图样纵坡设计线上直接表示。如图 12-4 所示，由图样纵坡设计线可看出 K0 +300 ~ K0 +566.5 段是坡长 120m，坡度 6% 的上坡；到 K0 +406 变成坡长为 140m，坡度为 -7% 的下坡，桩号 K0 +406 是变坡点，设凸形竖曲线一个，其竖曲线半径为 $R = 700\text{m}$，切线长为 $T = 40\text{m}$，外矢距为 $E = 1.48\text{m}$。

（3）高程。高程分设计高程和地面高程，它们和图样相对应，两者之间的差，就是填挖的数值。

（4）桩号。按测量所得的数字，以千米、百米为单位定桩号并填入表内，一般间隔 20m 设置一个桩号。

（5）平曲线。平曲线一栏是路线平面的示意图，直线段用水平线表示，曲线弯道用下凹"⌐—⌐"或上凸"⌐—⌐"折线表示，下凹表示沿路线前进方向左转弯，上凸表示沿路线前进方向向右转弯。如图 12-4 所示"直线与平曲线"一栏中：JD_3，$R = 100$，折线下凹，表示第 3 号交点沿路线前进方向左转弯，平曲线半径 100m，结合纵断面情况，可想象出该路段的空间线形形状。

路线平面图与纵断面图一般安排在两张图纸上，在某种情况下，也可放在同一张图纸上。如高等级公路，因设计要求其平曲线半径较大，平面图与纵断面图长度相差不大，故一般放在同一张图纸上，相互对应。

3. 画路线纵断面图应注意的问题

（1）路线纵断面图一般画在透明的方格纸上，画图时要使用图纸的反面，这是为了在擦改时能够保留住方格线。

（2）纵断面图画图顺序，先画资料表、填注里程、地面高程、设计高程、平曲线、然后绘制纵断面图，并画出桥、隧、涵等人工构造物。

(3)纵断面图的标题栏绘在最后一张图或每张的下方,注明路线名称,纵横比例等。每张图纸右上角应有角标,注明图纸序号及总张数,如图12-4所示。

三、路基横断面图

路基横断面图是在路线的各个中心桩处,用垂直于路线中心线的剖切面剖切道路路基,画出剖切平面与地面交线及设计的道路横断面,称之为路基横断面图。

1.路基横断面图形式

路基横断面图的形式如图12-5c)所示,是一个路基横断面的示意图。从图中可以看出,左侧大部分路基需要在原地面线之上填土,称为填方路基,右侧小部分路基需将原地面下挖,称为挖方路基。因此这是一个半填半挖的路基断面形式。除此以外,还有全部填方(路堤)或全部挖方(路堑)等形式,如图12-5a)、b)所示。

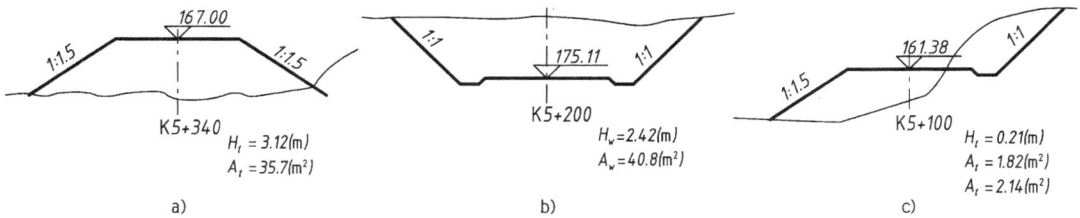

图12-5 路基横断面基本形式
a)路堤;b)路堑;c)半填半挖

2.路基横断面图的内容

(1)比例。路基横断面图的纵横向采用同样比例,一般用1:200,也可用1:100或1:50。

(2)里程桩号。每个横断面都应注上桩号。横断面图的顺序应是沿着桩号从下到上,再从左到右画出,如图12-6所示,路基典型横断面图。

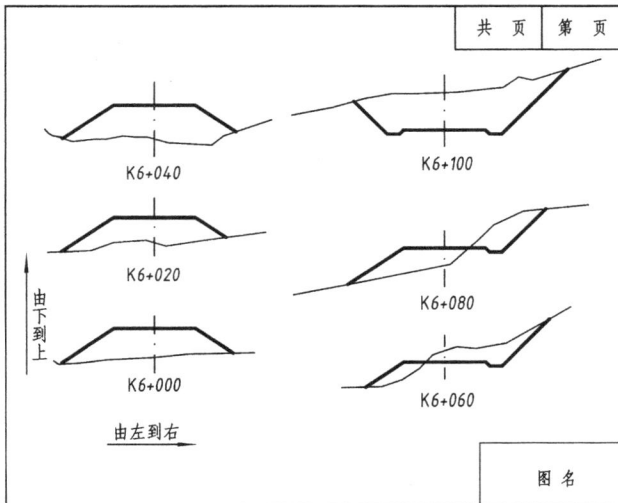

图12-6 路基横断面图

(3)路基断面工程量。注明边坡坡度,填(H_t)、挖(H_w)高度,填方(A_t)、挖方(A_w)工程数量,如图12-5所示。

319

3. 画路基横断面图应注意的问题

(1)路基横断面图应画在透明坐标纸反面上,以便计算断面的填挖方面积。

(2)路基横断面图应按桩号的顺序排列,并从图纸的左下方开始,先由下向上,再由左向右排列。

(3)地面线用细实线表示,设计线用粗实线表示,路中心线用点画线表示。

(4)每张路基横断面图的右上角应注明图纸的编号及总张数。

第二节　城市道路路线工程图

城市沿街两侧建筑红线之间的空间范围作为城市道路、绿化和敷设各种管线用地。城市道路主要由机动车道、非机动车道、人行道、分隔带、绿化带、交叉口、交通广场及高架桥道路、地下道路等组成。与公路相比,城市道路具有组成复杂、功能多样、行人众多、交通量大、交叉点多等特点,因此,在城市道路的线形设计中,横断面设计是矛盾的主要方面,所以城市道路的线形设计应先作横断面图,再作平面图和纵断面图。

一、横断面图

1. 城市道路横断面图的基本形式

城市道路横断面图在直线段是垂直于道路中心线方向的断面图形,而在平曲线上则是通过切点并垂直于其切线方向的断面图形。城市道路横断面图由车行道、人行道、绿化带和分隔带等部分组成。

根据机动车道和非机动车道的不同布置形式,道路横断面的基本布置形式有如图 12-7 所示四种。

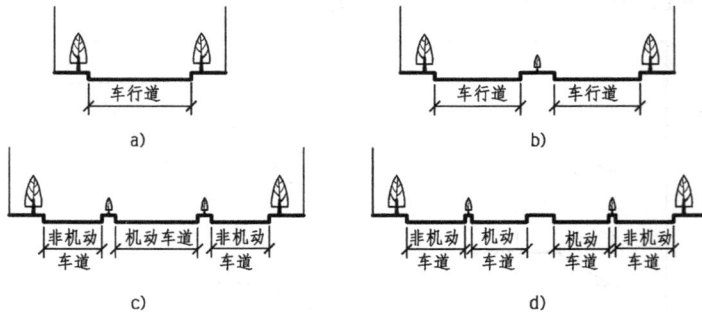

图 12-7　城市道路横断面布置的基本形式
a)一块板;b)两块板;c)三块板;d)四块板

2. 横断面图的内容

1)绘制各个路段上的标准横断面图

标准横断面一般采用 1:100 或 1:200 的比例尺。在图上画出红线宽度、车行道、人行道、绿化带、照明、新建或改建的地下管线等各组成部分的位置和宽度,以及排水方向、横坡等。如图 12-8 所示,表示了某城市道路从 K4+048～K6+280 设计横断面的基本形式,称为从 K4+048～K6+280 的标准横断面图。图中表示出该段路的断面采用四块板断面形式,并表示了各组成部分的宽度以及设计结构。

另外,为满足远景交通量要求,对城市道路干道应画出远期规划横断面图,该图一般与标准横断面图、路面结构图及路拱大样图绘制在同一张图纸上。

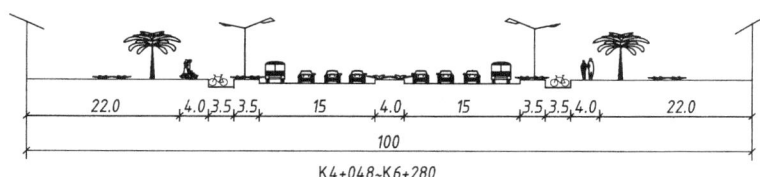

图 12-8　标准横断面图

2)绘制各个中线桩处的现状横断面图

城市道路横断面图需绘出各个中线桩处的现状横断面图。图中应包括横向地形、地物,中心桩地面高程、路基路面、横坡、车行道、人行道等,一般采用 1:100 或 1:200 的比例尺,直接在坐标计算纸上绘制,横距表示水平距离,竖距表示高程。竖、横坐标通常都采用相同的比例。先在图纸上定中心线的位置,然后将中心桩的地面高程和中心桩左右两侧各地形点的高程标注出来,连接各点即得现状横断面的地面线,并注写桩号和高程。在一张图纸上可以绘制若干个断面,一般是以桩号为序自下而上、自左而右地布置。

3)施工横断面图

在画出各个桩号的现状横断面图后,标注出中心线的设计高程,以相同的比例尺,把设计横断面(标准横断面)画上去,计算土石方工程量和施工放样的断面图,就是以此图作为依据,故也称为施工横断面图。

二、平面图

城市道路平面图与公路平面图相似,同样用来表示道路的方向和线形。由于城区地形图的比例较公路的大,一般采用 1:500 或 1:1 000 的比例尺,且市区道路也较公路宽,因此,道路宽度按实际比例画出。如图 12-9 所示,为带有平面交叉口的一段城市道路平面图。主要表示了交叉口和路段的平面设计情况。

1.道路部分

(1)道路中心线用点画线表示,道路中心线上应标有里程,如图 12-9 所示的平面图表示从 K3 +920 ~ K4 +220 一段的道路平面图。

(2)道路平面图内用" + "符号表示坐标网,以确定道路的走向,同时画出指北针用来表示路的方向,由图 12-9 可知路线走向是南北向,读图时可几张图拼起来阅读。

(3)城市道路平面图的车道、人行道的分布和宽度可按比例画出,由图 12-9 可知,路线南北方向道路宽为 62m,两侧机动车行车道宽度均为 12m,中间分隔带宽度为 6m;非机动车道宽度为 7m,两侧分隔带宽度为 2m;人行道宽度为 7m。共有 3 个分隔带,所以该路段为"四块板"断面布置形式。图中与南北路平面交叉的路为东西走向。

2.地形和地物部分

(1)城市道路所在的地势一般比较平坦,除用等高线画出地形外,还要画出较多的地形点来表示高程。等高线间距视地形及所用的比例尺而定,一般采用 0.1m、0.2m 或 0.5m。

(2)本段路属扩建的城市道路,图中画出了用地线的位置,它是表示施工后的道路占地范围。该地区的地物和地貌情况可在表 12-1 中查得。

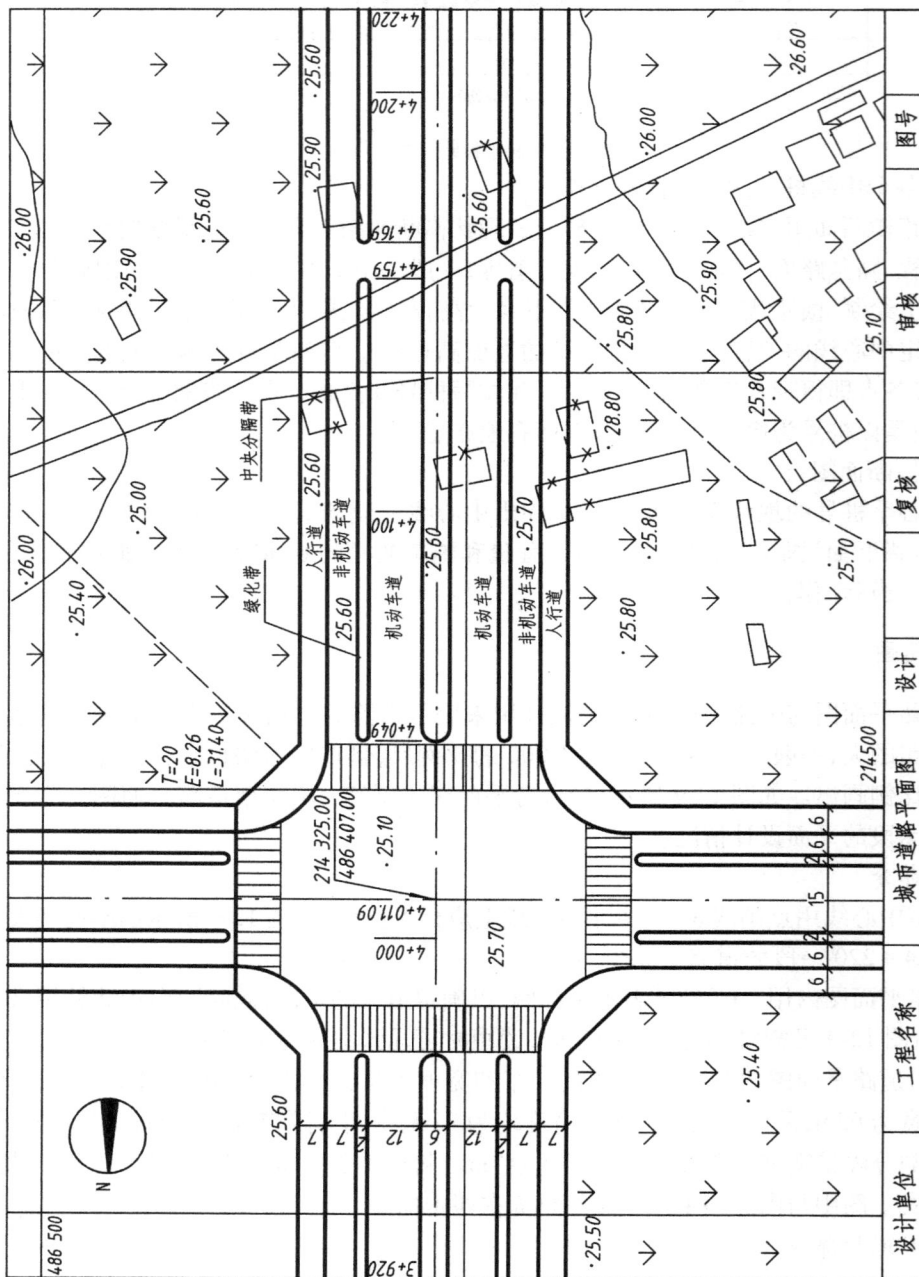

图 12-9 城市道路平面图

322

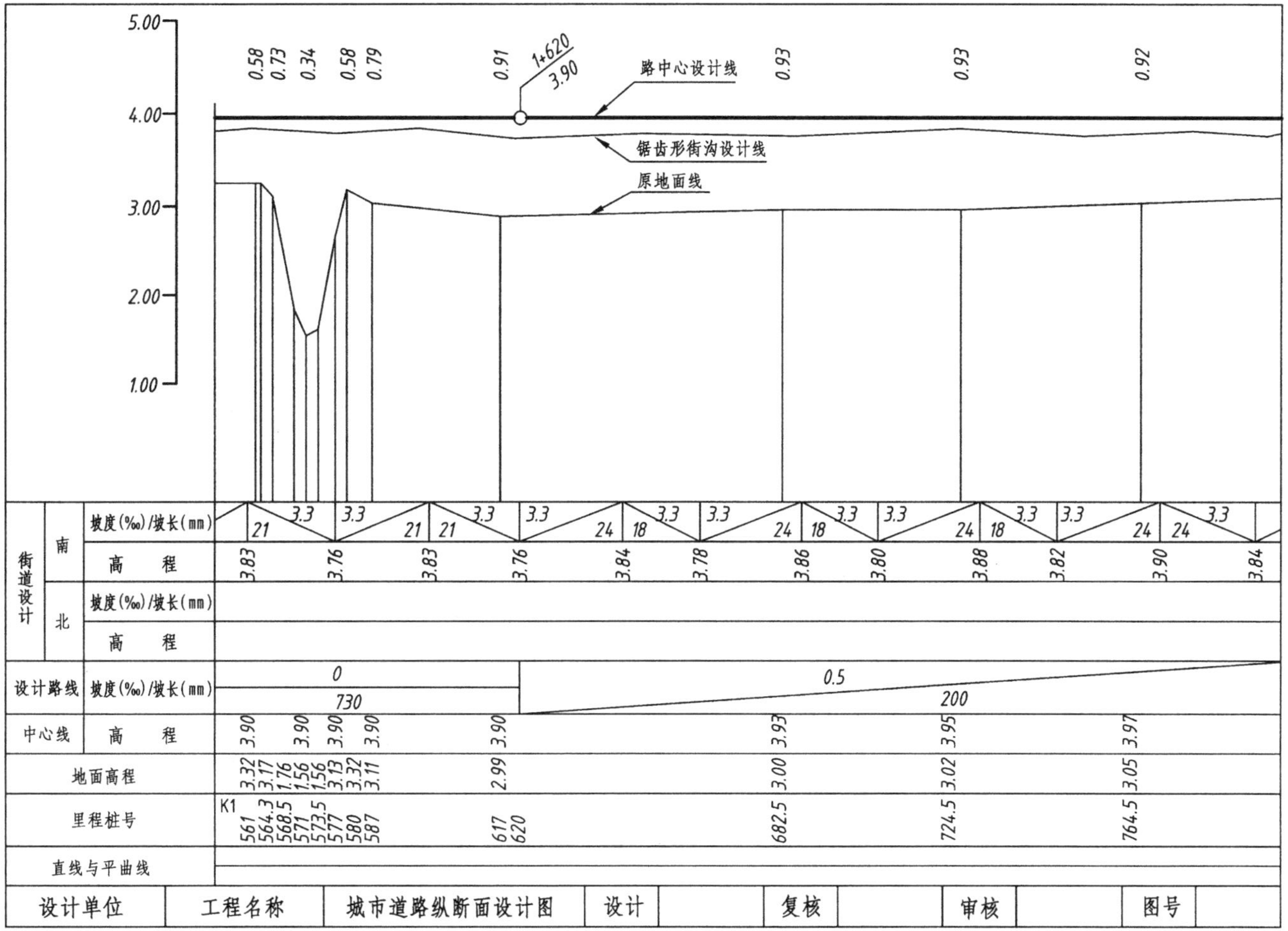

图中（旋转90°）城市道路纵断面设计图

路中心设计线
锯齿形街沟设计线
原地面线

1+620
3.90

坡度标尺：5.00　4.00　3.00　2.00　1.00

街道设计	南	坡度(‰)/坡长(mm)		
		高　程		
	北	坡度(‰)/坡长(mm)		
		高　程		
设计路线 中心线		坡度(‰)/坡长(mm)		
		高　程		
地面高程				
里程桩号				
直线与平曲线				
设计单位		工程名称	设计	复核	审核	图号

城市道路纵断面设计图

图12-10　城市道路纵断面设计图

323

三、纵断面图

城市道路纵断面也是沿道路中心线的展开断面图,其作用与公路路线纵断面图相同。其内容也是图样和资料表两部分组成。

1. 图样部分

城市道路纵断面的图样部分完全与公路路线纵断面的图示方法相同,如绘图比例竖直方向较水平方向放大 10 倍表示等。但内容与公路路线纵断面图有些不同,如设置锯齿形街沟等。图样画法与公路路线纵断面图的画法基本相同,如图 12-10 所示。

在市区主干道的纵断面设计图纸上,需标出相交道路的名称、交叉口的交点高程以及街坊与重要建筑物出入口的高程等。

2. 资料表部分

城市道路纵断面图资料表基本上与公路路线纵断面图相同,要求与道路中心、地面线图样上下对应,并且要标注有关设计内容。

城市道路除画出道路中心线的纵断面之外,当纵坡小于 0.3% 时,道路两侧街沟一般设置锯齿形街沟,来满足排水要求,并分别标出雨水进水和分水点的设计高程。图 12-10 中的 1 + 620/3.90 就是一个雨水进水和分水点,其设计高程为 3.90m。

第三节　道路交叉口工程图

道路与道路(或铁路)相交所形成的共同空间部分称为交叉口。根据相交道路所处的空间位置,道路交叉口可分为平面交叉口和立体交叉两大类。

一、平面交叉口

1. 平面交叉口的形式

常见的平面交叉口如图 12-11 所示。其中最常见的是构造简单,交通组织方便的十字交叉。其次是用中心岛(转盘)组织车辆,按逆时针方向绕中心岛单向行驶的环形交叉。

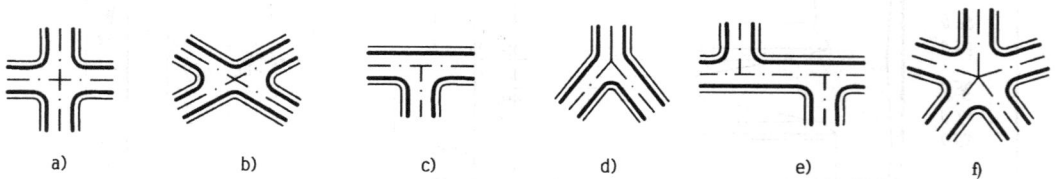

图 12-11　平面交叉形式
a)十字形;b)X 字形;c)T 字形;d)Y 字形;e)错位形;f)环形

平面交叉口设计图包括平面图和断面图两种,对于简单的平面交叉口,有时将这两种图合并为一张交叉口设计图,如图 12-12 为某城市道路 K1 +380 交叉口设计合并图。

2. 平面交叉口的画法

(1)在 1:200 或 1:500 的地形图上(本例图采用 1:500),以相应道路的中心线为坐标基线,用细实线画方格网,方格网一般用 5m×5m 或 10m×10m,并平行于路中线。也可以根据道路宽窄选其他尺寸的方格网,本例采用的是 7.5m×7.5m 的方格网。标出方格网各交叉点的设计高程。

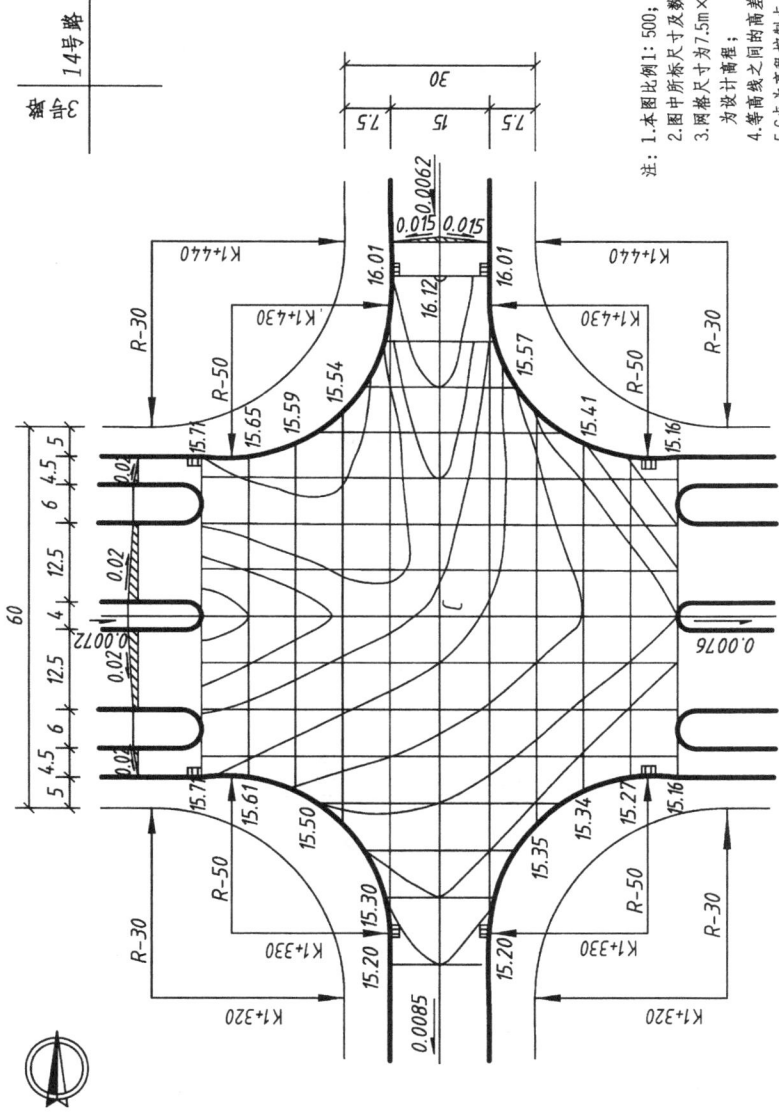

图 12-12 某城市道路 K1+380 交叉口设计图

（2）画出已建或拟建的排水管道位置，并标出其高程。

（3）画出交叉口各相交道路的宽度、纵坡、横坡及坡度。

（4）画出交叉口控制高程和四周建筑物高程。相邻等高线的高差一般为 $0.02 \sim 0.1 m$，本例等高线高差为 $0.1 m$。

二、立体交叉口

当交叉口的交通量很大，经常发生交通拥挤、阻塞现象，或位于高等级公路、城市快速道路上的交叉口一般应采用立体交叉。立体交叉按上、下位置的不同，分下穿式（隧道式）和上跨式（跨路桥式）两种基本形式。在结构形式上按有无匝道连接立体交叉分为分离式和互通式两种，在城市道路中多采用互通式立体交叉。

立体交叉图一般包括平面布置图，纵断面图、横断面图、透视图和竖向设计图等，这里只介绍前三种。

1. 互通式立体交叉口的常见类型

互通式立体交叉口的常见形式如图 12-13 所示，图中的 a)、b)、c)、d)为完全互通式立交，e)和 f)为部分互通式立交。

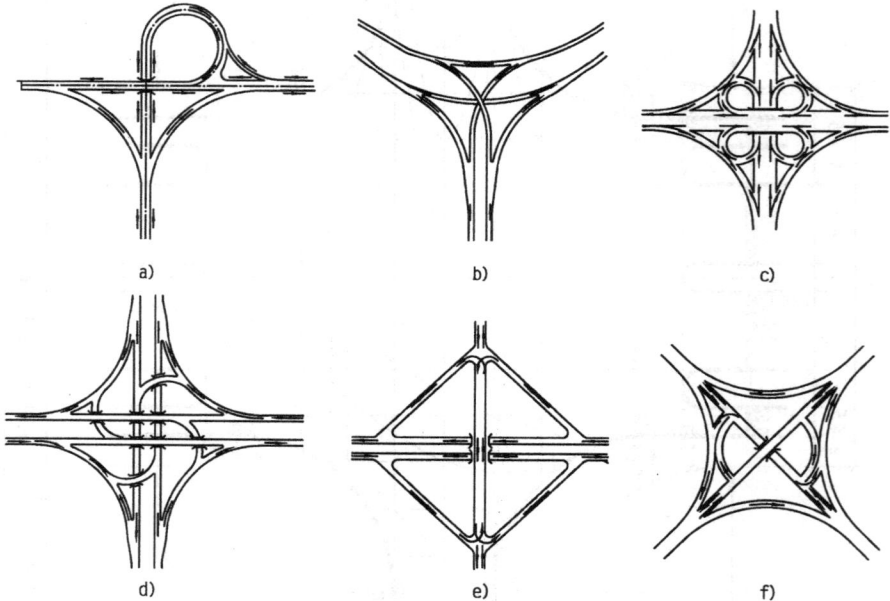

图 12-13 立体交叉口

a)三路相交喇叭形；b)三路相交 Y 形；c)四路相交两层苜蓿叶形；d)四路相交涡轮形；e)四路相交菱形；f)四路相交半苜蓿叶形

2. 立体交叉口工程图的图示方法

（1）平面布置图。如图 12-14 所示，是三路相交互通式立体交叉口平面布置图。图中标出了四条匝道起终点的位置及相应里程桩号、相交道路走向、收费站位置。

（2）纵断面图。立体交叉口的纵断面图可分为主线纵断面图和匝道纵断面图两类，其内容与公路或城市道路纵断面图基本一致，但一般都略有简化。

（3）横断面图。如图 12-15 所示为立体交叉的干道横断面图，图中画出了桥孔宽度、路面横坡以及雨水管、雨水口的位置。

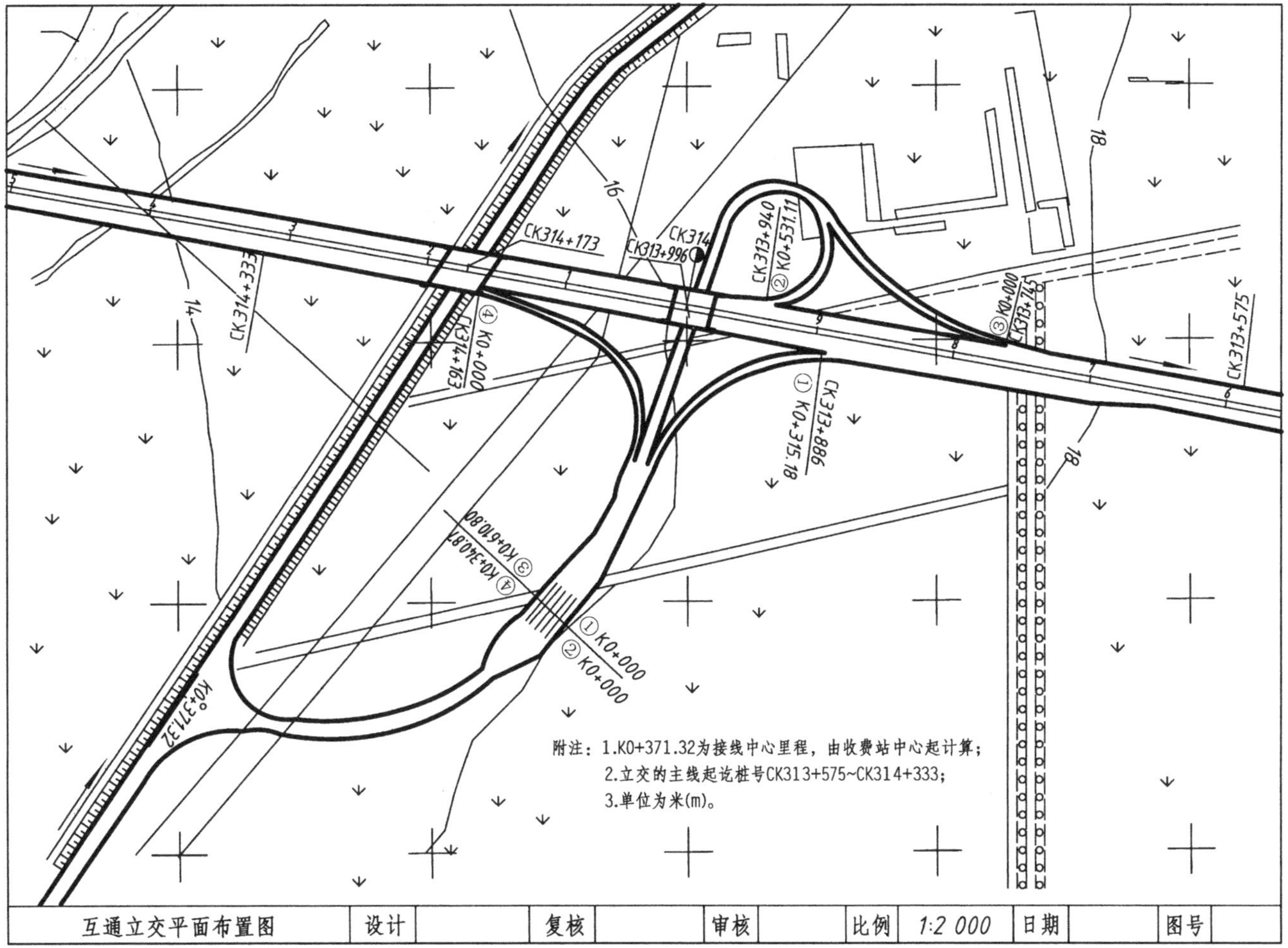

图 12-14 互通式立体交叉口平面布置图

附注：1. K0+371.32 为接线中心里程，由收费站中心起计算；
2. 立交的主线起讫桩号 CK313+575～CK314+333；
3. 单位为米 (m)。

互通立交平面布置图

图号	日期	比例 1:2 000	审核	复核	设计

327

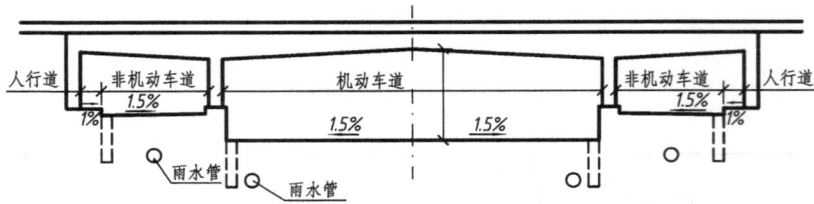

图 12-15 立体交叉的干道横断面图

第四节 桥梁工程图

道路通过江河、山谷和低洼带时就需要修筑桥梁来保证车辆的正常行驶和水流的宣泄。桥梁主要由两部分组成：上部结构（主梁或拱圈和桥面系等桥跨结构）；下部结构（指桥墩、桥台及基础等支承结构）。

桥梁的结构形式很多，有梁式桥、拱桥、刚架桥、吊桥四种基本体系。

按桥梁主要承重结构所用的材料，桥梁又可分为圬工桥、钢筋混凝土桥、预应力混凝土桥、钢桥和木桥等。目前采用较多的是钢筋混凝土桥。

一座桥梁的图纸，应将桥梁的位置、整体形状、大小及各部分的结构、构造、施工方法和所用材料等详细、准确地表示出来。一般需要以下几方面的图纸：

（1）桥位地形、地物、地质、水文等平面图。

（2）桥型布置图。

（3）桥的上部、下部构造和配筋图等设计图。

桥梁工程图主要特点如下：

（1）桥梁的下部结构大部分埋于土或水中，画图时常把土和水视为透明的或揭去不画，而只画构件的投影。

（2）桥梁位于路线的一段之中，标注尺寸时，除需要表示桥本身的大小尺寸外，还要标注出桥的主要部分相对于整个路线的里程和高程（单位为米（m），精确到厘米（cm）），便于施工和校核尺寸。

（3）桥梁是大体量的条形构筑物，画图时均采用缩小的比例，但不同种类的图比例各不相同，常用的比例如表 12-2 所示。

桥梁图常用比例参考表   表 12-2

图 名	常 用 比 例	说 明
桥位平面图	1:500、1:1 000、1:2 000	小比例
桥位地质断面图 桥头引道纵断面图	纵向 1:500、1:1 000、1:2 000	小比例
	竖向 1:100、1:200、1:500	普通比例
桥型布置图	1:50、1:100、1:200、1:500	普通比例
构件结构图	1:10、1:20、1:50、1:100	大比例
详图	1:2、1:3、1:4、1:5、1:10	大比例

桥梁的结构形式很多，采用的建筑材料有砖、石、混凝土、钢材和木材等多种。无论其形式和建筑材料如何不同，但在画图方面均相同。在此选取某桥的部分图纸，借以说明。

328

一、桥位平面图

桥位平面图,主要用来表示桥梁和道路连接的平面位置,图上应画出道路、河流、水准点、钻孔及附近的地形和地物(如房屋、桥梁等),在此基础上画出桥梁在图中的平面位置及其与路线的关系以便作为设计桥梁、施工定位的依据。

如图 12-16 所示为某桥桥位平面图,在 1:2 000 的地形图上,设计的路线用粗实线表示,桥用符号示意。从图 12-16 中可以看出,路线由西南走向东北,桥位于 K63 + 702.25 ~ K63 + 761.75 处,跨越清河,桥的引道起点是 K63 + 445.73,终点是 K63 + 938.63。图上除了画出路线平面形状、地形和地物外,还画出了钻孔孔位(孔 1、孔 2 和孔 3)、水准点的位置及其高程 $\frac{BM1}{95.106}$ 和 $\frac{BM2}{98.250}$。

桥位平面图中植被、水准点标注符号等均应朝北,而图中文字方向则可按照路线工程图有关技术要求来决定。

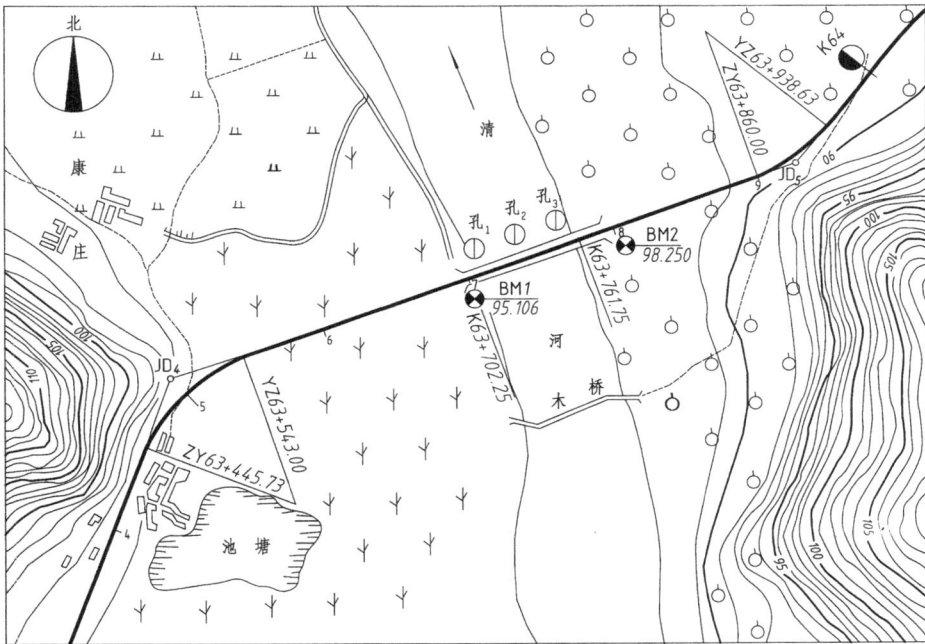

图 12-16 ××桥桥位平面图

二、桥型总体布置图

桥型总体布置图,主要表明该桥的桥型、孔数、跨径、总体尺寸、各主要部分的相互位置及其里程与高程、材料数量以及总的技术说明等。此外,河床断面形状、常水位、设计水位以及地质断面情况等也都要在图中示出。如图 12-17 为某桥的桥型总体布置图,其比例为 1:200。

1. 立面图(纵剖面图)

立面图是用于表明桥的整体立面形状的投影图。因为桥在纵向(行车方向)两端对称,故采用半个纵剖面图(一般沿桥面中线剖开)分别表示全桥的纵向外形和内部构造,并在图的上

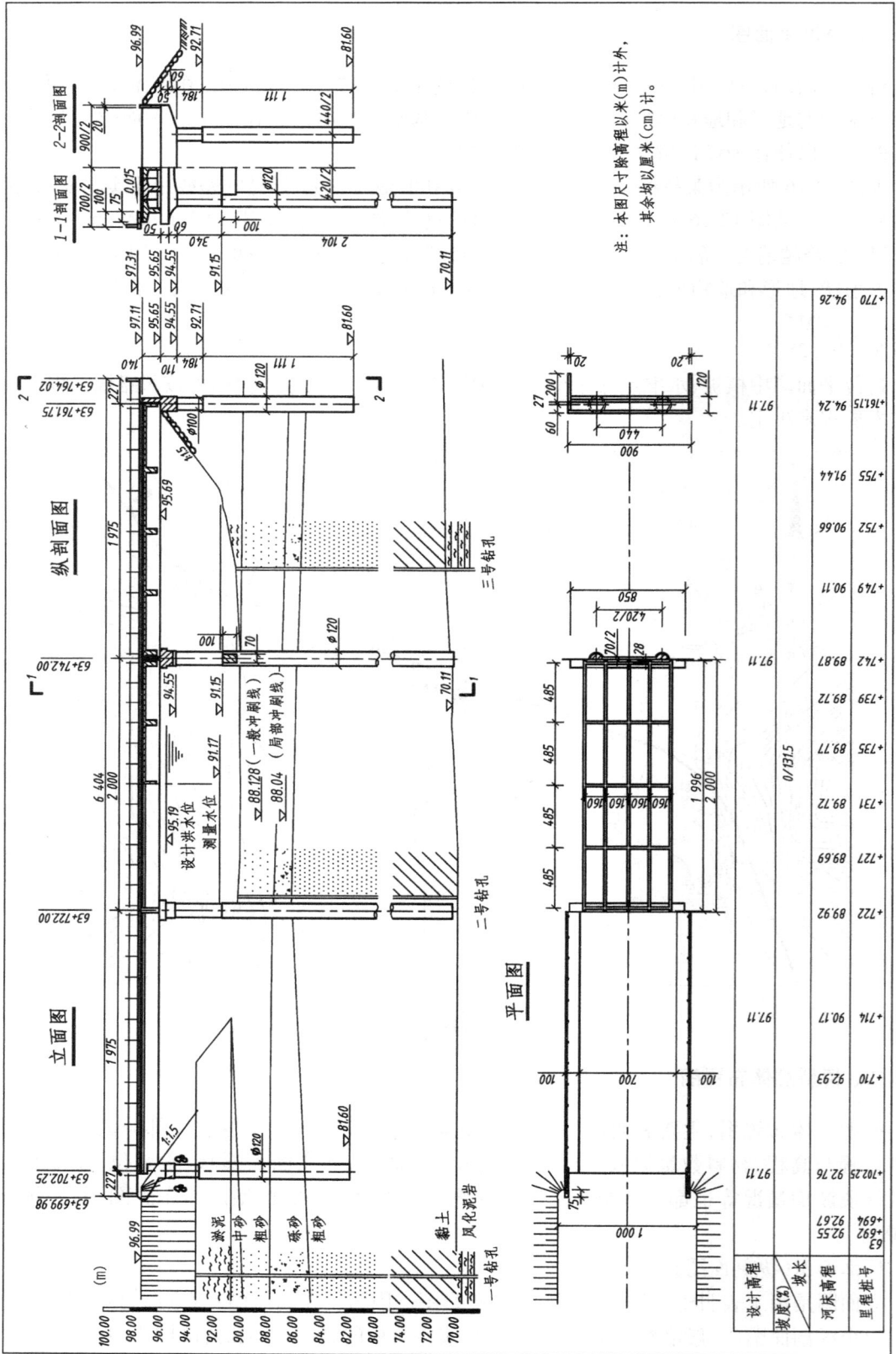

图 12-17 桥型布置图

方分别标明名称。从图 12-17 中可以看出,该桥的下部结构共有两桥墩和两桥台组成。全桥共三孔,中孔两墩间距 20m,两边孔墩、桥台间距 19.75m,并标明了各轴线的里程。桥墩、桥台的基础均为钻孔灌注桩。由于桥墩的桩长为 21.04m,直径又无变化,为了节省图幅,将桩连同地质断面一起折断表示(图中示出了三个地质勘探钻孔的位置与地质情况)。

上部结构是 T 梁,从平面图和 1-1 剖面图看出每跨的上部由五片主梁组成,纵剖面图还表明每片主梁有五个横隔梁(为显示横隔梁位置,此时剖切位置应改在横隔梁与主梁连接处附近)。

桥的起止里程分别为 K63 +699.98 和 K63 +764.02,桥总长为 64.04m。

桥的竖向,除标明桥的墩、台、梁等主要尺寸外,还标明了墩、台的桩底和桩顶高程,墩、台顶面及梁底的高程及桥面中心、路肩的高程等。这些主要部位的高程是施工时控制有关位置的重要依据。

为了查对桥的主要部位的纵向里程、河床的高程、桥面的设计高程和各段的纵向坡度、坡长等资料,有时在平面图下方列有资料表。资料表应与立面图对应,并在立面图的左方再设一标尺,这些都可以帮助对应读出某点的里程和高程,也起到校核尺寸的作用。

2. 平面图

桥的平面图习惯上采用从左至右分层揭去上面构件(或其他覆盖物)使下面被遮构件逐渐露出来的办法表示,因此也无需标明剖切位置。

在图 12-17 的平面图中,从左面路堤到第一个桥墩轴线处,表示了路堤的宽度(为 10m)、路堤边坡、桥台处锥形护坡、行车道和人行道的宽度以及栏杆立柱的布置情况。从第一桥墩轴线到第二桥墩轴线处(揭去行车道板)表示了纵(主)横梁的布置、桥墩盖梁的位置。第二个桥墩轴线以右则表明了桥墩和桥台(揭去台背填土)的平面尺寸及柱身与钻孔的位置。

由于桥在横向上常是以桥面中线为对称,画平面图时也允许以桥面中线为对称线,画出半个剖面平面图。

3. 横剖面图

桥的两端和路堤相连,不能直接画出侧面图,为了表示桥在横向上的形状和尺寸,应在桥的适当位置(如在桥跨中间或接近桥台处)对桥横向剖切画出桥的横剖面图。应在立面图上标明横剖面图的剖切位置和投射方向,并在横剖面图的上方标明相应的横剖面图名称。为了减少画图,可把不同位置的两个横剖面各取对称图形的一半,组成一个图形,中间仍以对称线为界,画在侧面图的位置上。

图 12-17 所示的横剖面图就是由两个不同位置的剖面组合而成的:左半边是在桥的中孔靠近右面桥墩,将桥剖开并向右投射,得到了 1-1 剖面图。从图中可以看到桥墩和钻孔桩及其梁系在横向上的相互位置、主要尺寸和高程。上部结构由五片 T 梁组成,桥面行车道宽为 7m(图中习惯注写为 700/2),桥面横坡为 0.015,人行道宽为 0.75m;右半边的 2-2 剖面图是在台背耳墙右端部将桥剖开(揭去填土),并向左投射得到的。图中表示了桥台背面的形状,路肩高程和路堤边坡等。

4. 资料表

在图的下方对应有资料表,包括"设计高程"、"河床高程"、"坡度/坡长"、"里程桩号"各栏。由资料表可查到各墩、台的里程以及它们的地面高程和设计高程。

桥型布置图的技术说明,应包括本图的尺寸单位、设计标准和结构形式等内容,图 12-17 说明中省略了一部分。

只凭一张桥型布置图,并不能把桥的所有构件的形状、尺寸和所用材料都表达清楚,还必须分别画出桥的上部、下部各构件的构造图,才能满足施工的要求。

三、构件图

在桥型总体布置图中,桥梁的各部分构件是无法详细完整地表达出来的,因此只凭总体布置图是不能进行构件制作和施工的。为此,还必须根据总体布置图采用较大的比例把构件的形状、大小、材料的选用完整地表达出来,作为施工依据,这种图样称为构件图。由于采用较大的比例,故又称为详图,如桥台图、桥墩图、主梁图(上部构件图)和栏杆图等。构件图的常用比例为 $1:10 \sim 1:100$,当某一局部在构件中不能完整清晰地表达时,可采用更大的比例如 $1:2 \sim 1:10$ 等来画局部详图。

1. 桥台图

(1)构造图。桥台是桥梁的下部结构,一方面支承梁,另一方面承受桥头路堤填土的水平推力。构造如图 12-18 所示。对于前后形状不一样的桥台,可把它的半个正立面图和半个背立面图拼成一个图。

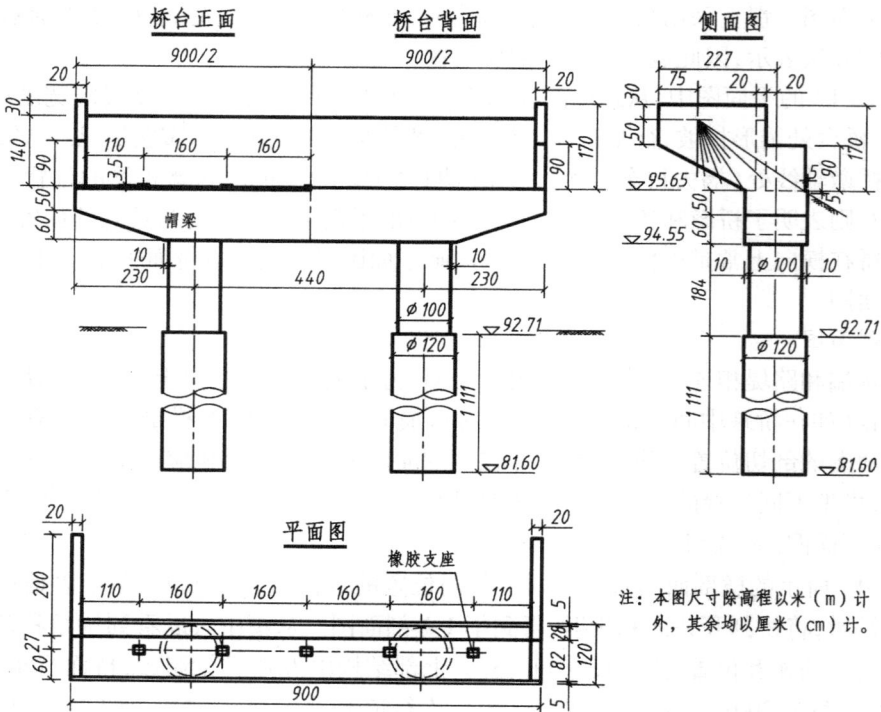

图 12-18 桥台构造图

(2)帽梁钢筋布置图。图 12-19 是图 12-18 桥台帽梁的钢筋布置图。因为此结构是对称的,所以立面图和平面图只画出一半,并且假想混凝土为透明体。侧面图用两个断面图代替,断面图中方格内的数字代表钢筋的编号。在钢筋图(抽筋图)中,因为⑦号钢筋布置在帽梁坡度处,高度有变化,所以只表示出平均高度。

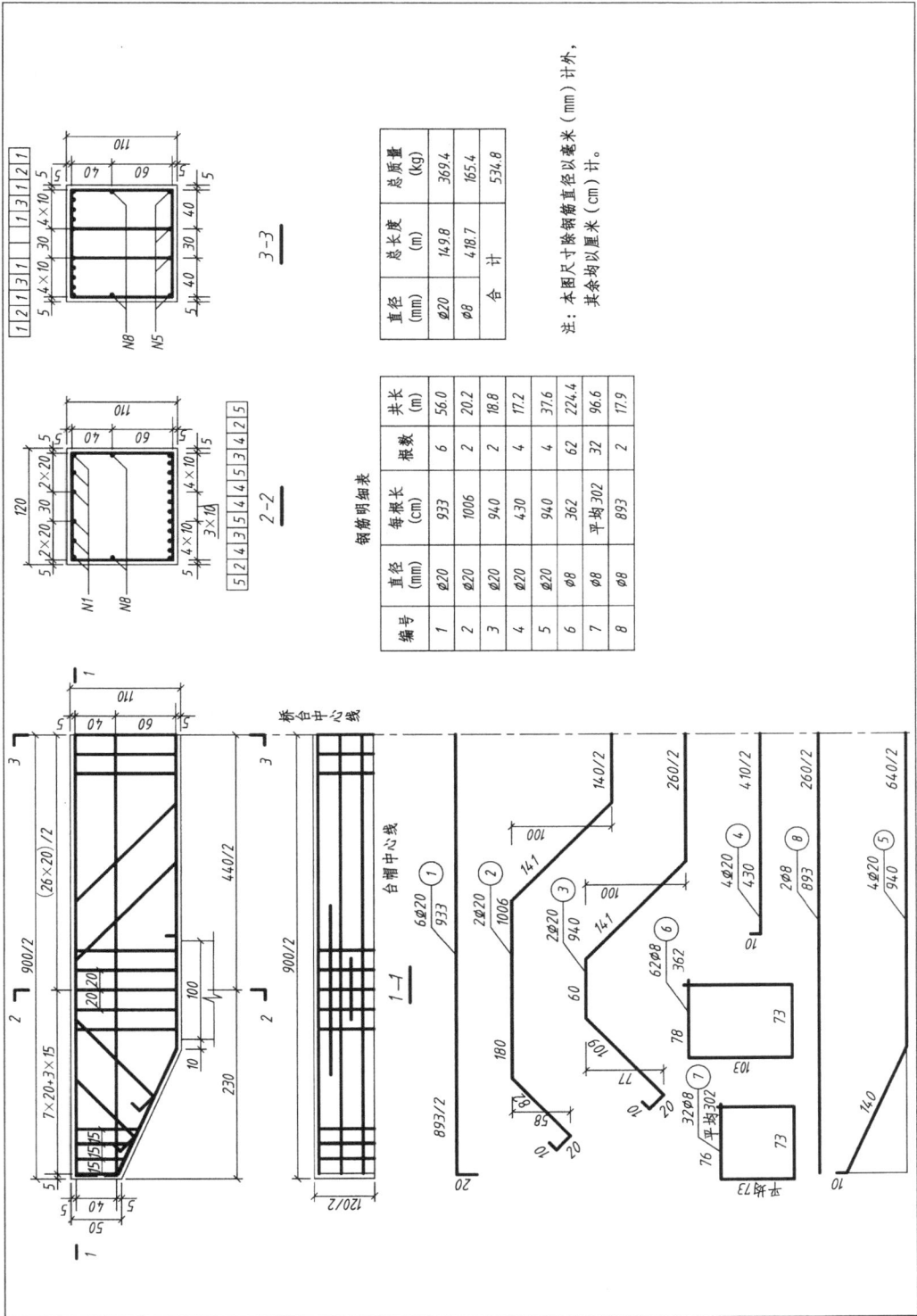

钢筋明细表

编号	直径 (mm)	每根长 (cm)	根数	共长 (m)
1	Φ20	933	6	56.0
2	Φ20	1006	2	20.2
3	Φ20	940	2	18.8
4	Φ20	430	4	17.2
5	Φ20	940	4	37.6
6	Φ8	362	62	224.4
7	Φ8	平均302	32	96.6
8	Φ8	893	2	17.9

直径 (mm)	总长度 (m)	总质量 (kg)
Φ20	149.8	369.4
Φ8	418.7	165.4
合计		534.8

注：本图尺寸除钢筋直径以毫米（mm）计外，其余均以厘米（cm）计。

图12-19 帽梁钢筋布置

333

2. 桥墩图

桥墩与桥台一样同属桥梁的下部结构,如图 12-20 所示为图 12-17 桥桥墩构造图,从图上看此桥墩为钻孔双柱式桥墩,由帽梁(上盖梁)、双桩柱、横系梁和桩基础组成。采用了立面、平面和侧立面三个投影图来表示其结构形状。从结构图可看出,下面是两根阶梯钢筋混凝土立柱,上部直径为 110cm,下部直径为 120cm。柱与柱之间有一根尺寸为 70cm×100cm 的矩形横系梁,上部是帽梁,帽梁上还标有橡胶支座的位置和尺寸。

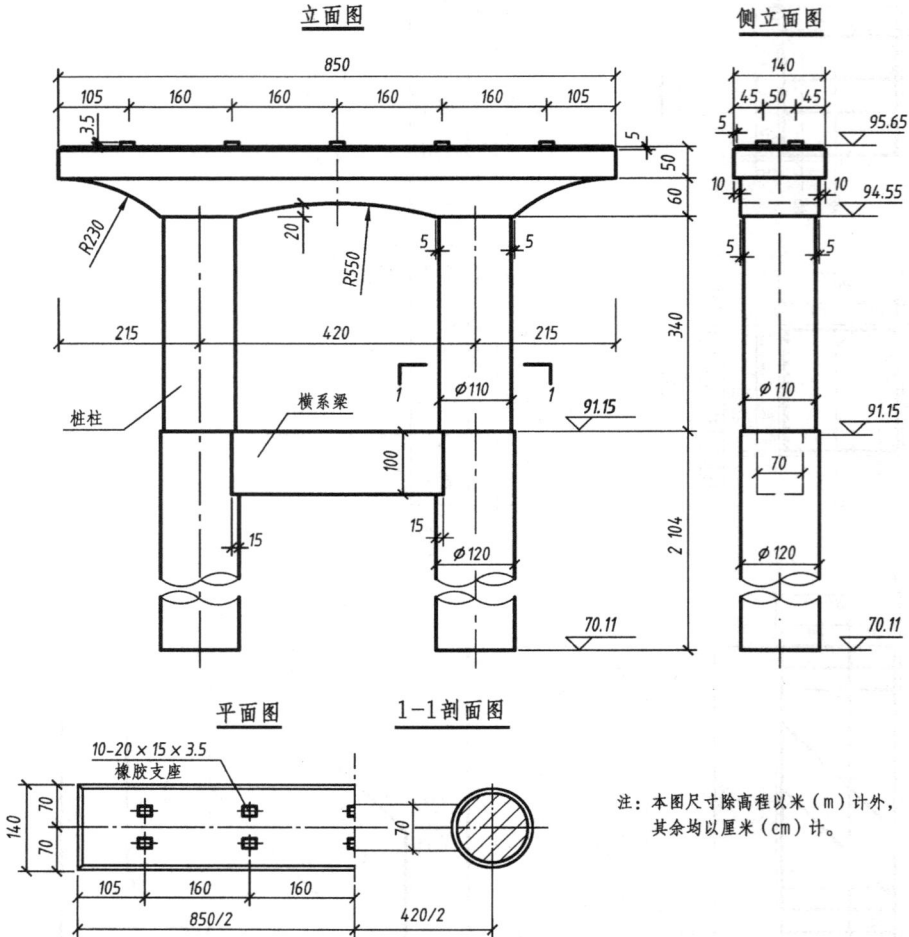

图 12-20　桥墩一般构造图

3. 主梁图(T 形梁)

如图 12-21 所示,为跨径为 20m 的 T 形梁钢筋布置图,比例为 1:50。

(1)立面图。主梁的钢筋,首先是按钢筋详图成型的,将受力钢筋、架立钢筋焊成一片片钢筋骨架,再用箍筋、水平分布钢筋绑扎成一整体,桥梁图中常称这种主梁钢筋布置图为主梁骨架构造图。为此,图中要有整个主梁的配筋图即立面图(主梁的翼板和横隔梁用虚线画)、一片钢筋骨架图和各种钢筋的详图。

(2)横断面图。为便于了解钢筋的横向布置情况,应有必要的横断面图。在如图 12-21 中的横断面图中,为表示叠置在一起的被截断的钢筋,可改实点为圆圈,并在断面图形外侧列出受力筋和架立钢筋表格,标出相应的钢筋编号,以便读图。

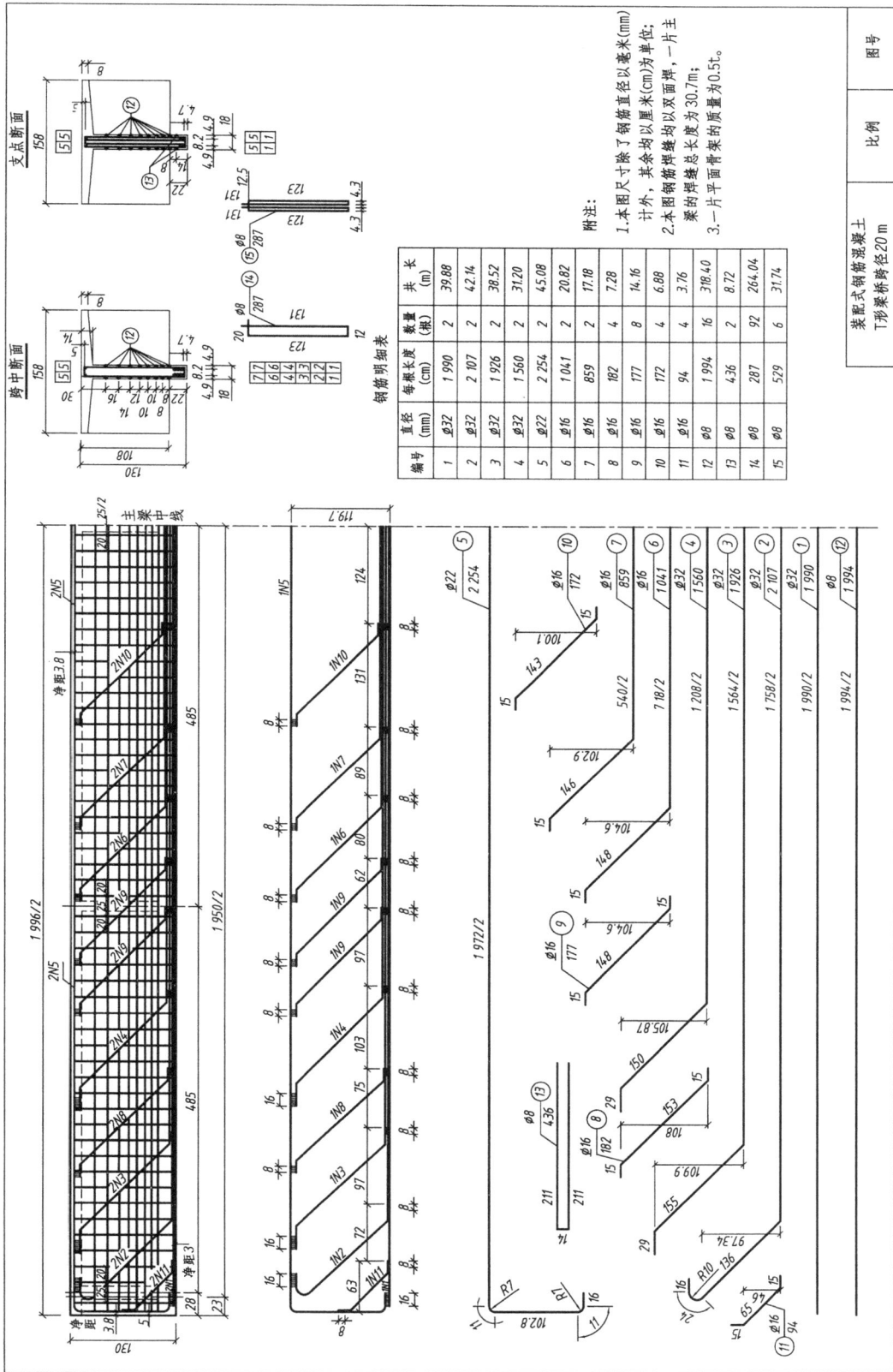

钢筋明细表

编号	直径(mm)	每根长度(cm)	数量(根)	共长(m)
1	Φ32	1 990	2	39.88
2	Φ32	2 107	2	42.14
3	Φ32	1 926	2	38.52
4	Φ32	1 560	2	31.20
5	Φ22	2 254	2	45.08
6	Φ16	1 041	2	20.82
7	Φ16	859	2	17.18
8	Φ16	182	4	7.28
9	Φ16	177	8	14.16
10	Φ16	172	4	6.88
11	Φ16	94	4	3.76
12	Φ8	1 994	16	318.40
13	Φ8	436	2	8.72
14	Φ8	287	92	264.04
15	Φ8	529	6	31.74

附注:
1. 本图尺寸除了钢筋直径以毫米(mm)计外,其余均以厘米(cm)为单位;
2. 本图钢筋焊缝总长度为30.7m;
3. 一片平面骨架的质量为0.5t。

装配式钢筋混凝土
T形梁桥跨径20 m

图号	
比例	

图12-21 主梁骨架构造图

335

（3）钢筋图。钢筋的编号有时习惯用在数字前冠以 N 字,有时也用在数字外画圈编号。如图 12-21 所示的主梁的每片钢筋骨架由①、②、③、④、⑤、⑥、⑦号受力钢筋(主筋)各一根,还增补了⑧、⑨、⑩、⑪号焊接斜筋(除⑨号 2 根外,其余各为 1 根),梁的顶部配置了 1 根⑯号架立钢筋组成,可按图中所给各尺寸焊接成骨架。至于每号钢筋的直径、长度、形状等,则要依据钢筋详图。

对照跨中与支点两个横断面图,看出主梁内有两片钢筋骨架。箍筋为⑭号,在支点处改为四支式;编号⑮的箍筋间距只在支座、跨中和横隔梁处有改变,已在图中表明。水平分布钢筋也有两种⑫和⑬号。

这种将主筋多层叠置焊成骨架的钢筋图,在画图时,故意把每条钢筋之间留出适当空隙,以便于读图。为保证焊接骨架的质量,对焊缝长度有专门的规定,在钢筋图中必须标明焊缝的位置及其长度。

钢筋表的内容和作用在结构施工图一章有介绍,这里不再重复。图 12-21 中还应该有一片主梁钢筋总表,已省略。

四、桥梁图读图和绘图步骤

1. 读图

1）桥梁图的构成

如前所述的桥梁设计图主要有平面图、总体布置图、构件图。公路设计图要求统一用 A3 纸的图幅,按照图纸的先后顺序,装订成册。以单座桥梁为例设计图按顺序有目录说明,工程数量总表,平面图,总体布置图,上部构造断面图,上部构造图,上部结构图(详图),下部构造图,下部结构(详图)以及栏杆、桥面铺装、伸缩缝、排水、通讯等其他附属设施图纸。

2）读图方法

桥梁有大小之分,尽管有的桥梁是庞大而又复杂的建筑物,但它也是由许多基本形状的构件所组成,用形体分析的方法来分析桥梁图,分析每一构件形状和大小,再通过总体布置把它们联系起来。弄清彼此间的关系,就不难了解整个桥梁的形状和大小了。

因此,必须把整个桥梁化整为零,由繁到简,再组零为整,由简变繁,也就是先由整体到局部,再由局部到整体的反复过程。读图时,不要只单看一个投影图,而是要同其他有关投影图联系起来,包括总体布置图或构件图、工程数量表、说明等、运用投影规律互相对照,弄清整体。

3）读图步骤

（1）首先了解每张图右下角的标题栏和技术说明等内容,了解桥梁名称、种类、主要技术指标、施工措施、比例和尺寸单位等,做到心中有数。

（2）从桥型布置图中分析桥梁各构件的组成及其在桥梁中的相互位置,如有剖、断面,则要找出剖切位置线和投射方向。读图时,应先读立面图(包括纵剖面图),了解桥型、孔数、跨径大小、墩台数目、总长、总高,了解河床断面及地质情况,再对照读平面图和侧面、横剖面等投影图,了解桥的宽度、人行道路的尺寸和主梁的断面形式等。这样,对桥梁的全貌便有一个初步的了解。

（3）分别阅读构件图和大样图,弄清各构件的形状、大小以及钢筋的布置情况。

（4）了解桥梁各部分所使用的建筑材料,并阅读工程数量表、钢筋明细表及说明等。

（5）各构件图读懂之后,再回头来阅读桥梁布置图,了解各构件的相互配置及配置尺寸,达到对桥的全面了解。

2. 画图

绘制桥梁工程图,基本上和其他工程图一样,一般是用三个图形:立面图、平面图和侧立面图，或以剖面、断面图形式表示的立面图、平面图和侧立面图。

现以图 12-22 为例，说明画图的方法和步骤。

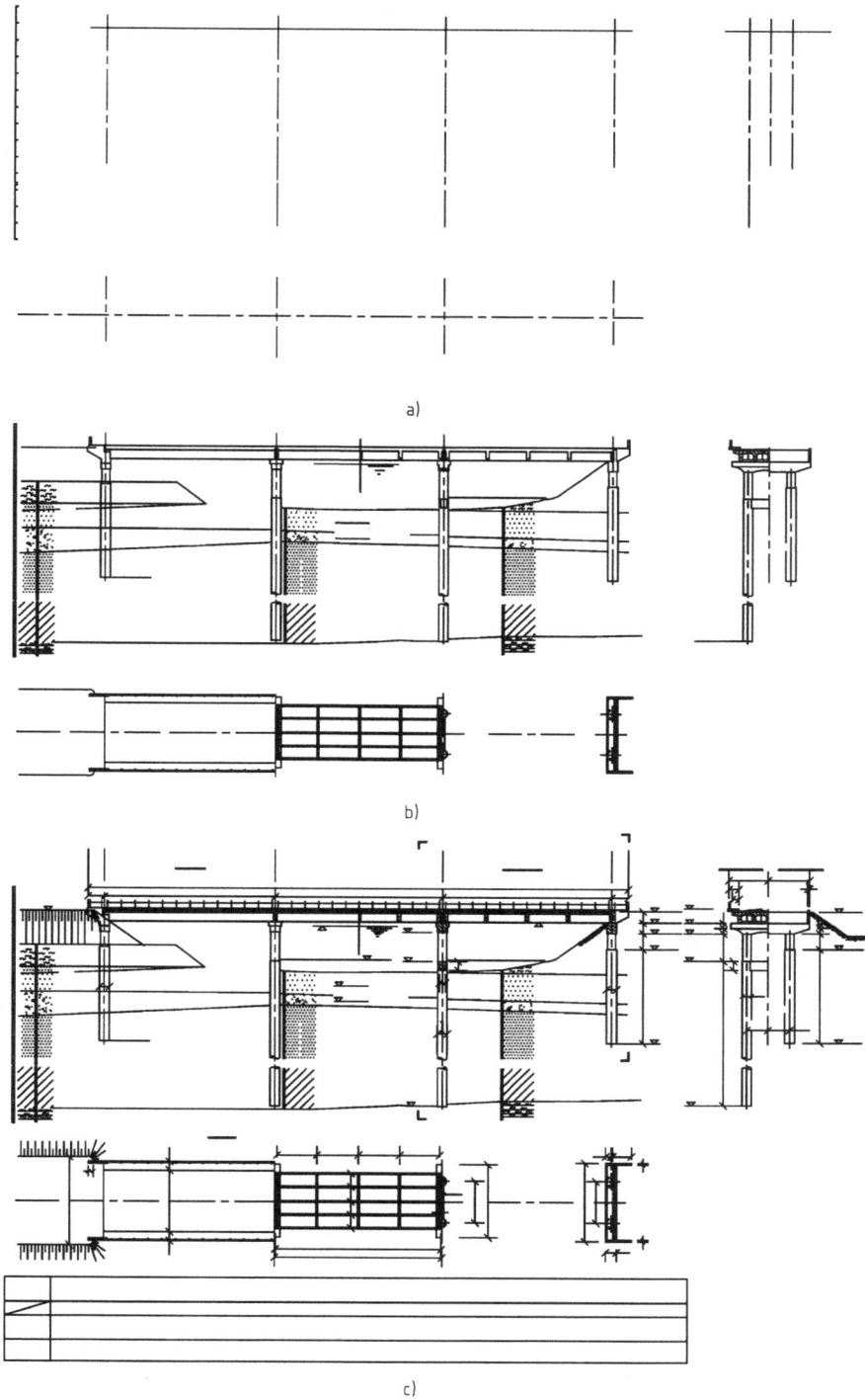

图 12-22　桥梁总体布置图的作图步骤

a)布置和画出各投影图的基线；b)画各构件的主要轮廓线；c)画各构件的细部并标注尺寸

（1）布置和画出投影图的基线。根据所选定的比例及各投影图的相对位置，把它们匀称地分布在图框内，布置时要注意空出图标、说明、投影图名称和标注尺寸的位置，当投影图位置确定之后，便可以画出各投影图的基线，一般选取各投影图的中心线作为基线，如图12-22a)所示，立面图是以桥中心梁底高程线作水平基线的，其余则以对称轴线作为基线。立面图和平面图对应的铅垂中心要对齐。

（2）画出各构件的主要轮廓线。如图12-22b)所示，以基线或中心线（定位线）为起点，根据高程或各构件尺寸，画出构件的主要轮廓。

（3）画出各构件细部。根据主要轮廓线从大到小画全各构件的投影，画图的时候注意各投影图的对应线条要对齐，并把剖面的高程符号及尺寸等画出来，如图12-22c)所示。

（4）描深。描深前要详细检查底稿，而后再描深，然后画断面图例线、书写文字等，最后完成的桥梁总体布置图如图12-17所示。

第五节　隧道工程图

当道路通过山岭地区时，为了符合相关技术标准要求，缩短行车里程和减少土石方数量，可修筑隧道穿越山体。由于隧道洞身断面形状变化较少，因此表达隧道结构的工程图除了在"路线平面图"中表示它的位置外，它的构造图主要用进、出口隧道洞门图来表达。

隧道洞门大体上可分为端墙式和翼墙式两种。端墙式隧道洞门主要由洞门端墙、顶帽、拱圈、边墙、墙后排水沟、洞外排水边沟和洞顶仰坡等组成。

为了提高车速和车辆行驶安全以及施工便利，高速公路的隧道通常按行车方向分为左、右线单独修筑，再根据隧道进、出口地质和地形的不同分别设计洞门。如图12-23是某隧道右线端洞门设计图。隧道洞门图一般由隧道洞口平面、立面和剖面图来表达。

一、平面图

从图12-23可知洞口桩号为右线端 RK93＋970。隧道与道路路堑相连，路堑路面宽1 275cm，两侧有80cm宽的洞外排水边沟。两侧山体的水沿是1∶1的边坡经200cm宽平台再沿1∶0.5边坡流到洞外排水沟排走。

平面图中表达了洞顶仰坡度为1∶1，墙后排水沟的排水坡度两边为5%，中部为3%。图中还表示了洞门墙和拱圈的水平投影以及墙后排水沟内的排水路线。

二、立面图

隧道洞口立面图实质上是在路堑段所作的一个横剖面图。从图12-23中可清楚地看到路堑的断面以及端墙、拱圈和边墙的立面形状和尺寸。可以看出，隧道的拱圈和边墙是用两个圆心相同、半径不同的圆弧组成。路堑边坡上设有200cm宽的平台（尺寸标注在平面图中）。

图12-23中表示了墙后的排水情况，结合平面图可以看出山体的水流入墙后的排水沟，沿箭头方向分别以3%和5%的坡度流入落水井，穿越端墙后通过位于路堑边坡上平台的纵向水沟，再沿阶梯形水沟流入洞外排水边沟排走。

图12-23中表示了墙后排水沟的沟底坡度，落水井和阶梯形水沟的规格和位置，以及各控制点的高程。此外，还绘出了洞门桩号处的地面线，供设计时使用以便施工。

洞口剖面图 1:200

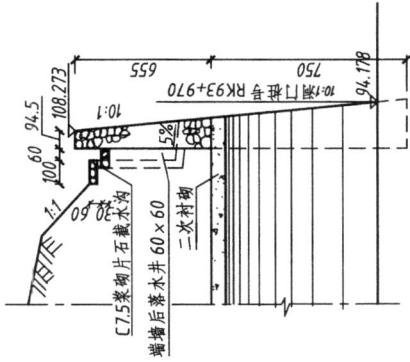

C7.5浆砌片石截水沟 60×60
端墙后落水井 60×60
二次村砌

洞口立面图 1:200

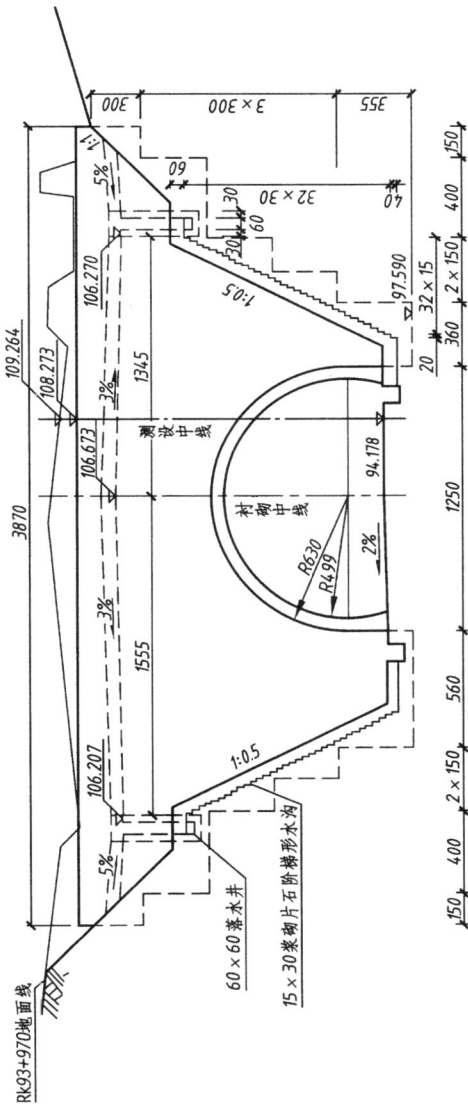

Rk93+970地面线

测设中线
村砌中线

R630
R499

60×60落水井
15×30浆砌片石阶梯形水沟

洞口平面图 1:200

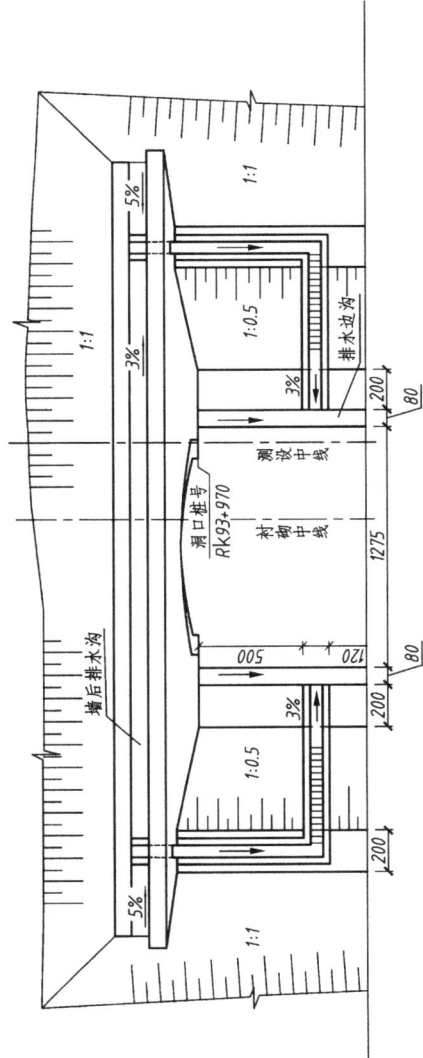

测设中线
村砌中线

墙后排水沟

排水边沟

洞口桩号
Rk93+970

工程数量表

项 目		单位	数量
洞门	C20块混凝土	m³	187.5
端墙	C15片石混凝土	m³	374.9
墙帽	C15浆砌料石	m³	
排水沟	C7.5浆砌片石	m³	28.7

注：1.图中尺寸以厘米（cm）计，高程以米（m）计；
2.洞门端墙采用C20预制混凝土块（外壁）和C15片石混凝土筑成，面层采用50cm×30cm×30cm混凝土块，要求规格一致，错缝砌筑；
3.洞顶截水沟铺砌30cm厚C7.5浆砌片石。

图 12-23 隧道洞门图

339

三、剖面图

隧道洞口剖面图是沿着衬砌中线剖切所得的纵剖面图。图 12-23 中表示了洞口端墙、墙后排水沟和落水井的侧面形状和尺寸以及隧道拱圈的衬砌断面。可以看出,端墙面的倾斜坡度为 10∶1,端墙分两层砌筑。洞顶仰坡坡度为 1∶1,穿越端墙的纵向排水坡度为 5%。

四、工程数量表

图 12-23 中工程数量表中列出了隧道洞门各组成部分的建筑材料和数量,以便施工备料。

第六节　涵洞工程图

涵洞是横穿公路路堤,宣泄小量排水,用于过人(称为人行通道),或兼而有之的工程构筑物。涵洞与桥梁的区别在于跨径的大小及结构形式的不同。根据《公路工程技术标准》(JTG B01—2003)规定,凡单孔跨径小于 5m、多孔跨径总长小于 8m,以及圆管涵、箱涵不论其管径和跨径大小、孔径多少,统称为涵洞。

一、涵洞的分类组成和表示法

1. 涵洞的分类与组成

涵洞的种类很多,按构造形式可分为圆管涵、盖板涵、拱涵和箱涵等;按建筑材料可分为石涵、混凝土涵、钢筋混凝土涵;按涵洞孔数多少可分为单孔、双孔和多孔;按涵顶有无覆土可分为明涵和暗涵。

涵洞由基础、洞身和洞口三部分组成。洞口包括端墙、翼墙或护坡、截水墙和缘石等部分。它是保证涵洞基础和两侧路基免受冲刷,使水流顺畅的构造。一般进口和出口均采用同一形式。常用的形式为翼墙式、端墙式、锥坡式、平头式和走廊式等。洞身部分根据洞结构的不同也不同,但不论何类涵洞,洞身下部基础均铺有砂砾垫层,周围需用回填砂填筑,如图12-24 所示是一圆管涵洞的分解图。

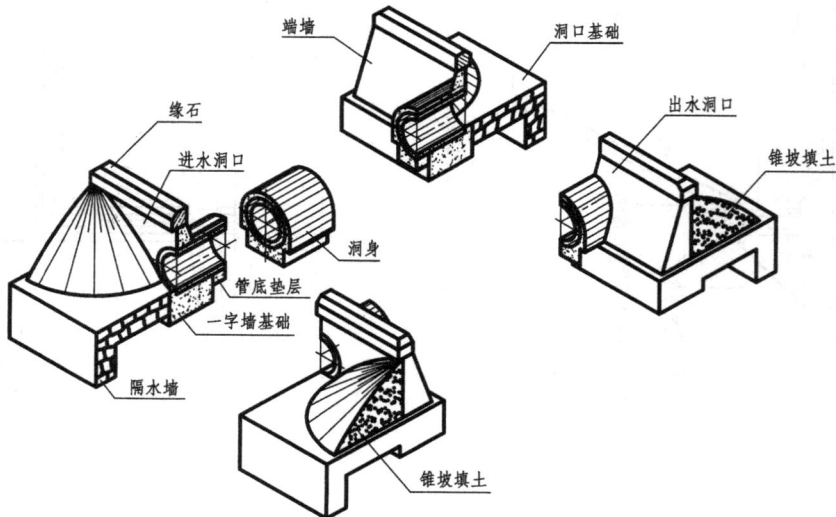

图 12-24　圆管涵洞立体分解图

2.涵洞表示法

由于涵洞是狭长的工程构造物,因此表达涵洞结构的工程图是以水流方向为纵向,并以纵剖面图代替立面图,并在纵剖面图中示出洞身的填筑断面。为了使平面图表达清楚,画图时不考虑洞顶的覆土,如进、出口形状不一样时,则要把进、出口的侧面图分别画出。有时平面图与侧面图以半剖形式表达。水平剖面图一般沿基础顶面剖切,横剖面图则垂直于纵向剖切。除上述三种投影图外,还应画出必要的构造详图,如钢筋布置图、翼墙断面图等。

涵洞体积较桥梁小,故画图所选用的比例较桥梁图稍大,一般采用 1:50、1:100、1:200 等。现以常用的钢筋混凝土圆管涵为例,说明涵洞工程图的表示方法。

二、圆管涵工程图

如图 12-25 所示钢筋混凝土圆管涵的构造图,比例为 1:50,洞口为端墙式,端墙前洞口两侧有 20cm 厚干砌片石铺面的锥形护坡,涵管内径为 75cm,涵管长为 1 060cm,再加上两边洞口铺砌长度,得出涵洞的总长为 1 335cm。由于其构造对称,故纵剖面图和平面图只画一半。

1.纵剖面图

由于涵洞进出洞口一样,左右基本对称,所以只画半个纵剖面图,以对称中心线为分界线。纵剖面图中表示出涵洞各部分的相对构造形状,如管壁厚为 10cm,防水层厚度为 15cm,设计流水坡度为 1%,洞身长为 1 060cm,洞底铺砌厚 20cm 等,路基覆土厚度 >50cm,路基宽度 800cm,锥形护坡顺水方向的坡度与路基边坡一致,均为 1:1.5。各部分所用材料均在图中表达出来了,洞身有明显的分段线。

2.平面图

为了与半纵剖面图相配合,平面图也只画了一半。图中表达了管径尺寸和管壁厚度,以及洞口基础、端墙、缘石和护坡的平面形状和尺寸,涵顶覆土做透明体处理,但路基边缘线应予画出,并以坡度线表示路基边坡。

3.侧面图(洞口正面图)

侧面图主要表示圆管涵孔径和壁厚、洞口缘石和端墙的侧面形状及尺寸,锥形护坡的坡度等。为了使图形清晰起见,把土作为透明体处理,并且某些虚线未画出,如路基边坡与缘石背面的交线、防水层的轮廓线等均未画出,图 12-25 中的侧面图,按投射方向的特点习惯称为洞口正面图。

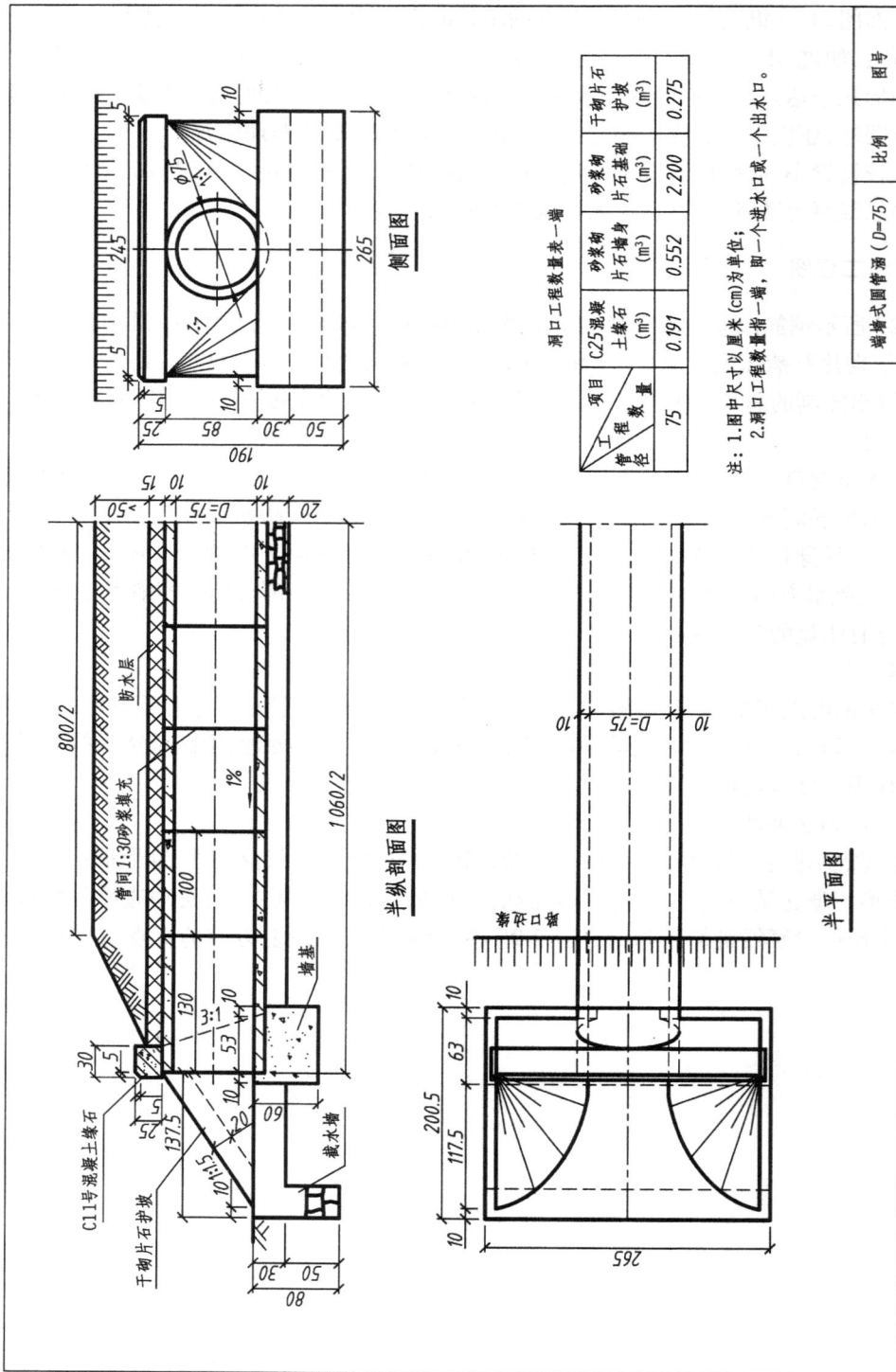

侧面图

半纵剖面图

半平面图

洞口工程数量表（一端）

工程数量\项目 管径	C25混凝土缘石 (m³)	砂浆砌片石墙身 (m³)	砂浆砌片石基础 (m³)	干砌片石护坡 (m³)
75	0.191	0.552	2.200	0.275

注：1.图中尺寸以厘米(cm)为单位；
2.洞口工程数量指一端，即一个进水口或一个出水口。

图 12-25　钢筋混凝土圆管涵

端墙式圆管涵（D=75）　比例　图号

参 考 文 献

［1］丁宇明,黄水生.土建工程制图［M］.第 3 版.北京:高等教育出版社,2013.

［2］谭伟建,王芳.建筑设备工程图识读与绘制［M］.北京:机械工业出版社,2007.

［3］李国生,黄水生.土建工程制图［M］.广州:华南理工大学出版社,2002.

［4］郑国权.道路工程制图［M］.北京:人民交通出版社,2000.

［5］和丕壮,王鲁宁.交通土建工程制图［M］.北京:人民交通出版社,2001.

［6］候洪生.机械工程图学［M］.北京:科学出版社,2006.

［7］大连理工大学工程画教研室.机械制图［M］.第 7 版.北京:高等教育出版社,2013.

［8］宋安平.画法几何及土建制图(上册)［M］.哈尔滨:黑龙江科学技术出版社,1992.

［9］施宗惠.画法几何及土建制图(下册)［M］.哈尔滨:黑龙江科学技术出版社,1992.

［10］崔洪斌.AutoCAD 2012 中文版实用教程［M］.北京:人民邮电出版社,2011.